U0251344

编　委　会

杞人忧天

——只有一个地球【∞×1/∞=? ≈1】

Groundless Worries?

——Reflection on the Human Environment

王健民　等编著

中国环境出版社·北京

图书在版编目（CIP）数据

杞人忧天——只有一个地球/王健民等编著. —北京：中国环境出版社，2014.7（2015.8 重印）
ISBN 978-7-5111-1934-6

Ⅰ. ①杞… Ⅱ. ①王… Ⅲ. ①生态环境—环境保护—研究—中国 Ⅳ. ①X321.2

中国版本图书馆 CIP 数据核字（2014）第 140249 号

出 品 人　王新程
责任编辑　付江平
责任校对　唐丽虹
封面设计　金　喆

出版发行　中国环境出版社
（100062　北京市东城区广渠门内大街 16 号）
网　　址：http://www.cesp.com.cn
电子邮箱：bjgl@cesp.com.cn
联系电话：010-67112765（编辑管理部）
发行热线：010-67125803，010-67113405（传真）
印　　刷　北京中科印刷有限公司
经　　销　各地新华书店
版　　次　2014 年 9 月第 1 版
印　　次　2015 年 9 月第 2 次印刷
开　　本　787×1092　1/16
印　　张　24
字　　数　520 千字
定　　价　56.00 元

地球是太阳系的一颗行星，她既是一个地质构造复杂的星球，也是一个奇妙无比的气球、水球、土球、生物球、人类智慧球。这就是地球区别于浩瀚宇宙中数以亿万计的天体的根本所在。地球表面形成的气圈、水圈、土圈及生物圈，根本改变了原始地球恶劣的环境质量，才能够形成孕育生命的天宫、温床及安乐窝。地球是人类社会经济发展的聚宝盆、摇钱树和生态银行，而人类却不断地损害她，以致难以甚至无法补救。人类之所以聪明无比，是因为人类本就是“天神”，应该遵循天道，懂得天律，以天为本，天人合一，和谐相处，坚持可持续发展，——万分地珍惜与爱护来之不易、绝无仅有的地球！

人民，只有觉醒、认知、热爱、保护环境的人民，才是环境保护的动力！

——王健民

简介

本书是学习 50 多年前（美）蕾切尔·卡逊女士问世的《寂静的春天》的习作，作者积 40 年环保科学之研究，从一个专业人士的角度提出了 12 个方面 60 个涉及全国性、全球性的重大生态环境资源保护热点问题，实事求是地扼要介绍了生态环境资源背景及其危机的严重现状、危害程度及产生根源。本书提出了许多您闻所未闻的“为什么”？ 适合初中以上的学生、教师、学者、专家、工程师、企业家及关心环保读者阅读，可作为国家各级管理者及决策者参考，亦可作为媒体宣传、环保教育及培训班的参考书，希望得到广大读者的关注、共鸣和反馈。

关键词

环保、科普、寂静的春天、杞人忧天、只有一个地球、环境科学、生态破坏、环境污染、资源枯竭、环境健康、环境经济、自然报复、发展误区、科学发展观、可持续发展、绿色系统工程

怀念：已故全球环境保护意识及事业的启蒙者：

蕾切尔·卡逊

Rachel Carson

（1907.5.27—1964.4.14）

是美国海洋生物学家，《寂静的春天》的作者。

1992年，一个杰出美国人组成的小组推选《寂静的春天》为近50年来最具有影响的书。经历了这些年来的风雨和政治论争，这本书仍是一个不断打破自满情绪的理智的声音。这本书不仅将环境问题带到了工业界和政府的面前，而且唤起了民众的注意，它也赋予我们的民主体制本身以拯救地球的责任。纵使政府不关心，消费者们的力量也会越来越强烈地反对农药污染。降低食品中的农药含量正成为一种商品的促销手段，也同样成为一种道德规范。政府必须行动起来，而人民也要当机立断。我坚信，人民群众将不再会允许政府无所作为，或做错误的事情。

——择自：美国前副总统阿尔·戈尔《寂静的春天》序言

《寂静的春天》出版两年之后，她心力交瘁，与世长辞。作为一个学者与作家，卡逊所遭受的诋毁和攻击是空前的，但她所坚持的思想终于为人类环境意识的启蒙点燃了一盏明亮的灯。

——《寂静的春天》中文译者吕瑞兰、李长生后记

但愿蕾切尔·卡逊的悲剧，不在人间重演！她所点燃的明灯，将照亮全人类的心灵！

——作者敬识

序一：

老 环 保

王健民是我国第一代老环保科技工作者，他1973年从河南干校回到北京不久就投入由刘东生学部委员指导的北京市重点课题《北京西郊环境质量评价研究》，结束后撰写了一篇关于环境保护科学技术管理体系的理论性论文。

该文论述了环境科学的定义、研究对象、范畴、学科组成及十大综合性特点，被吉林省环保局、中国环境科学学会铅印作为环境干部学习材料，原天津市环保局局长王文兴（现为中国工程院资深院士）对其评价为：对环境保护科学技术管理体系及其特点，作出了精辟的论述。王健民教授几十年来虚心学习、开拓创新、勇于进取、孜孜不倦，呕心沥血，全身心地投身到环保事业，他研究的范围涉及从乡镇、县、市、省、全国、世行到联合国的多个层次；研究的内容涉及环境评价的理论、方针、政策、规划、制度、管理、技术以及模型的建立；承担的研究项目包括北京市西郊及东南郊水污染调查评价、北京市水源危机研究、工业污染源评价、系统控制及全面质量管理、全国乡镇企业污染对策、废物最小化、中国环境管理制度规范化研究、生物多样性经济价值评估、遗传资源经济价值评估、全国文化遗产保护及风景名胜区建设研究等诸多方面。《杞人忧天——只有一个地球》一书就是在上述40年研究与心得的基础上，用科普形式表达出来的辛勤与思考的结晶。

王健民先生以其对环境保护的独立的见解和犀利的文笔在同行中享有很高的知名度。本书的书名及封面就不拘一格，引用了一个看起来是贬义的成语作为书名，用“王氏公式”这一引人入胜的标题作为开始，抓住了读者的好奇心，其中的玄机是为了提出只有一个地球及生命的出现是“偶然的必然，必然的偶然”的理念和他想表达的“她是一个数学、宇宙学、地球生态环境质量学、生命学及哲学的‘哥德巴赫猜想’”。姑且不论其内容如何，作为一本“高级环保科普”这种切入点和表达方式本身就具有耳目一新的感觉。

翻开目录，有导言、警钟长鸣、生态要素、生态系统、生态资产、危机四伏、灾害沉思、致毒试验、发展的代价、走出误区、夸父逐日、历史足迹、期待未来、结语、参考文献及附录16个部分，内容丰富，领域很广，跨度很大。正文每个部分又分为五个小部分，每个小部分均分为五个分目，书中提出60个环保热点、重点问题。第一个分目是提出问题及背景资料；第二个分目是问题的深化；第三个分目是问题的展开；第四个分目是编著者引领读者的评述；第五个分目是留给读者的思考。作者采取开放式，与读者平心静气地谈心交流，适合科普书的特点，给读者以想象的空间，并留有信箱号，欢迎读者与之对话、参与并共同探讨。

在一本科普书中显然不可能囊括环保的各个方面，但看得出书中的内容是经过作者精心设计和挑选的，既注重环保理念和基础理论的探讨，也包括关键性的技术问题，并以事实和数据说话，尽量用通俗的语言表达，对于一些专业性强的内容，采取了“专栏”形式补充，读者可以自行选读。正如作者指出的，书中有编者评述、读者思考是为了引导读者注意，这些可能是你最感兴趣的内容或疑惑的重点。

本书在结语中，概括出几点结论，是全书的提升，这些结论具有高度的概括性和启发性，提出许多值得人们反思的新的理念、理论、原则和观点，非但对一般学生有所教益；特别是对各级决策者、规划者、管理者、建设者、实业家、研究者会有一定启迪，内容不必全看，但书中的结论不可不读，也是作者撰写本书的期盼所在。

本书最后有几个附录，可以作为环保信息、数据、资料参考。

我国科学工作者，很注重科学技术文章和专著，因为这代表了学科的发展水平与成就；但是长期以来，人们对科普著作则缺乏应有的重视。现在越来越证明，环保事业离不开政府的介入和广大群众的参与。而科普著作在这方面能发挥重要的作用。国际上的科普著作很多是由各个学科领域具有影响的权威人士亲自执笔。一本好的科普著作所起的影响和作用，是非常巨大的，广大人民群众有巨大的需求，如享誉全球的《寂静的春天》一书就是证明。正是从这个角度出发，我乐意为本书作序并向广大读者推荐，希望有更多这样的优秀的、创新的环保科普著作问世，为我国的科学发展，美丽中国和生态文明建设起到积极的推动作用。

本书涉及的领域十分广泛，也提出了许多重大的有待探讨的问题。正如书中提出的“悖论”一样，还有待作者、读者共同深入探讨，宇宙不会终结，科学研究也永远不会终结！

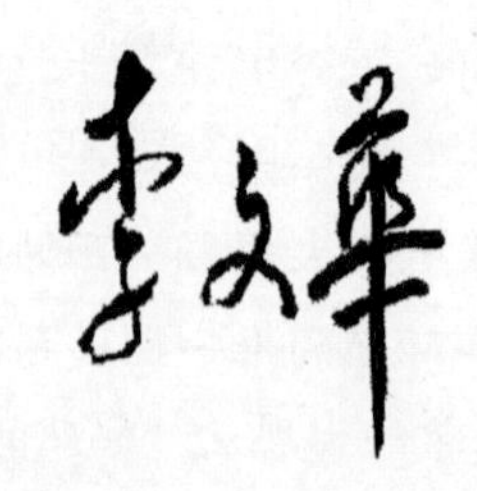

2013 年 9 月于北京

作者记：李文华（中国工程院院士、国际欧亚科学院院士）

是一位深受大家尊敬的资深院士，尤其是对弟子们、晚辈们的请求，再忙也不推辞。我才敢于从邮箱中传去书稿，果然，在百忙中毫不犹豫地欣然接受作序之请，并挤出中秋、国庆节日时间，字斟句酌，仔细审改，传来“序”文，妙笔生花，感激之情，难以言表！

序二：

关节点

人类社会发展至今，在人与自然的关系上正处在一个重要的关节点上，这集中表现在人与地球、人与生物圈的关系上。层出不穷的恶化迹象，引起了学者、公众和决策者的关注、忧虑及思考，我们作为老环保当然对此更加关切和敏感。

记得20世纪70年代末，我刚转入环境科研领域，在北京市环境保护科学研究所与作者同在一个研究室，从事区域环境和环境质量的研究，我们经常就面临的环境问题一起讨论切磋，作为新兵本人受益良多，当时他就经常把问题放到这一宏大背景下思考、研究。记得当时曾见过他的一篇“北京市第一届环境地质学术研讨会”论文，用大量的数据和事实论证了“人类活动对地球的影响和破坏，在许多方面已经接近、达到，甚至是超过了地质营力”，也就是说地球延续了几十亿年的发展变化进程可以因人类的短短时期的活动而改变。除了结论的震撼力，作者对对象的敏感和把握能力、资料数据的组织运用都令人叹服，至今印象深刻。

后来他调往环境保护部南京环境科学研究所，在环境科学的许多领域努力耕耘，多有开拓性建树，成绩斐然。30多年过去了，在大量知识、经验和资料积累的基础上，在锲而不舍的思索和感悟中，当年的一朵璀璨思想火花终于变成了参天大树，于是一部洋洋洒洒数十万字的力著——《杞人忧天——只有一个地球》摆到了我们的面前。

这是一部大视野、百科式的著作，几乎囊括了人类与地球关系的各个方面：从地球在宇宙中实际上的唯一性出发，为我们展现了人类社会发展进程中人与自然关系的变化、大自然的报复、在生物圈和生态系统中人与生物的关系、支撑我们和所有生物生存发展的生态要素、生态系统；人类面临的生存危机和灾难，包括我们自己引起的和自然界可能出现的生物灭绝事件；对人类社会发展前景和道路的探讨和各种观点、发展的误区、发展观念和可持续发展的讨论；人类已经握有的可以毁灭整个生物圈的手段——核武器；对中国发展道路的探讨等。其中每一个方面，作者都为我们精心准备了大量的资料、数据以及必要的背景情况和知识，徜徉其中，如入一个微型的环境百科知识宝库，每一位读者都可以从中得到自己的那一分收获。

这是一部倾心之著，作为我国环保事业初创时期就开始从事环境科研工作的元老，作者将其数十年积累下来的知识、经验、思索、感悟乃至于期许和执念凝聚于笔端，直抒胸臆，倾泻而下，一往无前。对于面临的生态、环境危机则大声疾呼，深刻揭露，不回避敏感问题，但又实事求是理性分析；对于自己的观点和主张，则秉笔直书，毫无掩饰。书中许多有关章节都引述了自己的工作，这反映了与读者交流共享的心情，在书中作者以平等的心态对待读者；在内容的编排上，让读者首先直接面对大量的资料、数据和事实，然后以“编者的话”简短叙述自己的看法和分析，并在“读者思考”中列出了自己的思索，让读者自己去理解、把握对象留下了充分的空间。

我不仅是作为一位作序者、审稿者的高度审阅这部著作的，还是从读者的视角阅读这本著作的，可以深深地感受到一个老环境科学专家那份拳拳之心，那一份对地球、对自然、对人类、对生命、对国家、对环保事业也包括对读者执著的眷恋和热爱。文如其人，见书如见面，此言信哉!

聂桂生

2013年9月27日于北京

作者记：聂桂生（北京环境科学研究院，原研究所所长、研究员）

是我原在北京工作单位的所领导、战友，也是位老环保，他话不多，但总能提出高人一筹的见解，被誉为“智多星”，接到我的邮件回复说：“文如其人，见书如见面”，是本书的积极支持者之一，欣然接受为此书审稿、作序。

序三

促 进 剂

我向公众推荐这部《杞人忧天——只有一个地球》，是因为这部书具有的价值及 4 个特色，希望能成为我国环境保护工作的促进剂。

一、不拘一格

（1）书名采用的是中国人都熟悉的中国古代成语“杞人忧天”，但其含义从贬义转化为褒义；

（2）副标题是“只有一个地球”，其后注中是一个公式，细看可不是一般的公式，而是一个涉及数学、地球、生命、哲理的“哥德巴赫猜想”；

（3）用近 300 字概括出此书的主旨并对地球作出惟妙惟肖的描述：“地球，也是个‘气球’‘水球’‘土球’‘生物球’‘人类智慧球’……地球生态环境是孕育包括人类在内的生命的‘天宫’‘温床’及‘安乐窝’，是社会经济发展的‘聚宝盆’‘摇钱树’‘生态银行’；人类本来就是‘天神’，要遵循‘天道’‘天律’……万分珍惜和爱护‘来之不易’‘绝无仅有’的地球！

二、不名一格

翻开书后：

（1）首先映入眼帘的是蕾切尔·卡逊的照片，作者用大号字突出了“怀念已故全球环境保护意识及事业的启蒙者：蕾切尔·卡逊”，表达出作者对环境保护意识及事业启蒙者的前辈的爱戴、敬重和怀念；作者写道：“但愿蕾切尔·卡逊的悲剧，不再重演！她所点燃的明灯，将照亮全人类的心灵！”说出了作者的心声，继承前辈未竟事业的决心与期盼！

（2）看到书中宋健对作者关于乡镇企业的发展产生的生态环境问题报告的批示：“对各级政府部门都有重要的参考价值”。这既是对作者工作的肯定，也是对我们环保科技工作者的激励。我作为一个环境保护科学工作者，体会到“党和国家领导人及广大人民群众的心与我们环保工作者的心是相通的”！

（3）得到多位德高望重及经验丰富的专家、学者、教师撰写的“序”，我还是第一次看到如此阵容，他们分别是从生态、环保、工程、管理、文化、教育、心理等多专业角度审视后，对本书的全方位评介，着实感到必要、客观而全面，因为本书被誉为是一本“环保小百科”，只有从多方面审视才能窥视其全貌，帮助读者选择参考。我不得不赞赏作者从实际需要出发的精心设计，在方便读者对全书的了解的同时，自然也为本书增光添色。作为写序人之一，我认为作“序”也是对读者的一种责任，对作者的一种激励，对自己的一种提高，我责无旁贷。

三、别创一格

本书内容基本上是按照地球生态系统及复合生态系统的发展规律编排的。正文分 12 部分，分 60 个环境保护基本知识，重点突出的是国内外的环保热点、重点、要点问题，深入浅出、实事求是的介绍，采用摆事实讲道理，与读者对话方式，既有独立性，又具有系统性；既可一口气看下去，也可挑着看，具有灵活性；对于某些专业性的解说，放在“专栏”或参考附录中，任读者自由选择，体现出作者对读者人性化的关爱；在导言及结语中，阐明了编著本书的主旨、指导思想及 40 年长期思考及研究的结晶，具有比较广泛的意义与参考价值。

四、独具一格

本书中提出了若干重大的环保，甚至是社会、经济发展道路及人生哲理问题，最让我回味无穷的有：

（1）王氏公式：$\infty\times1/\infty=?\approx1$　这个公式巧妙地表达并论证了地球、生命及人类的产生的唯一性，人类没有任何理由损害她、破坏她、毁灭她，很有创意。

（2）作者强调提出“悖论”问题具有普遍性。例如，社会经济发展是为了人类，生态环境保护也是为了人类，但两者经常看起来又是对立的、矛盾的，似乎难以说清谁是谁非。又如，转基因食品的问题，正方有大量理由证明其必要性和可能性；反方也同样提出一系列的依据来证明存在的严重问题，难以绝对肯定或否定。再如，人口问题，从全球或全国生态保护角度看，计划生育是基本国策不可动摇，但从计划生育后又出现了许多新问题，又企图打破禁令，等等两难问题。以及《寂静的春天》中所揭示的农药与生态保护关系问题等。习近平总书记在“两座山”论述中，对这个问题给出了答案，关键是如何化解两者的对立与矛盾，从长远可持续发展战略全局出发，转化成“对立的统一”。

作者纵观人类发展史，敢向传统发展模式说“不”！认为人类必须彻底反思产业化二三百年来，现代化几十年来所走过的道路的失误，无不是以牺牲自然生态环境质量为代价！

作者指出：现代城市、产业是自然生态系统的肿瘤等大胆的论断令人耳目一新。

在作者看来这都是因为人类恶性膨胀并陷入了生态系统恶性循环中难以自拔所致，化解的办法是必须另辟蹊径，要走出旋涡必须走一条“法线”，而不是继续沿着“切线”越陷越深，发人深省，值得深思，很有深意。

（3）作者总结几十年来的体验得出“三重境界论”，书中举出：爱因斯坦对于“核”的认识过程：从反对一切战争；到反对非正义战争一方（德国法西斯，支持美国）；到反对原是正义战争一方转变成非正义一方（美国）。作者认为，三重境界论具有普适性，包括对发展与环境之间的认识，很有新意。

（4）王健民 40 年来，前 10 年是在北京环境科学研究所从事科研工作、后 30 年是在环保部南京环境科学研究所从事科研工作，他还是位环境保护科普的积极分子，他的足迹踏遍全国，包括环保局高层干部、国防科委干部、县、市、省四级干部、行业干部，大中小学生，上万人次听过他的环保科普讲座、报告，他的演讲很有感染力，得到听众热情的回报，这次又进一步凝聚成高级科普书，相信会得到更多读者的青睐。

写到这里，不由地想起美国副总统阿尔·戈尔为《寂静的春天》写的“序言”中的第一句话：作为一位民选官员给《寂静的春天》写序，我心怀谦恭，因为蕾切尔·卡逊的这部里程碑式的著作已无可辩驳地证明，一种思想的力量远比政治家的力量更强大。的确，一本好书，真的就像是一座丰碑，我很期盼《杞人忧天——只有一个地球》能够像《寂静的春天》一书一样，成为推动我国环境保护事业的促进剂，并为大家所喜爱。

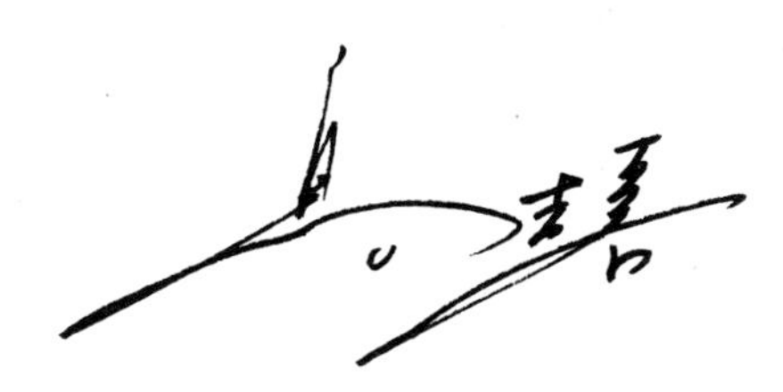

2013 年 10 月 15 日于南京

作者记：高吉喜（全国政协委员、环境保护部南京环境科学研究所所长，研究员、博士）

高吉喜是我的新领导，是生态环保、环境管理专家，著述颇丰，在学术及管理界颇有影响，对科技人员、离退休干部都很关心，对作者及本书寄予厚望。

序四：

新境界

《杞人忧天——只有一个地球》这本颇有特色的科普读物，凝聚了作者王健民研究员与他的合作者在环境保护领域的研究心得。是一本内涵丰富，很值得一读的好书。

此书谈天说地，基础性资料及数据很丰富，文字也浅显易懂，粗看起来是涉及环境保护方方面面的基础性的科普读物，适合青少年学生作为课外参考书。此书案例丰富，专栏较多，广征博引，细读起来又超出了一般环境保护知识科普读物的范畴，涉及国家层次的环境保护的方向、道路、方针、政策、战略、策略、指标、模式等经验与教训，也适合各级环境保护部门、国民经济的各个部门、产业部门及各级政府部门的决策、控制与监管人员参考，答疑解惑。

作者的意图显然是想通过科普的形式、环境保护的内容，向全国人民及世界人传达一些创新理念、理论、道理、哲理及价值观等，以提升人们对环境危机的深层次思考，摆正环境保护的位置，处理好发展与环保的辩证关系，以求达到一个新境界！这有点“悟道”的味道！更适合最高层次决策管理者和学者的哲学思考。

我与王健民本不相识。2000年春夏之交，江苏省生态省建设专家论证会在紫金山中的梅花山国际会议中心召开。邀请了国家环保总局自然司司长及各方面的专家学者，我和王健民先生都被邀请与会。当时记得我坐在他的后排。他听到某副主任一开始就在会上公开宣言“先污染后治理”的表态，他说：“江苏省要先发展经济，经济搞上去了才有钱再治污染，到时候江苏省在全国各省中拿出最多的资金再搞治理。我们现在经济走在全国的前头，以后治理也走在全国的前头。”王健民立即站起来，慷慨激昂地驳斥了他的表态：“有悖于国家环境保护‘预防为主’的总方针。”我记忆最深刻的是他描述如果不强化预防为主的方针，任其污染破坏下去。不要百年时间，锦绣江南就会成为污染、生态破坏的重灾区而难以逆转，癌症就会找上门来！”我定眼看看，原来他已经激动地从自己的座位上站起来了。高个子，瘦瘦的，精神焕发，但面色中隐隐然略显疲惫。会议结束，我很快走了过去，跟他递名片、握手。表示强烈的共鸣。才知道他妻子患癌症晚期，他会后还将直接赶回医院。这就是我们相识的开始。多年后，王健民先生还写过一首诗，纪念我们俩首次相识的愉快回忆，其中开头两句写道：“两只九头鸟，相遇紫金山。”从那次开始，我们两只九头鸟就成了好朋友。我们无所不谈，兴味无穷。我负责东南大学旅游规划研究所，想开展旅游环保，于是聘请他担任本所兼职研究员，任职十年。他除了在研究所参与旅游规划项目中的环保专题研究外，还协助我完成了国家文物局“十一五”规划课题《文化遗产保护与风景名胜区建设》重点项目结题后的论文汇编，他运用掌握的科学知识，将“论文汇编”提升到文化遗产保护体系的建立，作出了积极的贡献，该书于 2010 年 7 月由科学出版社出版。得到读者好评。随着了解的加深，我对他此前从事的水环境研究、乡镇企业研究、大环境大生态研究、战略研究、政策研究、环境经济研究、生物多样性及遗传资源（基因）价值评估研究等也渐渐有七八成明白。

他到我这里工作，提供了一份长长的简介，摘其主要成果有：

一、界定了“环境保护科学技术管理体系”的定义、对象、范畴、组成和特点；

二、论述了可持续发展理念的十大误区；

三、揭示了总产值存在的 18 个重大问题；

四、揭示出传统主流经济学理念、价值观及方法论存在严重缺陷，确立了生态环境资源的存在价值和价值分类体系，首次完成中国生物多样性、生态资产及遗传资源经济价值评估；

五、创建工业污染源系统控制及全面质量管理模式；

六、创建产品物料系统投入—转化—产出全平衡模型，是诺贝尔奖金获得者列别节夫宏观投产模型质的发展；

七、创建复合生态系统动态足迹模式，是 Rees W. E.等提出的生态足迹方法质的改进；

八、全面系统深入研究了北京水资源及污染危机，挽救了 3 个水源地，百万人民的水源，提出了预警及对策，上报北京市、中央直到政治局；

九、全面系统深入研究了全国乡镇企业污染及对策体系和战略对策纲要，揭示了超高速发展带来的环境问题及对策，获原国务委员宋健、国家环保局局长曲格平的充分肯定与鼓励；

十、撰写了论文数十篇，专著、编著、合著十余册；

十一、分赴美国、日本、丹麦、瑞典考察；

十二、获科学大会集体奖、北京市一等奖及三等奖、国家环保局一等奖、江苏省二等奖、国家科委三等奖；

十三、多届国家环评专业委员及国家科委及国家环保局进步奖评委；

十四、获国务院有突出贡献专家称号；

十五、多项重大咨询建议都获北京市、国家环保局、国家环委会领导的高度重视、回复和批示；多次获世行、联合国重点项目资助。

从这一系列创新成果可见：涉猎的学术问题不仅关乎我们中国 13 亿国民及子孙后代的健康，也关系到人类究竟向何处去的大问题。正如他在本书中对发达国家地外科研战略的质问：

"地外生命的科学探索无疑是有重大意义和价值的，而且还会持续下去，但是'外星人'的可能性既然是很小的或不确定性的，'寻求未来地球人类的避难所'更是神话。发达国家与其将数以亿万美元计的资金用于'外星人'及'避难所'的研究，还不如用来医治被人类破坏得千疮百孔的地球，用来维护确定无疑的、原本最适合人类生存和发展的地球环境质量、生态系统平衡和人类的持续发展更有价值。人类连自己已经拥有的美好无比的'家园'都治理不好，还能够奢望到另一个万分遥远的星球上建立'新的家园'？那些口口声声'为了人类未来'只不过是幌子，因为不惜投入巨额资金进行太空探索的真正秘密，是为了霸占太空权、为了掠夺可能被殖民星球的特殊资源、为了全球战争，……这种探索研究对地球生态系统及人类社会经济是福音还是潜在的悲剧？"

作为他的朋友，我不能说自己没有对他的偏爱。但有一点是肯定的，就是在很多熟悉的朋友眼中，他就是一位当今中国也是当今世界忧天忧地忧人类的"杞人"。他所忧虑的问题，在我们这个拜金主义、利益至上的时代，肯定有不少人会在背后嘲笑他脑袋少根筋，尽思考些自己得不到好处、大而无当的问题。但历史终将证明，他的思考不是疯人呓语，而是智者心声。

喻学才

2013 年 9 月 11 日写于三元草堂

作者记：喻学才（东南大学的教授、旅游研究所所长）

是我的良师益友，知根知底，都是性情中人，我们虽不是故交，他却邀我合作十年，我们在文化、旅游、环保方面合作已 12 年了，合作出版《文化遗产保护与风景名胜区建设》，欣然接受为此书作序，是本书的积极支持者之一。

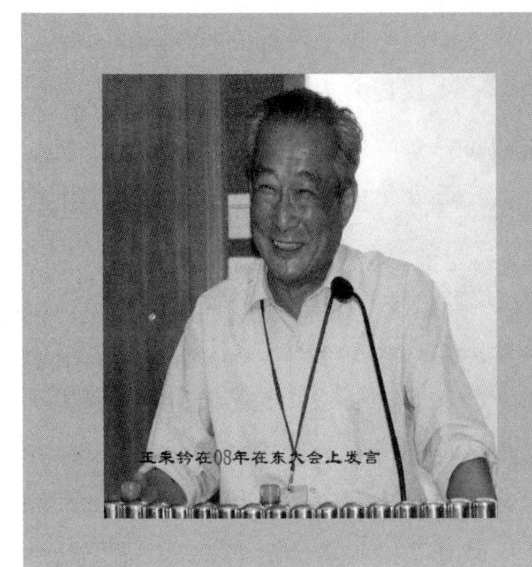
王秉钤在08年在东大会上发言

序五：

犹可追

发展与环境是围绕人类的两大主题，在几千年人类的发展史中，因忽视了环境，甚至以牺牲环境为代价，导致现代全球陷入生态、环境、能源、资源危机旋涡，大有难以自拔之势，引起全人类的警觉　不过，“往者不可谏,来者犹可追”“亡羊补牢”罢,人类总得自己救自己也！

王健民研究员 1958 年于长春地质学院水文地质工程地质系毕业，分配到北京市建工部市政工程研究所（现为北京市环境科学研究院），于 1982 年调到南京江苏省环境科学研究所（现为环保部南京环境科学研究所）。他于 1973 年起就参加或主持了北京市、江苏省以及全国、世界银行、联合国的多项重大环境保护研究工作，是我国第一批“老环保”，是我国早期环保事业的开拓者之一，开启了环保人生。几十年来他著述颇丰，一直在为环保科学研究做着实实在在的创新研究。虽然已年近八十，但他依然笔耕不辍。近年他偕同多位环保专家及教师，罄尽近半生心血写成的《杞人忧天——只有一个地球》让我审改、写序。

我作为基层工作人员，面对学者们的要求真是诚惶诚恐啊!但书稿既已通过电邮发来，还是先学学再说吧。岂料打开他们书稿，言简意赅、妙趣横生的鸿篇巨制却让我爱不释手地阅读起来，甚至放弃了炎炎夏日去青海夏都旅游机会，集中用十余天时间对他们的著述进行了认真学习和审校。他们谈天、说地、道气、涉水、讲人的睿智，频频的独到见解——论述有据，数据翔实，堪比环保百科。本书的特点是摆事实，讲道理，让人信服。特别作为我国核工业战线的一个老员工，对他们对环球核事业的公允评价和理性的愿景，令我十分赞赏。

王先生祖籍湖北省蕲春县蕲州镇。说来惭愧，我作为湖北的女婿，在儿孙成群之后，耄耋之年才第一次和老伴回蕲州。王先生是我的几个孙女、孙子的大舅爷。我的老岳父 1948 年因病去世，年纪尚青孤寡岳母打工抚养四个儿女成人、成家、成才，真是功高盖世，无与伦比啊！去年以 99 岁高龄离世时，大舅爷带领全家在南京西天寺公墓泣祭二老分离 64 载后的合葬，表达了一个赤子之情。在南京我们刚完成为老泰山周年祭扫之后，一同驱车回蕲寻根、问祖、探亲、访友，大舅爷成了我们最好的“乡导”，还一道拜谒了李时珍陵园和参观了他的母校（蕲州三小及蕲春县一中），在三小的走廊上挂着他与许多出自该校的名人照片及简介，我让他为我照了一张照片留念；一中校园宏大，正在上课，未及仔细参观。他还是位忧民忧天的环保工作者，他对读者的情怀也跃然于书中，颇有老乡祖李时珍为中医献身的济世救民的情怀、胡风为追求文学真理而斗争的勇气、李四光引领地球科学的执著品格。故我赞同书介：

“本书是学习50年前问世的《寂静的春天》的习作，作者积40年环保科学之研究，从一个专业人士的角度提出了12个方面60个涉及全国性、全球性的重大生态环境资源保护热点问题，实事求是地扼要介绍了生态环境资源背景及其危机的严重现状、危害程度及产生根源，这与每一个人都有密切的关系。本书提出了许多您闻所未闻的‘为什么’？适合初中以上的学生、教师、学者、专家、工程师、企业家及关心环保读者阅读，乃至国家各级管理者及决策者参考，并可作为媒体宣传、环保教育及培训班的参考书，希望得到广大读者的关注、共鸣和反馈。”

2013年9月3日于兰州404厂

作者记：王秉钤（高工，原任中核404厂副厂长，现任中核404科技委顾问）

他是与我国特大型联合企业——酒泉原子能联合企业一同成长起来的老一代核工业的杰出代表[文中谦称：中核老者]，为审校此书舍去青海度夏，花了十多天，大刀阔斧的删补并逐字逐句的校改、增补，欣然接受为此书作序，并再次叮嘱“还需三校才能付印”！

序六

天之道

《杞人忧天——只有一个地球》的书稿摆在我面前，这是老一辈环保工作者王健民先生几十年心血的结晶。老先生让我写序，我诚惶诚恐，实不敢当，后因老先生的一番话促我拿起了笔。

老先生说让我写几句话主要是因为我是个在教育行业工作了近三十年的教育管理者和实践者，而且对诸如环境保护等关系到国家乃至整个人类的未来的重大问题的知识普及也做了一些工作，同时希望由我及更多的教育工作者的努力，更好地在青少年中形成环保意识，普及环保知识。

“杞人忧天”这个古老的故事对于中国人来说是再熟悉不过了，在西方以及国外其他文化中也有相类似的故事表达。通读王健民先生的书稿，通过翔实的资料和严谨的论述，让我们每一个“杞人”不免真的严重地“忧”起“天”来。

想到有一年的高考作文的材料：

翻开语文课本，走进中国古典诗词，我们发现古人的世界无不放射着“自然”的光芒。但随着时代的发展，古典诗词却遭遇到了现代尴尬：一边是秃山秃岭、雀兽绝迹，一边是“山光悦鸟性，潭影空人心”“两岸猿声啼不住，轻舟已过万重山”的脆音朗朗；一边是泉涸池干、枯禾赤野，一边是“两个黄鹂鸣翠柳，一行白鹭上青天”“西塞山前白鹭飞，桃花流水鳜鱼肥”的一遍遍抄写；一边是暴尘浊日、黄沙漫卷，一边却勒令孩子体味“乱石穿空，惊涛拍岸，卷起千堆雪”的盛况……何等艰远、何等难为的遥想啊!明明那“现场”早已荡然无存，找不到任何参照和对应，却还要晚生们硬硬地“抒发”和“陶醉”一番。

这则材料的核心就是现代人与自然如何相处的问题。材料中的文字大体上可以分为两个对立的方面：一是古典诗词中的自然，一是现实生活中的自然。同一个世界，不同的时代，人们所处的自然存在着天壤之别。清醒着的人类猛然发现，古诗中的自然正在一步步地远离我们。当我们现代的学生沉浸在古人为我们营造的优美意境中时，一种荒唐、悲怆的情感油然而生。

这是出题者的忧愤，如同鲁迅对国民的忧愤。当然，王健民先生的忧愤远大于此，书稿的内涵也远大于此。单就上面的作文题中涉及的问题在书中的详细阐述，我们便可看出编著者的“为君计，为民计；为当下计，为未来计”的用意。

我们不难发现，上面问题的矛头直接指向了现代人对自然的破坏。中国早就有自己的“环境文化”。四千年前的夏朝，就规定春天不准砍伐树木，夏天不准捕鱼，不准捕杀幼兽和获取鸟蛋；三千年前的周朝，根据气候节令，严格规定了打猎、捕鸟、捕鱼、砍伐树木、烧荒的时间；两千年前的秦朝，禁止春天采集刚刚发芽的植物，禁止捕捉幼小的野兽，禁止毒杀鱼鳖。中国历朝历代皆有对环境保护的明确法规与禁令。而现今人类在高速发展自己经济的同时，却在破坏着自己的生存环境。根据材料中引用的诗句，我们可以联想到当今人们所面临的自然环境问题：全球性气候变化，生物多样性锐减，酸雨，臭氧层破坏，有毒化学品的污染及越境转移，土壤退化正在加速，淡水资源的枯竭与污染，海洋生态危机，森林面积急剧减少，突发性环境污染事故及大规模生态破坏……近些年来，中国的自然生态环境恶化程度日趋严重，其原因与国人的环保生态意识差，有关方面对生态保护的政策与措施施行不力有直接的关系。为了缓和人与自然的矛盾，构建人与自然的和谐，我们人类要做的就是不要破坏自然，要爱护自然，保护自然。

每一个教育工作者，在教书育人的同时，都要时时刻刻关注“人与自然”，将“人与自然”的知识在青少年中普及开来。要教会学生将人对自身与自然现象的关系进行思考、对自身“反自然”行为加以质疑、对构建人与自然和谐关系进行理性的探索。

《杞人忧天——只有一个地球》让我们知道“天”是什么样的，为什么“天”在变，“天”会变成什么样，“杞人”们在做什么，我们又该做什么。

在拜读书稿的过程中，我不断地和我的同事，我们的老师和学生探讨着。我觉得我们的教育最应该关注的是：

一、树立科学的自然观，尊重自然，认识自然，善待自然。现在和未来的人类应该聪明地对待自然，对人类以外的生命始终怀着尊重之心，善待之心，在广袤的自然世界中为自己开辟了一个与自然既有联系又能使自己惬意的世界。

二、关注现在，预示未来。关注生活中的小事，一个饭盒、一棵小树、一块绿地、一方天空、一只小鸟，在关注的行动中体现一种意识，一种思想。同时不断描绘、构建未来社会人与自然和谐相处的美好画面。

三、天之道。三千多年前的老子就说过：“人法地，地法天，天法道，道法自然。”可见，向自然学习从来就是人类思考自身生存与发展的严肃问题。然而，到了现代，“杞人”所展现的人类与自然的隔膜，人们对自然的疏离，只在钢筋水泥间构筑自己越发虚幻怪异的幻梦。科技的进步，尝到甜头的人类失去了对天地自然的那份朦胧时代里的天然敬畏，嘲笑、轻视自然进而妄自尊大，以为天地间唯人类是第一。然而，面对自然的一次又一次的惩罚，人类终于收敛了对自然轻浮、贪婪的面孔，并由自发向自觉地认识到，自然没有人类想象的那么浅薄，浅薄的倒是人类自己。于是，“杞人忧天”的编著者们怀着尊敬、虔诚的态度带领我们重新来认识自然，学习自然，这绝对是人类发展史上的大问题。

四、多一些“杞人”。在词典及教育中，“杞人忧天”是贬义词，经过本书的论述，从现在起，我们是不是可以修改成褒义词了？我们尊重“杞人”的“问天”精神，我们更要实践“杞人”理论。我以一个教育工作者的身份呼吁：多一些“杞人”，多一些“杞人”精神，通过我们的努力，让一代一代后人的天更蓝，山更绿。

我最早结识王健民先生不是因为环保，而是王老对环保的挚爱打动了我。在南京随园这个美丽的校园的静夜里，我愿随着这本书的出版发行，让更多的人为王老所感动，所带动，“忧愤”起来，“忧天”起来！

2013年10月于南京

作者记：倪文平（江苏南师教育培训中心中、小学部校长，南京师范大学文学硕士）

从事中、小教学及管理近三十年，经验丰富，创办培训学校和“一格杯”品牌作文，深受学生的欢迎；为人厚道，平易近人，在教师及家长中有良好的口碑；在教学中注重环境保护意识及知识的传授；为了让下一代能“忧愤”“忧天”起来，拟与省有关部门合作，向环保部申报江苏省青少年环境保护活动基地的建设项目，让世世代代传承下去。

序七

真 善 美

“位卑未敢忘忧国”的健民诸君的专著《杞人忧天——只有一个地球》就是雨果式的胜利，我们每位有良知的人不该怨天尤人，而应该成为孟圣公式的仁爱多福之人。

（一）

在美丽、古香、神奇、深邃，总给人一种莫名的深深吸引和无穷的久久回味的随园里，倪文平君传给我一本厚重的书稿清样——健民诸君的《杞人忧天——只有一个地球》，嘱我撰写一篇重点偏于环保教育方面的序言，一来这对我是大姑娘坐轿子，二来挚情难却，权当是又一次新的学习，就写一篇读后感吧。

两个多月来的阅读过程中，我惶惶不可终日，压力和焦虑与日俱增，社交及应酬宴会一一推脱。健民诸君的专著，读之倍加思绪之绵长而忧虑之日甚，有理有据，清晰、明了，有故事而可读性强，有评述而发人深省，有读者思考而令人反求诸己、躬身自问：书名之为“杞人忧天”，实非也！只有具有大爱之精神，全球之视野，科学之思维，可持续发展之思想，方才能有此等“忧天”之深情啊！我愿意成为这样的“杞人”并践行之。

（二）

健民诸君的书中，再现了目前地球上环境污染、环境危机之现状，文字简明，数据确凿。这都是地球上已经发生的历史事实，这是“真”——不容置辩的真实，令人震惊而惊骇的血淋淋的“真”。

健民诸君的书中，追本溯源，用各国科学家、部门专家发表的著作、言论，深层次剖析之，揭示造成如今环境不堪现状的内外因之滥觞。严谨而缜密，深刻而有理。这是反求诸己，唤醒“自了汉”的人们，全世界人联合起来，地球是一个整体，栖居地球之上的人们也是一个息息相关的整体，我们不能只从“我”的角度看问题，而应该从“地球村民一家亲”的视角思考解决问题，事物都是内在相关联系的，这是“善”——知识分子的良善，令人心惊而惊醒的暖呼呼的“大德”之“善”。

健民诸君的书中的“编者评述”“读者思考”，明确了健民诸君的思考和情感态度，旗帜鲜明，忧患深深，思虑重重，拳拳赤子之心若见。这是拯救地球拯救我们人类自己生存的药方，这是“美”——美的情怀，令人惊喜的期望的“美”。

“被人揭下面具是一种失败，自己揭下面具是一种胜利。”这是“法国19世纪前期积极浪漫主义文学运动的代表作家、人道主义的代表人物，被人们称为‘法兰西的莎士比亚’”的维克多·雨果对我们振聋发聩的告诫。

“爱人不亲，反其仁；治人不治，反其智；礼人不答，反其敬——行有不得者皆反求诸己，其身正而天下归之。诗云：‘永言配命，自求多福。’”这是“民本思想”的先驱者孟轲，被誉为“亚圣公”的孟子对我们的语重心长。

由此观之，“位卑未敢忘忧国”的健民诸君的专著《杞人忧天——只有一个地球》就是雨果式的胜利，我们每位有良知的人不该怨天尤人，而应该成为孟圣公式的仁爱多福之人。

亚当·斯密，写了《国富论》，还有《道德情操论》相辅助之啊。“仓廪实然后知礼义，衣食足然后知荣辱。”管子等先贤们在说到富民的时候，也从来就没有忘记道德教化。

人是道德的存在物，国家更是道德的存在物。国家政府的责任不应该只是发展经济，甚至不应该主要是发展经济。在今天市场经济发展起来以后，国家就应该承担起倡导良好道德风尚的责任。孔子说过：“政者，正也。子帅以正，孰敢不正？”政府是人民的模范，当政府及其官员奉公守法时，人民自然会奉公守法。当政府以美德为追求时，人民自然也会树立起正确的荣辱观。因此，政府及其官员既是道德建设的主体，也是道德建设的主要对象。

环境问题，由于人类活动作用于周围环境所引起的环境质量变化，以及这种变化对人类的生产、生活和健康造成的影响。人类在改造自然环境和创建社会环境的过程中，自然环境仍以其固有的自然规律变化着。社会环境受自然环境的制约，也以其固有的规律运动着。人类与环境不断地相互影响和作用，产生环境问题。经常看到有关报道：

“这是目前全球面临的十大环境问题。”

“这是当前威胁人类生存的十大环境问题。”

“这是当下中国环境面临的十大问题。”

看了健民诸君的书稿后觉得，何止是“十大问题”那么简单啊，正如《我们共同的未来》中所断言的：“地球是一个大世界，不久之前，人类活动及其影响还一直限制在国家之内，部门之内（能源、农业、贸易）和有关的大领域内（环境、经济、社会），这些限制已开始瓦解，特别是在最近十年中。这些不是孤立的危机：环境危机、发展危机、能源危机，它们是一个总危机。”全球人类生态环境资源危机的确到了最危急的时候！

（三）

改革开放30年来，中国的经济持续高速增长。经济指标总能超额完成任务，但是，环境指标却年年欠账。“局部改善，总体恶化”是中国年度环境报告的惯用语。换句话说，中国经济发展是建立在资源大量消耗，环境严重污染的基础上的。按理说，中国应该避免走别的国家已付出代价的弯路，但是中国这 30 年走的还是“先污染，后治理”的道路，“污染”是肯定的，大范围的；但是，“后治理”还不知道什么时候才能治理，到时候能不能治理也还是个问题。中国的环境问题是一个复杂的社会问题，最根本的就是由于人口过多引起的一系列的问题。现在中国人均收入排到世界100名以后，可以说中国人还很穷。遇到经济和环境冲突的时候，国家和地方政府首先还是会选择经济作为首选；政府官员，为了自己的政绩，不会关心遥远后代的生存环境。而很多工业企业会对政府的环保举措百般阻挠或者选择逃避；中国缺乏新闻监督制度，旨在保护环境防止污染的民意无法达到最高层，加上部分官员腐败，企图从开发资源破坏环境的工程中捞黑钱，启动了对环境有潜在危害的工程，等等。这些导致了严重的水污染、大气污染和土壤污染。

（四）

怎么办？每个人都应该为自己的选择负责，不应该把自己的失败归咎于外界因素。

第一步：“从我开始做起！从现在就开始做起！从身边的每一件小事开始做起！”

第二步：“从我家开始做起！”

第三步：“从我的朋友开始做起！”

第四步：“从我身边的各个组织开始做起！”

尽心做好我们自己应该做的，尽力做好我们自己所能做的，不抱怨，唯务实，那么我想：方法总比困难多！健民诸君的“杞人忧天”就是“忧”得其所了！我们地球村人，就是生活在“与自然和谐，与他人和谐，与社会和谐，与自己和谐”的蓝天碧水间，提倡从工业文明向生态文明的转型，把人类的经济系统视为生态系统的一部分，在生态文明时代，科学技术不再是人类征服自然的工具，而是修复生态系统、实现人与自然和谐的助手。让人与自然真正实现“和谐”，环境问题才能够从根本上解决。

就让我们“己所不欲，勿施于人“，做到“行有不得，反求诸己”，做到“己欲利而利人，己欲达而达人”吧，就“让不道德的事情，从我开始止步，画上休止符”吧!

唯愿如此，我们人类同胞们，就能够“充满劳绩，诗意地栖居在大地上”！

王时忠

2013 年 10 月 20 日于南京师范大学随园

作者记：王时忠（国家心理咨询师、省级教坛之星、高级讲师 华东师范大学研究生、安徽师范大学教育硕士）

学习王时忠老师这篇“读后感”后，实在汗颜。他竟用了两个多月时间审读、修改本书送审稿，这种负责、认真、求实的精神令我感慨不已！此文名为“读后感”！实为“画龙点睛”之笔，更能引发作者—读者—评论者的共振！请读者细细品味这篇序吧。

序八

润新苗

有幸拜读王老先生用半生的心血和智慧撰写的具有科考价值的环保奇书——《杞人忧天——只有一个地球》，受益颇多，感动颇多，同感相怜，值得普及推广重读。可喜可贺，未及成序，献诗一首：

织女牛郎隔河望，喜鹊重翅难搭桥。

杞人并非忧天地，乾坤咳血人变愀。

天灾自然难御衡，人为掘墓自相扰。

杞人忧天如惊雷，普降甘露润新苗。

2013年10月27日于南京

作者记：陈士润（中国管理科学研究院研究员　中国云教育研究院副院长）

一次机会认识陈副院长，是最新云教育模式的倡导者之一，提起完成一本环保科普著作，拟请先生审阅、把关、评介，陈先生在百忙中，凝结出诗一首传来，字字珠玑，特致谢！

导言（题解）

杞人忧天　说的是古时有个杞国人，他悲天悯人，担心天塌下来人们如何活得了？！不厌其烦，逢人就唠叨。自以为是的聪明人对其不屑一顾，而且贬之为“杞人忧天”，笑话他是“庸人自扰”。

我采用“杞人忧天”这个题目，是不是正中了这些聪明人的讥讽了呢？其实不然，在我看来，这个“杞人”可不简单，按照今天的现实及标准，他简直就是位伟大的风险家、思想家、智者！

君不见现在地球不就出现了“臭氧层空洞”“温室效应”“热岛效应”“太空垃圾”“核冬天”“全球能源、资源、水源危机”“全球大气、江河湖海、土壤污染危机”“全球生态危机”“中国环保到了最危急的时候”以及“全球环保到了最危急的时候”等很严重的生态环境问题吗？“天”不是真的要塌下来了吗？

可见，该笑的人，不是这位“杞人”，而是那些自以为是的聪明人呢！我愿意当“杞人”那样的庸人，全球出现一个、几个庸人无碍大局，但是如果出现很多自以为是的聪明人，尤其是各国、各级、各部门的决策者，那是会误科学、误人才、误国、误民和误人类的呢！留白话诗一首抒怀：

经济社会和生态　　个中奥妙谁能猜　　因果报应恶循环　　小小环球祸成灾
赤道两极炎和寒　　人世贫富两分开　　万物生死谁排定　　人类岂能回头来

正文共 12 个部分，加上前言、后语、参考文献及附录，算是 16 个部分。正文每部分 5 节，每节分 5 小节：第 1 小节提出问题及背景；第 2 小节问题深入；第 3 小节问题拓展；第 4 小节是编者评述；第 5 小节读者思考；共 60 个环保小课题（见目录）。

撰写思路是基于如下设计：① 总体上是：由天到气，由气到水，由水到地，由地到生，由生到人、由人到社，由社到经，依自然、生命、人的进化途径，还原人之本。看来似乎无所不包，实际是不包无所，生态环境资源保护这个题目实在有如小宇宙，本书所述不过苍天一粟；② 大体上是：由大到小，由远到近，由简到繁，由粗到细，由表到里，由浅到深，提纲挈领；③ 方法上是：古今结合、中外结合、虚实结合、杞人忧天、后羿射日、夸父逐日、女娲补天、潘多拉魔盒、多米诺骨牌、国王死、问号悖论、王氏公式、玄而又玄，遐思翩翩！

本书中提出了许许多多生态环境资源保护研究课题，并提出了许多"？"，是考虑读者的需求及科普书的性质与特点，相当"关键词"。其中许多是重大的、您可能闻所未闻、想所未想的"为什么"？ 适合好奇、好学、好问并希望一探究里的学生、教师、工程师、自然科学家、社会科学家、经济学家、企业家，乃至国家管理者及决策者参考，相信总有几个为什么会引起您的兴趣。

人类何去何从？中国环保何去何从？全球环保何去何从？请大家思考，请破解。

当然这是我们一家之言，好多问题我们也是似是而非，与其说是我们写给读者的，还不如说是作者想以此方式与读者建立起一个共同感兴趣的话题的联系通道和平台，概以为"悖论"向读者请教。对于疏漏及错误之处，敬请不吝指正，谢谢！

2013 年 10 月 1 日

wjm3352497@163.com

目　录

> “……但是我们不要过分陶醉于我们对自然界的胜利。对于每一次这样的胜利，自然界都报复了我们。每一次胜利，在第一步都确实取得了我们预期的结果，但是在第二步和第三步却有了完全不同的、出乎意料的影响，常常把第一个结果又取消了。”
>
> ——恩格斯《自然辩证法》

警钟长鸣

1.1　∞×1/∞＝？——只有一个地球

题目看起来是一个算式，前面的“∞”是无穷大、后面的“1/∞”是无穷小，无穷大乘无穷小等于什么呢？看起来好像是一道简单的算术题，答案似乎也是明摆着的，好像一个学过乘法的学生都能答得出来；但细究起来，不仅是一道数学难题，而且还隐含着一个自然科学难题呢，里面还蕴涵着一个与我们人类、生命和地球关系十分密切的重大事实、奥妙和哲理呢！

1.1.1　无穷的宇宙

宇宙是那么的迷人，又是那么的不可思议！宇宙之大往往是用“光年”来度量的，光速每秒近 30 万 km，可以绕地球赤道七圈半，1 光年＝9.46×10^{15} m；人们往往只知道宇宙之大，而不清楚宇宙之小，宇宙之小也是用“光年”来衡量的，只不过是光速的倒数。

宇宙从宏观及微观两个方面观察都是无穷的，从宏观方向看是无穷大，从微观方向看是无穷小，这才是全面的宇宙观。

中国著名的科学家钱学森将宇宙从小到大分为若干层次：——？——？——？——渺观——微观——宏观——宇观——涨观——？——？——？，每个层次间相差竟达 1 000 000 000 000 000 000 倍！

这里的“宏观世界”约为 10^2 m 大小，大体相当一个篮球场，是牛顿力学研究的领域。

在宏观世界之下称为“微观世界”，其典型尺度为 10^{-17} m，相当大分子及基本粒子的大小，是量子力学的研究领域。

在微观世界之下称为“渺观世界”，其典型尺度为 10^{-36} m，比微观世界还要小 10^{19} m，属待认识的世界，是新的超弦理论研究的领域。

在宏观世界之上称为“宇观世界”，其典型尺度为 10^{21} m（10^5 光年），相当银河系的大小，正是天文学家的世界。在宇观世界里，存在无数的星系和数以亿计的星球。

在宇观世界之上称为“涨观世界”，其典型尺度为 10^{40} m（10^{24} 光年），比我们现在所能认识的宇宙尺度（几百亿光年）还要大得多，比宇观世界还要大 10^{19} m，也属待认识的世界。

在渺观世界之下及涨观世界之上，钱学森又分别给出多个？以表示宏观宇宙及微观宇宙都是无穷的，因此人的认识也是无穷无尽的，科学研究自然也永不会终结。

1.1.2 有限的地球

地球，从其与太阳系的兄弟姊妹的比较看出，如果不考虑地球上的生命系统，就没有什么特别之处。

古代科学技术落后，只能限于直观，认为地球是静止的、是宇宙的中心，宇宙万物围绕地球转。正像现在还有许多人认为人类是自然的中心一样，是完全盲目的、错误的。地球，只是太阳系“家族”中的一个特殊的成员，月亮是地球的卫星，地球和它的兄弟水星、金星、火星、木星、土星、天王星、海王星等八大行星【注：冥王星已从原太阳系九大行星中除名】，分别按照各自的运行轨道绕太阳运动。太阳系家族中，除八大行星外，还有 160 000 多个小行星、32 个卫星、无数彗星、流星、尘粒和人造的太空飞行物及太空垃圾等物体。

太阳在太阳系中处于绝对的“领导地位”，它集中了太阳系全部质量的 99.9%，它的半径是地球半径的 109 倍，它的面积是地球面积的 12 000 倍，它的体积是地球体积的 130 万倍。而太阳又只是银河系中 1 000 多亿颗恒星中的一颗恒星；银河系又只是宇宙中无数星系中的一个星系而已。

地球与太阳相比，就显得很小了；要是与宇宙尺度相比，简直就比“沧海一粟”还要小得多。可见，地球是很小的、有限的，如果在宇宙中寻找地球的话，比大海捞针还要困难得多。

1.1.3 只有一个地球

地球是太阳系八大行星中从内到外的第三颗行星，诞生在一系列宇宙参数神奇的交合在一个“奇点”上，为产生生命搭建了一个天宫。地球是目前宇宙探测认知的唯一存在宇宙人的星球。从这个角度和意义上可以说：只有一个地球！宇宙是人类的根本！人是天之骄子！

地球诞生于45.4亿年前，而生命诞生于地球诞生后的10亿年内。从地球表面来看，地球也是个气球、水球、土球、生物球、人类智慧球。这就是地球区别无边宇宙中数以亿万计的天体的根本所在！也可以说地球表面形成的气圈、水圈、土圈及生物圈，根本改变了原始地球的恶劣的环境质量，才能够形成孕育生命的天宫、温床及安乐窝，地球的存在价值是人类，是社会经济发展的聚宝盆、摇钱树和生态银行，而智慧的人类却损害与破坏了她，以致难于甚至无法弥补。人类之所以聪明无比，因为人类本就是天神，应该遵循天道，懂得天律，与天和谐相处，坚持科学发展观！珍惜与爱护来之不易、绝无仅有的地球！

专栏 1-1 人类起源简介

在探索人类起源时首先要确立一个前提，即人类是一个生物物种，他只能有一个祖先，不可能是多个祖先。不能说黑人有一个祖先，而白人又有另一个祖先。因为不同的物种之间虽能婚配，却不能生育后代，只有同种能育。如果我们主张人类多祖论，就会在生物学上犯常识性的错误，现在已证实了人类多祖或多元论是违背科学常理的。猿人分为早期猿人和晚期猿人。属于早期猿人的人类的化石，有1960年在东非坦桑尼亚西北部发现的“能人”，1972年在东非坦桑尼亚特卡纳湖发现的Knmer1470号人等，他们生活在距今170万年至300万年之间。属于晚期猿人有印尼的爪哇直立人、莫佐克托人，欧洲的海得堡人，我国的元谋人、蓝田人、巫山人和北京猿人等，生存在距今50万年至200多万年之间。猿人是从猿到人的过渡阶段的中间环节之一，恩格斯称之为“完全形成了的人”。【摘编自：360百科】

地球虽然很小并且有限，但它却是一颗特殊的星球。与宇宙亿万颗星球相比，迄今为止，只有地球确实不仅仅存在生命、生命系统，而且存在人类。没有生命、没有生命系统、没有人类的亿万颗星球，只是简单的物理星球而已；而地球因为有了生命、生命系统及人类社会经济系统，变成了一颗具有特殊复杂系统的智慧星球了。

人类运用现代科学技术进行了“外星人”的大量探索性研究，迄今为止，还没有确切的资料能证明其他星球存在生命，更没有证明存在生命系统及“外星人”。所谓的UFO，少数是自然现象；绝大多数是某些国家绝密的军事试验装置，如解密的美国51号地区，就是曾认为捕获了“外星人”的秘密关押场所，其实是试验“飞碟”“隐形机”“超音速机”等尖端武器装置的军事基地。有一点宇宙尺度常识的人，都不会相信是外星人到地球探访的。虽然宇宙人类的科学探讨不会终结，但是，可以肯定的是，这种探讨是十分渺茫的。这是因为，生态学家经过测算后指出，宇宙中出现生命的几率（机会）是极小的，小到只有 $1/10^{200}$～$1/10^{4000}$ 的可能性，这是一个比“零”只大一点点的几率；而从初级生命形式再进化到具有高度智慧的人类，这中间还要经过许许多多从量变到突变的过程，而每一次突变都同样是不容易的，何况最终进化到人类的漫长过程，不仅仅取决于许多适宜的生态要素和因子，而且还特别取决于这些因素和因子的万分奇妙地、天衣无缝地集合到一个“奇点”的组合。

作者借用一个简单的式子【王氏公式】来表示宇宙星球产生生命、生命系统及人类的可能性：

$$\infty \times 1/\infty = ? \approx 1$$

上式的 ∞ 表示从宇宙之大角度看，在地球外的亿万颗星球上存在生命或外星人的可能性是无穷大的；而 1/∞ 表示从产生生命及人类的生态环境质量条件看，除地球外其他星球存在生命或外星人的可能性又是无穷小的；它们的乘积等于什么呢？可以说是从无穷小到无穷大，至今科学确定的只有一个地球上具有产生生命及人类的生态环境质量条件；以及生物及人类确确实实的在地球上产生、生存与发展着。也就是说，有一个确定解——只有一个地球，因此，上式是可以确立的。地球在宇宙中的如此特殊的地位、作用和价值，由此而确立。我们地球上的生命系统及人类多么幸运，我们要十万分地维护好地球，也就是要十万分地维护地球上的生命系统及其生态环境质量条件，也就是维护我们人类自己。

地球具有哪些无与伦比的环境质量条件呢？

（1）优异的太空生态位：20 世纪初，美国天文学家沙普利发现巨大的球状星团分布在以人马星座为中心的一个直径约 10 万光年的球形范围内。他得出的结论是：这个中心也是银河系的中心，因此银河系看上去像是镶在球状星云中的一个扁平圆盘。多年来，科学家通过射电天文学、光学天文学、红外天文学、X 射线天文学等各种技术手段，更精确地测定了银河系螺旋形两翼、气体云、尘埃云、分子云等位置。现代研究得出的基本结论是：我们的太阳系位于银河系螺旋翼内侧的边缘，距离银河系中心大约 2.5 万光年，不远也不近。

（2）优异的太阳系生态位：地球距离太阳不近又不远，确保地球温度及其变化适合生命的产生、生存及发展；比地球距太阳近的金星、水星温度过高，距太阳远的火星温度又偏低。

（3）最优的体积：既不属宇观、涨观，又不属微观、渺观，正好适合地球各类、各种生物的生存。

（4）恰当的质量：地球质量不大又不小，百万吨地球质量所占地球表面积仅为 $850cm^2$，确保了大气层的形成与稳定和保持适当的热量；月亮与太阳的距离与地球相同，但其质量太小，无法保持大气及热量；如果质量太大，吸引力过大，生命就无法活动，大气、水就无法循环、流动。

（5）迅速的自转：地球自转一圈的时间为 2 个 12 h，不长又不短，保障地球表面温度不高又不低，而且保障了地球表面温度的变化不至于过大。

（6）小的公转偏心率：地球轨道偏心率 e 变化在 0～0.067 范围（现在处在 0.017），变化周期约为 102 000 年，因此近日点的温度不致过高，远日点不致过低，也就是不大又不小。

（7）有较大的固体卫星：月球是地球的最大卫星，质量约为 71.8×10^{18}t，距地球 38×10^{4} km，月球在保持地球的适当的自转与公转各个参数上起到重要调节平衡作用，月球卫星质量不大又不小，距地球不远又不近。

（8）有神奇的不可或缺的大气圈：生命也离不开空气，尤其是地球空气的 O_2 与 N_2 与 CO_2 的特殊组成及其适当的比例，是确保生命（动植物）呼吸及营养需要。

（9）有神奇的不可或缺的水圈：生命离不开水，地球是唯一具有液态水的行星，保障了生物的产生与世代利用。

（10）有神奇的不可或缺的土圈：在太阳能及地球各种参数的配合下，地球具有对岩石的适当的热胀冷缩作用，具有大气、水的侵蚀、切割、破坏作用，逐渐形成松散的土壤层，在有机质及微生物、昆虫的协同作用下，形成了适合植物、作物的生长的腐殖质土壤，保障了动物的食物需求。

（11）进一步形成了神奇的独一无二、丰富多彩的生物圈。

以上所说的十一大方面，其中，每一方面又包含许多因素、因子，都要恰到好处地交汇到一个“点”（交集）上，该多么的不易！

专栏 1-2　世界地球日

1970 年 4 月 22 日，在太平洋彼岸的美国，人们为了解决环境污染问题，自发地掀起了一场声势浩大的群众性的环境保护运动。在这一天，全美国有 10 000 所中小学，2 000 所高等院校和 2 000 个社区及各大团体共计 2 000 多万人走上街头。人们高举着受污染的地球模型、巨画、图表，高喊着保护环境的口号，举行游行、集会和演讲，呼吁政府采取措施保护环境。

这次规模盛大的活动，震撼朝野，促使美国政府于 20 世纪 70 年代初通过了水污染控制法和清洁大气法的修正案，并成立了美国国家环境保护局。从此，美国民间组织提议把 4 月 22 日定为“地球日”，它的影响随着环境保护的发展而日趋扩大并超过了美国国界，得到了世界上许多国家的积极响应。

“地球日”诞生后20年中，世界范围内的环境保护工作取得了很大的进展。1972年6月，联合国召开了具有划时代意义的人类环境会议，1973年，成立了联合国环境规划署，许多国家都相继成立了环境保护管理机构和科研机构，环境保护被提上了许多国家政府的重要议事日程，环境问题受到了公众的普遍关注。

在许多重大的国际会议上，环境保护也成为重要议题之一，如1989年召开的44届联合国大会、不结盟国家首脑会议、英联邦国家首脑会议、西方七国首脑会议等都讨论了环境问题，并通过了关于环境保护的决议或宣言。这说明环境保护已成为国际政治和国际关系的“热点”。越来越多的政治家、科学家、有识之士及广大青少年都强烈地认识到，环境污染和生态恶化会使社会的文明进程受到巨大阻碍。

由于环境保护问题已成为国际政治的热点，1990年的地球日活动组织者们决定，要使1990年的地球日成为第一个国际性的地球日，以促使全球亿万民众都来积极地参与环境保护。为此，地球日活动的组织者致函中国、美国、英国三国领导人和联合国秘书长，呼吁以1990年4月22日为目标日期，举行高级环境会晤，为缔结多边条约奠定基础。呼吁各国采取积极步骤，达成协议，以阻止和扭转全球环境恶化趋势的发展。同时呼吁全世界愿意致力于保护环境，进行国际合作的政府，在本国举办“地球日”20周年庆祝活动。

庆祝“地球日”20周年活动的呼吁，得到了五大洲各国和各种团体的热烈响应和积极支持。美国总统布什宣布，把4月22日作为美国法定的地球日，并呼吁公民积极投身到改善环境的行动中去。“1990年地球日”协调委员会主席丹尼斯·海斯事先拜访了伦敦、巴黎、罗马、波恩、布鲁塞尔等地的活动小组，并得到明确的答复，同意将1990年的地球日作为国际地球日进行纪念。亚洲、非洲、美洲的许多国家和地区也都积极响应，组织纪念活动。众多的国际组织，如国际学生联合会、青年发展与合作协会等，也都表示大力支持和积极参与“地球日”20周年纪念活动。1990年4月22日这一天，全世界有100多个国家举行了各种各样的环境保护宣传活动，参加人数达几亿人。从那时起，“地球日”才具有国际性，成为“世界地球日”。1972年6月5日联合国环境会议又进一步确定6月5日为“全球环境日”。【择编自：360百科】

1.1.4 编者评述

上式不是一个常规数学意义上的算式，而是一个极端特殊状况下的表达式。因“∞”及“1/ ∞”为两个极端的不定数，其乘积也应是不定数，处于无穷大到无穷小之间，“趋于1”只是无穷多的不定数中的一个“定数”，从哲学上说，是“偶然之必然，必然之偶然”，显然，这个姑且称为的“王氏公式”不是故弄玄虚，其重要意义在于它是一个数学、宇宙学、地球环境质量学、生命学及哲学的“哥德巴赫猜想”!

地外生命的科学探索无疑是有重大意义和价值的，而且还会持续下去，但是“外星人”

的可能性既然是很小的或不确定性的，“寻求未来地球人类的避难所”更是神话。发达国家与其将数以亿万美元计的资金用于“外星人”及“避难所”的研究，还不如先用来医治被人类破坏得千疮百孔的地球，用来维护确定无疑的、原本最适合人类生存和发展的地球环境质量、生态系统平衡和人类的持续发展更有价值。人类连自己已经拥有的美好无比的“家园”都治理不好，还能够奢望到另一个万分遥远的星球上建立“新的家园”？那些人不仅是地球的罪人，还会变成外星球的罪人！那些口口声声“为了人类未来”只不过是幌子，因为不惜投入巨额资金进行太空探索的真正秘密是：为了霸占太空权、为了掠夺可能被殖民星球的特殊资源，为了全球战争，……这种探索研究对地球生态系统及人类社会经济是福音还是潜在的悲剧？

1.1.5 读者思考

您同意编者的看法吗？如果您有一份全球投票决策的权力，您认为每年数以亿万美元与其投入“寻求外星人”及“寻求人类避难所”等太空探索研究费用；还是作出新的决策，将这笔预算资金的绝大部分转向综合整治地球、计划生育、生态环境保护、教育事业、缩小贫富两极分化更合理有效呢？

中国是世界上人口最多的国家，资源、环境、生态欠账远比发达国家要多得多，中国是社会主义国家，我国的环境日及环境保护工作，是不是应该开展得比资本主义美国还更加轰轰烈烈些和更加有成效些呢？

1.2 人类的欢呼——辉煌的成就

“坐地日行八万里，巡天遥看一千河”。生物幸运地诞生在地球这个“宇宙飞船”上也已有几十亿年了，古人猿也有一百多万年了，人类有史以来也有五千多年历史了，从地质史看，人类在短短的几千年的时间里，神奇地创造出了一个五彩缤纷、丰富多彩的经济社会。如果宇宙中真有“神仙”的话，从宇宙其他星球看地球上的人类，地球人类不就是过着“人间天堂”般的“神仙生活”吗？

1.2.1 人类经济成就辉煌

人类引以自豪的是，仅最近两个世纪世界人口增加了5倍，而国民生产总值（GNP）却增长了40～50倍。在过去的一个世纪中，工业增长了50余倍，其中4/5的增长是1950年以后发生的。第二次世界大战结束后，高速增长的势头长久不衰，世界经济总量平均每20年增长1倍。十几年前世界环境与发展委员会资料表明，全球在20世纪的前半个世纪创造出13万亿美元资产，在后半个世纪中还将增加5～10倍，也就是至20世纪末，可达

65 万亿～130 万亿美元。全球 1999 年就达到 60 亿人，人均为 1 万～2 万美元。我国 1995 年国有资产为 57 106.4 亿元人民币，人均不足 5 000 元人民币或近 600 美元，只是全球均值的 1/32～1/17。我国将用几十年或更长的时间赶上发达国家水平。

1.2.2 人类社会空前繁荣与两次世界大战

原始人类从动物中直立分化出来之日起到农业文明兴起之前，称为采集、狩猎文明时期，经历了数百万年之久，原始人类以双手及制作的简单的石制或木制工具，采集野果、狩猎野生动物、捕捞鱼虾为生。此时期，原始人类基本上还是自然生态系统食物链（网）上的一个环节，原始人类的数量还很少。

大约 1 万年前，在采集狩猎文明末期，人类的生物进化基本完成，进入了农业社会文明时代。在采集、狩猎和捕捞的基础上，开始利用火及铁制工具，进一步焚林狩猎、毁林种植庄稼、驯养动物和养殖渔业，人类已经开始从自然生态系统食物链（网）中解放出来，追求顺应自然，融于自然，并建造有利于自己生存的初级自然—人工和谐的环境；食物有所富余，人口开始增长；刺激了以物易物的交换、初期货币的出现和商业的发展；人类开始无偿地从自然界中掠取，而且民族间为了争夺领地进行着无穷的争斗。

18 世纪中期，人类进入了工业社会文明时代。发明了蒸汽机、纺织机和电，极大地提高了劳动生产率；随之推动了机械化、自动化、电气化、航海事业的迅速发展，冶金、机械、化学、电子、海洋运输等工业迅速兴起；现代市场形成，国际金融中心形成和国际贸易迅速发展；人口迅速增长并向工业城市集中；科学技术迅速发展；煤、铁、石油等矿产及化石能源被开采出来；农药被大量广泛使用。与此同时，城市大气、水源、土壤、生物、食物污染日益严重；环境疾病日趋发展；森林植被被进一步大面积砍伐和焚毁，野生动植物栖息地被大量侵占，物种开始加速灭绝，土地、耕地、矿产日趋减少；城乡分化、工农分化、脑体分化、贫富分化；国际间为了争夺殖民地、海洋、太空的空间能源资源和矿产，局部战争连绵不断，还爆发了两次世界大战，死伤人数无限，资产损失无限。

1.2.3 科学技术一日千里

人类为了自身的生存和发展，科学技术取得了一日千里的进步，推动了生产技术的发展；然而，科学技术的进步基本上都用于加速向自然界的掠夺和同类之间的战争。毁灭了森林草原，建成了农田果园，粮食成山，瓜果飘香；占用了土地，用钢筋混凝土建起了高楼大厦，用沥青、水泥铺满了城乡道路，组成了一座座城镇和公路网；将沉睡在地下亿万年的石油、煤炭和矿产采掘出来为人类发热发光作贡献；一座座工厂矿山如雨后春笋，烟囱林立、机器轰鸣、污水横流，工人生产的产品堆积如山；飞机、火车、汽车、轮船及无线电通讯将城乡间、国际间紧密地联系起来，迅速便捷，世界缩小成了一个“地球村”；

遨游太空已梦想成真；人类又掌握了前所未有的卫星技术、计算机技术、机器人技术、克隆技术、纳米技术；人类还发明了种类繁多的杀虫剂、除草剂、灭菌剂；亿万人享受着前所未有的、神仙也羡慕的电气化、煤气化、机械化的现代化生活；人类的寿命在 50 年里提高了一倍。……的确，人类有充分理由骄傲不是吗？

然而，科学还为人类发明了许许多多杀人的武器，如枪炮、炸弹、导弹、原子弹、氢弹、细菌弹、毒气弹……全球每年用于军事发展的费用不下 1 万亿美元，军备竞赛使各国的军事费用还在不断攀升，20 世纪末，美国每花 1 美元，其中就有 0.43 美元是用于军备和战争预算。他们甚至在和平时期，也会把其他国家当成了“新武器的试验场”，如：1999 年以美国为首的北约军事集团，不就把南斯拉夫国土及中国驻南斯拉夫大使馆当成他们现代军事科学最新武器装备的试验场和靶子了吗？

1.2.4　编者评述

科学技术具有两面性：从正面效应看，正如邓小平所言是促进经济社会发展的第一生产力；如果从负面效应看又是自然、社会、经济的第一破坏力。关键是科学技术掌握在什么性质的国家和什么人的手里和怎么用！

科学技术提供了大量新产品：一方面减少单位产品能源、水源、原材料的消耗的可能性并造福人类；另一方面又包含了很大的危险性，这一点一般不为人们所注意。危险性来自三个方面：一是能源、水源、原材料消耗的总量大大地提高了，以往只注重单耗忽视了总耗，因此科学技术的发展加速了能源、水源、资源的枯竭；二是消耗的能源、资源、水源不可能全部转变成产品，部分或大部分，甚至绝大部分转换为废弃物，而且，所有产品最终也都转化成废弃物，因此，污染物总量及污染物的种类大大地增加了，其毒害性大大地增强了；三是军事技术的发展速度始终超越民用技术，人类已经处于自己毁灭自己的危险之中。研究表明，即使一场有限的核战争，将出现一个寒冷的核冬天；如果一场全球性核战争，生态系统将被摧毁，地球将变成一颗没有生机的荒漠。人类还能生存么？

人类几千年来的奋斗，的确取得了极其辉煌的成就，可是所取得的成果 99.9%都被人类自己享用了，自然生态环境反而严重受害。六十几亿人张开“口”就达 7.2 km^2，人类的辉煌成果都填进了这个无底洞；而且人类的每一项成就，都无不伴随着沉重的破坏自然生态系统为代价，其他生物及环境并未受益；此外，人类的巨大成就并没有消除人类自身的两极分化、贪婪、毒品、妓院和战争等疾患和丑恶现象。在进入 21 世纪的今天，全球还有亿万人民及儿童苦苦挣扎在贫困、疾病和死亡线上，失学、失业、缺医、少药遍及全球！

人类既聪明又愚蠢，作了许许多多聪明的愚蠢事。人类应该反思：发展生产、市场、产品、商品的目的是什么？发展科学技术的目的是什么？发展生产、科学技术的代价有多大？如何减少生产、科学技术的负面效应？人类如何消除科学技术为战争服务？

1.2.5 读者思考

你在为人类的辉煌成就而欢呼的时候，是否想过辉煌成就里面包含了牺牲自然生态系统为代价？是否想过生产、市场、科学技术还存在负面效应？人类为什么会培育长出“战争”这颗毒瘤？自然界会任人宰割吗？科学技术怎样为维护生态系统作出贡献？

1.3 人类的迷茫——自然的报复

1.3.1 人类的陶醉

动物仅仅会利用自然界，单纯地以自己的存在来使自然界改变；而人则通过他所作出的改变来使自然界为自己的目的服务，来支配自然界。这便是人同其他动物的最后的本质的区别，而造成这一区别的还是劳动。

人类庆幸自己超越了其他动物，人类几千年来，成为世界的主宰，一切以人类的好恶为中心，一切以人类的利益为准绳。深陷在支配自然界之中，陶醉在统治自然界之中，而难以自拔。人类几千年来，生产、技术、科学的每一点进步，经济、社会、城乡的每一点发展，人们生活水平的每一点提高，都不仅仅是以利用自然界，而是以支配自然界、破坏自然界取得的。人类总是将自然界看成是自己的“敌人”加以战胜，人类总是将自然界看成是自己的“奴仆”加以蹂躏，为战胜自然界取得的胜利而敲锣打鼓放鞭炮；同时，又进一步制订出一次比一次规模更加宏大的战胜自然界的规划和计划，为每一次这样的规划和计划的实施而奠基剪彩。

1.3.2 警钟长鸣

然而，人类每一次都不能高兴得太早。革命导师恩格斯在他的经典著作《自然辩证法》中就向人类敲响了警钟，警钟的洪亮声音响彻了一个多世纪，至今仍不绝于耳：

“……但是我们不要过分陶醉于我们对自然界的胜利。对于每一次这样的胜利，自然界都报复了我们。每一次胜利，在第一步都确实取得了我们预期的结果，但是在第二步和第三步却有了完全不同的、出乎意料的影响，常常把第一个结果又取消了。”

1.3.3 自然的报复

恩格斯还举例如下：

美索不达米亚、希腊、小亚西亚以及其他各地居民，为了想得到耕地，把森林都砍完了。但是他们梦想不到，这些地方今天竟因此成为荒芜不毛之地，因为他们使这些地方失去了森林，也失去了积聚和贮存水分的中心。（1 hm^2 森林比没有森林的地方，可以多贮水132 t；一个夏季可以蒸腾出292 t水汽，从而可以保持土地和空气的湿润。）

阿尔卑斯山的意大利人，砍光了原被细心地保护的松林，他们没有预料到，这样一来，他们把他们区域里的高山畜牧业的基础给摧毁了；他们更没有预料到，他们这样做，竟使山泉在一年中的大部分时间内枯竭了，而在雨季又使更加凶猛的洪水倾泻到平原上。

在欧洲传播栽种马铃薯的人，并不知道他们也把瘰疬症也一起传播过来了。

……

恩格斯还进一步告诫我们：

"因此，我们必须时时记住：我们统治自然界，决不像征服者统治异民族一样，决不像站在自然界以外的人一样，相反的，我们连同我们的肉、血和头脑都属于自然界，存在于自然界的；我们对于自然界的整个统治，是在于我们比动物强，能够认识和正确运用自然规律。"

"如果我们需要经过几千年才能稍微学会估计我们生产行动的比较远的自然影响，那么我们想学会预见这些行动的比较远的社会影响就困难得多了。"

1.3.4 编者评述

我国及世界几千年来、近几百年来，尤其是近几十年来的生态破坏史，完全证明了恩格斯的论述的英明正确。有一点是恩格斯所未预料到的，那就是：人类在维护生态系统上并不比动物强！人类至今还没有掌握自然生态规律和运用自然生态规律。

人类在即将进入21世纪时，面临一系列全球性、全国性、区域性、流域性生态环境问题，如：温室效应造成的气候异常，臭氧层破坏造成的生态系统损害，有毒有害化学品的污染对大气、水、土环境质量及生命系统的侵害，原始森林趋于灭绝，水源衰减、地下水位下降、泉水枯竭，水土流失，土地退化、沙化、盐碱化、荒漠化、沙漠化，耕地、土地锐减，物种加速灭绝、生物多样性衰减，城市热岛效应，生态系统的结构和功能的破坏，自然灾害频繁，自然生态系统从良性循环向恶性循环转换……有哪一种不是自然报复的结果呢？人类还不能觉醒吗？人类就是把这样一个千疮百孔的自然生态环境带入21世纪。《人有两套生命系统》一书中，甚至提出了"公审人类"的呐喊！

1.3.5 读者思考

假如您是一个：

——决策管理者，您的决策管理行为，对于人类及子孙后代具有决定性的作用，担负着现代及未来的重大责任。您在以往的决策管理行为中取得巨大成就的同时，是否遇到过自然报复的事例呢？您将怎样在今后的决策、规划、计划、管理行动中，遵循自然规律、防止自然报复、将对自然生态系统的影响和破坏减至最小呢？恩格斯的警告是否会成为您的座右铭呢？

——工程技术人员，您的设计思想与工程行为，对于人类及子孙后代也具有较重大作用，也担负着对现代和未来的较重大责任。您在以往的工程技术工作的设计中是否考虑过预防自然报复呢？您完成的工程技术项目是否遇到过自然报复的事例呢？您将怎样在今后的工程技术设计中，遵从自然规律、防止自然报复、将对自然生态系统的影响和破坏减至最小呢？恩格斯的警告是否也会成为您的座右铭呢？

——产业生产人员，你的产品所消耗的能源、资源、水源是最优的吗？其废弃物实现了无害化、循环利用、节约利用、回收利用了吗？

——商业营销人员，你的商品的包装是为了包装物的需要，还是为了多赚钱？是消耗资源最少的吗？包装物是可以回收利用的吗？是不含毒物的吗？是可以自然降解的吗？

——一个学生，你看到恩格斯的警告之后有什么感想呢？你身边是否存在自然报复的现象呢？你知道 1998 年的特大洪水与自然报复有什么直接或间接的联系吗？你们将是 21 世纪的接班人，无论你将来从事什么工作，你都会与自然打交道，你将以一种什么样的新姿态迎接 21 世纪的机遇和挑战呢？是继续人类几千年来的失误，还是参与创造一个人类与自然和谐相处的未来，用恩格斯的教导永远激励自己？

1.4 人类处于十字路口——向何处去

人类对于生态环境问题的觉醒是从 1962 年蕾切尔·卡逊的《寂静的春天》一书的出版和广为流传开始的。该书作者通过农药的大量生产和滥用，造成大气、水、土壤、生物环境的污染，农药在生物体内通过食物链的千百万倍的富集而受害，鸟儿死亡了，春天消失了往日的生气和色彩。1972 年吕瑞兰、李长生合译成中文（见专栏 1-3)，为我国广大读者心中点燃了一盏明亮的灯；作者 1974 年为《科学知识》撰写了一篇《寂静的春天》的简介。吕瑞兰、李长生都是作者的好朋友，还是作者从事环境保护科学研究的领路人，我十分敬重与爱戴他们，在北京西郊环境质量评价合作研究中，受益匪浅。他们撰写的《寂静的春天》译者后记，是一篇值得很好回味的记述，我们为蕾切尔·卡逊的早逝而痛心，那些诋毁和攻击蕾切尔·卡逊的人的良知何在？公理何在？20 世纪 60 年代前美国都没有"环境保护"这个词汇，而今以环境保护为基本国策的中国还会重演美国的悲剧吗？

美国前副总统阿尔·戈尔为什么会为《寂静的春天》作了长篇大论的"序"呢？这在中国可能有些不可思议，几乎是天方夜谭，但是确确实实，请读者能够耐心地阅读完（可从网上下载）并反复回味，一定会有所收获。

专栏 1-3 《寂静的春天》译者后记【吕瑞兰 李长生】

《寂静的春天》于 1972—1977 年陆续译为中文，开首几章曾在中国科学院地球化学研究所编辑出版的学术刊物《环境地质与健康》上登载，全书于 1979 年由科学出版社正式出版。

《寂静的春天》1962 年在美国问世时，是一本很有争议的书。它那惊世骇俗的关于农药危害人类环境的预言，不仅受到与之利害攸关的生产与经济部门的猛烈抨击，而且也强烈震撼了社会广大民众。你若有心去翻阅 60 年代以前的报刊或图书，你将会发现几乎找不到“环境保护”这个词。

这就是说，环境保护在那时并不是一个存在于社会意识和科学讨论中的概念。确实，在长期流行于全世界的口号“向大自然宣战”“征服大自然”中，大自然仅仅是人们征服与控制的对象，而非保护并与之和谐相处的对象。人类的这种意识大概起源于洪荒的原始年月，一直持续到 20 世纪。没有人怀疑它的正确性，因为人类文明的许多进展是基于此意识而获得的，人类当前的许多经济与社会发展计划也是基于此意识而制定的。卡逊第一次对这一人类意识的绝对正确性提出了质疑。这位瘦弱、身患癌症的女学者，她是否知道她是在向人类的基本意识和几千年的社会传统挑战？《寂静的春天》出版两年之后，她心力交瘁，与世长辞。作为一个学者与作家，卡逊所遭受的诋毁和攻击是空前的，但她所坚持的思想终于为人类环境意识的启蒙点燃了一盏明亮的灯。

蕾切尔·卡逊 1907 年 5 月 27 日生于宾夕法尼亚州斯普林代尔，并在那儿度过童年。她 1935—1952 年供职于美国联邦政府所属的鱼类及野生生物调查所，这使她有机会接触到许多环境问题。在此期间，她曾写过一些有关海洋生态的著作，如《在海风下》《海的边缘》和《环绕我们的海洋》。这些著作使她获得了第一流作家的声誉。1958 年，她接到一封来自马萨诸塞州的朋友奥尔加·哈金斯的信，诉说她在自家后院饲养的野鸟都死了，1957 年飞机在那儿喷过杀虫剂消灭蚊虫。这时的卡逊正在考虑写一本有关人类与生态的书，她决定收集杀虫剂危害环境的证据。起初，她打算用一年时间写个小册子，但随着资料的增加，她感到问题比想象的要复杂得多。为使论述确凿，她阅读了几千篇研究报告和文章，寻找有关领域权威的科学家，并与他们保持密切联系。在写作中，她渐渐感到问题的严重性。她的一个朋友也告诫说，写这本书会得罪许多方面。果然，《寂静的春天》一出版，一批有工业后台的专家首先在《纽约客》杂志上发难，指责卡逊是歇斯底里病人与极端主义分子。随着广大民众对这本书的日益注意，反对卡逊的势力也空前集结起来。反对她的力量不仅来自生产农药的化学工业集团，也来自使用农药的农业部门。这些有组织的攻击不仅指向她的书，也指向她的科学生涯和她本人。一个政府官员说："她这个老处女，干吗要操心那些遗传学的事？"《时代》周刊指责她使用煽情的文字，甚至连以捍卫人民健康为主旨，德高望重的美国医学学会也站在化学工业一边。卡逊迎战的力量来自她对真实情况的尊重和对人类未来的关心，她一遍又一遍地核查《寂静的春天》中的每一段话。许多年过去了，事实证明她的许多警告是估计过低，而不是说过了头。卡逊本无意去招惹那些铜墙铁壁、财大气粗的工业界，但她的科学信念和勇气使她无可避免地卷入了这场斗争。虽然阻力重重，但《寂静的春天》毕竟像黑暗中的一声呐喊，唤醒了广大民众。由于民众压力日增，最后政府介入了这场战争。1962 年，当时在任的美国总统肯尼迪任命了一个特别委员会调查书中结论。该委员会证实卡逊对农药潜在危害的警告是正确的。国会立即召开听证会，美国第一个民间环境组织由此应运而生，美国国家环境保护局也在此背景下成立。由于《寂静的春天》的影响，仅至 1962 年底，已有 40 多个提案在美国各州通过立法以限制杀虫剂的使用。发明者曾获诺贝尔奖的滴滴涕和其他几种剧毒杀虫剂终于被从生产与使用的名单中彻底清除。

由《寂静的春天》引发的这场杀虫剂之争已过去几十年了；尘埃落定之后，许多问题变得明澈。第一，虽然滴滴涕和其他剧毒农药已被禁产、禁用，但化学工业并未因此而垮台，农业也未因此而被害虫扫荡殆尽；相反，新型的低毒高效农药迅速发展起来，化工和农业在一个更高的、更安全的水平上继续发展。当环境保护刚起步之时，我们常在"要环保还是要经济发展"的疑问面前犹豫。在"经济—环保"这一矛盾面前，采用什么样的指导思想才能扭转恶性循环为良性循环，《寂静的春天》及其后的一段历史已为我们提供了一个生动的范例。第二，虽然卡逊在这场斗争中获胜，虽然一些剧毒农药被禁了，虽然尔后更多的环保法令和行动被实施了，但我们的环境在整体上仍继续恶化。每年新出现的环境问题比解决得多，环境危害正由局部向大区域甚至全球扩展。我们所面临的困境不是由于我们无所作为，而是我们尽力做了，但却无法遏制环境恶化的势头。这是一个信号，把魔鬼从瓶子里放出来的人类已失去把魔鬼再装回去的能力。愈来愈多的迹象表明，环境问题仅靠发明一些新的治理措施、关闭一些污染源，或发布一些新法令，是解决不了的；环境问题的解决植根于更深层的人类社会改革中，它包括对经济目标、社会结构和民众意识的根本变革。如同生产力和生产关系的对立统一推动了许多世纪人类社会的发展一样，环境保护和经济发展的对立统一正在上升为导引人类未来社会发展的新矛盾。道理是很简单的，如果我们最终失去了清洁的空气、水、安全的食物和与之共存共荣的多样化生物基因，经济发展还有什么意义呢？社会组织还有什么功效呢？20 世纪后半叶是人类思想发展史上突飞猛进的时代。在这个小小的蔚蓝色星球上所出现的新思考中，全球环保意识的迅速觉醒是最具根本性的。一个正确思想的力量远远超过许多政治家的言辞。如今，卡逊的思想正在变成亿万人的共同意识，这一新意识的觉醒正为人类社会向新阶段迈进做好准备。

世界各国虽国情不同，但面对这一跨世纪改革时的痛苦思考是共同的。中国，由于特定的社会、文化、人口和经济条件，环境与资源的问题会显得更加严峻。如果这一问题解决得好，中国有希望成为一片文明昌盛的人间乐土；若解决得不好，中华民族将会经历更深更苦的磨难。这是全世界所有中国人的关切和忧虑。

我们很高兴有这样一个机会，去修订当初翻译时未能深刻理解从而未能准确译出的地方。除改错外，早先被略过的原作者的话、致谢、参考文献等都在新版中补齐。西安外语学院的高万钧先生协助翻译了本书第三章，我们在此深表谢意！【引自：《寂静的春天》/上海译文出版社/2013.05】

除了《寂静的春天》之外，全球的哲学家、自然学家、生态学家、环境学家、社会学家、经济学家、文学家、政治学家等先知先哲们，站在人类未来命运的高度，研究和发表了一系列重要成果和名著，如：《增长的极限》《公元 2000 年的地球》《深渊在前》《从相生到相克》《未来的一百年》《21 世纪的警钟》《宇宙飞船经济学》《动态平衡经济论》《人类处于转折点》《资源丰富的地球》《人类与大地母亲》《对生命的选择》《展望 21 世纪》《生存的蓝图》《自组织宇宙观》《转折点——科学、社会、兴起的新文化》《绿色政治——全球的希望》《觉醒的地球》《熵——一个新的世界观》《地球系统》《生物与环境协同进化》《生命数据》《中国生态资产概论》《中国生物多样性国情报告》《外来物种、生物安全、遗传资源》《生命的密码》《世界的种子》《生态哲学》《人与生态学》《中国生态学》《宇宙全息自律》《生态智慧》《杞人忧天——只有一个地球》《未来——改变全球的六大驱动力》等，都是我们必学的环保百科指南。而且，全球召开了几乎包含所有国家与地区的首脑在内的两届联合国环境保护大会，这就可以掂量出生态环境资源问题有多么大的分量。

对于未来的人口、社会、经济、资源、环境、生态状况，西方开始存在着两种决然对立的观点："悲观论"及"乐观论"；经过全球性大辩论，最终统一到"可持续发展论"上来，遗憾的是这个"可持续发展"仍然是"不可持续的"。对于真正关心人类命运和前途的每一个人，了解和掌握这些人类智慧结晶是必不可少的，虽然这些都是重大的理论问题，但也是关系到每个人及其子孙后代的切身问题，所以绝不是枯燥无味的！

《寂静的春天》中文译者吕瑞兰（左）、李长生（右）夫妇由美回国，
参加于2006年在南京召开的国际大气环境学术会议与作者合照

1.4.1 悲观论

“悲观论”的论著比较多，反映出大多数政治家、科学家们的忧虑。我们可以《公元2000年的地球》为例，该文是1977年由美国官方组织专家编写的提交给总统的全球情势报告，耗资百万美元，历时三载，长达1 200页（我们1981年访美时，美国环境保护专家委员会送给每人一册简本）。报告的主要结论是：

“我们所作出的一些结论，颇令人不安。它们指出：到2000年时可能会发生规模惊人的世界性问题。环境、资源和人口压力正在加剧，并将日益决定着地球上人类的生活质量。这种压力已经严重到难以满足千百万人对粮食、住房、健康和就业的基本需要，或有任何改善的愿望。与此同时，地球承载力（生物系统为人类需要提供资源的能力）正在下降。地球的自然资源基础正在逐渐衰竭和贫化。”

悲观论对于未来的人类社会经济能否继续发展提出了怀疑，提出了“零增长”的设想，甚至还提出了只能退回到原始社会去。

1.4.2 乐观论

“乐观论”论著相对较少，可以《资源丰富的地球》为例。它是由14名美国权威学者、专家组织编写的，耗资3万美元，全文近300页，是专门批驳《公元2000年的地球》的论著汇编，其结论与前者针锋相对：

“我们的结论是令人放心的，虽然没有自满的理由。由于物质条件而引起的全球问题（与体制和政治条件引起的全球问题有所区别）总是可能的，但是这些问题在未来不会像过去那样紧迫。环境、资源和人口的压力正在不断减小，并随着时间的流逝，对地球上人类生活质量的影响将越来越小。这些压力在过去常使很多人在粮食短缺、住房、健康和工作上痛苦。但是趋势是这些痛苦越来越轻，特别重要和值得注意的一个重大趋势是在整个世界人们的寿命越来越长和健康情况越来越改善。由于知识的增加，地球的‘承载能力’在今后几十年、几百年、几千年将不断增加，以致‘承载能力’这个词汇在现在就无使用意义。这些趋势强烈表明，地球上自然资源基础和地球上人类命运正在逐步改善和充实。”

“乐观论”认为，只要科学知识不断增加，地球的承载力就是无穷的，发展是永无止境的，不要担心生态环境恶化、资源枯竭和人口压力，日子会越来越好。

1.4.3 可持续发展论

“经济零增长、回到自然状态去”或“不顾生态环境恶化、资源枯竭和人口压力”的两种极端对策，显然都是片面的、不现实的，能有一种两全其美的救世良方吗？可持续发展论应运而生。

1987年联合国环境与发展委员会在《我们共同的未来》报告中，界定了“可持续发展理念”。

“可持续发展论”认为：“人类有能力使发展持续下去，也能保证使之满足当前的需要，而不危及下一代满足其需要的能力。”当然，持续发展是有条件的，不是绝对的，由理念转变成现实，还需要经过巨大的努力、代价与实践的考验。

在1992年联合国“环境与发展大会”上通过了由世界各国首脑签署的《21世纪议程》中，正式将“可持续发展”列入联合国战略，联合国和各国进一步据此制订了一系列发展规划和行动计划。“可持续发展”成了全球决策者、科学家、企业家、工程技术人员的共识和座右铭，广大人民群众好像吃了一颗定心丸，全球人民似乎为找到了未来的共同出路而欢欣鼓舞。

1.4.4 编者评述

真理总是越辩越明。“可持续发展论”是在“悲观论”与“乐观论”大辩论的基础上产生的。让我们再进一步分析一下：

第一，我们不能简单地否定，也不能简单地苟同“悲观论”与“乐观论”，虽然都是权威专家，都是十分严肃和认真的，他们各自依据的部分资料也是应该加以肯定的，在各自资料和经验的基础上得出的某些结论也具有一定程度的权威性，但这两种观点、结论及其资料依据具有一定的片面性。

第二，我们既不能盲目乐观，也不能悲观失望。如果从积极方面进行超前的警告预测，先天下之忧而忧，给人们敲响警钟以便提前采取对策，而不是使人们惊慌失措的话，“悲观论”的依据、观点和结论是有意义的；如果从积极方面进行超前性乐观预报，使人们对未来充满信心，而不是让人们放松警惕、高枕无忧的话，“乐观论”的依据、观点和结论也是有意义的。

第三，根据辩证唯物主义的对立统一原理，如果不是以不可调和的方式来对待这两种观点，而是以互补的方式对待它们，那就可以“相反相成”，可以更全面、更科学、更客观地反映实际，“可持续发展论”就是在这样的背景下产生的。

第四，“可持续发展论”最早是谁提出来的呢？人们只知道是世界环境与发展委员会主席、挪威首相布伦特兰夫人领导下，集中世界最优秀的环境、发展等方面的著名专家学者，用了900天时间，编写的《我们共同的未来》中提出来的，1987年2月在东京召开的第八次委员会上通过了这项报告，后来又经第42届联合国大会通过。

其实，毛泽东（1893—1976）生前早就提出来“不断发展”的思想，他指出：

“人类总是不断发展的，自然界也总是不断发展的，永远不会停止在一个水平面上。……停止的论点，悲观的论点，无所作为和骄傲自满的论点，都是错误的。”

可见，“可持续发展论”的“发明权”还应该归功毛泽东。

第五，作者认为，现代提出的这个《可持续发展》仍然是不可持续的！根据是：① 只提到代际关系，有意回避了现实中的国家间、地区间、部门间的关系；② 代际关系中，谁来为后代代言？如何度量与惩处当代人损害后代人持续发展的条件？没有说法；③ 作者提出：“不以邻为壑”的准则，包含：代际关系、国家关系、地区关系、部门关系，才是比较全面和科学的，为此联合国必须成立有权威的全球生态环境资源法庭及制定一系列相关法律法规，才能将可持续发展理念落到实处。

第六，作者于21世纪初，提出了新的环境战略观——旋涡论（香港《现代学术研究杂志》2007年第5期），这个战略观是基于对社会、经济数十年乃至数百年来的发展历程中，始终是伴随着与生态环境资源的枯竭、污染与破坏形成恶性循环的态势难以自拔得出来的客观规律，是基于热力学第二定律——熵的理论指导，是基于恩格斯关于自然报复的辩证思维及我国古代关于“以天为本，天人合一”的古朴哲理的指导而提出来的。作者进一步完善为：“以天为本，天人合一；人违天意，天违人意；人顺天意，天顺人意，天人和谐，天人互补。” 只有坚持新的生态环境资源保护指导理念，才有可能逐渐从恶性循环转向良性循环，这个转变将是一个很长的历史时期，还必须取决一系列正确的理念、理论、评价、战略、方针、政策、策略、法规、规划、计划、技术、措施等对策和全人类协调一致的环境保护行为，其难度之大，可想而知。可持续发展绝不是一个简单的口号或商标！

请北京市环境科学研究院聂桂生研究员（原所长）在审改《杞人忧天——只有一个地

球》书稿的回信中他提出如下观点：

“人类改变自然界存在形态能力的发展速度迅猛，而管理社会和自己能力的进展极端缓慢；其中蕴含了极大的危机，搞不好就要‘球毁人亡’，惜始终未见解决良策。”“当前人类从自然界大量索取，只有很小一部分拿来满足人们生存发展的需要，更多的是满足为了资本增值而引导出来的伪需求，更多的甚至是直接用来保障资本的运行，整个人类和地球都被绑架了！”

他的真知灼见，入木三分，使作者受益匪浅，也支持了作者关于“西方经济学的终结”的观点（见后），有异曲同工之妙。

1.4.5 读者思考

为什么都是权威专家，都是“大手笔”，会得出如此相反的结论呢？权威专家的论断您能都信吗？你同意哪一种观点呢？你认为有了“可持续发展论”是否就可高枕无忧了呢？就可以作为“标签”到处贴了呢？

如果战争不消灭，人类社会能持续发展吗？如果国际间、国家间、地区间、部门间、人与人之间的贫富不断扩大，人类社会就是追求这样的可持续发展吗？如果生态环境恶化速率超过了环境保护治理的速率，能够算是持续发展吗？如果不可更新资源的枯竭速率、物种的灭绝的速率超过了人类能够替代、恢复的速率，人类社会能够持续发展吗？如果人类的生产方式、生活方式不彻底变革，人类社会能够持续发展吗？如果人类不能改变“以人为本”的宇宙观、世界观、人生观、价值观，人类社会能够持续发展吗？仅仅有了“可持续发展论”口号，如果人们没有这种意识，没有配套的法制、体制、规划、计划、管理、科学技术和行为方式，“可持续发展”的愿望和目标会不会落空呢？

1.5 首届全球生物联合大会——一个科学故事

1.5.1 第一项议程：讨论我对全球的贡献

时间：2000 年 1 月 1 日

地点：尼雅废墟

代表：人类代表、野生动物代表、地球律师代表（代表植物、微生物及生物的后代）

内容：讨论我对地球的贡献

[尼雅介绍] 尼雅是一个梦幻的地方，位于中国新疆和田塔克拉玛干大沙漠中，那里曾是古印度文明、古希腊文明、古伊朗文明和古中华文明奇妙的交汇处，以产和田玉闻名于世，是世界四大古文明在这里水乳交融聚集点。这不是偶然的，没有人类以前，这里自

然风景优美、森林繁茂、野生动植物丰富、水草肥美、牛羊肥壮、文化繁荣、社会昌盛、人民安居乐业。约 1 500 年前的某个时候，这个梦幻的古城却突然消失了，原因至今不详。有人认为是被外来势力所消灭；有人认为是由于生态环境恶化、尼雅河下游干枯造成的。两种说法中以后一种说法比较可信，事实上尼雅古城已被埋在世界上最大的流动沙漠之中，是 1901 年英国（原籍匈牙利）地理学家、探险家、文物大盗斯坦因在塔克拉玛干南部腹地尼雅河下游发现了尼雅废墟，盗走了 700 多件反映四大文明的珍贵文物，至今还收藏在伦敦大英博物馆里；如果不是生态环境恶化所致，那么尼雅将会繁荣昌盛至今。选择在这里召开全球生物联合大会是意义极其深刻和深远的。

大会召开的那一天，白天的气温为-30℃，往日这里已是一片死寂，可是奇怪的是今天这里热气腾腾，异常热闹起来，原来是从全球不同气候带的动物代表都聚集到了一起，有北极熊、东北虎、西藏牦牛、非洲角马、南极企鹅、中国熊猫……人类作为灵长类也来参加大会，还有代表植物、微生物及生物后代的——地球律师代表。大会主席由东道国的特有物种熊猫担任。

会议开始，巨象、鹰、鲸鱼、松鼠、蚂蚁、蝴蝶、蜜蜂、……均在小组报告中，回顾了自己种群对维护地球生态环境所作的贡献。分组结束后，转入大会发言：

威武雄壮的动物之王——狮子，迈着沉稳的步伐走上了演讲台，洪亮的声音震撼着大厅。

“大会主席、各位代表，请允许我代表所有动物作综合发言。动物对地球的贡献是有目共睹的，可以概括为三个方面：一是对生态系统的稳定的贡献……二是对地球环境的贡献……三是对人类的贡献，……因此，可以得出如下结论：如果没有动物，地球上的生命系统还处于低级进化阶段，没有动物，就没有人类的过去、现在和未来。谢谢大家！”（热烈鼓掌！）

当人类代表走上讲台时，全场一片肃静，大家想听听来自动物又超出动物的“万物之灵”——人类代表的发言。人类代表穿着一身笔挺的西装革履，神气活现、十分傲慢地环视了一下会场，连大会主席都没有瞧上一眼，就开始了他的发言：

“各位代表先生们、女士们，今天是人类纪元 21 世纪的开始，是全球人类的共同节日。文明人类自从直立行走、使用火和工具、学会劳动以来，逐渐脱离了自然的束缚，成了地球上的超级动物；创建了一个已有几千年历史不同于自然界的经济社会……我们已拥有 60 亿人口；我们已创造了 130 万亿美元的社会财富……我们唤醒了沉睡在地下的无尽宝藏为人类服务……我们建设了无数的电厂、水厂、工厂、城市、农庄……我们生产出地球上以往没有过的丰富产品和商品……我们修建了无数的道路、桥梁、水库、码头、机场……我们开办了大中小学、研究院、设计院……我们拥有无数的医院、疗养院、养老院、托儿所、幼儿园……我们拥有现代化的科学技术，航天飞机可以在太空飞来飞去，卫星通信可以瞬时传遍全球，机器人可以替代人的许多劳动……我们已开始掌握了克隆技术、纳米技术、核裂变和核聚变技术……”

“人真是了不起！”“人真是伟大！”蚂蚁、蜜蜂、小鸟……在小声议论。

“各位代表，我们人类已统治了地球的北极、南极、珠穆朗玛峰及地球的每一个角落；我们引以自豪地引爆了原子弹、氢弹，我们人类拥有的核武库可以抵御外星人的来犯并足以毁灭整个地球（会场一片骚动）；我们正在征服太阳系并向大宇宙进军；我们拥有数以千种的有毒化学品，如果需要可以灭绝地球上一切生命（会场骚乱，经主席的维持才安静下来）；自从人类诞生以来，我们砍伐了地球大部分森林，捕捉了无数陆生生物和海洋生物、灭绝了近 1/3 的物种，……我们人类理所当然的应该是地球的霸主……（大会大乱）”

“无耻！”“暴虐！”“残酷！”“强权！”狮子、老虎、豹子、大象、牦牛……愤怒了，全场已是一片痛骂声。一些被人类残杀濒于灭绝的物种及弱小生物声泪俱下，在台下站起来历数人类在长达几千年里灭绝生灵的滔天罪行。

首届全球生物联合大会，开成了对人类的批判、公审大会。长颈鹿伸长了脖子、长臂猿伸长了前臂高喊：人类是屠杀生灵的刽子手！全球生物联合起来，将人类赶出地球去！人类代表汗淋淋地、灰溜溜地低着头下了台。

地球律师穿戴整齐，一身黑色西装，一副红色领结，特别耀眼夺目。他十分庄重而从容地走上了讲台。开始了他慢条斯理、有板有眼的发言：

“主席、诸位动物及人类代表们，我是地球律师，我受植物、微生物的委托发言。虽然他们是弱小的生灵，但没有他们的参与，就不称其为全球生物联合大会，也不可能解决全球生物的生存和持续发展的问题。”他首先回顾了地球上从无生命发展到丰富的生物世界，进一步又诞生了人类的生物进化史；罗列了生物共生与竞争同时存在的自然演化规律；并进一步翻开《自然宪章》引经据典，阐明所有生物都拥有生存权和发展权；讲解了生物与人类必须和谐相处，共存共荣的道理；特别指出人类及动物都要爱护地球上的一切植物和微生物，植物是生态系统的生产者，没有植物，动物及人类就没有食物，就难于生存；没有微生物，地球上的物质就不能循环利用，动物及植物死亡之后的尸体就会堆积如山、腐烂发臭、瘟疫流行。他接着说：

“我还代表所有生物的后代发言。特别应强调的是，现存生物及人类，都不能让子孙后代骂我们这一代是蠢才；应该制定包括子孙后代利益在内的全球生物公约；绝不容许地球的资源在 21 世纪内全部采尽；也不容许将污染的大气、水源和土壤传给后代。因此，与灭绝动物是人类的犯罪行为一样，任何毁灭森林、草原、土壤微生物的行为和滥用农药、化肥及化学毒物的行为也是犯罪行为，都是应该取缔的；地球上不可更新的矿产，必须给一千年后的子孙后代留下足够的份额，地球上的一切杀掠生灵的行为都必须清除……人类负有不可推卸的责任，人类应该在 21 世纪内偿还灭绝生灵的历史欠账。”（经久不息的、热烈的掌声！）

由大会主席熊猫作总结性发言：

“诸位代表，首届全球生物联合大会为什么选择在尼雅召开呢？尼雅从繁荣到消亡的过程，就是生物世界，尤其是人类的一面镜子，应以史为鉴。毁坏了生态环境，就会毁灭生物及人类自己！全球生物，包括动物、植物、微生物及人类只能共存共荣，没有其他出路。”（经久不息的掌声！）

“最后，通过大会决议：① 应该修改由人类单方面制定的《自然宪章》，新的《自然宪章》应能维护所有生物的生存权和持续发展权；② 创立全球生物律师事务所，为所有生物代言，尤其是珍稀濒危物种、弱小生物物种及生物后代代言；③ 创立全球生物法院，审批各种杀灭生物物种及重大的破坏生物可持续发展的生态环境质量案件。如果没有不同意意见，鼓掌通过（持久地热烈鼓掌！）。谢谢大家！”

1.5.2 第二项议程：签订《全球生物公约》

经过激烈讨论和反复修改，由大会主席熊猫宣读了《全球生物公约》：

“第一条：地球上的一切生物（包括植物、动物、微生物及人在内）都具有存在价值；

第二条：地球上的一切生物（包括植物、动物、微生物及人在内）应该按照自然生存法则和生态系统平衡原则，共存共荣，共同持续发展。

第三条：人类的发展战略、生产方式、生活方式、科学技术进步都必须彻底改革，不仅仅只满足人类及其后代持续发展的需求；而且应不损害其他所有生物的持续发展的需求。

第四条：杀、灭任何有害整个生命系统的物种和新创的任何物种，都必须经过严格的论证、确认和生物大会批准，凡有害于生态系统稳定的杀、灭行为都不得确认和批准。

第五条：人类应该为历史上的失误、错误和罪行承认错误和承担责任；并力求按照生态规律恢复、重建或补偿已造成的杀掠野生动物、毁灭植物、杀灭微生物造成的损害。

第六条：人类必须立即停止任何损害生态系统的行为，如果一意孤行，生物界将联合起来进行报复和惩罚，直至将地球生命系统的敌人——人类开除球籍。”

代表们纷纷在《全球生物公约》上签字，人类代表在事实面前，只得低下了高贵的头，也在《全球生物公约》的“物种代表”栏上签上了“人”字。

大会主席熊猫在大会结束前，代表全球生物向主办这次大会的东道国——中国表示由衷的感谢！最后代表中国政府向各位代表发出了参观中国生物多样性保护工作的邀请。受到代表们一致的欢迎。

1.5.3 确定下一届大会的主题、时间和地点

经素有生物王国之称的印度尼西亚苏门答腊虎的主动申请和大会的批准，第二届全球生物联合大会的时间是2020年，以后每20年召开一次；地点在生物多样性非常丰富的印度尼西亚的苏门答腊召开；主题是：①20年来全球生物持续发展经验交流；②制定新的《全球生物宪章》；③创建《全球生物律师事务所》；（4）创立《全球最高生物法院》。

1.5.4 编者评述

当然，这只是一个编造的科学故事，回顾几十亿年地球生物协同进化史、几千年人类社会、经济、科学技术进步史及物种灭绝、栖息地消失、生态系统破坏史，如此编造也不算过分吧。

1.5.5 读者思考

您看了这个科学故事，是否赞同作者的杜撰呢？所谓“可持续发展”完全不考虑其他生物及后代的持续发展的需求是“可”行的吗？

生物之间和生物与环境之间的协作，相互维护、互相调节和共同发展是普遍现象，这种协同关系是生物存在和进化的必要条件，因此称之为协同进化。

——徐桂荣等《生物与环境协同进化》

生态要素

2.1 能源

2.1.1 能是什么

能与质量同是物质的两个基本属性。粗略地说，能量是物体做功本领的大小，物体具有多少能量就具有多少做功的“本领”。物体对外做了功，物体的能量就要减少；若外界对该物体做了功，该物体的能量就要增加；如果该物体既不对外做功，也没有接受外界的功，其能量保持不变，称为“机械能守恒定律”。物体拥有的机械能量是动能与势能之和。动能是运动能量与静止能量之差，如果没有能量差，也就没有动能。在数值上动能等于物体运动质量与静止质量之差再乘上光速的平方。物体所处的高度是一种势能，势能的大小，与相对高差有关。水力发电就是利用水的势能，如果没有相对高差，也就是势能相对为零，也就无法发电，也就不能做功。

地球上的能量来源有三个方面：第一类来自地球以外的天体的能量，主要是太阳的辐射能量，包括由绿色植物蓄积的太阳辐射能，如煤、石油、天然气等“化石燃料”和木材、草类等普通的“草木燃料”；第二类是地球本身蕴藏的能量，如地球储存的原子能及热能；第三类是由于地球和其他天体相互作用而产生的能量，如潮汐能等。

2.1.2 能是动力之源

宇宙空间及宇宙的质量与能量是从哪里来的？还是一个谜。但没有能是不可思议的，宇宙就不可能存在，宇宙万物就不可能运转；更谈不上有地球、有生物、有人类及其社会经济的发展。能是自然动力之源，也是人类社会经济动力之源。

太阳辐射能

太阳表面温度达 6 000℃左右，内部温度高达 2 000 万℃。太阳不断地向宇宙空间辐射可见光、不可见光和各种微粒，称为太阳辐射。在地面测得的太阳辐射量并加上大气层吸收的太阳辐射在内，是一个相对稳定的数值，为 8.12 J/（cm^2·min）（热量单位），或 0.135 W/cm^2（功率单位），称为“太阳常数”。别小看了这“一点点”的能量，整个地球表面每秒钟接收到的太阳辐射总量高达 17.2×10^{13} kJ，相当 550 万 t 煤的能量。地球上的一切自然、生命与社会现象与活动主要是由太阳能所驱动的。

达到地面的太阳辐射，约 30%以短波辐射（可见光）的形式反射或散射回宇宙空间；约 47%被地球、陆地、海洋吸收，转变成热能后又以长波辐射（红外光）形式返回宇宙空间；约 23%消耗在水分的蒸发、降水和地球上的水循环过程中，其中一小部分以热能形式储存在水中，成为“海洋热能”的重要来源，大部分也以长波辐射的形式重返宇宙空间。进入地球表面的太阳辐射能，只有约 0.22%参与了大气和海洋中水的对流和运动；只有约 0.024%被绿色植物的叶子所捕获，通过“光合同化作用”将太阳辐射能转变成植物体内有机物质的生物化学能。可见，我们要十分的珍惜这来之不易的 0.024%生物化学能，如果绿色植物枯竭了，生物化学能也必将随之枯竭。据估计，通过光合作用形成的有机质中，有 88%是在海洋里产生的，这是因为海洋藻类数量巨大而且繁殖迅速，在 1 m^3 的海水中可有数千万个单细胞藻类，有时一天内便增加一倍。地球上的有机物质大部分是海洋中的单细胞藻类合成的，可见，在保护陆地绿色植物的同时，更要特别注意保护海洋藻类及海洋生态环境，在向海洋大进军的 21 世纪，向全球敲响保护海洋的警钟，就具有更加迫切而重要的意义。

海洋是一个巨大的太阳辐射能的储存库，海水的热容量为 4.00 J/cm^3，即把 1 cm^3 的海水升高 1℃需 4.00 J 热量；海洋的热容量是地面的 2 倍，为空气的 3 000 倍。海洋并不会因吸收了太阳辐射能而不断升温，因为它在吸收太阳辐射能的同时，又以长波辐射返回宇宙空间，据考证，20 亿年前的海洋温度与现代没有多大差别。

通过食物链，植物（生产者）体内的生物化学能，逐级传递给草食性动物及肉食性动物或杂食性动物（消费者）。每传递一次，能量就会丧失约 9/10；只有约 1/10 的能量传给下一层次；传到 3～4 层时所剩的能量就很小了，这就是所谓的“自然生态金字塔”，人正处于生态金字塔的顶级。动物的排泄物或尸体中的化学能又传递给分解它们的微生物（分解者）。显然，整个生物界是太阳能辐射的一个储存库。现代活着的生物量约 100 万亿 t，它是活的太阳能储存库，它是可更新的储存库，只要有太阳能、只要有绿色植物，就会有活的太阳能储存库；而地质历史为人类储存的化石燃料虽有千百万亿吨，但它是一个死的太阳能储存库，它是太阳辐射能的生物地球化学史的积累，是不可更新的储存库。

据科学家的预测，在地球未来数十亿年的自然寿命中，太阳能量的供给不存在问题，问题是地球的生命系统的寿命大大地少于地球的自然寿命，问题是包括人类社会经济系统的寿命又大大地少于地球生命系统的寿命。可见，不是太阳能的问题，而是人类自身如何发展的问题。

地球热能和原子核能

地球“表层”温度受到太阳辐射能（外热）及地球内部热能（内热）的相互影响，随着昼夜、四季而变化；往下到一定深度温度终年不变，称为“常温层”；再往下，温度逐渐升高，每深入 100 m，一般提高 3℃左右，称为“地热升温率”；到一定深度后，温度就不再升高了，估计地核的温度不会高于 5 000℃。地热可通过火山、地震、温泉、地热蒸汽等形式释放到地面上来。据研究表明，地球内放射性元素蜕变而产生的热量远远超过地热散失的总量，因此，地球内部高温也是地球热能的重要来源。

原子核的变化，有“放射性”与“核反应”两种类型。放射性是一种自发的释放过程，核反应不同，它是原子核受到其他粒子（如光子、中子、电子）轰击时原子核发生变化而释放能量的过程。地球岩石及海水中，还蕴藏着铀、钍（重核裂变反应的重要元素）、硼（轻核裂变反应的重要元素）、重水（聚变反应的能源物质）等原子核能物质或元素，是地球重要的潜在能源。如地球上的海水有 1.37×10^{18} t，每吨海水中约含有 140 g 重水，一桶海水中所含的重水的能量可折合成 400 倍的优质石油；每克氘在聚变反应中可释放出 10^{15}kW · h 的能量，若能把海水中所有氘的核能的 1/1 000 释放出来，就足够人类上十亿年的使用。当然，将可能转变为现实，尚需考虑技术经济的条件。从长远来看，地球的主要环境问题还不是能的问题，而是自身如何发展的问题。

潮汐能

除了太阳能、地球内能以外，地球上还存在潮汐能。潮汐能是由“万有引力”形成的，万有引力定律的大小与天体质量成正比，与天体之间的距离的立方成反比。太阳的质量虽大，但其距地球的距离比月球距地球的距离要大得多，因此，太阳引潮力和月球引潮力之比为 1∶2.18。月球产生的最大引潮力可使海水水面升高 0.563 m，太阳最大引潮力可使海水水面升高 0.246 m，在理论上月球与太阳共同形成的最大引潮力可使海水水面升高 80 cm 左右，实际上，在近岸地带，由于地形的影响，潮汐涨落远远超过了这个数字，我国的杭州湾潮差最大可达 8.93 m，北美芬地湾最大潮差可达 19.6 m。全球潮汐能约有 10 亿多 kW。我国黄海蕴含潮汐能达 5 500 万 kW，有待开发。

2.1.3 能与人类文明

人类在没有学会用火之前，在能源的利用上与动物没有根本的区别，只是利用储存在食物中的生物化学能。通过生物化学作用转化为人体的肌肉力量的机械能来源。当人类学会了使用火，在利用能源上取得了第一次伟大的进步。但是，当时只是将储存在草木中的化学能转变成热能，还不能将热能转变为机械动力。当时几乎一切生产的动力都来自奴隶的体力，奴隶主将奴隶当做“会说话的工具”；此外还利用了畜力代替部分人力，我国使用畜力已有 3 000 多年的历史。后来，人类学会了使用风力及水力机械代替人力，我国使用风力及畜力已有 1 700 多年的历史了。后来，人类又学会了使用煤和石油，我国关于煤与石油的历史记载有两三千年的历史了，但广泛利用是在几百年前的事。随着生产的发展，对动力的需求越来越大，18 世纪下半叶，英国人瓦特发明了能产生大动力的发动机——蒸汽机，带来了第一次“工业革命”。从 1770 年到 1840 年的 70 年中，英国工人的每一个工作日的生产率平均提高了 20 倍。由于蒸汽机的笨重及效率低，人类又发明了小巧、效率高的内燃机。促进了飞机、汽车、轮船的发展。之后人类又进一步发明了喷气发动机及火箭发动机使飞机的速度及高度都空前的提高。从蒸汽机到火箭发动机，还只是成功地将热能转变成机械动力能的过程。19 世纪 70 年代，人类又发明了电能，清洁、方便、效率高的电能的普遍使用，是现代化生产及生活的重要标志，现代人如果没有了电，是不可想象的事情。人类利用能源并没有就此停止不前，人类又进一步掌握了原子核能利用技术，核电站已在世界许多国家，包括我国在内加以利用，但由于原子核能的利用有许多技术、经济、环境、安全、水源等限制条件，还不可能到处兴建，因此在能源构成上比例还较低。

2.1.4 编者评述

人类的历史也就是人类发现和利用火、蒸汽机、内燃机、电及原子能的历史。任何新能源的发现、开始利用到广泛利用有一个过程，现代的各种能源又将被什么样的新能源替代呢？

目前我国主要能源还是煤。煤、石油、天然气和油页岩，它们虽然只是从达到地面 0.01% 的太阳辐射能转化而来的，但通过亿万年地质时代的积累，地质储量高达千百万亿吨，但化石燃料是可耗竭能源，尤其是石油和天然气的地质储量是比较少的，在现有开采能力之下，煤在几百年、石油和天然气在几十年就很快会被人类用尽；此外，煤是宝贵的化学原料，又是一种“肮脏能源”，所以煤、石油及天然气必然会被新能源所替代，然而，新能源何时能替代传统能源还是一个不确定的问题，因为，一种能替代传统能源的新能源必须是数量巨大、清洁、技术经济可行、取用方便的能源，而同时满足这些条件不是轻而易举的，因此，人类虽然进入 21 世纪了，但能源危机的阴影仍然存在。节约能源、开发新能源将是21世纪人类的重大课题。

2.1.5 读者思考

地球上拥有如此丰富的能源，人类社会为什么还会遇到能源危机？人类能够克服能源危机吗？人类该如何克服能源危机呢？

2.2 大气圈

2.2.1 地球的"大气圈"

地球是如何形成的？有两种学说，一种是先热后冷说，一种是先冷后热说，无论哪种学说，都证明在地球形成初期及之后的一个相当长的时期，是没有现在适合生命需求的大气层的，大气层经历了一个长期演变的过程，既有适合动物呼吸的氧气，又有免于氧气燃烧的惰性的氮气及其他微量气体。

地球现在有一件轻透的外衣大气层，即"大气圈"。从地球到外层空间或从外层空间来到地球，都要穿过1 000～3 000 km的大气层，大气层的厚度是地球直径的1/10～1/5，所以从外层空间看地球，如果大气层是可以看到的话，首先应该看到的是一个"气球"。别以为空气层就像"皇帝的新衣"一样是看不见的，就是"空的"，就没有什么作用了。事实上，大气层在地球表面是无处不在的，如果地球真的原来就没有大气层或者现在、今后失去了大气层，地球的面貌就完全变了样。地球就会像月亮一样，面向太阳的一面就会出现生物难以忍受的酷热，而背着太阳的一面又会出现奇寒。月亮就因为没有大气层，在它自转一周之内，温差可达到300℃，生物及人类还能产生、生存和发展吗？

2.2.2 大气质量是生命之根

大气层不仅是地球的一把巨大的保护伞，挡住了太阳的强烈辐射，而且是生物及人类的命根子，一时一刻都不能缺少的。

首先，自然纯净的大气中含有78.09%的氮气、20.95%的氧气及少量的氩、二氧化碳、氢、氖、氦、氪等惰性气体及更少量的其他成分。空气中的氧气就是动物及人类的命根子。

其次，自然大气还含有气态、液态及固态的水分：水蒸气（占大气0.05%～4%）、云、雾、雨及冰，这三种水分的总体积约12 710 km^3（占地球总水量的0.001%）。别小看了这小小的0.001%，却是地球陆地上风、霜、雨、雪、云、雾、雷鸣、闪电的来源。

此外，自然大气还含有少量的矿物尘和有机尘（气象科学家称为"气溶胶"）等成分。气溶胶是形成降雨雨滴的凝结核，没有凝结核就难以形成雨滴和降雨。

由于大气中空气气流的水平和垂直运动的扰动作用，自然大气成分在 70 km 以下几乎是均匀一致的。

现在大气层的成分与地球形成之初有很大的不同。开始，以氢气最多，约占 90%，还有水汽、甲烷、氨、氦和一些惰性气体，而氮、氧都很难找到。经过很长时期的地质活动和作用，地壳岩石或地层中的气体外逸到地表，其中的水汽在太阳辐射能的照射下，一部分分解成氢和氧，其中氧气又和一部分氨气相结合，使氨中的氮分离出来；氧还和甲烷中的氢相结合，使甲烷中的碳分离出来；碳再与氧结合成二氧化碳。大气成分，渐渐从还原状态转变成氧化状态，为生命的产生创造了大气质量的必要条件。

根据大气层的气温变化特征，从地面向上可将大气层分为五层：对流层、平流层、中间层、热层和外层。

对流层的高度为 0～（10～12）km，空气温度一般随着高度的增加而降低（平均每升高 1 km，温度下降 6.5℃），本层集中了大气层质量的 80%。层内上下空气对流作用很强，水汽、尘埃多，天象变化对地面影响大，许多气候现象都发生在这一层里，与生物及人类生活最直接、最密切。

平流层的高度为（10～12）～50 km，本层温度变化小，随高度略有上升。空气以平流方式流动，经常万里无云，适宜飞机飞行。本层大气质量仅占 1/5。本层中含有一个厚度不大，但与地球生物及人类生存密切有关的臭氧层。近代发现的臭氧层空洞就是一大环境公害。

中间层的高度为 50～80 km，温度随高度而降低，顶部尚有水分存在，来自宇宙的流星大多在本层烧尽。

热层（又称电离层）的高度为 80～500 km，温度很高且昼夜变化很大。由于空气非常稀薄，气体分子在日光紫外线照射下，被电离成带电的正离子和自由电子，在 80 km 处为 D 电离层、在 100～120 km 处为 E 电离层、在 350～400 km 处为 F 电离层。电离层虽然较高，但与人类社会生活却关系密切，电离层可以把无线电波传至很远的地方；美丽的北极光就出现在电离层中。

外层（又称散逸层）的高度为 800 km 以上，同太空没有明显的界线，这里温度更高，因为空气稀薄得连声音都无法传播，一些高速度分子可以挣脱地球的引力散逸到宇宙空间去，在地球两极有极光现象。

从上面介绍的可见，空气并不是“空”的，而是“气体”，它是一种无色、无味、无臭的混合气体物质。宇宙万物存在“万有引力”，地球质量大并距离近对空气的引力就大，所以靠近地面的空气的密度就大，研究表明在 16 km 以下的空气就有 9/10，到了 260 km 高空，空气的密度就只有地面空气的一百亿分之一了。大气有一定的重量并产生一定的压力。如果在一个不透气的袋子中抽气，随着袋子里的空气减少，也就是真空度增加，袋子就被空气压力压瘪了，这就可证明大气压力的存在。大气压力随高度的增加或密度的减少而降低。科学家为了比较，将地球纬度45°的海平面上，温度为0℃，面积为1 cm^2，水银柱上升760 mm高度的大气压力，规定为1个“标准大气压”。在标准大气压下，1 cm^{2}高760 mm 水银柱的重量为 1.033 kg，也就是地球表面所有生物、人类及物品都经受着1.033 kg/cm^{2}的空气压强。如果一个成年人的身体表面积为2 m^{2}计，人体就要承受大约2万 kg 以上的压力。人为什么没有被压扁呢？这是因为人体内外及四周的大气压力相等而方向相反，相互平衡而抵消了。

大气的存在及其质量对于人类的产生和文明也是不可缺少的。人的自然属性是动物，动物需要新陈代谢，需要吸进空（氧）气，吐出二氧化碳气，这已是普通的常识了。一个成年人，每分钟呼吸15次左右，每天就呼吸2.16万次左右，每次约吸进约0.5 L空气计，一天需要吸进10 800 L（约11 m^3）空气，一生按70年计需要吸进28万m^{3}空气。如果人停止吸进空（氧）气，只需几分钟就会受不了了；然而，如果地球成分不是以氮气为主，而是以氧气为主，生物及人类也难以产生、生存和发展，这是因为如果没有氮气及惰性气体的缓冲，一个闪电就会将大气中的氧气及一切有机物品燃烧成灰烬。可见，大气成分组合对于生命来说多么奇妙！

2.2.3 大气与人类文明

地球的外衣——大气与人类社会经济发展的关系也密不可分。设想没有优良的大气质量、奇妙的大气构成和永不停息的大气环流，大陆就没有降雨，河流、湖泊及地下水就会干枯；森林、草原就会变成秃山和沙漠；陆地生物生存、人类生活及经济生产就没有淡水水源；农、林、牧、副、渔及依靠农林牧副渔业的轻工业、建筑业、化工业就无法生产；此外，无线电通讯就困难；旅游业也无从发展……那就如宇宙中千万亿颗星球一样，将是一幅荒凉凄惨的景象。

2.2.4 编者评述

大气圈是生态系统中的一个重要生态要素，也是人类社会经济持续发展的必不可少的制约因素。如果人类的行为破坏或干扰了大气具有的非常优良的质量、奇妙的构成及永不停息的大气环流，就会危及生命系统及人类社会经济的正常和安全。遗憾的是，人类已经干了许多这样的蠢事，如污染造成了臭氧层的空洞；污染物质及人为的成分造成了大气组成的改变，导致危害人类及生物的健康、癌症及造成温室效应、热岛效应；污染及生态破坏，还造成了大气环流、海洋环流的有害变化，促进了厄尔尼诺及拉尼娜等气候异常和自然灾害频繁。人们决不可等闲视之。

2.2.5 读者思考

您了解由于人类的活动造成了大气质量的下降、大气构成及大气环流的有害变化吗？您思考过这种影响如果不加以制止，任其发展下去，人类社会还能持续发展吗？

2.3 水圈

2.3.1 地球的“水圈”

地球表面的 2/3 以上是海洋，加上陆地上还有河流、湖沼及冰川，地球上地表水量达 14 亿 km^3 之多，之外还有地下水量 4 亿 km^3，地表及地下水将地球围成了一个“水圈”，从外星看地球首先看到的是一个“水球”。地球上有这么多水具有极为重要的生态意义，因为水是生命之源。据最新报道，在月球也发现了水，但是这与地球上的水是无法比拟的，月球上发现的水只是在两极的很小范围内。

陆地上的地表淡水是从大气降水来的，大气降水的水是从海洋“老家”咸水经蒸发脱盐到空中，再经大气环流带来的；地下水是地面水渗透到地下储存起来的；冰川是大气降水后凝固而成的。因此，要了解地球上的水，首先要了解海洋。

海洋不仅面积很大；而且大洋底部也很深，平均深度约 3 800 m，最深的菲律宾东面的马利亚纳海沟达到 11 033 m，把珠穆朗玛峰填进去都填不满。按深度的不同，可将海洋分成几个部分：大陆架、大陆坡、大洋海盆及海沟。

大陆架深度为 0～200 m，平均深度为 50 m，面积为 27.5 Mkm^2；

大陆坡深度为 200～2 450 m，平均深度为 1 270 m，面积 38.7 Mkm^2；

大洋海盆深度为 2 450～5 750 m，平均深度为 4 420 m，面积 283.7 Mkm^2；

海沟深度大于 5 750 m，平均深度为 6 100 m，面积为 11.2 Mkm^2。

海洋的温度比较稳定，除海面的海水温度受空气温度的影响随四季及纬度有所变化外，海洋深处的水温保持在 1～2℃。浩瀚的海洋是资源的“蓝色宝库”，矿物资源与生物资源都很丰富。人类已经发现的 100 多种化学元素中，在海水中已经找到 80 多种。主要元素有：氯（Cl），质量浓度为 18 980 mg/L，总量为 29 300 万亿 t；钠（Na），质量浓度为 10 561 mg/L，总量为 16 300 万亿 t；镁（Mg），质量浓度为 1 272 mg/L，总量为 2 100 万亿 t；硫（S），质量浓度为 884 mg/L，总量为 1 400 万亿 t；钙（Ca），质量浓度为 400 mg/L，总量为 600 万亿 t；钾（K），质量浓度为 380 mg/L，总量为 600 万亿 t；溴（Br），质量浓度为 65 mg/L，总量为 100 万亿 t；碳（C），质量浓度为 28 mg/L，总量为 40 万亿 t。

2.3.2 水源质量是生命之源

水，是地球上一种既平常又特殊的物质。地球形成初期，既没有现在的大气，也没有现在的水。大家都知道，单个水分子（H_2O）是由 2 个氢原子、1 个氧原子组成。化学纯净水是透明、无色、无味、无臭的物质。水有液态、固态和气态三种形态，它们之间可以互相转化。在 1 个标准大气压（101.325 kPa）下，0℃时水凝结成固态（冰），100℃时水为气态，温度处于 0～100℃之间时，水为液态。如果压力变化了，水的凝固点及蒸发点都有所变化。水的自然循环就是以水的三态的互变为中心进行的。水还有许多不同于一般物质的特性，如除氨外其热容量最高，能防止温度变化范围过大，从而保护生物体温稳定；除氨外其溶解潜热最大，能使在冰点有恒温作用；蒸发潜热最高，其巨大的蒸发潜热对大气层中的热与水的输送起了非常重要的作用；其淡水和稀海水的最高密度的温度在冰点之上，这个特性在控制湖泊水的温度分布和水的垂直循环中起重要作用；其表面张力在所有液体中最高，这在细胞生理学中很重要；其溶解能力相当大，这与许多物理和生物现象有显著的联系；纯水的介电常数在所有的液体中最高，能造成无机物的高度电离；水自身电离度很小，为中性物质，但既含有 H^+，又含有 OH^-离子；其透明度相当的大，对红外与紫外部分的辐射能吸收大，对可见光部分的吸收小，因此，水是“无色”的，这一特性对于物理和生物现象是重要的；其热传导在所有液体中最高，在活细胞中有其重要性，等等。

化学纯水由于具有上述一系列的特性，在与周围物质的接触过程中，发生了一系列物理的、化学的、生物的互相作用，因此自然水也是含有许多固态、液体或气态的，无机的、有机的，溶解的、非溶解的物质成分所组成的相当复杂的综合体，水与地壳表面物质的长期地质作用，水中几乎可以含有微量的地球上各种物质成分。把自然状态下的水的质量状况称为水的环境背景值，以与由于人类活动造成的污染相区别。有个有趣的形象：海水中、土壤中、生物体中的主要元素的重量百分比（丰度），具有相当惊人的契合，从生物地球化学原理来看，证明了地球生物的进化与地球环境质量的相关性。

2.3.3 水与人类文明

生物及人类与水具有不解之缘。一切生命与水的关系与空气的关系一样，具有生死攸关的关系。人体内平均含水量为 50%～60%，其血液中的含水量在 90%以上，心、肝、肺、肾等内脏器官也含有很多的水，连骨头里也含 20%的水；植物体内含水量为 70%，鱼体内含水量为 70%～80%，水母的含水量高达 95%。生物体内所含水量相对比较稳定，如果含水量过多或缺水，生物就会出现不适应的症状，植物就会淹死或枯萎；动物就会不舒服、生病直至死亡。

全球人类的起源地都是在江河湖泉地区发展起来的，维持人类的生存和发展的农业和工业一时一刻也离不开淡水，工农业产品生产过程中用水量已高达 3 万 km^3，其中农业用水量占到 80%左右；工业用水又占城市用水量的 80%左右。可见，农业及工业是用水的大户。

“水是农业的命脉”，植物的一生：发芽、生根、生长、开花、结果，无时无刻离不开水，一亩[①]蔬菜需 25～30 t 水、一亩小麦需 40～50 t 水、一亩棉花需 35～50 t 水。

工业生产也离不开水：核能、发电、冶金、机械、化工、石油、印染、选矿、造纸、食品等行业是工业的用水大户，几乎所有工业都离不开水。炼 1 t 钢我国需 30～260 t 水、生产 1 t 牛奶需 3.61 t 水、生产 1 t 羊毛需 636.4 t 水、生产 1 t 焦炭需 11.82 t 水、炼 1 t 原油需 2～32 t 水、1 t 纸浆需 270～1 000 t 水，等等。工业用水主要有五个方面：冷却用水、动力用水、生产工艺技术用水、产品用水及冲洗地面用水。除矿泉水及酒类外，真正进入产品中的水是很少的；工艺用水、动力用水对水质要求较高；以冷却水用水量最大，所以，一般工厂都有冷却水循环用水设施，以提高循环用水率，减少直排水的浪费。

城市居民用水随着人口的增长及用水水平的增长而增长很快，我国 1978 年城镇居民每人每天平均用水量才 68 L；1986 年提高到 90 L（最高 200～250 L，大城市一般为 100～150 L，中小城市为 50～70 L，最低才 30 L）；1996 年天津市为 95 L、北京市区人均用水量超过了 300 L。北京市与天津市相比，本不应该缺水，但由于数百年来，将燕山山脉的原始森林砍伐光了，蓄水库的作用丧失了，水土流失了，加上人类社会过度的开采，原来喷出地表的地下泉水干枯了，地下水位不断下降了，北京市才变成了缺水城市。

2.3.4 编者评述

地球上这么多水，而且是可以循环利用的，为什么还会出现水资源危机呢？这是因为：

（1）水资源总量虽然是十分丰富的，但是可用淡水资源是有限的。

地球上总水资源量是十分丰富的，如果都能合理、节约、经济地利用，人类在上万年内是不会出现水源危机的，可惜，经济可用的淡水资源是有限的。

——大量的海水资源除可作海产养殖外，还不能直接为人类生活及工农业生产直接利用，而淡水资源是有限的；

——淡水资源的时间和空间分布又极不平衡；

——淡水资源（地面水及地下水）只能利用其中的动储量（通过降水得到补充），一般不能利用其静储量，否则就会枯竭；

——在洪水期间，为防止洪水灾害，大量的淡水动储量也只能弃之入海；

---

① 1 亩=1/15 hm^2。

——淡水资源除了供给人类生活及生产使用之外，还具有养护河道、湖泊、湿地的功能，水产养殖的功能；生物多样性保护的功能，还具有景观、休闲等功能，所以，不能将河道、湖泊、湿地全部抽干用尽；

——淡水资源除了人类利用之外，还必须考虑野生生物的用水需求；

——即使将全部淡水资源都加以拦蓄、抽干利用，但人类用水量在不断地增长，终有一天超过水资源可补给量；

——水是可以循环利用的，但是循环利用率很低；而且每循环一次，总是要蒸发、损失一部分，直到全部耗尽；

——由于人类的工业污染、农业污染及生活污染，大量的受污染的水资源因此而不能利用；

——人类技术水平已经可以将各种恶化水质处理后加以利用，但水质越差、污染越重、处理水平越高、能耗越大，则处理费用越高，受到人们的支付水平的限制，许多污染的水被浪费；

——水资源浪费十分严重，原因很多，其中天然水资源无价耗费，是造成水资源浪费的重要经济学根源。

（2）人口盲目的增长。

——人的直接生存及生活用水量虽然少，但是由于人口爆炸式的增长及生活用水水平的增长，其直接生存及生活用水量也随之增长。

——人口间接（对农业产品、工业产品需求）用水，随着生活水平的提高，其用水领域及用水水平也随之提高，而且比之生活用水增长快得多。

（3）生产用水单耗下降、总耗上升。

——随着科学技术水平的提高，产品用水单耗呈下降的趋势，但由于生产规模呈指数增长，总用水量仍呈上升趋势。

据作者研究，全球于2030年将进入水源危机阶段，我国于20世纪末进入了水源危机阶段，北京市从20世纪70年代就已进入了水源危机时期。地处半干旱地区的首都，如果不控制城市规模、调整耗水过量的部门、不能控制生产、生活用水量的无限制增长、不能控制水污染，不能循环利用，任其发展下去，离水源彻底枯竭也不会太远了！

南水北调不可以解决北京水源危机吗？其实，北京与天津相比，并不算缺水城市，这是因为：① 北京市原来的用水大部分为工业、农业所用；② 没有推广循环利用、节水及中水道系统措施；③ 过量开采地下水，以致连丰水年、丰水期地下水位都下降（解放初期还可以喷出地面）；④ 地面水及地下水遭到严重污染所致。如果消除了上述原因，北京市不至于需要调水，而且，调水又会产生新的问题：① 跨流域调水，鞭长难及；② 成本过高；③ 由输水渠道送水，存在蒸发、渗漏及沿途截水而损耗大；④ 安全问题；⑤ 引 1 t

清水会新产生 0.85 t 左右的污水，增加了污水处理的压力；⑥ 打破长江源水流域的水平衡，造成源水地区的枯水年份或枯水期的季节性缺水，河道萎缩，湖泊干涸，沙化发展，届时不但将影响输水安全、可靠性，而且还会导致新的更大范围的生态环境问题，甚至是新的更大的生态危机。

2.3.5 读者思考

您所在的城市、乡村水资源丰富吗？清洁的淡水资源丰富吗？在枯水年份、枯水期出现过供水紧张吗？您认为造成水资源危机的主要原因是上帝给的淡水资源太少呢，还是由于人类的盲目发展及无限制的利用和浪费呢？

2.4 土圈

2.4.1 地球的“土圈”

土壤是由地壳的风化层和生物以及它们死亡腐烂分解的产物混合组成。当地球年轻的时候，没有生命，也没有土壤。生命的产生比土壤要早，生物大约在 20 亿年前，首先在海洋中出现；直到大约 3 亿 5 千万年前地质时代的志留纪陆地表面才出现了初期土壤（包括：土壤母体、水分、空气及其藻类、细菌、真菌、原始陆生植物及有机质等）。成土母质是地表岩石、砂、砾、淤泥等经亿万年的风化而成的。原始陆生植物从阳光、空气、雨露及初期土壤中摄取营养，逐步定居于海滩、沼泽、河谷，并向坡地、丘陵、峡谷、高山蔓延。土壤孕育了植物；植物死亡后的有机质又孕育了微生物并使土壤更加肥沃。如此良性循环的结果，原始低等植物逐步进化出高等植物，出现了花草、灌木及巨大的森林；同时又孕育出了低等陆生动物，并为陆生动物的生存和进化为高等陆生动物提供了广阔的栖息地和丰富的食物。陆地上除冰山、冻土外，几乎全被陆地土壤所覆盖，形成了一个“土圈”，地球已不仅仅是一个“气球”或“水球”了，也成了一个有生命的“土球”了。陆生生境多样性及生物的多样性最终超过了海洋，陆生生态系统的形成和完善，创造了 100 万年前原始人诞生的摇篮，也是生物的食物或营养的源泉。

2.4.2 土壤质量是陆生生物的摇篮

土壤的厚度一般有几厘米、几米、几十米不等，中国的黄土可厚达上百米。你知道一般形成 1 cm 土壤大约需 1 000 年时间吗？土壤从上到下一般分为 A、B、C 三层：A 层由动植物躯体在腐殖化作用过程中还原为细小的有机物颗粒组成。B 层由矿物质土壤组成，其中的有机化合物已由微生物在矿化作用过程中转变为无机物质，并和细小的母质完全混合在一起；本层的可溶性物质通常是在A层形成后通过淋滤作用带到B层。C层基本上还是成土母质。成土母质可以是原地分解的原有矿物质；也可能是通过风或水流运积而来，运积土通常都十分肥沃。土壤的肥沃程度与其结构、有机质的含量及交换营养物质的能力有关。土壤的肥沃程度是由气候（温度、湿度、风、水流）、地形（高山、丘陵、平原、河谷、洼地）、成土母质（沉积岩、火成岩、变质岩）、植被状况（草原、灌木、森林）、微生物及原生生物等的综合作用决定的。一般可分为：灰褐色灰化土、砖红壤性土、草原土、黑钙土、棕钙土、荒漠土、灰壤土、冰沼土等土壤类型。草地土壤是最肥沃的，因为全部草本植物及其根系都是短命的，每年死亡后都有大量的有机质转化成腐殖质，草地腐殖质含量可高达每公顷6 000 t；其次为森林土壤，森林的枯枝落叶和根的分解缓慢，而矿质化进行迅速，每公顷腐殖质只有50 t；在丘陵山地或排水很好的土地，土壤的A、B层较薄，植物难以生长；尤其是在人类破坏了森林及草原植被之后，水土流失十分严重，甚至成为裸岩，植物就无法生长了。可见，保护森林土壤、保护丘陵山地及排水很好的土地，防止水土流失是特别重要的。

根据土壤中的生物群量可分为小型、中型及大型生物群。土壤小型生物群包括土壤藻类、细菌、真菌和原生动物。中型生物群包括小型贫毛类、较小的昆虫幼虫，尤其是微小节肢动物，每平方米数以千计，而线虫数以百万计甚至千万计；中型生物群的生物量每平方米 1～13 g。大型生物群包括植物的根、大型昆虫、蚯蚓及其他有机体，还含有穴居脊椎动物，如鼠类；在草原群落里，根的干重每平方米约为1 kg，森林里根的干重可达3 kg以上，蚯蚓与线虫在矿质土壤中每平方米可达300个，大型生物群在形成“活的海绵状”土壤中起了重要作用。

2.4.3 土壤与人类文明

土壤孕育了人类文明，而从人类诞生起就开始破坏土壤的成土过程和破坏土壤的质量，反过来人类文明随之衰落。人类最初的文明摇篮是在尼罗河流域、美索不达米亚的底格里斯河及幼发拉底河流域、印度河流域、黄河流域、长江流域首先发展起来的，这些地区当时土壤肥沃、阳光充沛和降雨量适度（年降雨量 450～900 mm），这些地区的人类文明之所以能持续了几千年以上（兴盛了 100 代人左右），是因为除了这些地区有肥沃的土壤和气候条件之外，他们并学会了原始保护包括土壤在内的生态环境条件。然而，最近6 000年以来的人类历史记载表明：除了少数例外，所谓的文明人很少在最初聚居地区内持续文明进步长达30～60代人（即600～2 000年）；而且所谓的文明越是灿烂，持续的时间却越短。文明之所以会衰落，正是由于所谓的文明人毁坏了包括土壤在内的不文明行为所致。

文明人是怎样毁坏原始优良的生存环境呢？主要是通过耗尽或破坏自然生态环境资源。他们焚烧、砍光了森林；在草场上过度放牧；杀绝了野生动物；捕捞光水中的鱼类；

任凭风雨侵蚀、冲刷肥沃的土壤，水土流失又造成河流、湖泊淤积；导致土地贫瘠、产量下降；文明随之衰落或转移到新的土地上去；如此，恶性循环不已！在伊朗西部，米提亚人与波斯人曾繁荣一时；在伊拉克北部，亚述人曾建立过自己的家园；在利比亚、黎巴嫩、巴勒斯坦、阿尔及利亚与突尼斯，都出现过人类的文明；以克里特、希腊、意大利、西西里与小亚西亚等都是西方人类的文明发源地。然而，昔日的文明大多数都衰落了、湮灭了。我国最古老文明发源地之一的黄河流域，虽然兴盛了 5 000 多年，最终古文明也随着自然生态环境的恶化而衰落了。中华民族的母亲河——黄河流的不只是黄土，而是流的中华民族的血！长江流域的文明兴盛已有 2 000～3 000 年的历史了，近年长江的水土流失及其洪水危害，尤其是 1998 年的创历史的水土流失及特大洪水灾害，是不是预警长江的兴盛期已将过去？长江将在我们这一代人或下几代的手里变成黄河呢？

2.4.4 编者评述

土壤质量与人类文明是如此生死攸关，而人类在文明的过程中，却忽视了保护土壤这个陆生生物的摇篮及食物的主要源泉。令人费解的是：人类越文明，反而导致了文明基础的土壤等自然生态资源毁灭得越彻底？8 000 年的历史事实表明，人类需要反思：人类以往的文明称得上是真正的文明吗？近代人们已开始认识到大气污染、水污染及生物污染的危害，然而，至今认识到迫切需要防止土壤流失及污染危害的人却太少了。这就需要加强科普宣传，让更多的人了解土壤的极其重要性及来之不易，以唤起人们给予极大的关注。

2.4.5 读者思考

人类未来的文明，还能继续以往的以毁灭包括土壤在内的生态环境为代价的文明模式吗？如果人类文明的模式不变革，人类文明还能持续 5 000 年？3 000 年？1 000 年？还是更少？这能算得上是可持续发展吗？

2.5 生物圈

2.5.1 地球的“生物圈”

生命的起源至今还是一个谜。宇宙的过去肯定是非生命的物体构成的，那么非生命的地球上怎么会产生生命体呢？据科学家研究认为，地球是在大约 45 亿年前由原始太阳星云凝聚而成的；从 45 亿年前至发现的最古老的化石（31 亿～32 亿年前）之间，地球上经历了由非生命物质通过地球化学进化途径合成了许多有机物质；再经过光学活性的进化，形成的光活性分子组成了最原始的生物；再经过长期生物进化地球上形成了包括微生物、植物、动物及人类的种类复杂、数量巨大、丰富多彩的生物系统。显然这是一个条件非常严格和非常复杂的过程，虽然科学家已经进行了大量研究，但至今仍有许多谜没有解开。可见，生命的确来之不易，人类没有任何理由残害任何无辜的野生生物。

生物覆盖了地球表面，形成了生物圈，地球已不仅仅是“气球”“水球”“土球”了，而且也是一个“生物球”了。

地球上的能源、大气圈、水圈、土圈与生物圈共同组成了地球生态系统，相互作用、相互影响、相互依存、相互转化。

2.5.2 生物是生态系统的主体

生态系统包括生物及其周围的环境，生态系统的主体是生物，环境质量是生物产生、生存和发展的基础。生物可分为微生物、植物和动物三大类。

微生物

微生物在生态系统中充当“分解者”的角色。一般因为大多数微生物个体是人们肉眼看不见的（实际上细菌及真菌的菌落、菌菇是可见的），往往就忽视微生物的存在和对人类的影响，事实上，微生物由于体积小、繁殖快和能抵抗得住各种不利环境条件，所以在生物圈内普遍存在，因此微生物对于人类的关系最为广泛和密切。微生物的种类繁多：一般认为包括细菌、放线菌、原生动物、真菌、藻类和病毒。细菌为单细胞的原核生物，细胞通常以二分裂法繁殖；放线菌是形成菌丝体的原核生物；原生动物是单细胞真核原生生物；真菌是不含叶绿素的微生物，真核、单细胞或多细胞，通常以孢子繁殖；藻类通常是能进行光合作用的微生物，单细胞或多细胞；病毒是其他生物体的极微小的寄生物。微生物一般需要采用显微镜观察，而病毒小到只有借助电子显微镜才能看到。

微生物的功劳不可磨灭，它们参与了最古老的土壤的形成，提供动植物营养物和能量，促进了陆生植物的产生和发展，促进了陆生动物的产生和发展，促进了动植物尸体的分解，增进了土壤肥力，促进了生态系统的良性循环与平衡；维持人体内新陈代谢，与人体健康关系非常密切；在微生物制品生产中其作用和贡献也是不可忽视的；在废弃物的无害化处理中也具有突出的作用。

我国微生物丰富多彩，但至今尚未进行全面调查研究，国际上已经描述和发表的放线菌近 60 个属、2 000 多种，我国已对 40 个属中的一部分进行过研究；共生结瘤固氮（吸收空气中的氮素）放线菌与许多木本植物共生，在世界各地有广泛的分布，我国有 44 种，其中 20 种未见国际报道；根瘤菌与豆科植物共生结瘤是陆生生态系统中最重要的供氮（吸收空气中的氮素）体系，全世界估计有 18 000～19 000 种豆科植物，我国已记录了 1 500

种；我国西北干旱和半干旱地区分布有许多内陆盐湖、盐碱湖，其中蕴藏有丰富的极端嗜盐、极端碱性嗜盐菌（古细菌）以及耐碱、耐盐和嗜碱微生物资源；我国西南等地区的温泉中蕴藏有许多耐热、嗜热微生物（如：嗜酸热硫球菌属古细菌）；我国高山地区还发现耐低温微生物；我国科学家对植物病毒、动物病毒、昆虫病毒和噬菌体等进行了广泛地研究，取得了丰富的成果；真核微生物有黏菌、真菌和卵菌三大类，种类非常丰富，已发表并确认的种名数约 8 000 种，占世界的 11%，占估计数的 4%。仅我国的真菌可达 18 万种，占世界的 15%，按目前研究的速度要 1 300 年才能全部调查清楚。可见还有许多微生物空缺等待后人去探索。

植物

植物在地球生态系统中被称为光荣的“生产者”。植物非常的丰富，而且可以再生，属可再生资源；如果能够维持植物生态系统的再生功能，也就可以维持生态金字塔的结构，也就可以为人类持续发展作出贡献。植物可分为藻类、地衣、苔藓、蕨类、裸子、被子植物等类型。

藻类是地球上最重要的初级生产者，它们通过光合同化作用生产的有机碳总量为高等植物的 7 倍，同时固氮藻类每年能固氮 1.7 亿 t。它们不仅是人类及动物的食物源，而且是在光合作用中放出人类及动物呼吸所需的氧的最重要来源。世界的藻类约 40 000 种，其中淡水藻类有 25 000 种；根据我国已发现的 9 000 种淡水藻类进一步推断，可能占到世界淡水藻类的 50%～60%。

地衣是一种特殊的共生真菌。世界地衣物种约 20 000 种，我国才发现 2 000 种，其中 200 种为我国特有。上述地衣的种类数实际上大大偏少，我国研究工作还只是开始。

苔藓植物十分丰富，世界有 23 000 种，我国有 2 200 种，占世界种数的 9.1%。

蕨类植物也很丰富，世界有 10 000～12 000 种，我国有 2 200～2 600 种，占世界种数的 22%；但我国拥有的科属数占世界的 95%。

裸子植物是原始的种子植物，其发生的历史悠久，最初出现在古生代，到中生代至新生代就遍布全球大陆。现代生存的裸子植物有不少是第三纪出现的。世界有裸子植物约 15 科、82 属、750 种；我国有 10 科、34 属、200 余种。我国因为基本上没有受到第四纪冰川的破坏，保持了第三纪以来的比较温暖气候，因此我国的裸子植物种类丰富、起源古老，特别珍贵。

被子植物是植物中最晚发生，又最具生命力的植物类群。世界约有 400 多科、10 000 多属、260 000 多种；我国约有 300 科、3 100 余属、30 000 多种；分别占世界的 75%、30% 和 8.7%。我国的被子植物的生态类型、起源古老及分布特点是其他国家不能相比的。

动物

动物，包括人类在自然生态系统中被称为不光彩的“消费者”（人类还是“污染者”与“破坏者”），这是从能量传递角度划分的，事实上，从物质循环角度看，动物之间形成了食物链、网，它们彼此之间提供着“食物”，形成了“天敌”，它们死亡后的尸体经过微生物的分解，又为植物提供了营养。动物可分为无脊椎动物、昆虫、脊椎动物几大类。

无脊椎动物的门类和种数不但在动物界中占主要地位，而且在全部生物中亦占优势。世界已描述的种数占全部动物数 132.5 万的 96.71%，占全部生物数 173.9 万的 76.19%。目前每年新发现的约 15 000 种，按这样的速度尚需 100 年才能全部完成。我国发现的约占世界的 10%。由于我国生态环境的特殊性，因此，无脊椎动物的生物多样性也具有特殊性。地球上凡是动物可以栖息的场所，都有无脊椎动物的踪迹，它们与人类关系非常密切。

昆虫的种类也非常丰富，但估计数差别很大。过去估计为 150 万种，新的估计为 3 000 万种；我国还没有确切的估计数，以 10%计，至少有 15 万种。从已知科目数看，我国占世界的 12.6%～25%，我国还有许多特有种。昆虫除了对人类具有巨大的贡献外，其中许多害虫也是人类的大敌。

脊椎动物与人类从发生渊源来看最接近，关系也最密切，研究得也最细致，我国的脊椎动物共 6 347 种，是世界 45 417 种的 14%，其中许多是特有种。由于具有巨大的直接经济价值，有史以来一直是人类的捕杀对象直至灭绝，至今仍是受人类威胁程度最大的生物群，保护脊椎动物的任务最为急迫。

2.5.3 生物与人类文明

人类本就是生物中的一类，人类是从生物中产生的，人类自始至终也离不开生物，生物为人类文明的发展作出了无与伦比的贡献，人类文明历史也就是人类与生物协同共生进化的历史；然而，人类恩将仇报，不断侵占野生生物的领地，对野生生物的残杀灭绝，达到了危机的程度；反过来又危及人类自身，这种危机随着人类传统文明的发展而发展，直到 20 世纪末达到了空前的规模；生物圈正在缩小、破碎并受到了灭顶之灾，许多生物物种已经灭绝，许多物种正处于即将灭绝或濒危之中！

2.5.4 编者评述

天衣无缝的“生物圈”，是自然界最伟大的杰作！

救救野生生物，救救生物圈，就是救救人类自己！人类需要时时刻刻牢记：人类也是生物，人类也是生物圈的组成部分，残杀灭绝生物物种，将导致生物圈的崩溃，人类不仅仅是会失去“朋友”，成为地球上的“孤家寡人”；而且人类社会经济也必然会崩溃。

2.5.5 读者思考

自然界创造了如此丰富多彩的生物圈，我们每一个人应该为维护生物圈做些什么呢？

为了满足自己的直接要求，人类比任何其他生物，更多地企图改变环境；但是在改变环境的过程中，人类对自己生存所必需的生物成员的破坏性甚至毁灭性影响，也越来越增加。因为人类是异养性和噬食性的，接近复杂的食物链的末端，无论人类的技术怎样高超，对于自然环境的依耐性仍然保留着。

——E. P. Odum《生态学基础》

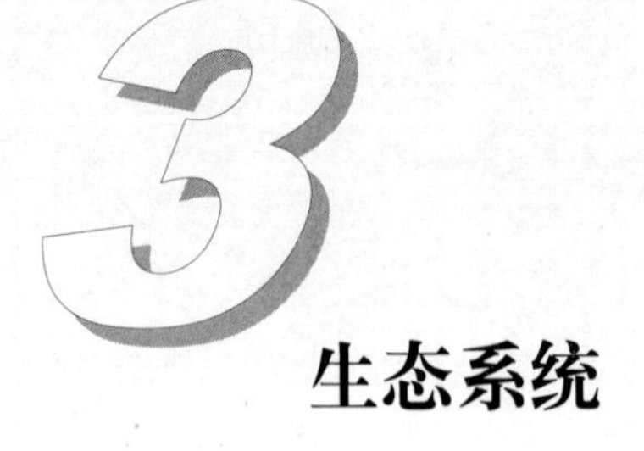

生态系统

3.1 生态系统 ABC

3.1.1 何谓“生态”

“生态”，简言之就是指关于生命及其一切相关因素、因子的关系；再具体点说是指关于生命起源、生存、发展及终结的一切相关因素、因子的关系。包含生命周期内时间轴、空间轴与各种相关因素、因子、问题的表征。

3.1.2 何谓“生态学”

“生态学”，简言之就是研究关于“生态”的学问，具体来说就是研究“生态系统”的学问。近代“生态学”是德国动物学家 E. 海克尔于 1866 年首先提出来的：定义为：“研究有机体与环境相互关系的科学”。科学家将含碳（C）化合物定义为有机物，因此，所有生命都是有机体，但有机体不全是生命体，而是生命体产生的前提物质。因此，这个定义隐含着对生命起源的前期研究，我是非常赞同的。所以，我认为“生态学”简言之，就是一门研究自然、生命与人的“关系学”。还有什么课题比“生态”研究更广、更深、更重要呢？

生态学实际上是门古老的科学。生态学之根可追溯到世界文明古国的老祖先那里去了，生态学家王如松在《人与生态学》一书中，对“生态”作了介绍，其中就介绍了中国的古代道家、儒家、法家、阴阳家、医家对“生态”探讨的贡献，结合他的研究，概括出生态控制论八律；张正春在《中国生态学》一书中也对中国古代哲人对“生态学”的探讨，进行了系统深入的研究，并概括出“十大原理”；王大有在《宇宙全息自律》一书中，更加展开得无边无际。[美]洛伊斯·N. 玛格纳在《生命史》一书中就非常客观地指出：

“强调和重视从希腊文明中所取得的西方传统遗产导致人们对更早的文明和其他传统的忽视。对于中国和印度的早期文明，除了某些奇异的药品、印刷术和火药的发明以外，其他大多数都被忽视了。在数千年的过程中，这些复杂的文明用独一无二的方法解释了一些基本问题，例如，人类的本性以及人类和自然的关系。”

可以断言，如果追溯所有文明古国关于“生态”的科学研究史，一定都会追溯到老祖先那里去了！因此，可以说“生态学”是一门既古老又青春的科学。

3.1.3 何谓“生态系统”

“生态系统”是生态体系的构成和功能的简称。生态系统的构成是由太阳能为主导、生命系统为主体、非生命的环境（能、气、水、物质）系统为背景及基础所组成的有机复合体。自然生态系统具有一系列特殊的、无法替代的结构、机制、功能、作用和价值，是宇宙星球中最突出的甚至是唯一的标志。

生态系统的范围有大有小，全球生态系统是最大的生态系统，由自然生态系统及人工生态系统所构成；自然生态系统又由海洋生态系统与陆地生态系统所组成；海洋生态系统又由深海、浅海、岸边、海岛生态系统组成；陆地生态系统又由森林生态系统、草原生态系统、河湖湿地生态系统、冻原、高寒地区生态系统、荒漠生态系统等组成；人工生态系统由农田生态系统、城镇生态系统、人工森林公园等所组成；而人工生态系统只能依附于自然生态系统而无法长期独立存在。（参见 3.5 部分）

具体来说，地球自然生态系统是一个有生命的、绚丽多彩的、奥妙无穷的大系统。是由太阳与大气圈、水圈、土圈与生物圈五大生态要素有机组成的独特有机系统。太阳是生命能量的源泉，大气圈、水圈、土圈是生命所必需的大气、水、土、营养物质的源泉，生物圈是生命多样性的源泉，都是不可或缺的。这个系统是由地球所拥有的无数的特殊宇宙、地球环境因素、因子巧妙地集合形成的“奇点”上产生的，其生态系统要素、结构、机制、功能、作用和价值，在宇宙无数星球中无与伦比。绝不是生态要素简单的组合或机械的堆砌，也就是说，即使在其他星球上存在地球上某些生态系统因子、因素，也不一定能够产生如地球上的生态系统。地球上的生态系统可能是一个绝无仅有的偶然—必然事件。

非生命的物质背景（“生境”）是生命系统产生、生存和发展的摇篮和物质基础。生境质量的时空变化决定了生态系统的类型和时空变化；生态系统的发展和变化又会影响生境质量的时空变化。

生物在长期自然进化过程中，经过选择和变异，适者生存，优胜劣汰。经过自然选择而存在的生物物种、基因和生态系统的多样性，是自然赋予人类的最宝贵的、巨大的自然资源、财富和资产。

生物由物种和种群所组成。生物物种和种群之间存在着为生存而进行的竞争和你死我活的搏斗；同时也存在着互相依存、互利互惠的共生关系。正是这种错综复杂的相互关系，才形成了千姿百态、五彩缤纷的生命形式和食物链，以食物链为途径，以生物为载体，组成了生态系统多层次的能流、物流和信息流网络。

生态系统各组成要素间的运营，是依靠太阳能量源源不断地供给与驱动，是靠大气圈、水圈、土圈的物质源源不断地供给、流动与循环；是靠信息流的传递与交换，形成天衣无缝地相互联系、相互制约，具有自组织、自调节、自恢复、自循环的特殊功能。

在自然生态系统中，人类在直立之前，只是作为一个生物物种而出现、存在，人只是被动地受自然生态系统的约束，并遵循自然生态系统的共有规律和准则；人类自从直立并学会使用工具及火之后，又进一步学会创造工具、文化、经济、技术、科学，人逐渐从自然生物圈中分化出来，形成了一个以“人”为中心的“全球性的社会经济科技圈”（人圈或智慧圈），打破了自然生态系统原有的格局、结构，扰乱了自然生态系统的运营机制和规律，改善了、发展了，抑或降低了、破坏了自然生态系统原有的功能、作用与价值。

由太阳能、大气圈、水圈、土圈、生物圈及人圈共同构成了新的“自然—社会—经济复合生态系统”。由于人的巨大创造力呈指数状态发展，总体上已经接近、达到甚至超过了自然营力的数量级（如能源、水源、自然资源的开发、人与物质运送、污染物的排放、物种灭绝、污染、人祸等），现在，地球上几乎找不到纯自然生态系统了。人，与其他生物不同的是，不仅仅是一个生物圈的一员，而且还是社会经济圈的主宰；还是新的生产力的源泉，还是能源、水源、资源消耗的主体，还是制造废弃物的源泉。人类在改造自然生态系统、建设新的自然-社会-经济复合生态系统的同时，也在破坏与毒化自然生态系统及自己的生境质量。

3.1.4 编者评述

“生态”问题，确实是全球最为重大的问题，上网点击“生态”关键词，显示出 23 000 000 条。由于当今时代生态环境资源陷入危机之中，“生态”成了热点，并引起人们的关注率、点击率和引用率很高就不难理解了。

按照王如松从广义视野解读的“生态”，几乎涉及一切领域。

生态学是一种哲学，一种科学，一种美学和工艺学，是包括人在内的生物与环境间关系的一门系统科学；是一门既古老又年轻的自然科学与社会科学的交叉科学；是一门有关天人关系的物理、事理与情理的科学，是世界观和方法论，是一种科学的思维方法。通俗地讲，生态学是理解你我他的一门环境关系学，是与寻常百姓的生存、发展密切相关的待人、接物、处事的生计、谋术学，是人的生存之道、生活之道、生命之道。

3.1.5 读者思考

完善的生态系统与优良的环境资源质量，是生物及人类健康成长的基础和保障，是社会经济可持续发展的基础和保障！基础损坏了，上层建筑还能够确保健康、稳定、持续发展吗？

3.2 生态系统的结构

3.2.1 食物链

生命系统中的生物是由生物个体、物种和种群所组成。生物个体、物种和种群之间存在着为生存而进行的竞争和你死我活的搏斗，同时也存在着互相依存、互利互惠的共生关系。正是这种错综复杂的相互关系，才形成了千姿百态、五彩缤纷的生命形式和食物链（专栏 3-1），以食物链链接，以生物为载体，以自然环境为背景与基础，组成了生态系统多层次的能流、物流和信息流网络（生态网）。食物链（网）在生态环保方面有非常重要的意义：一方面，污染物可以通过食物链的营养传递方式而积累、富集千百万倍，以致即使是达标的微量的污染物，也可以积以时日而导致病害；另一方面，食物链（网）如果断裂，将导致生态金字塔结构的失衡、破坏，甚至毁灭。可见，维持食物链（网）在生态系统中的安全与稳定，具有极其重要的作用。

专栏 3-1 食物链

食物链，人们一般比较熟悉，通常所说的人吃大鱼、大鱼吃小鱼、小鱼吃虾米、虾米吃小藻、小藻吸收太阳能；或人吃牛、牛吃草、草吸收太阳能；或人直接吃稻麦、稻麦吸收太阳能，等等，都是食物链的不同形式。

科学定义是：把来自植物的食物能转化为一连串重复取食与被取食的有机体，叫做食物链。每一次转化，大部分的潜能（80%～90%）——热能消失了。因此，在这个顺序中的梯级或环节的数目是有限度的，通常为 4～5 级。食物链越短，可用的能量就越大。食物链分为两种基本类型：放牧（生食）食物链，以绿色植物为基础到草食动物，进而到肉食动物；

腐食食物链，从死的有机物到微生物，接着到摄食腐生物及它们的捕食者。许多食物链之间组成食物网。

绿色植物（生产者水平）居于第一营养水平层次，食植物者为次级水平层次（初级消费者水平），以草食动物为食的肉食动物为第三级水平层次（次级消费者水平），而次级肉食动物为第四级水平层次（第三级消费者水平）。——E.P.Odum《生态学基础》

3.2.2 生态网

生态网是由多条生态链形成的能流、物流及信息流编织成的相互依托、具有层次的营养网络系统。图 3-1 是典型的森林草原的部分生态网。

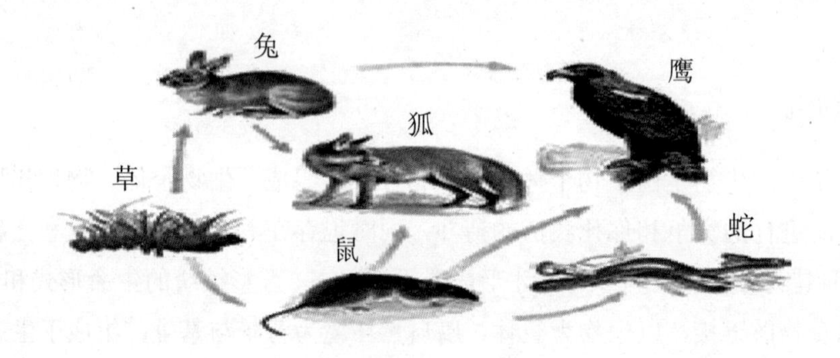

图 3-1 森林生态系统的食物网

3.2.3 生态金字塔

生物（动物、植物、微生物和人类）与其赖以生存的环境（日光、大气、水体、土壤）之间，无时无刻不在进行着物质循环和能量流动，它是一个相对稳定的开放系统。

任何一个完整的、稳定的自然生态系统，应组成“生态金字塔”（图 3-2），无论生态系统的大小，就是一个生态系统的基本结构。金字塔基底是由无机环境所构成的；塔底是由植物充当的“生产者”所组成，其上第二、三或四层分别由草食性动物及肉食性动物或杂食性动物（包含人）充当的“消费者”所组成，此外，由腐食生物和微生物充当“还原者”。它们分别在物质循环、能量流动及信息传递方面各自发挥着特定的功能与作用，并形成整体功能，使整个生态系统长期稳定、正常运行，形成相对的生态平衡。

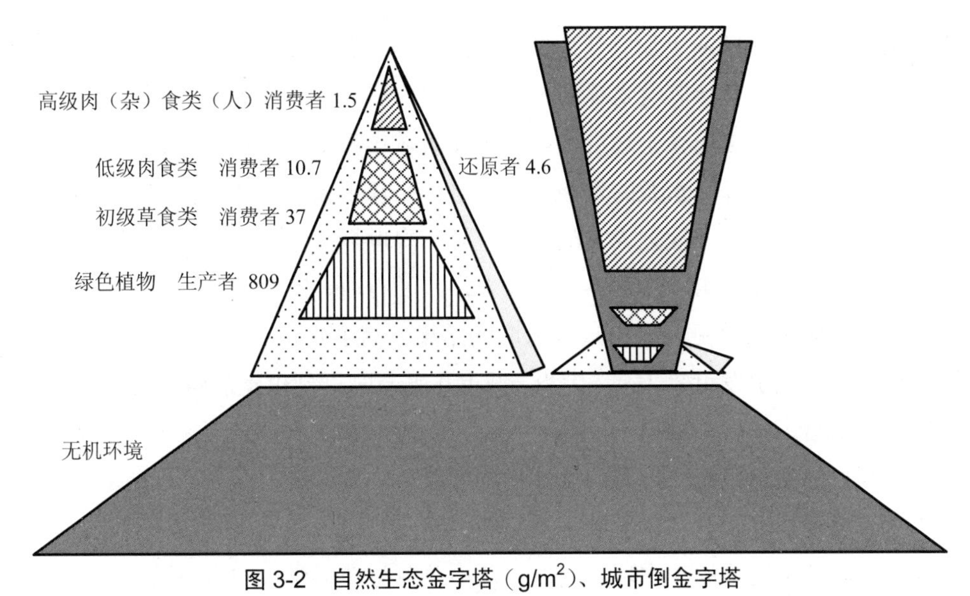

图 3-2 自然生态金字塔（g/m²）、城市倒金字塔

食物链现象的相互关系和个体大小与代谢的关系形成了具有一定营养结构的群落，这种结构常常是典型生态系统型的特征，并可用生态金字塔来表示。生态金字塔有三种基本类型：① 生物数量金字塔；② 生物量金字塔；③ 能量金字塔。

图 3-2 中左边显示的是全球单位面积生物量金字塔，[图例]代表生产者；[图例]代表高级（包含人类）肉食或杂食消费者；[图例]代表低级肉食消费者；[图例]低级草食消费者；[图例]代表无机环境。从中可以看出不同层次生物量的比率；右边是示意的城市倒金字塔人工生态系统，显示出不稳定、不安全。

城镇是以人及人工生产物（水泥、沥青、钢铁、金属、砖瓦、玻璃、陶瓷、塑料、橡胶、纸、汽车、自行车、电动车、各种各样的机器、电器、设备等）非生命的物体及其废弃物（生活废弃物、交通废弃物、医院废弃物、产业废弃物、科研废弃物、航天废弃物等）为主体的社会生态系统，绿色植物生产者及微生物还原者在城市生态系统里退居不起眼的角色，从而彻底改变与破坏了原生态的自然生态系统，作为人工生态系统的还原者——人工“三废”处理系统，受技术、经济条件的约束，只能实现达标排放，而不可能实现污染物“零排放”，“废弃物”将在生态系统中不断积累，导致环境质量恶化。可见，所谓的城市生态系统，实际上是呈“倒生态金字塔”与“反自然生态系统”的特征。由于城镇生态系统的单位面积的能耗、水耗、物耗、废弃物量远远超过自然生态系统（千百万倍），由此可见，城市人工生态系统不能单独存在和运转。为了维持城市生态系统的运转，必须由一个比城市范围大得多的农村生态系统及自然生态系统来支持，才能从总体上保持生态金字塔的结构，才能维持城市的生存、运营与发展。由此可见，城市不可能无限制增长，受到农村生态系统及自然生态系统的约束。整体上城市生态系统，需与农村生态系统及自然生态系统构成良性循环的复合生态金字塔结构。城市无限膨胀的结果，城市之间就会发生争夺相互交叉的农村地域或更加广泛地域的生态环境能源、资源、水源，农村生态环境、自然生态环境将不堪重负，就会毒化、萎缩、退化、坍塌，直至消失；城市间链接成新的更大的城市群是目前我国乃至全球的大趋势，而大城市群之间，再进入新的、更广阔一轮的地域空间、能源、资源、水源的争夺，如此恶性循环下去，形成地区间、民族间、国家间的争夺，直至战争。第一次世界大战如此；第二次世界大战也是如此，可以预言：第三次世界大战也必定如此。第二次世界大战以来，为了石油等能源及资源的局部战争从来也没有停止过就是明证。可见，城市过度膨胀的结果，就会形成自然生态系统的“肿瘤”，甚至导致局部战争或引发世界大战。因为，城市几乎一时一刻也不能停止人工能源、水源、粮食及物质的供给。一时一刻也不能停止人流、物流、水流、信息流、价值流的流动。只有靠不断吸取自然生态系统“母亲的乳汁”才能存活。从这个方面看，现代战争完全可以不直接杀人，只要切断和破坏供给能、水、粮、物及信息的途径，城市人就难以存活。

由此可见，城市发展的生态环境问题，还不单单是个科学、技术问题，还涉及战争安全问题。鼓吹特大城市、特大城市群是仅从传统的社会、经济学观点看城市的建设与发展；如果从长远生态环境学、健康度、舒适度及安全度方面考虑的话，还是以中小城镇为好！

几类生态系统比较见表 3-1。

表 3-1 森林、草原、海洋、湿地、人工等生态系统特征的比较

类型	森林生态系统	草原生态系统	海洋生态系统	湿地生态系统	人工
分布特点	湿润或较湿润地区	干旱地区，降雨量很少	整个海洋	沼泽地、泥炭地、河流、湖泊、红树林、沿海滩涂及低于 6 m 的浅海水域	气候、水源、土壤优良
物种	繁多	较多	繁多	较多	缺乏
主要动物	营树栖和攀缘生活，如犀鸟、避役、树蛙、松鼠、貂等	有挖洞或快速奔跑特性，两栖类和水生动物少见	水生动物，从单细胞的原生动物到个体最大的鲸	水禽、鱼类，如丹顶鹤、天鹅及各种淡水鱼类	人及家畜、宠物、鱼
主要植物	高大乔木	草本	微小浮游植物	芦苇	乔、灌、草、花、作用
群落结构	复杂	较复杂	复杂	较复杂	简单
种群和群落动态	长期相对稳定	常剧烈变化	长期相对稳定	周期性变化	周期变化
限制因素	一定的生存空间	水，其次为温度和阳光	阳光、温度、盐度、深度	温度、水源	人工管理

类型	森林生态系统	草原生态系统	海洋生态系统	湿地生态系统	人工
主要效益	人类资源库；改善生态环境；生物圈中能量流动和物质循环的主体	提供大量的肉、奶和毛皮；调节气候，防风固沙	维持生物圈中碳氧平衡和水循环；调节全球气候；提供各种丰富资源	生活和工农业用水的直接来源；多雨或河流多水时可蓄积，调节流量和控制洪水，干旱时可释放储存的水补充地表径流和地下水，缓解旱情；消除污染；提供丰富的生物资源	美化、休闲、观赏、遮阴、防尘、减噪、吸毒
保护措施	退耕还林，合理采伐，防虫防火	防止过度放牧，防虫防鼠	防止过度捕捞及环境污染	加入“湿地公约”、建立重要湿地	纳入主管部门管理

3.2.4 编者评述

我们概略地了解了生态、生态学、生态系统、食物链、金字塔等概念，大体上勾画出生态的立体画面。进一步就可以理解作者为什么说，自然生态系统是可持续发展系统，传统农牧业是准可持续发展系统，而现代农业、城市、交通、工业是不可持续发展系统的道理了吧？然而，现代农业、城市、交通、工业总是不会停止不前的，那一定是以牺牲自然生态环境能源资源质量为代价的。从全球看，已经被人类破坏得千疮百孔的生态系统，必须按照全球生态环境的总规律，采取了一系列符合可持续发展的理念、理论和有效措施，逐步还清了历史欠账后，才有可能逐步从恶性循环向良性循环方向转化，这个期限很长，至少要一二百年吧？

3.2.5 读者思考

人类深陷生态环境资源恶性循环的大旋涡之中难于自拔，急不得，躁不得，只能寻求一条垂直于旋涡的切线路径，快速地游出来。这条路在哪里，您有志接下前辈的接力棒吗？

3.3 生态系统的基本机制与功能

3.3.1 基本机制

3.3.1.1 能量机制

（1）生态系统运营依靠能量，地球能量主要来自永不枯竭的太阳能，因此，地球生态系统的运营节律必然要服从太阳能的变化的总节律。

（2）太阳能是巨大而稳定的，但达到地球表面时，具体点位接收到的太阳能量是随太阳周期变化、银河系星球的综合影响及地球时空、气候、气象条件干扰而变化的。

（3）能量在生态系统中传递一般是按照食物链单向的、不可逆转的。

（4）能量在食物链传递的过程中逐级递减，每级传递率仅为 10%～20%，也就是每级传递中会损失 80%～90%。

（5）因此生态金字塔的层次一般不超过 4～5 层，因为到了 4～5 层后，食物链的末端能量已经耗尽。也就解说了，为什么人类不可能无限膨胀的原理，因为，生态金字塔的基底是有限的，并逐级决定了上面各层的基本参数。

3.3.1.2 循环机制

在太阳能的驱动下，以及各种地球环境因素、因子（如阳光、气压、温度、重力等）不平衡的背景下，存在周期变异及梯度差异，才能实现大气、水及生命物质的流动和大循环；确保大气、水及生命物质的持续供给和自然净化。

3.3.1.3 调节机制

地球生态环境质量具有的调节机制是通过物质循环途径中的物理、化学、生物及人为作用实现的。包括：① 稀释、扩散；② 沉积、沉淀；③ 氧化、还原；④ 中和、平衡；⑤ 吸附、吸收；⑥ 排泄、排放；⑦ 分解、转化；⑧ 基因重组、基因改良；⑨ 恢复、改善；⑩ 协同、进化等。

3.3.1.4 报复机制

（1）从生态系统能量流的特征可见：为了维持生态金字塔顶端的生物及人的能量的需求，必须有百倍的肉食动物的保障；千倍以上植食性动物的保障；万倍以上绿色生产者的保障。因为，生态系统的保障系统的供给基本是稳定的，而人类数量无限膨胀，对能量、水及物质的过量需求，导致能量、水、物质供给不足，甚至断流。人类自然就受到自然的报复，如各种天灾频繁，所以必须控制人口及人的需求的膨胀。

（2）从生态系统的物质大循环的特征可见：如果没有这样的大循环，或这样的大循环受阻，大气、水、生命物质的量与质就会衰减、衰退、衰竭，生命系统就会遭殃。地球就绝不可能养活现在的 63 亿人，历史上更不可能累计养活了 1 601 亿人。理论上地球仅可负担 77 亿～120 亿人（参见《生命数据》）最低的生存需求，也就是地球供给已经到了极限了！人口无限膨胀的结果：一是导致生态环境质量的恶化；二是导致自然灾害的频发；三是生命系统会遭到各种疾病的困扰和威胁，直至死亡。

（3）从环境质量大调节的特征可见：生态系统上述大调节功能如果丧失，生态环境质量就会恶化、毒化，生物物种就会出现变异、灭绝，即使是聪明绝顶的人类也不例外。

3.3.1.5 平衡机制

（1）生态平衡，不是在一个点上的平衡，而是围绕某个平衡点的上、下，左、右，前、后三维空间上的一个有限范围、区间变动的平衡。

（2）生态平衡，这个平衡点本身也不是固定的，而是随太阳节律、地球运转节律、生物生息节律的时空变化而变化的。

（3）生态平衡，是相对平衡，不是绝对平衡，而不平衡是绝对的。

（4）生态平衡，在生态系统没有破坏之前，具有自组织、自调节、自补偿、自恢复的特殊功效。但是，当生态系统的结构及上述机制丧失后，生态平衡就会打破而失效，自然报复就同步开始，自然灾害与人为祸殃就会叠加，遭到自然变本加厉的报复。

3.3.2 主要特征

（1）相对唯一性——截至当代，宇宙中确认只有一个地球生态系统。

（2）相对有限性——地球相对人来说十分庞大，但相对宇宙来说，却小得可怜，地球的有限性不仅决定了不可更新资源的有限性；也决定了生物性可更新资源的有限性；进而决定了人口不可能无限膨胀、人类需求也不可能无限膨胀；人的寿命及人类整体的寿命也是有限的。

（3）相对整体性——原本无序的自然因子、因素，经过地球尺度的演化、生物进化、生物与人类的协同进化，形成了一个有机、有生命的整体，脱离了生态系统整体，就像没娘的孩子，就如太空中的一个无生命天体或无生气的天体碎片。

（4）相对稳定性——地球生态系统形成的上述一系列机制，保障了生态系统的相对稳定性和平衡，但不是绝对的稳定性或平衡，所以除确保自然调节机制与功能不受到破坏外，还需要人为的控制与调节补充。其基本要求是：

- 确保生物种群栖息地、繁殖地、生态廊道、生态迁徙通道的通畅稳定与安全；
- 能量与物质的输入和输出基本相等，保持平衡；
- 生物群落种类和数量保持相对稳定；
- 生产者、消费者、分解者组成完整的营养结构及物质的循环；
- 具有正常的食物链与营养等级传递形成的正金字塔形；
- 生物个体数、生物量、生产力维持恒定的范围；
- 生态系统抵抗性、恢复性、自我调节机制的稳定性。

（5）相对敏感性——因为生态系统的平衡是动态循环平衡，是相对的平衡，而不平衡确是绝对的，因此生态系统具有十分敏感的特性，就像杂技演员踩钢丝一样，稍有不慎就会跌进深渊。可调控的空间、幅度及手段是极其有限的，如臭氧层空洞的形成很容易，但其修复如女娲补天，不是轻而易举的，甚至是不可能的。

（6）相对脆弱性——如果食物链、循环链、调节链、平衡链因中毒或断裂，看起来十分稳定的生态系统，就会出现质量恶化、结构破坏、机制破坏、功能破坏，而导致生态系统的整体性毁坏。

3.3.3 生态功能

3.3.3.1 生命的天宫、温床及安乐窝

宇宙中、地球上原来是没有生态系统的，只有非生命的能量及物质环境，但它们在地球演化史中逐渐形成了孕育生命的天宫、温床及安乐窝。

3.3.3.2 维持着生命、社会、经济的存在和发展

生态系统不仅孕育了生命，而且还继续维持生命的生存和发展，这就是生态系统最基本的存在价值所在；生态系统还维持着人类社会经济的发展所必需的生态环境能源、资源、质量条件与效用，这就是其生态服务功能及生产、市场价值的体现。这种服务于人类社会及经济的巨大功效，长期被人们视为“上帝的恩赐”，而不计算为劳动及市场价值，既然是恩赐，人们就不需要付出代价和补偿，就可任意攫取、掠夺、破坏，结果遭到自然的报复，显然这是人类的精明式愚蠢，或愚蠢式精明。

如何认识与计量生态系统的存在价值、服务功能价值及市场价值并纳入国民经济统计系统呢？这是新的生态环境资源保护经济学的研究任务。目前，国内外都在研讨这个重要课题，作者机遇联合国项目中的需要，进行了一些有益的开拓性研究。这一是由于人们的“价值观”“价值论”存在巨大的差异；二是由于传统价值观、价值论居统治地位，传统的习惯势力在短期内难以扭转；三是生态环境资源是一个巨大的变化的复杂体系，其服务功能价值涉及方方面面，如何取得准确基础资料、如何定价方法及如何转换为政策、决策及管理的科学依据，还有待时日。作者在《中国生态资产概论》《生物多样性价值评估》及《遗传资源价值评估》等著作中，对生态资产价值观的论述、对宏观及微观生态价值评估都作了有效的探讨，表 3-2 关于生态系统存在价值、服务功能及生产价值评价方法简介可供参考。

了解生态系统的存在价值及服务功能价值的意义在于：

（1）有助于提高人们树立生态环境存在价值的意识，发展价值传统观，维护生态系统的基础功能和整体功能价值；

（2）促使从传统单纯商品生产价值、市场价值观的转变，确立起生态服务价值的新理念；

（3）促进将生态环境价值纳入国民经济核算体系；

（4）为生态功能区划和生态建设规划奠定基础；

（5）为国家制定政策、决策及管理提供生态补偿的科学依据（如碳税）。

表 3-2 生态系统存在价值、服务功能及生产价值评价方法简介

类型	具体评价方法	方法特点
存在价值法	没有人的干预和影响前的自然存在价值	可采用生命价值评估，参考《中国生态资产概论》
市场价值法	生产要素价格不变	将生态系统作为生产中的一个要素，其变化影响产量和预期收益的变化
	生产要素价格变化	由自然生态系统营造的可直接被利用的产品、食品、商品按市场价值计算
替代市场价值法	机会成本法	以其他利用方案中的最大经济效益作为该选择的机会成本
	影子价格法	以市场上相同产品的价格进行估算
	影子工程法	以替代工程建造费用进行估算
	防护费用法	以消除或减少该问题而承担的费用进行估算
	恢复费用法	以恢复原有状况需承担的治理费用进行估算
	资产价值法	以生态环境变化对产品或生产要素价格的影响来进行估算
	旅行费用法（TCM）	以游客旅行费用、时间成本及消费者剩余进行估算
假想市场价值法	条件价值法（CVM）	以直接调查得到的消费者支付意愿（WTP）或受偿意愿（WTA）来进行价值计量

3.3.3.3 生态系统的恢复

生态系统在遭到破坏后，一般情况下可以自动恢复，这是由于生态系统具有的巨大容量、自组织、自恢复的功能所致，但往往需要较长的时间或周期；因此，需要人工恢复加以补充。对生态系统的人工恢复需要运用恢复生态学原理，恢复生态学是研究生态系统损害的诊断、对症整治和强化管理过程的科学。

恢复生态学的目标是重建某一区域优化的生物群落及优化其环境质量背景条件，将其生态功能恢复到受干扰之前或较好的状态。对生态系统进行重建的关键是恢复其自我调节能力与生物的适应性，主要依靠生态系统自身内赋秉性的恢复能力，辅以人工的物质与能量投入，并运用生态工程的办法进行生态恢复。在生态恢复的规划、设计过程中，除要防止外来物种的入侵的破坏外；还需防止品种单一的弱点，如我国三北防护林曾被誉为“绿色长城”，作者到呼和浩特出差时想参观这一壮观的生态工程，遗憾的是，因树种单一，树心生虫，未曾几时，就毁于一旦，就是惨痛的教训。

人类虽然只是全球生态系统的一个物种，由人类为主组成的社会经济也只是复合生态系统中的一个子系统，但其拥有的巨大生产力，足以干扰、影响自然生态系统的正常运营；

反过来人类社会经济的正常运转需要以自然生态系统的正常运转作为保证。人类生产力具有两面性：一方面具有正能量，另一方面具有负能量。需要人类觉醒，发展正能量的积极作用，抑制负能量的消极作用。在经济发展的早期阶段，由于人与自然的冲突较小，人类对自然的畏惧与神化，加上改造世界的能力较弱，对保护自然生态环境资源质量起到了积极作用，如全球优美的旅游地多数分布于社会经济不发达的少数民族地区就是明证；后来，人类社会经济行为对生态系统的冲击与破坏越来越大，人类造成的残缺不全的生态系统已经危及人类社会经济的安全及健康发展，人类开始反思如何改变这种恶性循环趋势；近代人类开始觉醒，规划、建设人类与生态系统和谐持续发展的新境界，加强恢复生态系统的结构、功能、作用和价值，从恶性循环向良性循环发展，因此，开展了各种生态环保系统工程，这将是21世纪最艰巨又最伟大的工程。

3.3.3.4 生态产业

生态产业或产业生态化是进行生态经济建设的重要环节，生态产业可有效地防止或改善传统产业的一系列弊病，如生产目标的单一性，能流、物流、水流、价值流的单向性，因此能耗、物耗、水耗量大，废弃物量大，污染程度高，危害性强；而生态产业的特点正是针对上述的问题与缺点，学习自然生态系统通过“食物链”“生态网”“金字塔”等特殊的多级利用、循环利用、回收利用、实现“无害化”“无废化”“零排放”，实现生态系统整体最优化，从而，使社会经济受益，使复合生态系统受益，可促使恶性循环的社会经济系统向良性循环与持续发展方向发展。传统产业与生态产业的主要差别见表3-3。

表3-3 传统产业与生态产业特征比较

类别	传统产业	生态产业
系统目标	单一产品内部财务利润	经济社会环境综合效益，社会功能导向
责任	对产品、销售端负责	对产品生命周期的全过程负责
系统结构	线性	网状
稳定性	对外部依赖高	自平衡性
系统耦合关系	单一、纵向的部门经济	复合、横向的生态经济
系统调节机制	正反馈调节为主	正负调节平衡
经济效益	局部效益高、整体效益低、长远效益差	综合效益高、整体效益大、长远效益高
资源消耗	掠夺式	减量化、再资源化和再循环
废弃物	外排、负效益	系统内部资源化、正效益
环境保护	末端治理、高投入、低回报	过程控制、低投入、高回报
自然生态	厂内外环境分离	与厂外环境构成复合生态体
景观生态	灰色、破碎、反差大	绿色、和谐
可持续能力	低	高

3.3.4 编者评述

十分概略地了解了生态系统的机制、特征与功能之后，对于生态系统有了初步的理解，一方面感到简直不可思议，另一方面又感到不好驾驭；人类社会科学发展到 21 世纪了，人可以上天、入地、潜海，可以观察到原子、电子、纳米粒子，可以通过人工复制生命，可以探索到几十亿光年的"宇宙边界"，可以制造出许多方面超越人脑的电脑、机器人，可就是无法用机器制造出一个生命，更是无法复制一个生态系统，在宇宙中寻找类似人类、类似地球生态系统，其难度无异于大海捞针。

3.3.5 读者思考

西方经济发展的奥秘不在《西方经济学》的书本中，而在于那只看不见的手；生态系统如此精细、精密、精准的调控，是不是也有一个无所不能的"神"的手呢？有，她就是"自然之神的手"！遗憾的是，人脑还远没有进化到"自然之神脑"那么发达，还难以理解这许许多多悖论式的事实存在。随着基因遗传变异的进化，这种可能性未来是不是也可能产生呢？祝你好运！

3.4 生态系统原理

3.4.1 环境能量与环境质量

作者早在 1979 年在"谈谈'全面评价、综合防治'"及 1980 年在"有关'环境科学'的概念、体系及特点"及 1985 年在"略论环境科学的综合性特点"三篇论文中，探讨了环境科学技术管理体系的研究对象、范畴、学科体系及十大综合性特点。在学科组成上分：理论环境学、基础环境学及应用环境学三大组成部分，其中，理论环境学的主要研究任务之一就是研究环境能量与环境质量及生命质量相关关系及基本规律，并强调这是环境保护科学的基础理论。为此，1981 年赴美考察"环境评价制度"中，我临时动议访问美国环境委员会，以请教美国在这方面的研究情况。请求被接受并接见，我了解到美国当时也没有开展理论环境学专题的研究，至今全球基本是空白。

这个问题之所以重大，一方面是因为生态系统是由环境能量作为驱动力才能形成和运营的；另一方面环境能量也可能作为巨大的破坏能量而导致生态系统的毁灭。那么，探讨它们之间有什么样的关系与规律自然是非常重要的大课题了。

我经过三十几年思考，形成了一个框架，大致上可以这样描述：

（1）环境能量的 Δ（微小）变化，会导致环境质量及生命质量的巨大（数学、几何学、指数、对数直至光速相关）的变化。这种表述，似有爱因斯坦能质能定律反定律的意味。如果确立，无疑将是生态环境科学的巨大成就，使环境科学上升到具备“科学”的品质，也是一个新的闪光点，环境保护科学才能名正言顺地跻身入科学大家族之列！宇宙粒子、放射性、紫外线、热、电、磁、力等各种各样的能量对脆弱的生命系统及环境质量系统的影响力、破坏力是巨大的，这一点是确定无疑的。

（2）生态环境质量系统及生命质量系统是比物理系统更加复杂的系统，因此，其表征方式不可能只是一个简单公式，而是一个具有共同规律的模式及由多组不同的参数表征出来。

（3）鉴于生态环境质量复杂性，决定了在定性方面可能采用近似爱因斯坦定律的逆定律表达，但是在定量关系的表达上可能要复杂得多。

（4）其复杂性表现在环境能量的多样性及环境质量的多样性及生命质量的层次性，因此，必须进行多种能量与多种环境质量之间及与多层生命体（由基因、细胞、组织、个体、群体、整体）之间的相关关系的研究。

（5）鉴于环境能量与环境质量与生命质量关系是长期适应形成的，具有一个围绕平衡点变动的较狭窄的范围，因此，普遍具有一个最低阈值及最高阈值的特征，当环境能量非常强大时，这个变化空间趋于一个点上（如：核辐射）；当环境能量较弱小时，这个变化空间将会扩大一些（如：温室效应）；当环境能量为正常情况下，就像我们人类正常生活所感受到的那样，这个变化空间就更大一些。

3.4.2 生态系统控制论 8 律

我国学者王如松考察各类自然和人工生态系统后，概括出如下 8 个生态控制原理：

（1）开拓适应原理——优胜劣汰是自然与人类社会发展的普遍规律。

（2）竞争共生原理——生态系统具有的相生相克作用是合理利用与提高及资源利用率、增强系统的自生能力、自组织能力、自调控能力、自发展能力。

（3）乘补自生原理——当整体或局部功能失调时，系统中的某些成分因减轻了压力（如天敌消失），会乘机膨胀、疯涨或畸变；要稳定一个系统，应使补胜于乘，要改变一个系统时，应使乘胜于补。

（4）循环再生原理——理论上说所有物质（其中包含能）都是可以循环再生的，只是循环再生是将耗散的低品位能质转换为高品位能质，是需要突破技术经济关的。

（5）连锁反馈原理——自然生态系统之所以是可持续发展系统，原因之一就是因为它具有正、负反馈的调控机制，在调控中实现平衡与发展，而不是只顾发展而不顾平衡；或只顾平衡而不顾发展。

（6）多样性主导原理——一个有活力的生态系统，既要有整体、多样性的特点，还需要有主导型的灵魂，如人是一个整体，其拥有的细胞、组织、器官、血管、神经、经络等具有多样性特点，它们之所以能够协调行为，主要是有大脑的统一指挥部的指导作用，而不是各行其是。全球社会系统就缺乏这个能起到“大脑”功能的主导体。从个体来说，由于大脑难以复制，机器人就难以全面超越自然人。从生态系统来说，为何难以复制的原因就是还不知自然生态系统的“大脑”在哪里？它具有什么样的结构？大地女神说（参见12.3），就是想在这方面进行一些探讨吧？

（7）生态发育原理——不同于系统的组分发育原理，系统组分的发育必须受到系统整体的规划与制约，不可能各行其是，否则各说各重要，各行其是，这个系统就会崩溃。人就不是人了，生态系统就不是生态系统了。自然系统如此，社会经济系统也是如此。

（8）最小风险原理——风险与机遇总是一对兄弟，生物都具有形成“生态黑洞”的内赋秉性，但同时也就有了“生态毁灭”的风险。同理，人及社会经济的无限膨胀，只能自取毁灭。（参见第12.4部分）

3.4.3 中国生态学10大原理

我国学者张正春等长期研究中国古代形成的，具有中国特色的生态理念及深刻的古朴生态理论，在《中国生态学》一书中概括出十大原理：

（1）整体性原理——是生态学的第一原理，又称统一性原理，体现在时空的联系与连续，既是结构的整体，又是功能的整体。

（2）阴阳平衡原理——“阴阳”是中国生态学的特殊表征，是生态平衡的“生态因子对”及对偶原理。

（3）阴阳互补原理——是生态系统自组织的生态效应，即所谓的“天衣无缝”。

（4）循环原理——即周期性原理，即所谓的“气数”，是生态系统的内在规律。

（5）相生相克原理——生态系统的稳定性原理，所谓的“一物降一物”。

（6）差异和谐对称原理——差异性即多样性，多样性才能互补、互相制约、实现稳定、平衡。

（7）稳定性原理——稳定才有和谐，才有平衡，才有发展；稳定是相对的，不平衡才是绝对的，因此，生态系统必须形成稳定的机制来实现调节。

（8）生态效应最大化原理——时、空、能源、资源是有限的，生物之间必然要争夺，不可能只保留一种或几种生物，只有各得其所，实现生态效应最优化，才能从整体上实现生态效益最大化。

（9）全能性原理——无论大的全球生态系统或小的细胞生态系统，都具有生态系统的基本结构与功能，因此，具有有序性、亲和性、全息性及全能性。

（10）宇宙理想状态原理——一个生态系统就是一个小宇宙，小至细胞，大至地球生物圈，再大至宇宙都具有相似性，这是自然的奇迹与奇观。

3.4.4 编者评述

生态学与其他科学相比，以其庞大、复杂、精细而著称，生态系统的巧夺天工，天衣无缝，无与伦比，不是几本书所能穷尽的，本节只能是画龙点睛，提纲挈领。

但不能将自然生存竞争简单地等同于人类社会经济系统的竞争；也不能简单地运用人类社会的和谐共存的关系去解读自然生态系统的和谐共存。它们之间的本质、层次与机制是不同的。我们既要强调自然生态规律是根本性的规律不可动摇，但一些西方社会经济学家为了掩盖他们掠夺、侵略、殖民的罪行，总是企图从自然竞争现象那里寻找社会竞争的根据。如果如此简单，人就要退化到1万年前的时代。社会经济规律，离不开自然规律，但又不等同于自然规律，而是自然规律的升级，是具有社会规则、法制与伦理的高级规律，谁不了解这一点，就会开倒车，拖人类社会文明进步的后腿。

3.4.5 读者思考

读者有何感想呢？有多少共鸣呢？你相信吗，未来生态学及生态环境资源保护学将引领科学的前沿和发展方向，几乎要集合所有的科学及人类的智慧和成就，你愿意为之献身或作出自己的贡献吗？

3.5 人造地球

3.5.1 “地球2号”

美国于1985年就开展了一项“生物圈2号”（科学家把拥有自然生物圈的地球称为“地球1号”）高科技项目研究。在亚利桑那州塔克森东北部荒凉干燥的山丘荒漠地区建造这个生物圈，它于1990年建成。这是一座高近30 m、占地1.3 hm^2、造价3 000万美元、用钢架与玻璃组合起来的大型圆顶密闭建筑物。

旨在为美国宇航局计划于2016—2020年将人送往火星，为人类移居其他星球作模拟实验，美国空间生物风险公司投2亿美元。为此，世界最大的人造生物圈是迄今为止世界上规模最大的人造自给自足式小型地球生态系统。它将为未来的太空移居地的植物、动物和人提供可靠而安全的科学数据、生存和居住条件。它的研究团队是由英国和美国的建筑师、生态学家、物理学家、生物学家以及美国前宇航员拉斯蒂·施韦卡特组成的（图3-3）。
【引自：钱黄生报道】

图 3-3 生物圈 2 号由英国和美国建筑师、生态学家、物理学家等人员组成

1991 年 9 月 26 日“生物圈 2 号”关闭，8 名“生物圈 2 号”人，全部装备了类似电影《星际迷船》中的制服，在封闭的空间里近两年之久。

[美]《科学》杂志刊出论文指出，耗资 2 亿多美元、在美国亚利桑那州仿造地球原始生态建造的密闭生态系统“生物圈 2 号”因水泥墙吸收氧气等原因，使在生物圈内的研究人员几乎无法呼吸而宣告实验失败。科学家据以警告人类说：“假如人类继续摧毁维系地球的自然系统，结果可能产生无法解决的问题。”

负责分析“生物圈 2 号计划”的美国明尼苏达大学科学家提尔曼和纽约洛克菲勒大学的柯汉说，第二生物圈是有史以来最大胆的尝试，可惜失败了。这表示大自然有些地方神秘得很，我们还不晓得怎么处理它们、也不晓得怎么改善它们。他说：“这项结果真令人类自觉浅薄。”生物圈 2 号计划是因地球环境污染日益严重，科学家企图建造适合人类生存的大型封闭空间，因而模仿地球生态而人造的生态系统，假使成功，甚而可以成为太空殖民的参考资料。

生物圈 2 号是得州亿万富豪巴斯出资兴建的，里面经人工规划成含有热带雨林、热带草原、沼泽、沙漠以及海洋五种自然生态环境，拥有 3 000 余种昆虫、鸟类、动物及鱼类，以提供 8 名研究人员在内独立自足的生活系统，不幸结果却演变成充满二氧化碳和氮气的恶劣密闭空间，藤蔓丛生，蟑螂和蚂蚁横行。

参与实验的 8 名人员在 1999 年 9 月 26 日进入生物圈 2 号，预定在内生活两年、自耕自食、呼吸其内植物光合作用产生的空气、饮用经过自然过程产生的饮水。

可惜不到一年半，这个人工密闭生态系统就出现了问题，空气中的氧浓度从 21%降为 14%，只相当于 5 334 m 高空的氧浓度，工作人员已无法呼吸下去。虽然以失败而告终，但这个纪录改写了之前俄罗斯研究人员创造的时间纪录。

提尔曼如是说："他们为了栽培作物，放进了非常肥沃的土壤，里面含有多量细菌可食的有机物质，细菌用掉大量氧气，使氧浓度下降，细菌又释放出二氧化碳，渗入水泥墙，整个生态循环被破坏。"

为了让 8 名人员继续完成研究计划，不得不打开生物圈 2 号，灌进氧气。两年实验期满时，8 名工作人员健康状况尚佳，但 25 种小动物中已有 19 种灭绝，所有为植物传授花粉的昆虫也都灭绝，使许多植物无法繁殖。在经两年实验后，生物圈计划宣告结束，由专家开始评估得失。

提尔曼表示，经历过生物圈实验后，科学家得到重要的教训，假如人类继续破坏环境，可能造成无法收拾的后果，因为"我们不知道怎么解决这些问题"。

3.5.2 "迷你地球"

地球上的自然生态系统中，物质循环借助各种各样的生物及太阳能并保持着生态平衡。但是，现在地球上的物质循环平衡正遭受破坏，尤其是 CO_2 排放量逐年增加已成为严重的问题。而 CO_2 的循环机制至今尚未阐明，比如，海洋或森林对 CO_2 的吸收量仍然是个未知数；海洋中的珊瑚是吸收 CO_2 还是放出 CO_2 还没有明确的解释。并不只是 CO_2，可以说目前我们对地球上的物质循环都还没有准确的解释。因此，地球生态系统机制的阐明及其有效管理将成为 21 世纪的重要课题之一。日本为此也构建了一个封闭式的生态系统实验设施——"迷你地球"（正式名称为"封闭式生态系统实验设施"），于 2000 年在青森县六所村竣工，占地 4 700 m^2，试验设施面积 500 m^2，投资 6 500 万美元。由火箭科学家新田敬二负责，与另一志愿者筱原正典于 2005 年入住。这个被称为"迷你地球"的设施，由植物栽培、人类居住、动物饲养、实验设施以及水、陆圈模拟舱五部分组成，水、食物、空气等物质在封闭式实验设施中循环利用。除能源和信息外，该系统不与外界进行任何交换，并希望达到让人长期在设施中过自给自足生活的要求。他们能够成功吗？

3.5.3 "人造湿地"

新华网合肥 2010 年 9 月 19 日电【记者詹婷婷报道】："没想到这样好看的景致竟然有这么大的生态保护作用，真是长见识了。"来自合肥的游客吴瑕途经巢湖双桥河附近时看到一处造型别致的景色，一打听才知道那是一片人造湿地。

记者日前来到巢湖岸边，在双桥河段看到了大面积的人造湿地，试验田上绿色水生植物长势良好，非常茂盛，营造出绿意融融的景观，显得格外精致。湿地的外围和中间各打下了一排木桩，两排木桩里面种植了两条水生植物带，木桩靠近湖岸水域则种植了芦苇和柳树，再往上是一条绿色植物带，湖堤石栏下则种植了美人蕉。

为了让一直困扰着中国第五大淡水湖——巢湖的蓝藻问题得到解决，中科院南京地理与湖泊研究所、江苏省农科院和巢湖市环保局联合开辟了巢湖治污研究的一块“试验田”。这片人造湿地是巢湖水源保护冲刷岸带与湖湾湿地生态修复工程的一部分，它对治理巢湖蓝藻具有重要作用。

湿地被称为“地球之肾”，可以有效地改善生态环境，净化水质。“人造湿地”作为最新的水质与生态修复技术，已成为中国一项重要的环保新举措。目前，这项技术已经具备在全国各大型浅水型富营养化湖泊推广的价值。巢湖边现在建起的这片人造湿地就是通过模拟自然湿地环境，修复巢湖沿岸的生态环境。

据该项目的工作人员，江苏省农科院助理研究员宋伟介绍，随着巢湖水环境变差，湿地在逐年减少，中国已将恢复巢湖湿地列为国家水污染控制科技重大专项。从 2009 年 9 月起，巢湖市已开始在双桥河一带建设“人造湿地”，一种方法是在巢湖沿岸建设“试验田”，即在湖区打桩填土，然后栽上多种挺水植物；还有一种方法就是扎制生态浮床，在其中移植浮水植物。

目前，巢湖已形成一期工程总面积 8 000 多 m^2 的湿地“试验田”和 500 多只浮床的人造湿地试验基地。

宋伟告诉记者，目前经“人造湿地”生态修复后的水域与对比水域相比，叶绿素水体含量（测量蓝藻主要指标之一）降低了 50%，氮磷含量降低 30%以上。

“现在，一期工程基本上顺利完成，效果非常显著。未来在巢湖沿岸部分地区逐步推广，发挥湿地生态功能，达到改变巢湖水质之功效。”宋伟也坦言，“但要完全达到最终巢湖恢复自我生态净化的目标还尚需时日。”人们期盼着试验成功。

3.5.4 编者评述

对于人工仿生系统，科学技术只可能在局部条件、有限范围内模拟部分自然生态系统的组分、结构、机制、功能和作用；不可能全部替代全球尺度或区域尺度生态系统的组分、结构、机制、功能和作用；前苏、美、英的实验虽然以失败告终，但毕竟运营了近两年的较长时段，为此取得了许多有益的成功的及失败的科学数据，为制定航天、登月、登火星的对策提供了极其可贵的实验数据与依据。

日本吸取了前苏、美、英试验的经验，可能后来居上，人们拭目以待。

巢湖人工湿地生态系统试验具有实用价值，还需要较长时期的观察，如果成功，对于改善湖泊富营养化及环境质量具有重要意义。

3.5.5 读者思考

人类具有的智慧、科学、技术、材料、现代化管理等本领，都可以在一定程度上、一定的范畴内，实现对自然生态系统的有效调节、控制与改善。但是，这些方面都不是万能的，超过了人的能量、能力、科学、技术、经济条件就无能为力了。

面对非常复杂、庞大又精细的自然生态系统的人工模拟，不像物理系统那样简单、可行，上述试验是大胆的，但企图在外星球或外星系全方位仿造地球生态系统成功的可能性存在吗？

生态系统不但是自然赠予人类的巨大财富，而且是“聚宝盆”，是“摇钱树”，是“生态银行”。生态资产是生态资源的价值表现形式，是人类社会总资产的重要组成部分，认识和计量生态资产是对传统资产观的重大发展，是对传统经济核算、经济统计、经济评价、经济政策的重要补充和完善。

——王健民《中国生态资产概论》

生态资产

4.1 聚宝盆的故事

4.1.1 聚宝盆的故事

将生物基因、生物物种及生态系统比作“聚宝盆”“摇钱树”及“生态银行”，是非常形象的，如果不破坏生物具有的再生、增殖功能，就会为人类社会永续利用和增加经济价值。

有个关于“聚宝盆”的动人故事：

明朝，金陵（南京）有一个人叫沈万山，原家境贫寒，偶得一“聚宝盆”，将一个铜板扔进去，马上变出一盆铜板；将一锭银子扔进去，马上变出一盆银子；将一条金子扔进去，马上变出一盆金子。因此很快成了江南首富，消息不胫而走。后来，修建南唐城墙，建到南门（中华门）时，建一次塌一次，怎么也建不成，传说是妖怪作祟。于是，有人向官府出主意，说是只有用宝物才能镇妖，沈万山家有一个“聚宝盆”是稀世之宝，用其镇妖一定能建成。官府强行收去“聚宝盆”，奠在中华门地基下，扔进去一块砖，成千上万块砖就一下子堆起来，才将城门修好。城门是修好了，而沈万山因此而破产了，还以“莫须有”的罪名将其充军云南，戍边而死。假如我们把这个故事中的“沈万山”比作“人民”

的代名词；把“聚宝盆”比作“生态系统”的代名词；把“中华门”比作“社会经济建设”；把“官府掠走聚宝盆”比作“掠夺性开发建设”的代名词的话，这不是一个很有教育性、启发性的故事吗？

4.1.2 生态系统是个聚宝盆

生物资源是“摇钱树”也是“聚宝盆”，它是农牧民对可再生的生物资源的非常形象的比喻。人类就是靠生物资源养育的，农牧民祖祖辈辈与生物资源直接打交道，对生物资源有着深刻的理解和特殊深厚的感情。记得小时候，我家乡有一个70多岁的孤寡老太婆，住在北门里，家境贫寒，所幸拥有一棵大橘子树，每年收获季节，绿色透红的橘子挂满了一树，我进出城经过她家，都要好好地欣赏一番，望橘心满意足。一树橘子的收入，足够她一年花费还略有节余。人们羡慕地说，她有了一棵“摇钱树”，孤老一人也不受穷。设想一下，所有有用的生物资源不都是“摇钱树”吗？

“生态银行”也是“聚宝盆”，它是经济学家对经济资产的形象比喻，也有一个有趣的传说：

有一个富农有两个儿子，临死前将其家产及毕生劳动挣来的2 000块银元分为两份，一人一份，并叮嘱要守家立业。大儿子是个老实而身强力壮的农民，将老人分给的1 000块银元全用罐子埋在地下；小儿子是个长得精干而头脑发达的商人，懂得钱可以生钱的道理，于是就将老人分给的1 000块银元存到了钱庄里，头一年本利为1 050元、第二年本利为1 102.5元、第三年本利就有1 157.625元……后来，大儿子又有了五个儿子，二儿子又有了两个儿子。40年后，他们也老了，大儿子就将埋在地下的银元取出分给自己的五个儿子，每人一份就只分了200块银元，自己就一无所有了，直到贫病交加而死去；而二儿子将本钱仍存在钱庄里传给了后代，只取出的几十年利息就值5 700多块银元，他的两个儿子一人又分了2 800块银元，余下的100块自己留着用和料理后事，愉快地度过了晚年。

如果我们将钱投入维护生态系统这个“聚宝盆”“摇钱树”“生态银行”，不就世世代代有了“金山”“银山”了吗？写到这里，从网上查到习近平主席在2006年4月4日在中共浙江省当省委书记时，对省生态建设领导小组会上的“两座山”的讲话，他说：“我们追求人与自然的和谐、经济和社会的和谐，通俗地讲就是要‘两座山’：既要金山银山，又要绿水青山，绿水青山就是金山银山。”说得好啊，读者及全国人民都应该好好地学习与实践！

4.1.3 聚宝盆破碎了

森林、草原——是地球的“绿肺”，维持着生态系统的循环和平衡，它提供人类及动物以氧气，提供人类社会以木材、果实、药材，具有调节气候、防治水土流失、涵养水源、防风、吸毒、降尘、减噪等综合功能，为 1 000 万种野生动物的栖息地，生长着无数的珍稀物种，给人类提供了多种多样的肉类和皮毛，是巨大的生物多样性基因库，是人类旅游、休闲、疗养胜地。因此具有巨大的直接经济生态价值、巨大的间接生态经济价值、巨大的潜在生态经济价值，这些价值之和，就是生态资产的存在价值。

遗憾的是 8 000 年前地球拥有原始森林 76 亿 hm^2，约 2/3 的陆地覆盖着森林植被，而 1975 年只剩下 25.63 亿 hm^2 林地（包括了人工次生林），减少了 50 多亿 hm^2，消退了 66.3%！森林消退的速率十分惊人，与人口的增加速率，尤其是经济的发展速率基本上是吻合的。随着人口及经济的高速发展，森林迅速消退，仅 1980—1995 年，就有 1.8 亿 hm^2 森林遭到砍伐。原预计 2000 年全球森林约剩 21.17 亿 hm^2，按近代消失速率发展下去，不到百年甚至更短时间全球的原始森林不就全部灭绝了吗？这难道可以说成是持续发展吗？按保守估计我国的原始森林覆盖率约 49%，现在我国原始森林已趋近于灭绝了，20 世纪末，加上人工林的覆盖率也不过 13%。地球上最后残存在热带雨林中的大片原始森林也在迅速消退中，目前砍伐速率虽然有所下降，但并没有完全停止，估计今后 10 年森林的面积仍将减少 1 370 hm^2，即使以此速率估计，如果人类不停止砍伐原始森林，原始森林在地球上全部灭绝的日子也不会超过 100 年了！这与人类的历史相比是很短的；与生态系统的历史相比更是一瞬间了，森林尤其是原始森林“聚宝盆”正在破碎！原始森林栖息地中的生物物种及生物区系也随之消失殆尽。目前每年还约有 2.7 万种遭到灭绝。近 2000 年来，鸟类的 1/5 已经灭绝，而幸存的鸟类的 1/5 已濒灭绝。

遗憾的是悲剧尚未结束，生态系统这个自然“上帝”赐予人类的“聚宝盆”“摇钱树”“生态银行”正在破碎和毁灭。是谁之过呢？是我们人类自己！我们比前面所说的那位“守财奴”更愚蠢，我们毁灭了无价之宝的原始森林，破坏了整个生态系统的结构和功能。人类正在自掘坟墓，这绝不是耸人听闻！

4.1.4 编者评述

像大儿子干的这种蠢事，至今仍然存在。近年来常有报道，有个别农民将人民币埋在土里，有的被老鼠咬坏了，有的霉烂了，有的贬值了。

我们是学习大儿子还是学习小儿子呢？大儿子看来不值得学习的，一方面他是个守财奴；另一方面他又不懂得计划生育，这样下去，一代穷过一代！二儿子只有两个儿子，加上他有钱变钱的增值思想，靠的是银行利息，这样下去会一代富过一代！

生态系统、生态资源是自然界赋予人类的生态遗产，我们应该把它培育成“生态银行”，它就会变成“摇钱树”和“聚宝盆”，永世不绝！保护好“绿水青山”，来赢得“金山银山”！

4.1.5 读者思考

"聚宝盆""摇钱树"本是一个家喻户晓的故事，今天我们再来重温这个故事有什么新的内涵吗？生态资源、生态系统及生态资产增值，与经济社会里的银行复利增值有什么相同和有什么不同之处呢？只向自然"生态银行"索取，就会造成生态资产赤字，生态银行能持续多久呢？"聚宝盆"破碎了、"摇钱树"灭绝了、"生态银行"枯竭了，人类的日子就过不下去了！

4.2 生态资源值不值钱

4.2.1 马克思真的错了吗

马克思的确曾提出自然物没有价值。人们据此就认为自然生态环境资源是没有任何价值的；当代某些西方经济学家甚至诬蔑马克思的价值论是导致生态环境资源无价消耗的理论根源。马克思真的错了吗？我们应该如何理解马克思的看法呢？

首先，马克思在《资本论》中所指的"价值"都是指"劳动价值"中的价值，而不是指自然物没有一切价值。劳动价值是价值特殊，并不是价值一般。马克思绝没有认为自然物什么价值也没有。恰恰相反，马克思认为："人直接的是自然存在物""是有生命的自然存在物""人靠自然界生活"；恩格斯也指出："我们统治自然界，决不像站在自然界以外的人一样……相反地，我们同我们的肉、血和头脑都是属于自然界，存在于自然界的；我们对自然界的整个统治，是在于我们比其他一切动物强，能够认识和正确运用自然规律。"

其次，100 多年前自然生态资源比较丰富，人们视自然生态资源是取之不尽、用之不竭的，无偿地巧取豪夺而没有为自然生态资源的保护、培育付出任何劳动，因此，在当时的历史条件下认为自然生态资源没有（劳动）价值，当然是正确的。

最后，随着自然生态资源的枯竭，人们为保护、培育、更新自然生态资源所付出的人力、物力及财力越来越大了；当代已经出现了全球性自然生态危机，如果我们仍然认为自然生态资源没有劳动价值的看法是完全错误的，脱离实际的，是完全不符合马克思的劳动价值论的。

不是马克思错了，而是我们没有能理论联系实际，没有能从实际出发来继承和发展马克思的学说。正如著名哲学家弗罗洛夫指出："无论现在的生态环境与马克思当代所处的情况有多么不同，马克思对这个问题（指自然界与社会关系）的理解、他的方法、他解决社会和自然互相作用问题的观点，在今天仍然是非常现实而有效的。"因此，现在应该在原有的劳动价值论、效用价值论的基础上，将自然存在价值论也纳入价值体系之中。

4.2.2 生态环境资源是无价之宝

苏州有一个名园叫仓浪亭，仓浪亭里有一副对联：上联是：清风明月本无价；下联是：远山近水皆有情。诗人在这副对联中非常巧妙而深刻地阐明了自然生态环境资源的真正存在价值。

作为自然物的清风明月是“本无价”的，那么，“本无价”该如何理解呢？作为诗人显然是指“既不花钱、又用多少钱也买不来的无价之宝”而言的。

我们用新的观点来看：“无价”有三解。一种是清风明月是自然物，它不是人创造出来的，因此用劳动价值来衡量，是“无劳动价值”中的“无价”(但不是不值钱)；第二种是清风明月是人类用多少劳动也很难制造出来的，用功能价值来衡量，是“无价之宝”中的“无价”；第三种是清风明月虽是自然创造的，如果人类也能加以模拟制造（如电扇、空调、人造月亮）和能够作为“商品”出售的话，其销售价格（“影子价格”）是“无法准确定价”中的“无价”。

作为自然物的远山近水是“皆有情”的，那么，“皆有情”又该如何理解呢？作为诗人显然是采用了拟人手法，将自然物比作有感情的人来抒发自己与大自然之间的情感。

我们今天也可以从三个新的角度来看：“有情”也有三解。一是远山近水是“有感情”的；二是远山近水对人类是“有价值”的；三是远山近水与人类是“天人合一”的。

4.2.3 怎样测算生态资产的价值

我们清楚了自然物的价值所在，需要进一步加以定量化（定价），才能更加体现出其价值。虽然，自然生态环境资源难以准确定价，但还不是根本无法定价，给自然生态环境资源定价（影子价格）是目前国内外许多专家正在努力探讨的大问题。已经试用的方法有：劳动价值法、级差地租法、直接市场法、替代市场法、调查评价法、资产保险法及诉讼赔偿法等。

劳动价值法适合于为自然生态环境资源的保护、培育、更新、再生投入的劳动价值的测算。目前，普遍没有将生态环境保护的投入纳入自然生态环境资源的价格之中。

级差地租适合于房地产中对土地区位及环境质量价值差异的测算。目前，虽然纳入估价因子，但是一般都偏低较多，因测算生态环境资源价格因子不全，尤其是没有测算土地的存在价值所致。

直接市场法适合于能够进行“交易”或“交换”的生态环境资源的价格测算。如国外推行的“排污交易法”。在我国上海黄浦江水源保护区率先采用了这种方法。

替代市场法适合市场经济条件下对生态环境资源价值的估价。如已知空调加温（或降温）1℃的市场成本价格，那么如果温室效应使地球升温若干摄氏度加上城市热岛效应使城市升温若干摄氏度，就可以大体计算出温室效应及热岛效应的影子价格来。采用这种方法可以测算出生物多样性的功能价值评估，如：生物放氧、吸收二氧化碳、防治水土流失、提高土壤肥力、蓄养水源、滞尘、防风、减噪、灭菌等。

调查评价法适合上述方法都难以评估其价格时所采用。如评价物种的价值及价格时，国外非常推荐这种方法，被称为支付意愿法。调查人可以向被调查人询问为保护或消灭某种生物物种（如狼）您愿意支付多少钱？一般生态学家或有生态学知识的人，从生态学角度认为，生物物种都有其存在价值，因此，愿意支付较多的保护费用；而农场主则相反，为保护他的羊群愿意支付较多的钱来消灭这种物种。这就需要进行全面的分析，然后得出综合的结果。发生在 1998 年夏季的我国长江流域及东北的松嫩流域洪水，牵动了全国甚至是全世界人民的心，人们发自内心的捐赠，也可以看成是一种支付意愿，在一定程度上也可以用来衡量自然生态环境资源的价值，但是这种方法存在明显的不足，只有当捐赠者对接受捐赠对象非常了解时，其支付费用才比较接近其价值；否则，误差很大。对于生态环境资源价值，如生物物种的价值，一般人们是不很了解的，连专家也不可能了解得很全面，因此会偏小很多，所确定的影子价格大大偏离其价值，反而造成误导。

保险价值法适合于保险公司已经开展的直接或间接的保险险种。如自然灾害造成的自然生态资源的损失赔偿。

诉讼赔偿法适合于有争议而难以协商解决的生态环境资源价值的法律估价和赔偿。

4.2.4 编者评述

生态资产定量评价是国民经济持续发展的需求，是完善国民经济统计的需求，是生态环境保护的需求，因此，国内外都在进行探讨，联合国、世界银行、许多发达国家和我国，为了上述需求将生态资产度量评价列入了重大课题研究，并已取得了许多重要成果。

4.2.5 读者思考

“本无价”有“三解”：一是“不值钱”（0），二是“无价之宝”（∞），三是“无法准确定价”（0～∞），那么，在市场经济条件下，如何利用价值规律，通过对生态环境资源定价来达到控制污染、生态破坏和生态资源合理配置呢？

4.3 森林生态资产知多少

4.3.1 森林有何价值

说到生态资产，往往是从森林生态资产入手的，这是因为森林的生态价值比较直观，而且多年来积累了比较丰富的经验和资料，加上森林生态在整个生态系统中具有特别重要的地位和作用。

森林在所有陆地生物资源中占的比重最大，是地球上最大的陆地生态系统，也是整个生态系统的支柱。过去，人们仅仅利用了森林资源为人类提供木材的价值；现在，人们越来越发现森林的真实价值远远超过木材的价值。森林除了可以生产木材和当燃料使用之外，还具有多种多样的、更加巨大的生态功能和价值，如具有放氧、吸收二氧化碳的功能和价值，使大气中的氧和二氧化碳得以平衡，使动物与植物相得益彰，协调发展；森林具有调节气候、蓄养水源、防治水土流失、防风、滞尘、减噪、净化空气、旅游、休闲、疗养等功能和价值；森林是多种多样野生动植物、微生物繁衍的栖息地，提供大量的物种资源，地球上约有 1 000 万个物种，大部分与森林有关；森林还是巨大的基因库，这些基因库的发掘和利用，其价值无限，如可以为人类提供许多药物原料，可以制造止疼药、抗生素、强心剂、抗白血病、避孕药、抗癌药等。森林是未来农业、工业、医药业、能源、生物多样性恢复基地和希望所在。如果人类只是利用森林的木材和燃料的功能和价值，而不利用其他的许许多多的功能和价值，那真是所谓“捡了芝麻，丢了西瓜”；如果人类不是将砍伐量限制在生长量之内，森林的剩余存积量就会越来越少，直至全部毁灭，森林毁灭了，它的所有功能和价值也随之消失殆尽；人们即使将砍伐量限制在生长量之内，如果砍伐的是原始森林，采用人工次生林来顶生长量也是不成的，因为同样面积的原始森林的功能和价值远远大于人工次生林的功能和价值。我国的原始森林已趋近全部灭绝，1998 年夏的特大洪水的沉痛教训，使人们开始反思、开始觉醒，国家决定禁止砍伐自然林的决策是完全正确的、非常重要的，虽然这一决策，来得太晚了，亡羊补牢为时未晚。

4.3.2 森林资源有多少

全球原始森林估计为：76 亿 hm^2（0.76 亿 km^2），占地球陆地面积的 49.67%；全球 2000 年预计仅拥有森林面积约为 21.17 亿 hm^2，下降了 72.37%，只占陆地面积的 13.84%，蓄积量仅为 2 530 亿 m^3。人均蓄积量仅为 40 m^3。每年仍在以 0.2 亿 hm^2 的速率在减少，按此速率约在 22 世纪初原始森林将消失殆尽。问题是原始森林的一半是在 1950 年之后减少的，人类毁灭森林的速率在迅速地提高，也就是说，原始森林全部毁灭的时间表将可能提前到 21 世纪内。人工林长成森林需要很长时间；即使形成了人工森林也无法替代原始森林的功能和作用；尤其是随着原始森林的消失，原始森林的生物多样性也随之消失。

中国原始森林估计为：4.8 亿 hm^2，占中国陆地面积的 49%左右；现在包括人工次生林在内也只有 1.2863 亿 hm^2，下降了 73%以上，覆盖率为 13.4%，活木蓄积量为 108.68 亿 m^3；全年生长量为 2.7532 亿 m^3，年消耗量为 2.941 亿 m^3，年均赤字 0.1878 亿 m^3；近年来人工造林取得一定效果，生长量超过了消耗量，年均盈余 0.39 亿 m^3。虽然如此，但是消耗量中原始森林占了相当大的比重，也就是说，我国的原始森林的赤字仍未停止，如果不当机立断在全国范围内绝对禁止砍伐原始森林，我国原始森林全部灭绝只是早一天或晚一天的事情了，这是对原始森林生态系统的毁灭性破坏，真是对子孙后代的罪过！

4.3.3 森林价值知多少

芬兰森林的环境保护价值测算为 53 亿马克，而木材的价值只有 17 亿马克。

日本 1972 年从涵养水源、防治水土流失、防治土石崩塌、净化大气、保护鸟类、休养保健等功能价值测算得到全国森林的环境保护经济价值合计为 128 200 亿日元，相当当年国民生产总值的 13.8%；为当年农业、渔业产值的 2.6 倍；是木材产值的 11 倍。

印度尼西亚拥有 1 亿 hm^2 森林，其中有 0.3 亿 hm^2 的森林保护区，测算表明：1 亿 hm^2 森林提供的生态环境服务功能价值为 150 亿～380 亿美元。

1994 年中国林业科学研究院、林业科技信息研究所对全国森林资源价值采用了两种方法进行了比较全面的核算（1992 年不变价）得出：森林立木价值（取均值）为 18 237.02 亿元；林地价值为 26 825.66 亿元；森林环境资源部分价值为 78 980.00 亿元；合计概算为 124 042.68 亿元。其中环境资源价值只测算了三种，如果全面测算估计是其 6～20 倍，即森林环境资源价值可达 473 880 亿～1 579 600 亿元，则总价值为 597 922.68 亿～1 703 642.68 亿元。从中看出：环境资源价值占到森林总价值的 79.25%～92.72%，环境资源价值是立木价值的 25～85 倍。

4.3.4 编者评述

森林生态资产的价值，是国内外测算最多，也是最全面、最可信的，也是最为人们普遍理解和接受的，尤其是森林破坏后造成的洪水、水土流失、生物灭绝、气候变异、景观恶化等，人们都有切身的体验，说明生态资产并不神秘，并不是不可理解和不可接受的。

4.3.5 读者思考

长江洪水、黄河断流、湖泊干枯、地下水位下降、草原退化、水土流失、物种灭绝、气候变异、环境质量恶化……许多重大的生态环境问题，与森林生态的破坏都有密切联系，有的是森林生态破坏的直接结果，有的是森林生态破坏的次生结果。可见，森林生态破坏与我们每个人的生活及社会经济活动都密不可分。几千年来，修建皇宫殿堂毁灭了多少原始森林？现代建筑物、家具又毁灭了多少森林？所有大型工程又毁灭了多少森林？造纸业又毁灭了多少森林？

人们现在已经开始千方百计地寻找替代品及节约木材，如电子书包、电子邮件就可以节约出大量的纸张，也就是减少了砍伐大量的森林；纸可以回用，因此又可以减少砍伐大量森林，办法总是有的。

4.4 我国生态资产知多少

4.4.1 我国国有资产有多少

1995 年国家统计局发布：纳入国家统计体系的我国国有资产总量为 57 106.4 亿元。这里没有包含生态环境资产的价值统计，所以目前是非常不完整的。

4.4.2 资产统计中的一个空缺

我国生态环境资源资产是确确实实地存在着的，但是其价值几何呢？由于过去没有确立测算生态资产的理论和方法，至今是个谜，以致长期传统社会经济统计中遗留下一个空缺。从而造成国有总资产的不完整性；造成生态环境资源不是资产的错觉；造成只是采用社会经济资产作为评价、决策的唯一依据和片面追求社会经济资产的增长而不顾自然生态系统资产衰减的代价。许多决策失误也无不与此有关。

4.4.3 我国生态资产知多少

如何测算自然生态环境资源的自然存在价值呢？目前有两种思路：一种是采用转化为金钱的多少来衡量；一种是采用包含太阳能能值的多少来衡量。这里主要介绍前一种初步测算的结果。因为这是一个全新的领域，涉及了许多新的概念，因此需要稍详细一些介绍。

生物多样性的价值测算受到了联合国及许多国家的高度重视。联合国在指导各国编写《生物多样性国情研究报告》的《指南》中特别设立了“生物多样性经济价值评估”一章。作者负责组织和参加了《中国生物多样性国情研究报告》中的“生物多样性经济评估”的编写工作，简介如下：

“生物多样性”是“一个区域或全世界生物的基因、物种和生态系统的总体”。可见，生物多样性经济价值评估及统计工作做好了，就基本上可以看出我国生态环境资源资产家底有多少，就可以得到全国自然资产及社会经济资产的总家底有多少，就可以看出随着社会经济资产的增长与自然生态环境资产的变动关系。可见，生物多样性经济价值评估是世界各国及全球的迫切需求，也是持续发展的立足点，是生态经济学的一个焦点、热点和难点。难点在于生物多样性的复杂性、不确定性及资料的残缺不全，但是从总体上进行概略地评估以做到心中有数是可能的，一些国内外的科学家正在进行探索，我们也是首次从全国尺度进行评估。

生物多样性经济价值评估遇到的第一个难题就是如何评估出与人类无关的自然创造

的生物多样性的“存在价值”值多少钱？换句话说，如果生物多样性是可以由人类劳动创造出来的，则需要多少劳动耗费？也可以认为，如果生物多样性丧失了，人类需要多少钱可以补偿（保险、支付意愿）？

我国专家徐海根、王健民、孙红英等（1994）根据生物多样性存在价值与建立的生物多样性指数与生命产生的概率相关模式的研究及生命社会保险价值参数，创造性地测算出我国史前生物多样性经济价值的背景值，并得出现代（1 万年前）我国生物多样性存在价值为 6.5×10^{15} 元。与全国国有资产 5.7×10^{13} 元统计结果相比，要大 100 倍以上呢！这一重要结果为我国生态资产核算、评估、保护、投资和政策研究提供了定量的基础与依据。

生物多样性的社会生态经济价值有多少呢？也就是说生物多样性对人类的贡献经济价值是多少？一般评估都分为直接使用价值、间接使用价值（功能价值）及潜在使用价值（选择价值及保留价值）。

国家环保局南京环科所郑允文、张更生等对中国生物多样性直接使用价值测算结果如下：

林业：1993 年中国林业总产值达 462.8 亿元（1990 年不变价，下同）；扣除中间消耗费后为 335.7 亿元，对 GDP 的贡献率为 1.5%。

种植业：1993 年中国种植业总产值达 5 183.1 亿元，另外由野生植物采集创造的价值为 162.8 亿元，扣除中间消耗费后为 3 582.1 亿元，对 GDP 的贡献率为 15.9%。

畜牧业：1993 年中国畜牧业总产值达 2 866.8 亿元，另外由野生动物创造的价值为 3.6 亿元，扣除中间消耗费后为 1 370.1 亿元，对 GDP 的贡献率为 6.1%。

渔业：1993 年中国渔业总产值达 783.6 亿元，扣除中间消耗费后为 518.0 亿元，对 GDP 的贡献率为 2.3%。

医药业：中国生物多样性是传统医药业的一个宝库，最新普查得到中药材共计 12 807 种，常用的有六七百种，其中动物药材有 70 多种。1992 年中国中药业总产值达 116.5 亿元，其中，中成药总产量达 24 万 t，产值为 114.8 亿元；中药饮片产值 1.7 亿元；对 GDP 的贡献已包含在工业产值中了。

工业：中国工业生产原料中生物资源产品占有很大比重，从 1978 年以来，中国农业品为原料的轻工业产值的比例基本稳定在 68%～70%。1993 年中国工业总产值达 13 795.1 亿元，扣除中间消耗费后为 4 317.8 亿元；其他以农产品为原料的木材加工品和林产化工产品等，1993 年产值达 180 亿元，扣除中间消耗后为 70 亿元；两者共计达 13 975.4 亿元，扣除中间消耗后为 4 387.8 亿元，对 GDP 的贡献率为 19.4%。

生计：1993 年国家统计局根据 67 570 户的 310 194 人口的抽样调查中推算，当年农村人口 8.516 6 亿计，全国农村居民生活消费中生物产品的自给性消费达 2 000 亿元，扣除中间耗费后的生物资源的净价值为 1 260 亿元。

服务：1993 年中国生物多样性的国内外旅游观赏、科学文化及畜力服务经济价值达 0.78×10^{12} 元。

以上各项直接使用价值合计为：1.73×10^{12} 元。

中国科学院生态中心的专家欧阳志云、王如松、赵景柱、杨志强、杨建新、王效科等完成了生物多样性间接经济价值评估。间接经济价值是通过生物多样性的功能价值来表现的，它是在存在价值的基础上产生的，与存在价值具有密切相关性。测算项目有：有机物质、维持大气平衡、营养物质的循环与贮存、水土保持、涵养水源及净化污染六个方面。中国生物多样性间接（功能）经济价值测算结果如下：

（1）有机物质的生产经济价值：绿色植物在生态学中称为"生产者"，它能利用太阳能，将无机物合成有机物，支撑着地球上整个的生命系统，它是生态学称为"消费者"的动物及人类及称为"还原者"的微生物的食物基础。测算表明，中国陆地生态系统有机物质生产的价值为 23.3×10^{12} 元。

（2）维持大气 CO_2 与 O_2 的平衡：测算结果表明，中国生物多样性维持大气平衡的经济价值为 11.30×10^{12} 元。

（3）营养物质的循环与贮存：测算结果表明，中国生物多样性营养物质的循环与贮存经济价值为 324×10^{9} 元。

（4）水土保持：测算结果表明，中国生物多样性水土保持经济价值为 6.64×10^{12} 元。

（5）涵养水源：测算结果表明，中国生物多样性涵养水源经济价值为 271.28×10^{9} 元。

（6）净化污染：测算结果表明，中国生物多样性净化污染经济价值为 390×10^{9} 元。

以上六项合计得到中国生物多样性间接使用价值（不完全）合计为：4.22×10^{13} 元。

作者通过联合国提供的支付意愿调查法测算出中国生物多样性潜在经济价值如下：1993 年中国生物多样性潜在选择价值变化在 3.14×10^{6}～4.0×10^{18} 元范围内，其中值为 8.93×10^{11} 元；进一步推算出潜在保留价值为 1.34×10^{11} 元。测算结果表明中国生物多样性潜在价值合计为 2.23×10^{11} 元（偏保守测算结果）。

综合以上各项合计得到：中国生物多样性社会使用总经济价值（直接经济价值、间接经济价值及潜在经济价值之和）为：4.39×10^{13} 元；与我国目前社会总资产的价值（5.7×10^{13} 元）相当；与我国生物多样性存在价值（6.5×10^{15} 元）相比，仅为其 0.68%。

4.4.4 编者评述

我国学者首次对中国生物多样性经济价值进行了相当细致的测算，尤其是进行了生物多样性存在价值的探索和社会使用经济价值全面系统的测算，这种科学的首创精神是应该充分肯定的。

虽然由于主客观的许多困难，这些数据和方法还有待完善，但测算结果在一定程度上反映出我国自然生态资源的宏观存在价值及社会使用价值的定量评估值。从中看出了生态资产的重大价值和在国民经济中的重要地位和作用；如果忽视自然生态环境资产的测算、统计和分析，一个国家的资产统计是不完全的，甚至可能是“捡了芝麻丢了西瓜”。可见生态资产评估方法与结果，为完善国有总资产的统计与改革，为持续发展作出了一定的贡献。

4.4.5 读者思考

生态环境资源（生物多样性）的自然存在价值与社会使用价值有什么不同？有什么关系？存在价值消失了，还能有社会使用价值吗？忽视生态环境资产，只管社会经济资产，是不是“捡了芝麻丢了西瓜”？持续发展的基础（存在价值）都消失了还能有持续发展吗？

4.5 全球生态资产知多少

4.5.1 全球拥有多少社会资产

世界环境与发展委员会资料表明，全球在20世纪的前半个世纪创造出了13万亿美元资产；预计在后半个世纪中将增加5～10倍，也就是全球社会总资产可达65万亿～130万亿美元。

4.5.2 全球生态功能价值知多少

由美国斯坦福大学生物学家格雷彻恩·得利领导的一个科研小组，经过5年的细致研究之后得出结论：全球范围内的生态系统在改善气候、净化水和空气、分解废物和避免水土流失等方面对于人类的贡献，如果按照金钱计算每年可达33万亿美元。其中，海洋生态系统每年创造的价值高达12万亿美元，占36.36%；森林生态系统创造的价值为5万亿美元，占15.15%。

4.5.3 计算结果概略比较

（1）全球部分生态功能价值以每年33万亿美元计，几乎相当于世界各国年度国民生产总值的2倍。

（2）全球部分生态功能价值以每年33万亿美元计，相当全球拥有的社会总资产的1/2～1/4。

4.5.4 编者评述

有一种看法是“有比无好”，认为生态资产的测算结果的提出，使人们认识到“生态资源是有价值的”“生态资产的价值是可以测算的”“生态资产的价值是很大的”，这是首次测算生态资产的贡献和作用；但是，如果测算结果与“真正价值”差别过大的话，就会出现误解和决策失误：一种可能是测算结果远大于“真正价值”，就会出现误导，本来应该加以开发利用的生态资源因此也不能加以合理利用；一种可能是测算结果远小于“真正价值”，造成生态资产“贬值”，人们就可能无所顾忌地开发利用生态资源，甚至破坏生态资源而心安理得。可见，不仅需要测算生态资产的价值，而且应该尽量使测算值接近“真值”。两种情况比较，目前主要问题是后一种情况的危害，因为，生态资产的许多生态功能因子难以估价；许多生态价值具有潜在价值，人们现实还难以估价，因此测算估价偏低的情况是主要的。

对比我国学者的生态资产评估与美国科学家的生态评估来看，美国没有对“存在价值”进行估价，而联合国是十分重视“存在价值”的评价的；另一方面来看，美国的估价只相当我国学者评价中的功能（间接）使用价值部分，没有进行直接使用价值及潜在使用价值的测算，因此可能偏小较大。

4.5.5 读者思考

既然生态资产价值这么大，我们如何既能充分又能长期地利用它呢？破损的“聚宝盆”还能修复吗？最近二三十年来，封山育林取得很大的成效，鉴于生物存在生态种群黑洞效应，因此，只要坚持下去，30 年、50 年、100 年，森林覆盖率即使不可能达到历史的最好水平，但至少可以接近历史较好水平。

“地球是一个大的世界，不久之前，人类活动及其影响还一直限制在国家之内、部门之内（能源、农业、贸易）和有关的大领域之内（环境、经济、社会），这些限制已开始瓦解，特别是在最近10年中。这些不是孤立的危机：环境危机、发展危机、能源危机，它们是一个总危机。”

——《我们共同的未来——从一个地球到一个世界》

危机四伏

5.1 全球魔影

5.1.1 来自自然的魔影

自然平衡

自然生态环境虽然无时无刻不在变化，但它具有一种特殊的本领——自然平衡，就像钟摆始终在垂线两侧来回摆动，不离不弃一样。地球上的自然因素在一般情况下，它的各种特性指标时高时低，但总是围绕某一个平均值上下波动变化，过高过低都对生态系统和人类有害，会形成天灾。只有处在平均水平上下不高不低时才对生态系统和人类有利，因为生态系统和人类正是在这个有限的范围内产生和发展起来的，已经适应了这个范围的各种环境质量条件。比如，气温接近、达到或超过人体体温，人体就受不了，再高就会中暑、直至热死；气温低于15℃，人也会难受、工作效率就会降低；在没有防护的情况下，接近或低于0℃以下人就会冻伤、冻僵、直至冻死。其他许许多多生态环境质量因子对生物及人类的影响也是这样的。

在维持自然平衡的期间，自然界就像一位慈祥的老人，和蔼可亲，给人类以无穷的光和热，给人类以空气、水源和土壤，给人类以粮食和食物、生产资料，给人类以美景、乐趣、智慧和力量；但是，自然界有时又像一个恶魔，面目十分可憎，时常给人类带来各种自然灾害，还毫不客气地报复人类破坏生态系统良性循环和平衡的愚蠢行为。

自然状态下就存在突然来自天外来的辐射、陨石；来自大气层的闪电、雷鸣、狂风、暴雨、热浪、寒流；来自地下的地震、火山；来自大海的海啸、风暴；来自高山的山崩、地裂、滑坡、泥沙流；来自森林、草原的火灾、鼠害、虫害；来自江河的洪水、冰凌；来自自然生物死亡的尸体及微生物传播着疾病等自然灾害，但经过自然的调整、扩散、稀释、沉淀、降解、净化后，又能恢复为平静、清新和清洁的自然环境质量，形成了自然生态动态平衡，这种自然生态动态平衡支持着地球包括人类在内的生命系统的生存和繁衍，这是地球特殊的宇宙生态位、环境质量的长期演化及与生命系统协同进化而形成的。

良性循环

地球的大气、水及营养物质，都具有不断运动及循环的特性，并在运动中维持其平衡、自然净化及良性循环。

自然魔影

自然魔影主要来自太阳的周期性变化，如太阳黑子爆发等难以发现、难以预测、更难以防止，一旦来临，往往是全球性的、灾害性的。幸好的是，这些灾害发生概率相对人类的生命周期来说较小，地球生命及人类正是在这种小概率事件的空隙中产生、生存与发展起来的，不必惊慌，真正来临，惊慌也毫无意义，只有积极防御，听天由命了！这听起来像是宣传“宿命论”，其实这是自然规律，就像任何个体生命既有生就有死一样的自然而然，地球诞生以来，像恐龙那样群体灭绝的事件也不是绝无仅有的事，所以我们宣传的是了解自然、理解自然、按照自然规律办事。不仅生物最终会灭绝，但那是几千万年后的事了；甚至地球也是会毁灭的，但那是几十亿年以后的事情了，所以人类不必为自然灾害而过于惊慌。

超级灾难

于 2012 年美国中文网编辑了 15 类足以毁灭人类的超级灾难，并配有精美的插图（本书略，读者可以下载），请读者参考。（注：其中一项是“粮食危机”，主要与人类活动有关，另行介绍）【来源：人民网，引自：新华网 2012.05.31 责编：成岚】

（1）超级火山　你知道超级火山爆发的情况有多么严重吗？比尔-布莱森在他的《万物简史》里几乎用了一整章介绍超级火山的巨大破坏性。以美国为例，只要境内有一座超级火山爆发，其产生的巨大能量将会摧毁数千公里范围内的所有东西。导致整个国家被深达 6 ~ 20 m 的火山灰覆盖。美国、加拿大和墨西哥的大部分人都会因此而丧命。随后会出现漫漫长冬天、泛布玄武岩和其他许多可怕后果。我们无法预测地球超级火山何时引爆，但是美国境内的黄石巨火山口显然即将爆发。它随时都有可能发作，造成巨大的灾害性。

（2）太阳耀斑　大规模太阳风暴可能会导致人类灭亡。虽然这一现象产生的热量并不太多，但是猛烈的电磁脉冲（EMP）将意味着地球上的所有科技设备都将被摧毁。所有电子产品都将失灵，没有什么能够阻挡这一进程。你是不是认为，没有任何电子仪器，社会也可以照常运转很长时间？这么想你就大错特错了，首先你会看到那些过热或过冷的地区会有大量人员死亡。假设你在美国明尼阿波利斯熬过了严寒的冬天，但我们的农业项目会走向崩溃，我们可以从其他地方获得食品的网络瘫痪。大范围的饥荒会饿死很多人。

（3）甲烷水合物枪假说　甲烷水合物枪假说以非常有趣的方式阐述了海平面下降的问题。该理论认为，当海平面下降时，深埋海底和永久冻结带里的甲烷气水包合物会把大量甲烷释放到大气里。甲烷是一种超级温室气体，一旦它被释放出来，海洋会缩小更快，导致更多冰雪融化，从而使更多甲烷释放出来，这样形成一个恶性循环。全球变暖会像滚雪球一样变得越来越严重，引起致命的多米诺效应。

（4）海平面下降　迄今为止已经发生一系列地球大消亡事件，它们分别是：奥陶纪末灭绝事件、泥盆纪后期灭绝事件、二叠纪末生物大灭绝事件、三叠纪末生物大消亡和白垩纪末大消亡事件。你知道这些事件都出现了什么情况吗？它们的一个共同点是海平面显著下降，海洋面积缩小对生命来说，就如同一记丧钟。海平面大幅下降导致大量海洋生物灭绝，这对食物链产生严重影响。这种情况还会导致气候和天气模式发生很大变化。海平面上升是灾难，海平面下降同样是灾难。

（5）小行星　正是小行星导致恐龙走向灭亡，即便一个足够大的小行星并未撞上地球，只是从我们附近越过，它也将会改变地球的轨道，使人类遭殃。

（6）超新星　如果有一颗超新星距离我们特别近，它甚至不用借助伽马射线爆就能彻底消灭人类。有另一种放射线，它跟伽马射线爆一样，也会毁灭所有生命，事实上，4.5亿年前发生的奥陶纪-志留纪灭绝事件，可能就是由附近的一颗超新星引发的。距离地球大约 8 000 光年的一颗恒星显然是即将发生爆炸，是杀死我们人类的候选对象。更糟糕的是极超新星它的体积更大，破坏性也更强。不过幸运的是，这些现象都非常罕见。

（7）冰河时代　冰河时代，更确切地说应该是冰期或最大冰川作用，一般每隔数千年地球上就会发生一次，这段时间地球会被冰雪覆盖，天气异常寒冷，海洋面积缩小，生命更难生存。虽然人类在以前出现的冰河时代幸存了下来，但只是采猎者这一小部分。等到温度降低到大部分作物都无法生长的程度，你还有办法养活 60 亿人口吗？所有人都迁徙到赤道，避免被活活冻死吗？目前已知最糟糕的可能性是“雪地球”，这段时期地球表面从两极到赤道全部结成冰，只有海底残留了少量液态水。

（8）伽马射线爆 如果伽马射线爆袭击地球，它将会在瞬间毁灭所有生命。伽马射线爆虽然仅持续数秒时间，但是它是如此强大，如果银河里碰巧出现一次这种现象，我们所有人都会变成一堆白骨。要是在距离地球 6 000 光年内发生伽马射线爆，它将会剥掉地球的臭氧层，导致大量宇宙射线抵达地球，摧残人类。伽马射线爆是一种特定超新星的副产品，这种现象非常致命，而且特别常见。这也解释了为什么我们在其他世界并未发现智能生命，也许它们都被伽马射线爆统统消灭掉了。

（9）泛布玄武岩 泛布玄武岩是对"火山喷发导致整个大陆被熔融岩石覆盖"的一种委婉说法。至少有 14 个已知地质特征证明以前曾发生过泛布玄武岩的事例，地球上的 5 次大规模灭绝事件与此有关。它们的规模非常庞大，而且它是会反复出现的自然灾害。

（10）极超级飓风 设想一下，如果一场大规模飓风覆盖了整个北美洲，当然也包括加拿大和墨西哥，风速超过每小时 500 英里（804.67 km），结果会发生什么情况？它的强度足以摧毁人能想到的一切东西。如果我们非常幸运，发生的不是极超级飓风，而是破坏性小一些的超级飓风，我们或许还能幸免一死。当海洋升温达到一定程度，就会发生这种情况，不过全球变暖、彗星撞地球或者地球的旋转轴发生改变，也会引发类似灾难。

（11）宇宙尘埃云 太空里充满了数量惊人的细小尘埃云团，这些直径仅为 0.1 μm 的粒子在空中四处游荡。它们虽然不会把我们撕成碎片，但是如果我们的太阳系（要记住它在银河系里运行的方式更像我们的地球在太阳系里的运行方式）与这些尘埃云发生互动，或许我们不愿看到的景象就会发生。有理论认为，如果这种情况果真出现了，气候将会发生巨变。这会导致地球迅速结冰，迎来另一个冰河时代，或者是地球的臭氧层被剥掉，大量宇宙射线抵达地球，杀死人类。

（12）地磁极逆转 地磁极会自动发生逆转，南、北极突然调换位置，这种情况在人类史前史上定期发生。我们不清楚这是如何发生的，甚至连发生这种转变需要多长时间也不知道，但是我们知道，它会对我们产生可怕的影响。它令我们的指南针指错方向并不会引发世界末日，然而问题是地球磁场发生的巨大转变会令我们更易受到宇宙放射线和太阳耀斑的影响。这些可能性还不足以杀死我们，但是由于我们的电脑网络会被彻底摧毁，也许这足以毁掉整个人类社会。

（13）流氓黑洞 据 2008 年的研究显示，银河系可能有数百个流氓黑洞，它们四处游荡，吞掉沿途遇到的一切。要是某个这种黑洞恰巧正向地球方向移动，那么谁也无法阻止它。你无法偏转它的运行方向、炸掉它或改变它的路线，因为它拥有恒星一样的引力。它会一路横冲直撞，改变地球的轨道，使地球更靠近太阳，或者远离太阳，人类要么被活活热死，要么被活活冻死。

（14）真空亚稳态灾难　几乎我们了解的所有科学知识都离不开物理常数，物理常数会以特定方式产生作用，例如引力的存在、基本力、沿直线传播的光的方向会被引力偏转和电子流动。如果这一切都突然发生了改变，结果将会怎样？要是我们居住的空间本来就不稳定，它在特定时期突然分崩离析，又会出现什么情况呢？它们的答案就是真空亚稳态灾难理论：我们的半稳定空间突然发生爆炸，迅速冲向宇宙的其他空间，由于它改写了基本物理学法则，这种情况会以光速迅速摧毁地球和人类。

5.1.2　来自人类的阴影

人类总危机正在到来

1987年世界环境与发展委员会发表的《我们共同的未来》中指出：

“地球是一个大的世界，不久之前，人类活动及其影响还一直限制在国家之内、部门之内（能源、农业、贸易）和有关的大领域之内（环境、经济、社会），这些限制已开始瓦解，特别是在最近10年中。这些不是孤立的危机：环境危机、发展危机、能源危机，它们是一个总危机。”

看来，全球危机已不是一个理论或预测问题了，而是已经降临全球人类的阴影，这好像童话小说中的“魔盒”被贪婪的人类打开了，魔鬼一个又一个跑了出来。

潘多拉魔盒

欧洲童话中有一个关于“潘多拉魔盒”的故事，说的是盒中关着许许多多妖魔，一旦打开妖魔就会跑出来兴妖作怪。

环境公害就是从人口爆炸及近代工业、矿山、现代农业、城镇、交通、国防、科学技术超速发展引起的，所以正是无知的、愚蠢的、贪得无厌的人类打开了 “潘多拉魔盒”。人类如果能够早就理解其童话的深刻寓意加以预防，也许种种污染的妖魔就不会被人类随意释放出来，可惜世上没有后悔药。

专栏5-1　潘多拉魔盒

潘多拉魔盒，是一则古希腊经典神话。

宙斯在争夺神界时，就是得到普罗米修斯及其弟伊皮米修斯的帮助，才能登上宝座的。但宙斯讨厌人类，而普罗米修斯又过分关心人类，于是惹火了宙斯。他想报复人类，心生一计：命令火神赫菲斯塔斯，使用水和土混合，依女神的形象创造出第一个人类女人模型；宙斯再命令爱与美女神维纳斯（阿芙洛狄忒）在她身上淋上令男人疯狂的激素；女神雅典娜教女人织布，制造出各种颜色的美丽衣织，使女人看来更加鲜艳迷人；众神替她穿上衣服，头戴兔帽，项配珠链，娇美如新娘；宙斯又派遣使神汉密斯："将你的狡诈、欺骗、耍赖、偷窃的个性注入这个女人灵魂吧！"汉密斯窥见宙斯的心思，献媚地说："叫这个女人潘多拉吧，是诸神送给人类的礼物。"众神都赞同他的建议。

普罗米修斯的名字即"深谋远虑"的意思。而其弟伊皮米修斯的意思为"后悔"，所以两兄弟的作风就跟其名字一样，有着"深谋远虑"及"后悔"的特性。潘多拉被创造之后，就在宙斯的安排下，送给了伊皮米修斯。因为他知道普罗米修斯不会接受他送的礼物，所以一开始就送给了伊皮米修斯。而伊皮米修斯接受了她，在举行婚礼时，宙斯命令众神各将一份礼物放在一个盒子里，送给潘多拉当礼物。而众神的礼物是好是坏就不得而知了。

伊皮米修斯的胞兄普罗米修斯早就警告伊皮米修斯，千万不要接受宙斯的礼物，尤其是女人，因为女人被认为是危险的动物。伊皮米修斯娶了潘多拉之后没多久，就开始后悔了。潘多拉为伊皮米修斯生了 7 个儿子，但是潘多拉把儿子生下来后，宙斯便把 7 个儿子用一个盒子封印起来，盒子的名字就叫"潘多拉之盒"。潘多拉对此非常愤怒，于是便偷偷地把盒子打开想看看自己的儿子。哪知道打开一看，他的前六个儿子便飞了出去，他们的名字叫贪婪、杀戮、恐惧、痛苦、疾病、欲望。从此人间多灾多难：疯狂、贪婪、杀戮、恐惧、痛苦、疾病、欲望，但是人们没有退缩，因为潘多拉的第七个儿子叫希望！他与疯狂、贪婪、杀戮、恐惧、痛苦、疾病、欲望作不懈的斗争，人类这些邪恶的本性在不断退化，人类传承了希望。

【摘编自：360 问答】

多米诺骨牌效应

一个个魔鬼并不可怕，人类将它们一个一个消灭就好啦；如果这些魔鬼善于利用一种自然的神奇的力量，就是多米诺骨牌效应的力量就麻烦了，一个上千张牌组成的"骨牌阵容"就会顷刻坍塌。我们地球上包括人类在内的生态系统就如骨牌阵容，会不会因自然或人为的魔鬼而出现这种可怕的效应而坍塌呢？这就难说了，但可以肯定地说，这是可能的，甚至可能性很大。为什么呢？你看：骨牌阵容是不是排列得十分整齐有序呀？越是有序系统，就越有可能产生这种不断放大效应，而地球生态系统是宇宙中最有序的系统；如果，不是高度有序系统，力就会分散，而会随时停止，可见，我们就要万分警惕并预防这种效应的产生。我们不可能为此而自己破坏生态系统的有序系统吧，因此，我们只能极其严格地消除一切魔鬼才是。遗憾的是，魔鬼已经出现，多米诺骨牌效应正在显现，不然《我们共同的未来》为什么发出了"总危机"的警报呢？

专栏 5-2　多米诺骨牌效应

多米诺骨牌是古代的一种用木或骨制的长方形骨牌。玩时将骨牌按一定间距竖立起来排列成行，只要轻轻碰倒第一枚骨牌，其余的骨牌就会产生连锁反应，依次倒下。

多米诺骨牌的这种效应产生的能量是十分巨大的，而且是越来越大。这种效应的物理道理是：骨牌竖着时，重心较高，倒下时重心下降，倒下过程中，将其重力势能转化为动能，它倒在第二张牌上，这个动能就转移到第二张牌上，第二张牌将第一张牌转移来的动能和自己倒下过程中由本身具有的重力势能转化来的动能之和，再传到第三张牌上……所以每张牌倒下的时候，具有的动能都比前一块牌大，因此它们的速度一个比一个快，也就是说，它们依次推倒的能量一个比一个大。【引自：爱问知识人】

5.1.3　污染的产生与发展

古代生态智慧

我国自古就产生了惊人的生态智慧和创造性成就。4 000 年前的奇书《周易》的核心是“阴（--）阳（—）（称作‘爻’，读做 yáo）”，表示宇宙万物中相互对立、又相互依存的两个基本特性（这比自然辩证法中的对立统一规律的提出要早几千年）。由阴、阳两“爻”按 3 种方式排列组成 8 个经卦，分别表示天、地、雷、风、水、火、山、泽 8 类自然基本要素；8 个经卦两两相叠，组成 64 卦；64 卦中包 384 爻的阴、阳可以变换，因此卦与卦之间都可以互换，形成了整体循环，用以表征宇宙间一切自然现象、生物和人事的变化过程和规律。我从现代科学角度看，是全球最早的反映宇宙万物循环变化规律的“自然与社会复合生态系统动力学模型”，通过它的数、理的分析测算，不仅在相当程度上可以说明日月运行、季节更替、气象变迁、生物的产生、生长、成熟、衰老、死亡等自然现象；而且还对指导我国几千年来的天象系统、农业生态系统、中医诊断与治病、预防预报自然灾害；甚至对政治、军事及思维方式等都发挥了不可低估的重大作用。《老子》与《庄子》宣扬了天人合一的宇宙观，反对人类妄自称大，反对人类为了自身利益而违背自然规律、掠夺自然、危害生态环境的行为。我国佛教和禅学宣扬的是“与人为善”“大慈大悲”“不杀生”及“普度众生”，要惩戒和遏制人类的过度的欲望，人类的欲望应与资源与环境相适应。这些古朴而深刻的生态环境意识及哲理，至今还有重要的科学价值和指导意义。

人类在几千年前的生活及农、牧业生产中，很早就注意到保护自然环境和建立良性循环的重要性及必要性。后来虽然忽视了对人口自身增长的控制，但对农、牧、林、渔业等人类活动及需求对自然生态环境的冲击力还是比较重视的，懂得人类活动的冲击力要与环境承载力（载畜量、放牧量、养鱼量等）相适应，超过了就需要通过休耕、休渔、休伐等措施调节恢复；同时农、牧业及人类自身的废弃物主要是有机物，通过自然发酵后还田加以利用，如人畜粪便和秸秆，这些有机物质在自然界中很容易被微生物分解为土壤和植物所需的氮、磷、钾、微量元素和有机质等营养物质，肥沃了土壤，增产了粮食，长期供养了人类不断增长的需求，还消除了污染，并形成了良性循环和保持了自然-人类复合生态动态平衡。美丽的人间天堂苏州在新中国成立前还保持着这种良性循环的平衡机制：早上船板上装满蔬菜、粮食、副食进城；回来船舱里一船粪便运回农村，长期维持着运河水的洁净，20 世纪 50 年代还清澈见底，有鱼，可游泳，就是明证。打破自然循环平衡，主要是从现代化城市及生产、生活方式的改变开始的。

现代环境公害是从近代开始的

非人类造成的自然污染及自然生态破坏，在人类史中，从来没有停止过，而且有时还是十分凶猛的，但总体上还是局部性的、暂时性的，经过自然的恢复及人类与之抗争，得以平息和平衡。

真正意义上的现代环境污染公害是从近代人口爆炸、工业革命、城市化、现代化开始的，导致资源枯竭、环境污染、生态破坏、环境健康等问题，从局部发展到区域、全球，乃至持久的严重灾害，就转变成了“环境公害”。

污染四起

曾几何时，新中国成立后开展工业化建设，变消费城市为生产城市，每个城市都建起了各种各样的工厂，当时是用“烟囱林立、浓烟滚滚、机器轰鸣、人如潮涌”当褒义词来用，现在看来真是可笑，这些褒义词，今天变成了贬义词了；真是一种辛辣的讽刺，昔日贬义词的“杞人忧天”，今天却被我们将其转变成了褒义词了。

往往城市建设与发展初期缺少资金，要靠大办工厂来带动，如有个城市竟将大工厂建在该市的中心。又如新中国成立后的天堂苏州也难逃这个厄运，为变消费城市为生产城市，不顾区域的狭小及运河的环境容量，沿两岸建起硫酸厂、造纸厂、味精厂、电镀厂、印染厂、化工厂、农药厂、食品厂等，把弹丸之地、螺蛳壳里做道场的小小的苏州，弄得乌烟瘴气、污水横流、粪便入河、疾病滋生、癌症蔓延，一时间“天堂”变成了最不适合人类居住的地方了。

雾霾袭来

这幅图（图 5-1）是多么深沉的教训，我们现在是不是又在更广的领域和更深的层次上重蹈覆辙呢？

图 5-1 北京雾霾

近年来，小小的 $PM_{2.5}$ 污染频繁爆发，搅得人们难以呼吸了。大气污染已经不是秘密了，也无从以政治纪律保密了，几乎成了家常便饭了，人们怀疑要是这种天气长期持续发展下去，人们该怎么活？到哪儿去躲？人们现在迫切呼唤碧水蓝天，呼唤生态文明，呼唤美丽中国梦，这从另一个侧面看，也说明我们现在污染已经持续发展到顶点了。

2013 年年底到 2014 年年初这一段时间，中国出现了持续时间长、影响范围广，污染物浓度高的雾霾天气，影响整个东部的大部分地区，气象台的数据有 1/3 国土受到了影响。WHO 在网站上每年公布全球 PM_{10}、$PM_{2.5}$ 污染情况，中国有 38 个城市列到这张表中，最好的是珠海，最差的是兰州。美国航天局利用卫星发布的全球污染颗粒浓度地图显示，全球 91 个国家、1 083 个城市，空气最差的是新德里，而整个中国沿海地区都处于污染最严重的地区，直接的原因是这一区域是我国工业化、城市化、现代化最发达的区域，也是环境污染欠账最大的区域。

2012 年下半年起，中国开始监测 $PM_{2.5}$，北京已经开始公布监控数据了，国内很多城市也开始监测了。同时修改了大气环境质量标准，促进了信息的监控和发布。即使是这样，我们的标准连世界卫生组织最初阶段的标准都达不到，世卫组织给出的第一阶段标准是每立方米 $PM_{2.5}$ 为 75 mg，第三阶段是 35 mg。而北京提出 2020 年治理目标还只是 100 mg，显然，离控制、改善、彻底治理的路还有很长。

华北平原中 10 个污染城市有 8 个是河北省的，主要原因就是工业排放所致。中国钢铁产量 7 亿 t，河北占 1.5 亿 t 以上。钢铁行业与火力发电站生产要排放的灰尘量最大。尽管现在上了很多的除尘、脱硫设备，即使达标排放（经常是不达标排放还是要排放的）。

因为排放标准和环境质量标准不是一回事，排放标准达标了，只是不好不坏，不等于环境质量标准达标了。何况就是环境质量标准达标了，也难保证人就不会得病，因为，污染物存在富集问题，存在叠加问题。

$PM_{2.5}$ 也被称为可吸入颗粒物，构成物的化学成分不一样，有硫酸、有磷酸，还有挥发性有机物。具体到每一个地方组成是不一样的，比如说北京市公布过，煤炭发电加上供暖排放占40%左右，汽车排放占22%，这就有60%多了，还有周围地区排放占15%～18%，还要加上当地的扬尘、交通和一些生活排放，比如说家里喷墙的时候也产生 $PM_{2.5}$，油烟机及抽烟的时候也产生 $PM_{2.5}$。

2013年10月20日最新报道：黑龙江哈尔滨出现了历史最严重的雾霾，可见度小于3 m，甚至达到不足1 m；两位公交车的老司机，竟然糊里糊涂地将车开丢了，真是现代版的今古奇观。

让我们的天变蓝最迟要在2020年，最晚不能晚于2030年。中央已经提出来美丽中国梦是2020年的目标，我想只要有决心，大家齐心协力，这个问题是可以解决的。【摘自：国家能源网，中国的危机及如何应对2013.03.26】（参考附件5）

环境问题的发展及环境意识的先驱与启蒙者

近代生态意识首推恩格斯百年前在《自然辩证法》中发出的“防止自然报复”的警告开始的；而近代污染公害意识是从20世纪60年代《寂静的春天》一书的启蒙开始的。

《自然辩证法》是恩格斯综合了天、地、生、数、理、化6门自然科学的最新成就后，归纳、提炼、上升为最著名的哲学论著。他指出：

“我们不要过分陶醉于我们对自然界的胜利。对于每一次这样的胜利，自然界都报复了我们。”“每一次胜利，第一步都确实取得了我们预期的结果，但是在第二步和第三步却有了完全不同的、出乎意料的影响，常常把第一个结果又取消了。”

《寂静的春天》中却给我们描述了一幅死一般寂静的悲惨景象。请看：

“一个奇怪的阴影遮盖了这个地区，一切都开始变化。一些不祥的预兆降临到村落里；神秘莫测的疾病袭击了成群小鸡；牛羊病倒和死亡。到处是死神的幽灵，农夫们诉说着他们家庭的多病。城里的医生也越来越感到困惑莫解。不仅在成人中而且在孩子中出现了一些突然的、不可解释的死亡现象。这些孩子在玩耍时突然倒下去了，并在几小时内死去。”

“一种奇怪的寂静地笼罩了这个地方。比如说，鸟儿都到哪里去了？……”

“农场里的母鸡在孵窝，但却没有小鸡破壳而出。……”

以上描述的这些真实的科学小说故事，“在美国和世界其他地方可以容易地找到上千个这种城镇的翻版。”在我国的一些城镇、江河湖海不也普遍出现了这种翻版的现实画面吗？

以上这些现象是什么原因造成的呢？她一针见血地指出：

“不是魔法，也不是敌人的活动使这个受损害的世界的生命无法复生，而是人们自己使自己受害。”

人类自己使自己受害！这是一个大胆而科学的结论。

六六六、DDT 等有机氯杀虫剂，具有极强的毒性和生物蓄积性，大量而盲目地施用（我国早已禁用），造成了对生态系统的绝灭性破坏，蕾切尔·卡逊通过大量调查研究，层层剖析，得出了宝贵的科学总结并通过科普小说的方式传给了世人。

现代农业的发展，从传统的有机肥料转变为化学肥料，使用了各种杀虫剂、除草剂、灭菌剂。以往生产的农药，追求高毒性、广谱性、持久性，所以在环境中不但很难降解，而且毒杀的范围很广，有害、有益的生物也都被杀害。农药随着大气循环、水循环、食物链等途径，十分稳定地进入大气、水、土及生命系统。在我们呼吸的空气里、喝的水里、吃的食物中及生命机体里蓄积。就连珠峰之巅冰雪里都有它们的痕迹，包括农药在内的污染物，真是无孔不入、无处不在。

一般来说，农药及其他污染物质的浓度很小，必须低于有关施用或排放标准；进一步分散到大气、水、土壤及食物中的浓度就更小，通常是不至于直接使人及生物致急性中毒、致害的。正因为这个原因，一般人们往往掉以轻心。但是，这些痕量（10^{-12}～10^{-9}g）的毒物可以通过生物残留而增加，在生物体中富集至微量（10^{-9}～10^{-6} g）；再通过小鱼吃残留毒物的藻类—大鱼再吃小鱼—人再吃大鱼的食物链的层层富集作用，进一步可富集到毫克、克以上；加上存在多种微量毒物之间的复杂综合作用而达到使生物或人受害或致死。因此，近几十年来出现了许多奇病、怪病，如新生无脑儿等先天性畸形、癌症、呼吸系统、内分泌系统和血液系统的发病率，以及全球男性精子降至 50%的严重状况，在污染区直线上升，无不与环境污染上升及环境质量下降有关。

污染问题并不是一开始就形成全球性的大问题的，而是从一家一户开始的，从一座一座村镇或城市开始的，从一亩一亩土地开始的，一个一个工厂开始的，从一辆一辆汽车、一列一列火车或一艘一艘轮船开始的……也就是从局部开始的。人们一开始总是不以为然，视而不见，听而不闻，污染因此才会很快像瘟疫一样扩展开来。

当在一条河流、一个湖泊旁，建了一座工厂或城市，工厂和城市就需要消耗能源、水源和各种各样的物料，供给工厂生产和人们生活。工厂的物料一般只有 1/100～1/3 进入产品供人类消费，另外的 70%～99%的物料就以废气、废水、废渣的形态排入环境之中；生活废气、污水及垃圾也排入环境之中；所有的产品和建筑物使用或毁坏后最终变成废品、废物也都进入了环境之中。人类时刻甚至分秒不能离开的环境竟成了人类生产及生活的“废气库”“下水道”“污水库”“垃圾箱”。工厂或城市排出的废气、粉尘经过大气扩散就会污染四周一片地区，污染范围直径约数千米至十余千米。工厂或城市的废水、污水经过水流扩散，就会污染排污口下游的河水，范围长度可达 1 至数千米或十余千米；或污染湖水，范围可达几平方千米或几十平方千米；污染水还可能污染没有防渗的水井或深层地下水。工厂或城市的垃圾就会污染堆弃处的土壤、作物和浅层地下水，范围一般约几百米。随着工厂或城市扩展和密度的增加，渐渐形成工厂带或城市带，工厂群或城市群，污染也将同步发展，从局部到一片，从一片到一区，从一区到全县、全省、全国直至全球。

目前困扰我国的环境污染公害问题主要有各类工业有毒有害“三废”污染、煤烟型大气污染、水体有机物污染、城市汽车尾气污染及垃圾污染等；目前公认的全球性污染公害问题有：农药问题、酸雨问题、温室效应问题、臭氧层破坏问题、海洋污染问题、核扩散问题及空间垃圾问题等，这些全球性污染问题的发展是十分迅速的，几乎都是从 20 世纪中期才开始发展起来的。

5.1.4 编者评述

生态破坏及环境污染问题之所以发展成了全球性的危机，是因为人口的爆发，人类有史以来的毁林开荒，近代生产及生活中人类使用或排放的污染物的种类越来越复杂，数量越来越大，即使排放浓度很低，也绝不能掉以轻心，因为生物存在残留积累作用、食物链的层层富集作用及复合作用，而达到使生物或人致害。

环境灾害往往不是单一的资源、污染或生态类型；资源枯竭中也往往也不是单一类型；污染中也不是单一的生物性、化学性或物理性的；生态破坏也不是单一的食物链断裂、生态金字塔结构破坏、生物多样性下降、物种灭绝等，往往都具有多米诺骨牌效应，相互影响的相加、相乘的放大作用。

前美国副总统阿尔·戈尔为《寂静的春天》写的上万字的长篇序言，令人十分感动、十分震撼，原计划全文引入本书中，因篇幅过大只得割爱，希望读者，尤其是决策者、规划者、生产者、管理者、社会学工作者、媒体新闻、法律法规工作者、生态环保工作者、自然科学工作者、哲学工作者、大中学师生及感兴趣的广大人民群众，都能深读，这里我只摘录几条振聋发聩的论述，也许就会引起你的深切的渴望：

——《寂静的春天》犹如旷野中的一声呐喊，用它深切的感受、全面的研究和雄辩的论点改变了历史进程。如果没有这本书，环境运动也许会被延误很长时间，或者还没有开始。

——在这场论战中，卡逊借的是两种决定性力量：谨慎地遵循真理和超凡的个人勇气。她反复推敲过书中的每一个段落，这些年来的研究表明，她的种种警告都是有不及而无过之。……当写作《寂静的春天》的时候，她忍受了乳房肿瘤切除的痛苦，同时还在接受放射性治疗。书出版后两年，她逝世于乳腺癌。从某种意义上来说，卡逊是在为自己生命而写作。

——当《寂静的春天》销售量超过 50 万册时，哥伦比亚广播公司为它制作了一个长达一小时的节目，甚至当两大出资人因此而撤销了给哥伦比亚的赞助后，该电视网还继续广播宣传。肯尼迪总统在新闻发布会上讨论了这本书，并指派一个专门小组调查书中的结论。……他们的报告成了对企业和官僚熟视无睹的起诉，这个报告是对卡逊关于杀虫剂潜在危害的警告的确认。此后不久，国会开始召开听证会，并成立了第一批基层环保组织。

——《寂静的春天》播下的新行动主义的种子如今已成长为历史上最伟大的群众力量之一。当 1964 年卡逊逝世时，人们已经明白她的声音是不可能被掩盖的。她唤起的不止是我们国家，还有整个世界。

——1998 年，环保局报告说 32 个州的地下水已经被 72 种不同的农业化学品所污染，其中包括除草剂阿特拉津，此药属于潜在人类致癌物之类。此药每年以 7 000 万 t 之巨施用在密西西比河流域的玉米田里，其中 68.04 万 kg 由地下径流流入 2 000 万人的饮水中。阿特拉津是无法由市政污水处理系统消除的，春天时，水中的含量超过饮用水的规定标准。1993 年，整个密西西比河的 25%的地表水都超标。

——在美国，随着过去的 20 年中因雌激素农药的泛滥，睾丸癌的发病率增长了 50%。还有证据指出，处于尚未了解的原因，世界范围内男子的精子数下降了 50%。确凿可靠的证据表明，这些化学物质也干扰了野生动物的繁殖能力。

——1992 年，一个杰出美国人组成的小组推选《寂静的春天》为近 50 年来最具有影响的书。经历了这些年来的风雨和政治论争，这本书仍是一个不断打破自满情绪的理智的声音。这本书不仅将环境问题带到了工业界和政府的面前，而且唤起了民众的注意，它也赋予我们的民主体制本身以拯救地球的责任。纵使政府不关心，消费者们的力量也会越来越强烈地反对农药污染。降低食品中的农药含量目前正成为一种商品的促销手段，也同样成为一种道德规范。政府必须行动起来，而人民也要当机立断。我坚信，人民群众将不再会允许政府无所作为，或做错误的事情。

5.1.5 读者思考

阿尔·戈尔作为一位美国国家领导人，为何要大声疾呼地支持一位弱势的环境保护的“革命者”卡逊？

阿尔·戈尔作为一位美国国家领导人，为何敢于公开在我们中国人看来是美国的“丑闻”、绝密的种种污染公害事件暴露于世人面前？

阿尔·戈尔作为一位美国国家领导人，为何敢于将处于尚未了解的原因，世界范围内男子的精子数下降了 50%，这样极其严重的科学事实公布于世？

正如本书序言之一的王时忠所述：“被人揭下面具是一种失败，自己揭下面具是一种胜利。”中国不正是需要这种敢于揭下自己面具的精神吗？

人类本是生物的一个种群，人类现在已经具有毁灭地球的能力，却没有挽救自身灭绝的能力，其中原因之一，就是缺乏这种敢于面对与揭下这种“假面具”。相反，由于自身的、长期的、巨大的失误不能及时地揭露与控制，一步一步将自身陷入恶性循环的旋涡，或是自然报复的陷坑而难以自拔。人类还能将自身释放出来的恶魔关回到“魔盒”之中吗？

魔鬼来自哪里？怎样才能将魔鬼关进魔盒？环境资源危机、环境污染危机、生态破坏危机结合形成的总危机，是不是这种效应的表象呢？是哪一张或哪几张牌引发了生态系统的多米诺骨牌效应？我们深陷其中，还有办法解脱、解救吗？

5.2 资源危机

5.2.1 人均资源匮乏

自然界这个“上帝”赋予人类的地球资源原来是很丰富的，正因为如此，许多专家写了许多关于地球丰富自然资源的书，如美国许多科学家联合写的《资源丰富的地球》，据以批评资源枯竭的 “悲观论”。问题是，评价资源，不仅仅取决于总量的多少，还取决于质量的好坏、品种的齐全，分布状况，尤其是人均资源占有量的多少、人均需求量的多少及可再生性、可替代性，储藏条件、开采的技术经济性，以及开采、冶炼、生产过程中的生态环境影响和危害的评价等。

我国拥有丰富的自然资源，一些资源的数量及质量在全球都是名列前茅的（如：钨、煤等），但是，我国也缺少某些资源（如：铜等），有些资源的品种或质量还不能满足要求（如：铁等），而且总体来看，由于我国同时也是世界上人口最多的国家，因此绝大多数资源的人均占有量都是很少的，甚至在世界排序中是处在末尾的。

从全世界平均来看，1999 年全世界就拥有 60 亿人，2013 年已经超过了 63 亿人，这个趋势还将延长至 21 世纪中期，这显然是一个很大的分母，地球丰富的资源总量用这个巨大的分母一除，全世界人均资源占有量也变得很少了。这就是全球资源危机的客观情况。问题更加严重的是，地球资源的储藏量是有限的，而人类的数量还在不断地增加，尤其是生产及生活需求却在不断地增加，也就是说资源总量及人均占有量在不断地双向减少。全球人口在 50 年后预计可能会实现零增长，但资源消耗量仍会增长，因此人均资源占有量仍会下降。资源危机的阴影笼罩着全球，除了几个领域广阔、资源丰富的国家外，许多地区、许多国家已经受到资源危机的困扰和危机。

5.2.2 不可更新资源危机逼近

自然资源按能否再生分为“不可更新能源、资源”与“可更新能源、资源”，不可更新资源由于消耗后无法再生，总是用一点少一点，直到枯竭。这类资源大家比较熟悉，如煤、石油、天然气、金、银、铜、铁、锡，等等；有一些不可更新资源虽然不可再生，但数量巨大，在一个相当长的时期内也不至于枯竭，如海水、石灰石等。因此，目前困扰一些地区和国家的能源、资源枯竭问题主要是前面那些能源、资源。据地质科学家按资源消耗速率及现有资源储量扩大 5 倍测算，从全球平均角度来看，最多维持开采年限是：黄金 29 年、白银 42 年、汞 41 年、铜 48 年、天然气 49 年、锌 50 年、石油 50 年、铝 55 年、锡 61 年、铅 64 年、钼 65 年、钨 72 年、白金 85 年、锰 94 年、镍 96 年、钴 148 年、煤 150 年、铬 154 年、铁 173 年【注：按 20 世纪末计】。从上述有代表性的不可更新资源的枯竭年数来看，22 世纪内，几乎绝大多数不可更新能源、资源面临枯竭！大多数枯竭时间表不超过 100 年，不可更新能源、资源的全球性大危机已经逼近！人类难道只能再生存几十年、上百年吗？人类对于不可更新资源的枯竭困惑的出路何在？根本出路是提前研究代用资源及严格地节约使用不可更新资源。虽然这些资源不可更新，但可以尽可能地回收重复利用，延长其枯竭期，急需取缔一切浪费性使用、一次性使用、毫无使用价值的豪华商品包装等浪费资源的市场商业行为。

不可更新资源的枯竭，已经严重威胁着人类，每一个人都应该和可能为节约不可更新资源作出自己的贡献。

5.2.3 可更新资源危机也很突出

生态能源、资源包括太阳能源、风能、潮汐能、地热能、大气资源、水资源、土壤资源、生物资源等，基本上都是可更新资源，可更新资源的特点是通过太阳系的运行、大气循环、水循环及生命物质循环，即使被耗用了，但又可以得到恢复、补充、再生或更新。那为什么可更新资源也会出现危机？而且生态危机也很突出呢？

这是因为，可更新资源的可更新性是相对的，有条件的，只有被人类耗用后能够得到净化、恢复、补充、再生的才是可更新的；否则，也会转变成不可更新的了。如：太阳能资源随着昼夜的变化、季节的变化、年份的变化，周而复始，不断得到补充和恢复；大气资源中的氧气、二氧化碳气等随着动植物的呼吸平衡和大气循环而不断得到再生或更新；水资源随着自然净化和水循环而得到恢复和更新；生物资源通过食物链和生态金字塔的结构的传递作用而不断得到更新和平衡。

如果大气长期受到严重废气及尘埃污染，因尘埃的遮挡和散射，进入地球表面的太阳能就可能减少；大气层因臭氧层的破坏、温室效应及热岛效应，就会改变太阳的辐射强度及气温的平衡；水资源，尤其是地下水资源因疏干或污染了是很难恢复的；森林植被过度砍伐耗用就会枯竭；生物资源因过度种植、养殖、捕捞和杀掠，超过了生长及繁殖速率以及侵占或破坏野生生物的栖息地、繁殖地、洄游路线，野生生物、种养生物就会衰减直至灭绝。由此可见，可更新资源本是“聚宝盆”和“生态银行”，但是也是可以被人类的不恰当行为，导致破损或倒闭的。如果人类认识了可更新资源的这些特性，恰当地利用可更新资源的可利用部分，可更新资源就是取之不尽、用之不竭的。地球资源是丰富的，但又是有限的；即使是可更新资源，也是相对可更新的，如果过度耗用，也会变成不可更新资源；可更新资源也是可以耗尽的资源，因此只有节约、再利用和研究代用品等途径，减缓其枯竭速率及终结时期，要真正为子孙后代着想。

5.2.4　编者评述

资源危机中对人类生存影响最大的莫过于粮食与食品供应，几十亿人，一日三餐要吃呀！粮食、食品供应系统是现有的各种系统中最复杂的一种，人类在适应变化方面似乎具备令人难以置信的能力，但与此同时，不起眼的自然灾害事件也有可能引发大动荡。历史证明，由于粮食短缺严重时，会夺去数以十万、百万甚至千万人的性命，不亚于一场全球性的战争，这样的说法听起来可能有点疯狂，但这种情况确实发生过。即使，一些小的灾害，就足以夺去许多人的性命，或会因粮食匮乏而陷入饥荒。

5.2.5　读者思考

地球能源、资源非常丰富，何来危机？地球生态资源还具有可循环、可再生、可更新的特殊功能，应属于可持续发展的资源，为何人类生态资源也会出现危机？粮食危机能够避免吗？如何避免？

5.3　污染危机

5.3.1　是谁打开了魔盒

自18世纪至20世纪初，资本主义产业革命兴起，英国、美国、德国、日本等工业化早的国家，处于资本的初期积累阶段。蒸汽机开始广泛应用，冶炼工业大发展，燃煤及金属矿山开采量剧增，任意排放产业废弃物，造成了以煤烟型为主的烟雾公害事件。

到20世纪40年代后，由于汽车的剧增，以及工业采油及用油量随之剧增，加之化工、石油化工、纺织印染、机械、食品等行业的兴起，除烟雾污染外，又增加了氮氧化物、铅及种类繁多的化学污染物，进一步加剧了大气、水源、土壤污染。

到20世纪50年代后，资本主义国家的资本积累处于从初期平缓积累阶段—经过过渡阶段—向陡涨阶段发展，又增加了种类更加复杂、毒性更加巨大的农药污染及放射性污染和噪声等物理性污染。

到20世纪60年代，环境污染问题，迅速地从城市发展到农村，从发达国家发展到发展中国家，而形成了全球性大问题。污染公害层出不穷，多如牛毛，不胜枚举，仅日本在1970年受理的公害诉讼案件就达6万多件。经济后起直追的日本在20年里，牺牲环境质量为代价，一举成了世界公害大国，日本人民反公害的行动此起彼伏，一浪高过一浪，被迫开始大力治理污染，用20年左右的时间摘掉了公害大国的“帽子”，值得我国及全世界的借鉴。

到20世纪70年代以来至今，出现了几件极其严重的全球性的公害事件：① 二三百年来的二氧化碳的累计释放，导致全球出现温室效应；② 美、苏两大国几十年核试验竞赛，将污染带到了臭氧层，出现了臭氧层破坏；③ 人类海洋油田的大开发及海底输油管的建设，海洋油污染事故不断；④ 航天技术的大发展，人类将航天器的垃圾带到了太空；⑤ 特大城市及城市急剧膨胀带来一系列环境公害效应等。

5.3.2 污染危机的信号

衡量污染的尺子很多，有大有小，有长有短，有太空参数变化尺子、有地球参数变化尺子，有生态因素变化尺子，有环境质量参数变化尺子，有生物及人体健康变化尺子等。例如：利用人体元素变化值就是地球化学家从地球的大尺度研究环境与健康关系所采用的尺子。

1）人体元素的变化值

地球化学家是采用“人体元素变化值”这把微小尺子来衡量地球尺度的环境污染变化。如表5-1中的现代人体与原始人体中的痕量元素的变化比较，存在增加（>1）、减少（<1）或基本没有变化（≈1）三种不同的情况。在B/A值的变化里面，以增加为主，而且，增加的变化幅度差别很大，可以差1～700倍（镉），这就为判断、评估全球污染及对人体的危害或潜在危害及其预防、治理提供了科学依据及明确目标。

表5-1 海水、原始人、现代人体中的痕量元素对比 单位：mg/kg

元素		海水	原始人 A	现代人 B	B/A	差别的人为原因
人体必需的元素	铁	3.4	60	60	1（？）	铁开采、冶炼及铁器
	锌	15	33	33	1	
	铷	120	4.6	4.6	1	
	锶	8 000	4.6	4.6	1	
	氟	1 300	37	37	1	
	铜	10	1.0	1.2	1.2	铜开采、冶炼及铜器
	硼	4 600	0.3	0.7	2.3	蔬菜及水果
	溴	65 000	1.0	2.9	2.9	溴化物、燃料

元素		海水	原始人 A	现代人 B	B/A	差别的人为原因
人体必需的元素	碘	50	0.1～0.5	0.2	2～2.5	加碘的食物
	钡	6	0.3	0.3	1	
	锰	1	0.4	0.2	−0.5	精制的粮食
	硒	4	0.2	0.2	1	
	铬	2	0.6	0.09	−0.15	精制的糖和谷物
	钼	14	0.1	0.1	1	
	砷	3	0.05	0.1	2	添加剂、除草剂
	钴	0.1	0.03	0.03	1	
	钒	5	0.1	0.3	3	石油
	锆	0.01	6.0	6.7	1.01	
	铅	4	0.01	1.7	170	含铅汽油
	铌	0.01	1.7	1.7	1	
	铝	1 200	0.4	0.9	2.25	食物添加剂
	镉	0.03	0.001	0.7	700	精制的糖、水管
	碲	—	0.001	0.4	400	冶金
	钛	5	0.4	0.4	1	
	锡	3	＜0.001	0.2	＞200	锡罐
	镍	3	0.1	0.1	1	
	金	0.000 4	0.01	0.1	10	装饰品
	锂	100	0.04	0.04	1	
	锑	0.2	＜0.001	0.04	＞40	搪瓷
	铋	0.02	＜0.001	0.19	＞180	药物
	汞	0.03	＜0.01	0.19	＞19	杀虫剂
	银	0、15	0.001	0.03	30	餐具
	铯	2	0.02	0.02	1	
	铀	3.3	0.01	0.01	1	
	铍	—	＜0.001	0.001	＞1	烟和尘
	镭	0.3×10^{-10}	4×10^{-20}	—	—	

注：（1）人类对铁的开采、冶炼及铁器的应用历史悠久，非常广泛，现代人与原始人之间没有变化的可能性值得怀疑，而铜等金属元素都有明显的影响。

（2）资料来源：施乐德：《痕量元素与人》，科学出版社，1979.转引自：《人与生物圈》。

2）背景值与本底值

地球环境学家把工业革命之前的环境质量状况称为“背景值”，在一个局部地区以清洁区为“本底值”，这又是两把衡量人为污染的“尺子”。如果现状值超过背景值或本底值就可以评价为是受到人为污染。

3）阈值

通过毒性实验及流行病学调查统计分析，得出的生命系统及人类健康最低忍受的限度值称为“阈值”，是制定各类环境、健康标准的科学依据。

4）环境质量标准及环境污染物排放标准

环境质量标准是依据阈值、当代分析方法水平、科学技术研究水平及技术经济条件等方面综合因素制定的。

环境污染物排放标准是依据环境质量标准及当代科学技术研究水平及技术经济条件制定的。

5.3.3 污染公害事件

北京市环境科学研究院于1977年在全国率先开展环境保护研究工作之初，过祖源所长就适时地组织各大组（研究室）主任（潘南鹏、秦裕珩、邓培植、吴鹏鸣、李兴基等）编译了《国外城市公害及其防治》一书，该书促进了我国公众对公害的觉醒；王华东、王健民、刘永可、吴峙山于1984年合作编写了《水环境污染概论》，对于启蒙和普及水环境保护起到积极作用。

下面简介国际著名的公害案例：

1）比利时马斯河谷烟雾事件

1930年12月，比利时马斯河谷工业区，排放的工业有害废气和粉尘对人体造成综合影响，一周内近60人死亡，市民中心脏病、肺病患者的死亡率增高，家畜死亡率也大大增高。

2）美国洛杉矶光化学烟雾事件

20世纪40年代美国洛杉矶的大量汽车废气在紫外线照射下产生的光化学烟雾，造成许多人眼睛红肿、咽炎、呼吸道疾病恶化乃至思维紊乱、肺水肿等症状。

3）美国多诺拉烟雾事件

1948年10月，美国宾夕法尼亚州多诺拉镇的二氧化硫及其氧化物，与大气粉尘结合，使大气产生严重污染，造成5 911人暴病。

4）英国伦敦烟雾事件

1952年12月，英国伦敦由于冬季燃煤引起的煤烟性烟雾，这期间死亡人数较常年同期约多4 000人，两个月后又有8 000多人死亡。

5）日本四日市气喘病事件

1955—1961年，日本四日市由于石油冶炼和工业燃油产生的废气，严重污染大气，引起居民呼吸道疾病骤增，尤其是哮喘病的发病率大大提高，形成了一种突出的环境问题。

6）日本富山骨痛病事件

1955—1977年，生活在日本富山的人们，因为饮用了含镉的河水和食用了含镉的大米引起骨痛病，就诊患者258人，其中死亡者达207人。

7）日本水俣病事件

1953—1968年，日本熊本县水俣湾，由于人们食用了含汞污水污染的海湾中富集了汞和甲基汞的鱼虾和贝类及其他水生生物，造成近万人的中枢神经疾病，其中甲基汞中毒患者283人中有60余人死亡。

8）日本米糠油中毒事件

1963年3月，在日本的爱知县一带，由于对生产米糠油的管理不善，造成多氯联苯污染物混入米糠油，人们食用了这种被污染的油之后，酿成13 000多人中毒，数十万只鸡死亡的严重污染事件。

9）美国化工废渣铺路污染

20世纪70年代，美国在密苏里州，用混有剧毒的二噁英等污染物的化工废渣铺路，造成区域污染、疾病及畜禽死亡，政府投入3 300万美元买下了该镇的全部地产，赔偿一切损失。1930—1953年美国虎克化学公司在纽约附近的一个废河谷填埋了2 800多桶有害废弃物，用土覆盖，至1978年，包括极为有毒的二噁英在内的多种污染物外溢，导致区域居民癌症、畸形疾病蔓延，令其拨款2 700万美元治理。

10）意大利塞维索化学污染事故

1976年7月意大利塞维索一家化工厂爆炸，剧毒化学品二噁英扩散，使许多人中毒。事隔多年后，该地居民的畸形儿出生率大为增加。

11）印度博尔农药厂毒气泄漏事件

1984年12月3日凌晨，印度首都新德里南500多km的中央邦首府博帕尔市，美国联合碳化物公司所属联合农药厂发生毒气泄漏事故，约14 534 L用来制造烈性杀虫剂塞维因和涕灭威所用化合物原料——甲基异氰酸盐全部气化泄漏，造成了震惊全球的巨大污染公害事件。

全市空气、水源、粮食全部受到严重毒害，全市80万人惶恐不安，30万人逃离该市，67万人受到污染危害，10万人住进了医院，5万人可能双目失明，4 000多头动物、牲畜死亡，2 500人死亡，区域生态环境严重破坏，幸存者还遭受着潜在威胁，受害者的免疫系统、眼、心、肝、肾及神经系统都受到不同程度的损害，有的可能导致癌症，有的可能得遗传病，有的妇女可能丧失生育能力……

甲基异氰酸盐为什么具有如此巨大的毒性呢？因为它的化学性质极活泼，在21℃时就气化（事故时虽然气温不太高，但毒液储存罐中温度达38℃，而且还在上升）；它比空气重1倍，泄漏的毒气贴着地面悄悄地向马路对面的贫民区扩散。当空气中浓度达到2%时就会刺激眼睛；到百万分之二十时，就会使人难受。人、畜、动物超量接触后，眼睛流泪、角膜受损、继而失明，吸入体内后，呼吸道强烈收缩，发生炎症，导致水肿，通过皮肤可渗入血液、破坏血液中的蛋白质、导致肾脏和肝脏中毒、功能损害、病变、致死。

12）墨西哥液化气爆炸事件

1984 年 11 月，墨西哥城郊石油公司液化气站 54 座储气罐几乎全部爆炸起火，对周围环境造成严重危害，死亡上千人，50 万居民逃难。

13）欧洲污染历史写照

莱茵河是欧洲重要的国际河流，发源于瑞士南部的阿尔卑斯山北麓，向西北流，经列支敦士登、奥地利、德国、法国，在荷兰的鹿特丹流入北海，全长 1 320 km，流域面积 22.4 万 km^2，人口相对密集，经济相对发达。

自 18 世纪资本主义产业革命兴起，直至 20 世纪 50 年代，欧洲各个资本主义发展阶段的产业污染，几乎都集中在这条流域：

——冶炼工业大发展，燃煤及金属矿山的烟尘、二氧化硫、二氧化碳、一氧化碳、氮氧化物，乌烟瘴气，终年不见蓝天红日。排出的污染物造成了大气、水源、土壤的污染危害，出现了许多烟雾公害事件。

——汽车的剧增，以及工业采油及用油量随之剧增，加之化工、石油化工、纺织印染、机械、食品等行业的兴起，除原有的污染物外，又增加了氮氧化物、铅及种类繁多的化学污染物，进一步加剧了大气、水源、土壤污染。

——种类更加复杂、毒性更加巨大的农药污染及放射性污染和噪声等物理性污染与日俱增。

直到 1986 年 11 月又出现一次重大公害事故：瑞士巴塞尔桑多兹化学公司的仓库起火，大量有毒化学品随灭火用水流进莱茵河，使靠近事故地段河流生物绝迹，成为死河。约 160.9 km 处鳗鱼和大多数鱼类死亡，约 482.7 km 处的井水不能饮用，德国和荷兰居民被迫定量供水，使几十年来德国为治理莱茵河投资的 210 亿美元付诸东流。说明公害绝不是一次、两次就能够彻底治理好的。

14）海洋污染及灾害

海洋环境污染事件及灾害主要有赤潮、溢油、倾废及浮冰融化加速。

赤潮：由于人类的经济活动，把大量的富含氮、磷、钾及其他许多有害物质的生产、生活污水排入大海，远远超过了近海水体的自身净化能力，引起水体的富营养化，在雨水少、日照多、海水温度较高且风平浪静的条件下，有害藻类得以暴发性繁殖，致使海水变色、发臭，产生赤潮。据不完全统计，2000 年 5—10 月我国海域共发现赤潮 28 起。【详见《2000 年中国海洋灾害公报》】

溢油：据不完全统计，2000 年我国海域发生溢油事件 10 起，其中较大的 5 起，经济

损失约 1.1 亿元。【详见《2000 年中国海洋灾害公报》】

2010 年 4 月 20 日，英国石油公司（下称“BP”公司）在墨西哥湾租用的一个钻井平台，瞬间发生爆炸，大量原油顷刻间侵入了墨西哥湾。尽管美国政府、BP 公司及钻井出租方——瑞士越洋钻探公司采取了各类措施试图尽快阻止原油的肆意蔓延，但原油污染仍未得到全面的控制。美国政府已将此次钻井爆炸事件定义为“国家灾难”。它也很有可能成为美国历史上最严重的海洋污染事件之一，其所造成的损失或将近百亿美元。

- 墨西哥湾大面积浮油威胁至少 600 种动物安全。
- 墨西哥湾漏油事件源于甲烷气泡引爆钻井平台。
- 漏油事件要反思的不仅是美国。
- 油污事件愈演愈烈，是谁惹的祸？
- 从墨西哥湾漏油事件看风险评价的重要性。

海洋污染有两种来源，一种是来自生物代谢或死亡分解产生的污染物和海底石油渗漏污染等；另一种是因人类活动产生的，如船舶运输、海上油气开采及沿岸工业排污。据统计，仅 1970—1990 年，发生的油轮事故就多达 1 000 起。

海洋死区已经超过了 400 个，海洋的缺氧区域在夏季达到成千上万平方英里。美国国家科学基金会测量的结果是每隔 10 年海洋死区的面积就翻倍。

倾废：许多国家不顾公海保护，妄自向海洋倾泻工业及城市废弃物。

自 1985 年《中华人民共和国海洋倾废管理条例》实施以来，国家海洋局各分局及其下属机构共签发倾倒许可证 3 500 多份。

海洋垃圾岛：据媒体报道，海洋里漂浮着一个大到 100 多 km^2 面积的浮动垃圾岛，真是不可思议。

浮冰融化加速：来自利兹大学的首席研究员安德鲁 • 谢泼德认为：“近几十年来，受南极冰架崩塌以及北极海冰快速萎缩等因素的影响，全球浮冰的数量在不断减少。上述改变对区域气候已经造成了相当大的影响，并且，估计海洋温度在 21 世纪会显著上升，因此，需要继续研究和评估海洋浮冰的融化速度及其对海平面上升的影响。”

据国外媒体报道，由于全球温室效应，海洋上浮冰在不断融化，海平面在逐年缓慢上升，每年上升速度为 49 μm；由于预计在 21 世纪气温会显著上升，因此海洋浮冰的融化速度可能加速，200 年后海平面可能会上升 1 cm。如果海洋上的浮冰全部融化的话，海平面才仅仅会上升 4 cm；但是，如果在陆地上的冰山也都融化了，海平面将上升约 70 m，海平面低的国家与地区将带来灭顶之灾。

15）美国放射性废水灌注地下废弃盐矿井

1981 年作者赴美考察美国最先建立的环境影响评价制度，了解到美国曾将大量含放射性的废水灌注地下废弃盐矿井中，后来观察到深层地下水受到放射性的污染才加禁止。

16）我国华北地区出现将污水排入渗坑

2013 年 6 月 3 日，环保部、发改委、工信部、住建部等七部委决定从 5—11 月在全国组织开展整治违法排污企业，保障群众健康环保专项行动，严查违法排污企业。从山东潍坊地下水污染，到华北 55 家企业利用渗井排污，一连串的地下水污染事件频频刺激公众神经。

记者从环保部获悉，七部委将重点清查利用渗井（旱井）、渗坑（坑塘）、裂隙和溶洞排放、倾倒含有毒污染物废水的违法行为。有关环保专家向《每日经济新闻》记者透露，人大环资委正在推进地下水的立法工作，有望在不久的将来面世。同时，水利部内部人士亦透露，水利部部长召集该部水文局人士，就地下水治理问题举行会议，部署专项行动。污水处理专家董良杰对《每日经济新闻》记者表示，国内的地下水污染情况比较严重。以北方为例，多以化工区工业园排污打旱井排污为主，排放方式主要有两种：一种是自然渗透进深坑，不做额外处理；另一种是直接排污。

根据环保部公开信息获悉，华北平原局部地区地下水存在重金属超标和有机物污染现象，海河流域受污染地表水入渗补给和重点污染源排放是地下水污染的重要原因。此前，国土资源部2005年对全国195个城市监测结果表明，97%的城市地下水受到不同程度污染，40%的城市地下水污染趋势加重。日益严重的地下水污染现象，引起高层的重视。环保部相关负责人表示，环保专项行动的重点任务之一，就是查处群众反映强烈的大气污染和废水污染地下水的环境违法问题。此外，七部委还将全面排查整治医药行业环境污染问题。严肃查处医药企业超标排放、偷排漏排、采用非法手段转移偷排废水、违反危险废物管理规定等环境违法行为。【引自：《每日经济新闻》报道：七部委严查渗井排污 地下水污染防治立法正推进 2013-06-04】

作者早在 20 世纪 60 年代，在华北地区从事地下水研究阶段，就发现存在通过渗坑向地下水排污的严重情况，当时是作为回用污水资源、提高地下水位、利用污水中的“肥料”灌溉的“积极措施”，还被称为“污水回灌”推广。当即向有关主管部门反映过。未曾想到，近 40 年了，仍处于无人管理的境况，令人匪夷所思，不但未禁止与杜绝此类违法害民行为，而且有愈演愈烈的趋势。

17）我国某钢厂含放射性废渣铺路、制水泥

20 世纪 60—70 年代，某钢厂曾用含有贵重的稀土、氟化物、放射性物质的“废渣”作水泥、盖房、修路，导致人体健康的危害、稀土的流失和氟化物对大气、土壤、黄河水、地下水、草场生态的严重污染公害事件，死亡牛羊数十万头外，还出现我国数例氟骨症人，不久 1 人就死亡。真是炼了几吨钢，扔掉了金饭碗！发现后，采取了事后补救处理、处置措施，控制了污染的扩散。

其他：核电站泄漏造成的放射性污染严重性灾害事件。如美国三哩岛核电站事故、前

苏联切尔诺贝利核电站事故及日本福岛核电站事故造成的严重的放射性泄漏污染。【参见：10.5.3】

5.3.4 编者评述

自然条件下，过量的化学性因素也会导致污染危害，如山前、海滨、低洼地区，通常存在氟中毒，因为氟是一个活泼元素，通过水流可以迁移到低洼地区。与此相反，如果某些人体必需的微量元素严重不足，也会导致生命系统的损害，如地质条件限制、植被破坏、水土流失严重的山区，通常存在缺少碘、硒等微量元素而患地方病。这两种成因相反的地方病，有一定的分布范围和自然规律可寻，可以预防。

人为因素引起的污染，无时无刻无处不在包围着、侵袭着我们，躲无处躲、防不胜防、管不胜管、治不胜治，时时处处都存在污染的险境。如何消除污染，维持一个优良质量的环境，是 21 世纪人类面临的巨大挑战。要消除污染，人类的生产及生活排出的污染物必须彻底最小化、无害化并限制在自然容量、环境质量标准及健康阈值之内。

5.3.5 读者思考

污染紧紧地围绕着我们，而且可能随时随地出现想象不到的公害性事故，如果不彻底消除污染，人类能经受得住经常性的污染危害和逃脱突发性的污染公害吗？还谈得上可持续发展吗？人类的生存还会有保障吗？

5.4 生态危机

5.4.1 漫长的进化过程

全球现在超出了 63 亿人，地球上存在 100 万种动物、30 多万种植物、19 万种微生物，组成了生机盎然的生命世界。生命系统是靠太阳能和周围的物质环境才能存在和发展的。包括生物在内及周围的大气、水、土、岩石等自然环境因素组成的生态系统是由 5 万种无机物和 170 万种有机物及人为每年数以千计、万计合成物质所组成，它们又都是由几十种化学元素所组成。非生命的有机物、无机物为何能被生物所消化、吸收和利用呢？

这要归功于在空气、水、土壤的参与下太阳能与植物叶绿素的“光合作用”，将空气中的二氧化碳转化为葡萄糖和氧：

$$\underset{\text{二氧化碳}}{6CO_2} + \underset{\text{水}}{12H_2O} \rightarrow \underset{\text{葡萄糖}}{C_6H_{12}O_6} + \underset{\text{氧}}{6O_2} + \underset{\text{水}}{6H_2O}$$

还要归功于一类特殊的蛋白质——“酶”的高效能催化作用（比人工酶要强千倍、万倍）。它们将食物中的蛋白质转化为氨基酸，将碳水化合物转化为单糖，将脂肪转化为简单有机物，同时将它们激活，而为生物体吸收，并成为生命体的新的组成部分。

这一奇异的生物化学变化过程，在动植物体内很快就完成了；而生物的这种特殊功能，在自然进化过程中，则经历了亿万年的漫长岁月才得以实现。

5.4.2 生态危机的信号

人们经常说的“生态平衡”，是指全球生态系统在正常运转情况下的平衡。包括三个方面：第一个方面是指大环境方面的能量流动、物质循环及环境质量保持全球性、周期性的平衡；第二个方面是指生物自身的种群、种类、数量、结构和质量相对稳定；第三个方面是指生命系统与非生命系统间的能量与物质及信息交换总是不停地进行的，并保持动态的、一定条件和范围内的平衡。生物在长期进化过程中，通过遗传和变异，逐渐适应了周围的环境一定范围的变化，并发展成丰富多彩的生命系统、生物多样性。环境与生物的这种协同进化形成的“自我调节能力”是有一定限度的，超过了这个限度，生物就会衰退直到死亡；生态平衡就会破坏，就会出现“生态危机”。生物的种类或数量锐减，结构或功能破坏，形态或质量恶性变异，都是生态危机的“信号”；大气、水源、土壤环境质量的恶性变异，是生态危机的前期信号。

5.4.3 地球能养活多少人

据作者推算：每人每天需要热量以 2 200 大卡计，全年约需要 8×10^5 大卡。假设地球上被植物全部覆盖，而且人类“进化”到能够直接吃各种植物，全球植物生产量又全部供给人类直接需求，则理论上地球可养活人类的极限值为 8 000 亿；如果人类改为吃植食性动物，则能量只能利用 1/10 则可能养活 800 亿人；如果人类改为吃肉食性动物及奶，则能量只能利用 1/100，就只能养活 80 亿人（《生命数据》一书指出：可以养活 77 亿～120 亿）！

显然，地球上的植物及动物不能全部被人直接食用，假设只有一半左右能被利用，则只能养活 40 亿人。事实上地球上人口已经达到 63 亿，是不是上述测算不对了呢？不是的，这是因为世界上还有许多人处在贫困线以下，他们每年的热量消耗量不到 2 200 大卡。我国科学家研究表明从生态、社会、经济综合效益测算结果表明，最佳人口是 7 亿；极限容许人口必须少于 16 亿～17 亿，否则就会出现生态、社会、经济危机。而按目前人口发展速率，2050 年就可以达到 15 亿～16 亿，只剩下不过 36 年左右的时间，这是多么严重的危机信号！

问题更加严重的是，在人口持续增长的同时，地球植被资源还在持续消退。全世界每年都有近 12 万 km^2 的森林被砍伐，而目前地球上森林覆盖面积只有 0.28 亿 km^2，仅占地球陆地面积的 1/5。生物种类可能只剩下 1/10～1/5。世界上至少有 2.5 万种植物和 1 000 多种脊椎动物正受到灭绝的威胁。全世界沙漠化面积超过 4 741 万 km^2，占地球陆地面积的 1/3；而且每年尚有 5 万～7 万 km^2 土地变成了荒漠化，全球耕地将丧失 1/3。这一系列生态要素的消退、减少、灭绝，将导致一系列难以逆转的粮食危机及生态危机。

5.4.4 编者评述

如果地球上相当大的一部分人还过着贫穷落后的生活，这就谈不上“物质文明”和“精神文明”了，不能控制人口、不消除贫困和落后就谈不上“可持续发展”。

5.4.5 读者思考

人类面临许多紧迫的生态环境资源问题和危机，但哪一个是最基本的危机？哪一个是最根本性的危机？人类面临的各种危机有什么有机联系？这些危机的根源是什么？人类如何冲破危机？值得每一个人的思考与行动。

5.5 三种人口论

5.5.1 乐观的“人口论”

（英）威廉•葛德文是 18 世纪后期和 19 世纪初期英国著名的政治哲学家和作家，出生于一个牧师家庭。早年当过牧师，后来逐渐转变为无神论者，发表了《政治正义论》等著作，当时影响较大。他的人口论属乐观人口论，比较客观，其主要观点是：

（1）人口总是保持在与生活资料相适应的水平上，粮食生产甚至会比人口增加更快；

（2）在资本主义条件下，劳动力的价格调节着人口生产和再生产；

（3）应采取防止人类过多繁衍的措施，包括传统的措施及道德的措施；

（4）当时（100 年前）设想人口过剩的危险未免过早，即使人类一旦遇到了人口问题，人类的道德抑制将会限制人口增加；

（5）社会贫困和掠夺等弊端是由于资本主义财产私有制造成的，马尔萨斯提出反对穷人享受救济的权力来控制人口的结论是错误的，是上层阶级的偏见；只有消除私有制、建立财产平等制度才是消灭社会弊端的灵丹妙药。

5.5.2 悲观的“人口论”

毛泽东的一大错误是错批了马寅初的《新人口论》，将它等同于马尔萨斯的《人口论》；因此在全国掀起了批判马尔萨斯的《人口论》的高潮，导致中国至少多出生了 3 亿人。

（英）托马斯·罗伯特·马尔萨斯，出生于英国土地贵族家庭，青年时在剑桥大学学习历史、哲学和神学，他对数学和诗歌也有研究。1798年加入英国教会并成为一名牧师。后来在东印度学院任教，1805年成为政治经济学教授。他的父亲是一个毕业于牛津大学的绅士，是一个激进主义者。同情和拥护18世纪法国资产阶级革命，极力向儿子推荐早期空想社会主义者威廉·葛德文的《政治正义论》等著作。该书认为社会贫困和罪恶根源在于私有制，而不是由于人口增长。小马尔萨斯不以为然，向老马尔萨斯及葛德文挑战，于1798年写出了《论影响社会改良前途的人口原理，并论葛德文和其他作家的推测》，简称《人口原理》，他的人口论属悲观人口论。

自从马尔萨斯《人口原理》，掀起了全球性关于人口危机的大辩论，至今200多年了。200多年的历史是不是按照马尔萨斯的预言发展的呢？这首先要看一看他当时的预测依据和预测结果。他提出了的系统理论如下：

（1）一个依据："土壤肥力递减论"（土壤肥力因不断被作物所吸收而不断减少）；

（2）两个公理："两性间的情欲是必然的，长期稳定的"及"食物为人类所必需"，也就是说人口始终会稳定增长，粮食需求始终会稳定增长；

（3）两个级数的假设："人口，在无妨碍时，以几何级数率增加"（如：1，2，4，8，…）及"生活资料，只以算术级数率增加"（如：1，2，3，4，…）；

（4）三个命题："人口增加，必须受生活资料的限制"、"生活资料增加，人口必增加"及"占优势的人口增加就为贫穷及罪恶所抑压，致使现实人口得与生活资料相平衡"；

（5）两种抑制："积极抑制，是指通过贫困、饥饿、瘟疫、罪恶、灾荒、战争等手段去妨碍人口增加"及"道德抑制，是指通过禁欲、晚婚、不生育等预防人口增加"；

（6）四个结论："人口法则是永恒的绝对法则""人口法则的作用造成失业、贫困甚至罪恶是不可避免的""人口法则的作用把工人工资压低到最低水平"及"人口法则使任何试图通过实现财产平等来消除失业、贫困的社会改革趋于失败"。

马尔萨斯说的是否在理呢？请看马克思、恩格斯是如何论证的。

5.5.3 辩证的"人口论"

马克思、恩格斯、列宁对马尔萨斯人口论是怎样进行评判的呢？

他们一方面认为：

（1）马尔萨斯把人口与生活资料之间的关系，归结为两个简单等式，使历史上不同的关系变成了一种抽象的数字关系；

（2）"土地肥力递减"规律完全不适用于技术正在进步和生产方式正在变革的情况；

（3）《人口原理》的实际目的，是为了英国政府和土地贵族的利益，从经济学上证明法国革命及其英国的支持者追求改革的意图是空想。

马克思、恩格斯、列宁另一方面又实事求是地充分肯定了马尔萨斯人口论的合理内核：

（1）人口运动的自然规律是客观存在的；

（2）人口运动的社会规律和自然规律是辩证的统一；

（3）马尔萨斯的理论是一个不停地推动我们前进的、绝对必要的转折点。由于他的理论，我们才注意到土地和人类的生产力；

（4）从道德上限制生殖本能，而马尔萨斯本人也认为这种限制是对付人口过剩的最容易和最有效的办法；

（5）“必须永远把人口抑制到和生活资料相适应的水平”的论点则不无可取之处。我国著名教育学家马寅初提出的《新人口论》，是符合马克思主义辩证人口论的，但在形而上学猖獗的时期，受到了不公正的批判，“错批 1 人，多生 3 亿”的教训，给中国人民带来了多少灾难？

决策人及科学家在追求真理上是一致的，都应持学术平等、坚持科学态度，实事求是，以理服人，不能以势压人，更不能一棍子把人打死。

人口爆炸

据考古学家及古人口学家的推断，100 万年前世界人口不过 1 万～2 万，10 万年前增长到 20 万～30 万人，平均每年增长不足 0.001%；公元前 9000—前 3000 年世界人口上升到 500 万～3 000 万，平均每年增长接近 0.03%；到 1650 年时世界人口已高达 5.45 亿，平均每年增长仅为 0.062%；据联合国人口基金会资料，1800 年地球人口近 10 亿；1930 年达 20 亿；1960 年达 30 亿；原预计 1999 年 6 月 16 日将是地球达到 60 亿人日（现在全球人口已经超过 63 亿）；2050 年达 94 亿；2100 年达 104 亿；2150 年达 108 亿；2200 年达 110 亿。地球宇宙飞船上挤满了人！地球上的人均空间、能源、水源、资源将在目前危机的基础上，再下降近一半。看来，马尔萨斯的《人口论》还是有远见的，有积极意义的。

无底旋涡

中国一个人一年的消费平均需求量大体是：粮食 183 kg、蛋类 18 kg、肉类 50 kg、奶类 73 kg、菜类 200 kg、水果类 40 kg……

中国按 13 亿人计，每年仅生活消耗的基本物质种类和数量达到：粮食 2.38 亿 t、蛋类 0.23 亿 t、肉类 0.78 亿 t、奶类 0.95 亿 t、菜类 2.6 亿 t、水果类 0.52 亿 t……

地球可提供的食物是有限的，理想的极限应该是 40 亿人；而人类于 1999 年就已经盲目地发展到 60 亿人的庞大数量，这一数量已经超过了包括粮食在内地球的平均承载力；之所以能超过了 20 亿人，一方面是因为牺牲了生态环境为代价；另一方面是因为这多出来的近 20 亿人是在半贫困半饥饿状况。只有将人口控制在地球承载力的范围内，才谈得上“可持续发展”；遗憾的是人口仍在爆炸，即使各国都严格实行计划生育，生育率低于死亡率，也要在 50 年到 100 年后才可能使世界人口实现从增长并逐渐降低到地球承载力之内；在这 50 年到 100 年中如果控制不力，人口又将继续增至 120 亿左右，那时的人口已经超过了地球承载力的 1 倍以上。即使考虑技术进步可能提高粮食的供给量（又会以牺牲生态环境质量为代价），可以肯定的是到 2050 年，地球上的贫困挨饿的人口将比 2000 年还要多得多；除非技术进步因素可能提高包括粮食在内的供给量比现在也提高 1 倍以上，并且不能以进一步破坏生态环境质量为代价并实现社会进步，消除两极分化，这将是多么巨大的挑战！更何况全球仅以 60 亿人计，每年仅生活消耗的基本物质种类和数量就是上述的数倍。此外，还要消耗大量的现代化衣物、现代化住房、现代化交通设施、现代化教育设施、现代化医疗设施、现代化家用电器、现代化科学仪器、现代化生产装置、现代化探空装置、现代化军事设施……

作者综合全球近二三百年来复合生态系统的发展模式是一个怪圈：人口持续增长—人类需求持续增长—物料消耗持续增长—自然资源持续衰竭—废弃物持续增加—生态环境质量持续下降的总趋势。

这个恶性循环怪圈最终将导致的恶果是：① 自然资源的耗竭；② 生态环境质量的下降；③ 生态系统的破坏；④ 环境污染与疾病的发展；⑤ 社会经济越来越难持续发展；⑥ 争夺生存空间、能源、资源的局部战争持续不断，直至会引发全球乃至太空大战。如图 5-2 所示。

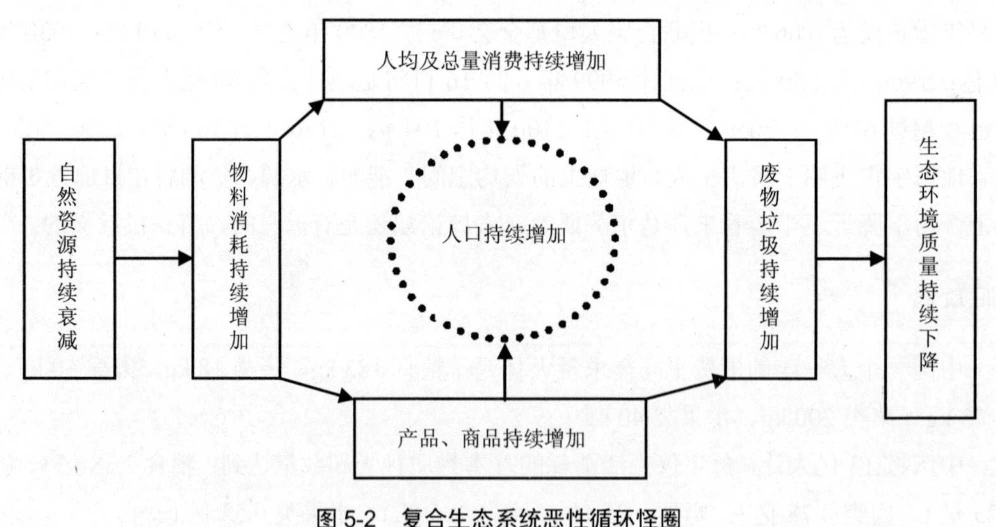

图 5-2 复合生态系统恶性循环怪圈

5.5.4 编者评述

难道人类的所谓“持续发展”，只能沿着这个怪圈循环下去吗？是什么神奇的力量控制着这个怪圈？许多人，包括决策者、科学家都认为，只要科学发达和依靠科学技术，就一定可以改变这个怪圈；但是，历史上科学技术越发达，人类消费及生产的物耗总量就越大，产生的生活及生产的废物总量就越多，自然资源就越枯竭，生态环境质量就越差。看来，仅仅依靠科学技术还是不可靠的，还必须另辟蹊径。

5.5.5 读者思考

人类有可能跳出这个怪圈吗？您认为蹊径在哪里呢？原来，蹊径就在这个怪圈里，不是吗？

如今的环境破坏几乎全是盲目发展的结果，而不是人类改造自然的理想造成的。

——360 百科

灾害沉思

6.1 江山叹息

西方人之所以特别忌讳“13”，是因为“犹大”“出卖”“背叛”都与“13”有许多契合；中国人对“4”这个数字也特别忌讳，是因为与“死”谐音；而对“8”（“发”的谐音）这个数字又特别钟爱，只要是办喜事，总是要挑选带有“8”的吉日；办电话号码及车牌之类，总是挑选带有“8”的号码，而且“8”字越多越好。这是人们的一种“运气”“机会”“发家”的心愿和期盼，如果人们将这种期盼变成了迷信就成问题了。按照这种逻辑，1998 年应该是一个“发”的年，然而，世界局部战争一天也没有停息，亚洲经济危机冲击波一浪高一浪，厄尔尼诺气候反常搅得全球颤抖。多少家庭被战争弄得家破人亡？多少银行、公司、企业一夜之间倒闭破产？多少工人失了业？多少人死于洪水猛兽？要是说 1998 年真是灵验的话，“发”被人们真给盼来了，遗憾的是盼来了“发大水”！都 21 世纪了，人们为何还如此愚昧？真的欲哭无泪。

6.1.1 诉说长江

6.1.1.1 长江之最

作者热爱长江，不仅是因为我的家乡就在长江边，更主要的是因为长江是中华民族的母亲河，虽历尽沧桑，至今仍龙腾虎跃，拥有许多个“中国之最”：

——长江干流长度最长：达 6 300 km，是我国最长的江河，是国际第三，仅次于尼罗河及亚马孙河。

——长江的流域的面积最大：广达 180.85 万 km^2，干流流经青、藏、云、川、鄂、湘、赣、徽、苏、沪 10 个省、自治区、直辖市，流入东海；其支流伸展到甘、陕、豫、贵、桂、粤、闽、浙等 8 个省、自治区。

——长江文明史最悠久：四川省宝墩古城遗址考古发现证明长江人类文明发源地比黄河流域还要古老 1 000 年，与国际公认的中东美索不达米亚文明大致相同；最新考古又发现四川巫山龙骨坡遗址的巫山人化石年龄超过了 100 万年，至少不晚于国际公认的东非古人类。

——长江的自然环境条件最优良：其源头发源于人迹罕至的世界屋脊——青藏高原，有丰富的补给水源；上游有广阔的山区和森林植被，涵养水土资源；中下游有广阔的平原沃土和众多的湖泊、湿地。

——长江的水利资源最丰富：年降雨量丰富而适当，入海口年径流量达近万亿立方米，平均流量每秒 3.1 万 m^3，最大流量每秒 6 万～7 万 m^3，最枯流量每秒 0.7 万 m^3；含沙量每立方米略大于 0.5 kg，每年向下游及海洋输送泥沙总量达 5 000 亿 kg。通过河网灌溉滋润和肥沃了半个中华大地。长江流域还拥有全国最大的淡水湖，如鄱阳湖、洞庭湖及太湖等。

——长江的水产资源最丰富：长江不但水产品种丰富，产量高，而且还有许多国家保护的名贵的珍稀濒危物种，如白鳖豚、中华鲟。

——长江的水力资源最丰富；可开发的水电资源约 19 700 万 kW，三峡建成了全球超级发电站工程。总装机容量 1 820 万 kW，年发电量 846 亿 kW·h，相当 5 000 万 t 燃煤发电厂的发电量，又没有燃煤的污染，属可持续的清洁能源。

——长江的航运最发达：干支流通航历程可绕地球两圈半。其中 3 万 km 可通机动船，中下游可通万吨巨轮，三峡大坝建成后可直达重庆；年货运总量占全国河流货运量的六成以上。

由于自然生态环境质量条件优越，加上几千年来中华民族的祖先的开发，形成了长江流域人口密度最高、经济密度最高、城镇密度最高、物产最丰富、经济贡献最大、文化、旅游资源也最丰富的流域。

长江是中华民族的重要命脉，保护好、利用好长江，是长江流域持续发展的希望所在，也是全国持续发展的支柱。不幸的是，1998 年的洪水警示我们，母亲河长江有病了，而且病害已很深重了，记者王伟群提问：“长江就这样完了吗？”长江的病害还没有达到黄河那样难以挽救的程度，但是如果听之任之，长江变黄河也是指日可待的，中华民族的子孙后代一定要从现在开始，痛下决心，医治好母亲河，让她早日恢复昔日的雄风异彩。

6.1.1.2　长江之灾

1）世纪洪水

1998 年的特大洪水虽然过去了，中国人民取得了伟大的、决定性的胜利，又为长江增添了一个“抗洪抢险”世界之最！但那惊涛骇浪、惊心动魄的洪水猛兽及千万军民组成的血肉长城日日夜夜的严防死守的壮烈场面，将长久地留在全国人民的心中和脑海里，沉甸甸的。

由于洪水量极大、涉及范围广、持续时间长、洪涝灾害非常严重。我国共有 29 个省（区、市）遭受了不同程度的洪涝灾害，受灾面积最终为 3.87 亿亩，受灾人口 2.3 亿，死亡 3 656 人，倒塌房屋 566 万间，各地估报直接经济损失 2 484 亿元，江西、湖南、湖北、新疆、黑龙江、内蒙古和吉林等省（区）受灾最重。

截至 8 月 25 日，人民解放军和武警部队先后出动官兵 433.22 万人次投入抗洪抢险，其中长江沿线投入兵力 17.8 万人；嫩江、松花江沿线投入兵力 9.8 万人。出动车辆 23.68 万台次、舟艇 3.57 万艘次、飞机、直升机 1 289 架次。抢救、转移群众 419.5 万人，抢修、加固堤坝 7 619.6 km，抢堵决口和排除险情 5 762 处，转运物资 7 892 万 t。

我国历史上就是一个多灾多难的国家，几千年来，十年就有九年灾，洪、旱、虫、风、地震、战争……天灾加人祸连绵不断。与历史的所有特大水灾相比，1998 年死亡人数最少，只是 1911 年特大水灾（死亡 10 万人）的 3.6%；只是 1931 年特大水灾（死亡 14.5 万人）及 1935 年特大洪水（死亡 14.2 万人）的 2.5%；只是 1954 年特大水灾（死亡 4 万人）的 9.1%。这不能不说是中国人民创造的一个奇迹！这是党中央、国务院的决策胜利，这是社会主义中国军民的胜利，在与自然灾害的战场上打了一场特殊战争，这是人类战胜自然灾害的一个范例。然而，我们的胜利是付出了超常代价的，如此巨大的伤痛还需要一个相当长的时期医治恢复。如果上游森林植被保护完好，如果水土流失很小，如果没有围湖造田，如果在分洪区没有建工厂和城镇，如果建造了坚固的堤坝，如果水利、农业、林业、环保等主管部门把工作做得更好一些……损失是不是会更小？正因为如此，1998 年 10 月 5 日水利部长钮茂生在北京作报告时，面对 1 300 名听众，抑制不住内心的激动，情不自禁地欷歔不已。

6.1.1.3 长江会诊

1）全流域性疾患

中医治病，与西医不同，首先需要望闻问切，强调整体施治、辨证施治、对症施治，治本、治源、治因、治根，反对头疼治头、脚疼医脚。给生态环境治病也是同样的道理。长江洪水灾害是全流域性的，表现在中下游，但问题首先出现在上游，所以要从源头治起。滚滚万里长江源头在哪里？一直是个谜，因为这里人迹罕至，直到 20 世纪 70 年代，我国科学工作者才深入实地考察，探本寻源，终于解开了这万古之谜。长江源头位于世界屋脊的青藏高原腹部，青海省西南唐古拉山的各拉丹冬雪山。周围有 20 座海拔 6 000 m 以上的雪山群，终年积雪面积达 600 km^2 以上，储藏着极为丰富的冰雪资源。冰雪沿着陡峻的山谷下滑，至雪线以下后融化成水滴、瀑布、水流，汇成万里长江的源头第一河——沱沱河，后与另一支流当曲汇合后称通天河，在玉树县与巴塘河汇合后称金砂江，在四川宜宾附近与岷江汇合后才称长江。湖北省宜昌以上称为长江上游段，宜昌至江西湖口称为中游段，湖口至入海口称为下游段。

上游段，多高山峻岭，谷深峡窄，森林茂密，水质清澈，水流湍急，是野生生物的天堂。著名的金砂江虎跳峡长 16 km、落差 170 m、两岸高差 2 500～3 000 m、最窄处河宽只有 30 m。长江穿过弯曲、狭窄、陡峻，水深、流急、滩多，两岸悬岩峭壁的三峡（瞿塘峡、巫峡、西陵峡）奇观后，一泻千里进入长江中下游。三峡蕴藏着丰富的水力资源，已经建成举世无双的三峡水利枢纽。中、下游段，多肥沃的平原和湖泊，是我国著名的鱼米之乡，是我国人口及经济最发达的地区，也是水灾危害最大的河流。

2）源头成“光头”

记者李晖报道：长江源头清澈的沱沱河，今日已混浊了！站在沱沱河大桥上看到的是 200 多米宽的河面呈混浊的颜色，远处的河面甚至有部分呈红色，可见河水含砂量很重。……近年来，长江源地区环境恶化速度加快，主要表现在上游江源水系水量减少，草原退化，以及沙漠化速度加快，且向东、南推进。……地处世界屋脊的沱沱河竟然在沿岸有了居民，他们给沱沱河留下了垃圾，同时也赶走了水鸟。……沱沱河地区本是野生动物众多的区域，现在已很少见。

记者王伟群报道：长江流域上游历史上森林覆盖率高达 60%～85%，1957 年只有 22%，1986 年只剩下 10%，沱江、涪江、嘉陵江支流上的 53 个县的森林覆盖率大多不到 3%，其中 19 个县不足 1%，源头成了“光头”。从金砂江到岷江的几百千米河谷中的茂密森林已荡然无存，到处是荒山秃岭。……在长江源头 20 世纪 80 年代随处可见几十头羚羊和野牛，近年来每年有几万、十几万的偷猎者及采金者将这里变成了屠宰场，到处可见被杀害的动物尸骨。1986 年通天河一带的绿色河滩和草坡，如今变成了长达 40 km 的沙化带。

3）长江变黄河

记者孙保罗报道：长江源头为什么变混了？长江会变成黄河吗？请看：毕节地区原来就是一个贫穷的地区，是昔日贵州的写照，所谓“地无三尺平，天无三日晴，人无三分银”。山地面积占 93.3%，水土流失面积就占 62.7%。贵州全省 65.7%的长江流域面积内也普遍存在水土流失。毕节地区属“强度流失区，每平方千米流失泥沙、土壤 5 446 t，年流失总量达 9 165.27 万 t；推算贵州全省流入长江的泥沙总量高达 31 676 万 t。形成了一种恶性循环模式：毁林开荒—水土流失—低产缺粮—再度毁林开荒。

1957 年长江流域水土流失面积 36.38 万 km^2，占流域面积的 20.2%，到 1986 年水土流失面积增加了一倍多，达到 73.94 万 km^2，水土流失总量已超过了黄河。我们还把长江变成了世界上最大的下水道和流动的垃圾场，又是一个“世界第一”。沿江千百万个工矿业污染源、千百个城镇污染源及广大的农业面源污染源日夜不停地向长江倾泻着肮脏的废物，每年排入长江的工业废水和生活污水近 200 亿 t。仅攀枝花、重庆、武汉、南京和上海五大城市的污水，在长江干流就形成了累计 500 多千米的污染带，曾听说攀枝花某工厂排放的指纹污染物，在上海的长江口都有检出。

4）围堤湖的忧患

记者赵世龙报道：长江世纪洪水的第六次洪峰向荆江大堤发起冲击之时，湘西一带连降暴雨，洪水涌向洞庭湖，在湖口与长江第七次洪峰遭遇，阻挡长江水入湖分洪，致使荆江到武汉的千里江堤险情迭起，围堤湖再次（历史上遭受多次破堤之苦）面临灭顶之灾。虽然长江流域总降雨量并没有超过历史，为什么水位反而超过历史最高水位呢？这有三方面的原因：一是上游森林植被的严重破坏，造成了上游来水集中和过大；二是下游同时涨水的顶托；三是不断地大量围湖造田及在分洪区造田、建城、盖工厂，以致湖泊失去了分洪及调蓄能力的恶果。围堤湖的人搞不懂，为什么年年治水，水越治越汹？堤坝越筑越高，水随堤涨？人水争地，变成了一场旷日持久的人与自然的战争，人定胜天乎？天定胜人乎？

5）洞庭湖的危机

记者王伟群报道：洞庭湖 1949 年总面积为 4 350 km^2，到 1984 年减少了一半；湖北省素称“千湖之省”，1949 年全省有 1 066 个面积在 0.5 km^2 以上的湖泊，到 1977 年就只剩下 326 个，到 1985 年就只有 192 个，损失面积 6 000 km^2。

6）鄱阳湖的危机

记者朱强报道：鄱阳湖是我国最大的淡水湖，流域面积达 16.22 万 km^2，由于上游水土流失的泥沙、长江带来的泥沙淤积及围湖造田，造成湖区面积缩小、湖水变浅、湖容下降。虽然号称“鱼米之乡”，但由于生态环境质量的恶化，其抗灾能力是最低的地区之一，如果不从区域和流域加以综合整治，鄱阳湖将会进一步缩小、变浅直至衰亡。

7）“洪水跟我有关”

记者长平报道：我国 48 岁的最后一位伐木劳模唐松痛心疾首地说：“这次长江洪水跟我有关，我破坏得太多了！”1978 年唐松 28 岁前顶替父亲工作成了一名伐木工，当时的树比现在的大，最粗的直径达 148 cm，几个人都抱不住，一口气要连续砍五六十下，但一天才砍一两棵树；五六十年代，一个工段砍的树比现在全局都多。大树砍光了，砍小树，现在连二三厘米的小树都砍。有的林业局已无树可砍了，阿坝州全州不到 10 年就砍完了，四川省全省不过 20 年就砍完了。伊春林区的伐木工人马永顺一生砍伐了 3.6 万棵原始红松林，直径 1 m 多，电锯只要几分钟就砍伐 1 棵，而这么粗的大树需 300～500 年才能长成，可见如果不立即、坚决地停下斧头和锯子，全国还有几年可砍？原来，森林茂密，林中有虎、豹、熊、狼、猩猩等大型动物及獐子、野鸡等小型动物，而森工来了，动物都完了。

罪过啊，罪过！痛心啊，痛心！

据报道，朱镕基总理当时安慰他说：“过去砍树是国家需要；现在保护生态种树也是国家需要”。这说明了，自然生态破坏不是个人行为可以负得起责的，而是应该由国家决策理念及行为承担。正如习近平总书记所说：人们对自然生态环境与发展的关系的认识是在不断发展的，现在应该提高到一个新境界。

6.1.2 西北干旱

6.1.2.1 罗布泊的幽灵

新疆境内的罗布泊，原来是一个很大的湖泊，连鸟都飞不过去。其实罗布泊是塔里木盆地和甘肃西部河西走廊的最低点，是塔里木河、车尔臣河、孔雀河、疏勒河、党河等几大内陆河形成的潟湖（湖面海拔只有 926 m，只要有水，周围便可以种水稻、棉花），所以原生状态当然是得天独厚了。从汉代起，水利技术从中原传到了罗布泊西北的楼兰原始游牧古国，开始大规模的引水灌溉，农业生产大发展，粮食丰收了，古国兴盛了；可是好景不长，因为西北干旱、蒸发量很高，农田灌溉水被蒸发了，不能回到罗布泊；加上建筑城池大量砍伐了涵养水源的森林植被及遇到连年气候干旱，罗布泊的上游几条补给水源都相继被截断，孔雀河也干枯了，罗布泊自然干涸了。风沙吞没了罗布泊和田园。罗布泊人被迫背井离乡，兴盛一时的楼兰古国就这样因水而兴，又因水而灭。积以时日，罗布泊的幽灵会不会也降临到洞庭湖、鄱阳湖……

6.1.2.2 西北的南水北调策划

我国西部大开发也有个“南水北调问题”：北部有地无水，南部有水无地。北面河西走廊、塔里木盆地、准噶尔盆地、哈密盆地等地区，虽然纬度不高、海拔不高且有广阔平坦的、光热资源丰富的可供开垦的土地，但却缺乏水资源；而南面虽然纬度更低且有丰富的水资源，但却没有多少可供开垦的土地。如青藏高原，大部分在海拔 4 000 m 以上，长冬无夏、高寒、阴湿、缺氧，许多地方都是无人区，而海拔略低些的地方又多是山大沟深，平坝难得，土地利用十分困难。如果把南面的水调到北面一部分来，则刚好会起到南北互补、共同发展的效果。所以王秉钤恳切呼吁：我国西部大开发应实行南北互补的综合开发。

关于我国南水北调西线工程，为什么近年呼声越来越小了？每年夏季看到洪水肆虐，似乎西北不缺水了？任洪水向大洋涌去，该多么可惜，那可是西北人可以赖以生存的淡水呀！为什么不尽快设法把这部分洪水引入西北各河的上游注入留存啊？我国大西北可供开垦的土地很多，且多是可以发展的绿洲农业区，如今已开发不到 5%，相对水来说，可供开垦的土地几乎是无边的。祖国的大西北是中国的阳光地带，这里有了水就有一切（作者

注：但特别要吸取罗布泊消亡的教训，要全流域综合治理，引水后必须防止与减少蒸发、渗漏、盐碱，逐渐恢复植被、树林）。总之，客水不进入我国大西北，大西北的面貌是无法改变的。【摘自：王秉钤《我国西部大开发的根本是水资源的开发》，2002 年第 5 期《经济地理》】

6.1.3 珠峰的叹息

据《新闻晨报》记者葛克浩报道（2010.11.03）：可作为全球环境质量清洁背景值的珠峰雪样中测出二十几年禁用的六六六、DDT 等农药及其他污染物，充分说明了持久性污染物已经参加全球大气循环。

人类的足迹及活动的范围，已经达到地球的每一个角落，包括：深海海沟、南北极地、珠峰之巅、大气层顶、月球表面、火星外围，这些原本均是净土、净水、净气、净空之处，人类所到之处，不只是留下足迹，还留下污染物及垃圾。原本被藏族人民世世代代保护的高山雪原的自然生态系统，现在已遭到人类的破坏，自从珠峰两麓的登山活动的兴起及青藏高原铁路畅通以来的旅游活动日益发展，来自全球各色人种，一睹圣洁的拉萨及珠峰为快，地球昔日的一片净土已沾染上了“凡尘”！外来登山、拜佛、旅游的人数从开始的几人、几十人，至今已经到达数以千万计，络绎不绝。野生生物只得规避，珠峰沉默无语，只能融化高山上的冰雪，流出晶莹的泪水，形成雅鲁藏布江和长江，向全国及全球人民无声地诉说！拥挤的珠峰，见图 5-3（a，b）。

a

b

图 5-3 拥挤的珠峰

6.1.4 编者评述

昔日的林业部门砍伐森林树木增加了木材、产值开庆功会，水利部建水库、发电开庆功会，农业部围湖造田、粮食丰收了开庆功会；如今河流断流了、湖泊干枯了、土地沙化了，洪水泛滥了，谁之责？谁之过？要不要开一个反思会、忏悔会、问责会呢？合理开伐林业、合理兴修水利、合理灌溉农田本是好事，但是如果利用不当，好事就会变成坏事，不是吗？1949 年以前的账，可以算到旧社会头上；1949 年以后账就只能算在我们自己的身上了；1978 年以前的账可以算到改革前的头上；1978 年以后的账就只能算到改革后的身上了，这岂不会给改革脸上抹黑？

前总理温家宝指出："长江洪灾的原因是多方面的，主要的直接原因是自然不利因素都交汇、重叠到一起了"。这是'奇点'，不承认这个事实是不正确的；然而除了直接的自然原因之外，其他的、间接的、人为的原因又是什么呢？这些原因是不是可以忽略不计呢？如果是不能忽略的，那么，不承认、不分析这些原因显然也是不全面和有害的。"

这次世纪洪灾，是一面巨大的镜子，照出了我们人类对待自然的严重问题和缺陷；这次世纪洪灾，是一个伟大的教员，教训了全党、全军和全国人民，要牢记恩格斯的教导，在每一次胜利中都要警惕自然的报复；这次世纪洪灾，还应是一次世纪反思会，我们期望主管生态环境的部门、主管森林的部门、主管水利的部门、主管农业的部门、主管气象的部门、主管资源的部门、主管各个产业部门……都应能痛定思痛，总结出更深层次的经验和教训，将坏事变成好事，将可持续发展从口号转变为真正的行动。不能只算部门的收益账，更要算全流域的、全国的、全球的生态环境资源综合损益账！

6.1.5 读者思考

假如您是一位国家的公务员、假如您是一位伐木工、假如您是一位……对你有什么启迪呢？你痛心了吗？你共鸣了吗？你反思了吗？

6.2 黄河断流

“母亲河”与“心腹之患”怎能联系到一起？然而，当中国人民歌颂她时，黄河就成了“母亲河”；当中国人民诅咒它时，就成了“心腹之患”。这是一幅多么滑稽的漫画？母亲河是上帝给的；而“心腹之患”是谁之过？1998 年 9 月《焦点》上“睁开一只眼看黄河”一文说：“山东有个治黄专家认为：从某种意义上说，黄河防洪可以说是没有规律可循，有的是容不得半点麻痹。黄河被称作母亲河，我们治黄的被称为伺候母亲的人。可现在母亲是越来越难伺候了，伺候不好，有时就要打巴掌。” 容不得半点麻痹及伺候不好就要挨巴掌是事实，但果真是没有规律可循吗？真要是这样，人民还要科学院、科学家、专家和决策管理者干什么？不能不说这是母亲黄河的悲哀。

6.2.1 黄河流的是什么

人们会毫不犹豫地回答说：黄河流的是水和泥沙。不错，黄河多年平均径流量达 661 亿 m^3，在壶口瀑布处径流量变化很大，从最小每秒 150 m^3 到最大 8 000 m^3；在黄河水里，平均每立方米水里含泥沙 37.05 kg，最大年输沙量可达 43.9 亿 t，平均年输沙量也有 16 亿 t（其中 4 亿 t 沉积在河床中，12 亿 t 被带到入海口或在灌溉期被大量带入灌溉区），占全国河流泥沙量的 60.6%，是世界上含泥沙量最高的河流。这是因为黄河流经裸露而松散的黄土高原地区所致。

政治家、军事家、文学家、艺术家、画家、摄影家、歌唱家、诗人、教授教师，总是非常自豪地将黄河壶口瀑布的壮观视为一种中华民族的精神所在。而我可自豪不起来，却心很疼，因为黄河流淌的是中华大地的血！是中华民族的泪！是母亲河的乳汁和生命的营养！黄河母亲挤尽了乳汁，榨干了肌肤和骨髓，哺育了亿万中华儿女，创造了中华人类文明，功高盖世，天地昭昭。不肖的子孙啊，吸干了母亲的乳汁和营养，却没有好好地爱护好、保护好、报答好母亲，留给母亲的只是血、泪、屈辱和悲伤！

黄河壶口瀑布昔日朝着敌人咆哮：还我江山！还我中华！

黄河壶口瀑布今日却朝着自己的儿女怒吼：还我绿装！还我尊严！

6.2.2 黄河综合征

记者马千里报道：“黄河源头第一家” ——地处黄河源头地区的青海省玛多县扎陵湖乡，水草丰美、牛羊成群。67 岁的藏族老人确忠和家人就生活在这里。老人共有四儿两女，去年全家人均收入 1 200 元，老人在新式的保暖帐房里，儿女在外放牧，一家人生活幸福而美满。

看了“黄河源头第一家”之后，感到真不可思议。中国人人满为患到了何等严重的程度，本应为老人一家的美满幸福而高兴，但怎么也高兴不起来；本应为高山人民战胜恶劣的自然条件而叹服，但怎么也叹服不起来；反而为黄河源头生态恶化的前途而深深的忧虑。黄河源头本应是一块永久的净土，本应是无人区，本应是自然生态保护区，本应是黄河源头保护区，而现在竟开始有人居住了，这是不祥之兆！这哪里还有野生生物的家园？森林、草原怎能不遭破坏？黄河源头怎能不遭污染？黄河还有救吗？

黄河是我国第二大河，也拥有许多中国或世界之最：是中华民族的摇篮之一，是我国历代帝王建都最多的河流，是世界含沙量最多的河流，是世界最高的悬河，也是世界上旱涝虫灾最频繁的河流之一。黄河河床一般高于地面 3～5 m，最高的到 10 m 以上，遇特大洪水，很易决口，从春秋战国到新中国成立前的 2 000 年中，据不完全统计，黄河决口 1 590 次，重大改道 26 次，固有三年两决口、百年一改道之说。在晚清至民国时期的 54 年中，共决溢 377 次（处）。每次灾害都给人民带来了巨大的灾难：“泛区一片汪洋，田庐村舍尽毁，死伤不计其数，灾民流离失所，灾后食不果腹，灾区瘟疫流行，触目惊心，惨不忍睹。”新中国成立后，国家决心一定要把黄河的事情办好，为除害兴利，减少洪水危害的同时大兴农田灌溉增产粮食，在黄河中上游修建了大量水库，加上工农业及城市用水量不断增长，用水量已经超过了黄河径流量，从而减少了洪水危害；由于过度用水，问题转向了反面，在洪水危害相对下降的同时，断流的问题却变得越来越严重了。黄河自 1972 年断流以来，26 年里又出现了 20 次断流。20 世纪 90 年代以来，断流现象日趋严重。70 年代断流最长历时为 21 天，80 年代最长达 36 天，1991 年为 16 天、1992 年为 82 天、1993 年为 61 天、1994 年为 75 天、1995 年为 122 天、1996 年为 133 天、1997 年猛增至 226 天！如此发展下去，到 21 世纪之初就会全年断流，严重的不仅仅是断流时间越来越长，断流频率越来越快，而且断流的距离越来越长，断流的开始时间越来越提前，断流危害越来越大。

6.2.3 给黄河会诊

我们的母亲河——黄河却得了未老先衰综合征。与地球的几十亿年寿命相比，黄河的期望寿命不应该只是几千年，而至少应该是十亿年。然而母亲河却过早地衰老了，历史上已是满脸皱纹，全身赤裸，遍体鳞伤！现在黄河严重断流，奄奄一息，已到了垂暮之年了，谁还有神奇的回天之术？

国家环保系统、水利系统、中科院系统、高校系统、地质系统、中国社科院系统及国家计委、国务院法制局、中央机构编制委员会等有关单位的60余名代表，于1997年5月22—23日在北京参加了国家环境保护局召开的“黄河断流生态环境影响及对策研讨会”。仁者见仁，智者见智。专家们比较一致地认为：“黄河断流加剧了各方面用水的紧张状况，导致日益严重的经济、社会问题，而且显著改变了河流泥沙冲淤规律，使河道趋于萎缩，行洪能力降低，极大地增加了黄河洪涝灾害险情和防洪任务。同时，黄河断流对生态环境的不利影响广泛而深刻，如河流景观及地下水补给改变，生物多样性降低，湿地生态及土地资源退化，区域小气候及河口海岸变化等，长期下去会进一步加剧黄河流域生态失调，环境恶化，其后果可能是灾难性的。”

黄河断流的生态影响主要有8个方面。第一是断流对渤海湾的影响，会对渤海湾营养物质、海洋盐度、海水温度、海洋生物多样性、生物生产力、鱼类洄游等带来一系列的影响；第二是对黄河三角洲湿地的影响，黄河三角洲湿地是候鸟的中转站，保护黄河三角洲湿地的任务已经列入了参加联合国公约的我国《中国生物多样性保护行动计划》，严重断流会造成生物多样性减少、土壤盐碱化、草场退化、海岸侵蚀等；第三是对下游地区的影响，造成土地沙化、荒漠化、灌溉水源巨降、粮食严重减产，1992年造成粮食减产10亿kg、损失13亿元，1995年造成粮食减产15亿kg、损失20亿元；第四是因稀释水减少而加剧了污染；第五是因断流及污染的双重作用以致水生生物减少直至绝迹；第六是对地下水补给减少以致地下水位下降；第七是因断流泥沙沉积造成河床淤积；第八是因河床淤积造成河床抬高、泄洪不畅，会增加洪涝灾害的发生；黄河下游700 km还是举世文名的悬河（河床大大高于两岸），洪水的危害丝毫无逊于干旱的危害。

中国科学院经济地质学家霍明远提出预警：1997—1999年，黄河流域将会持续三年在春夏之交出现大旱，夏秋之交出现大涝，黄河存在漫堤或决口的可能。切莫以为黄河近年断流严重就不会存在洪水危害，恰恰相反，黄河长时间的断流，可能是导致决口的不可忽视的原因。26位院士也提出了类似的警告。

黄河严重断流现象绝不是孤立的，不是一个简单的自然水文现象，而是历史性的、流域性的、综合性的。数千年来，与沿岸人口、社会、经济长期超自然允许承载量发展的结果，是区域性不合理开发利用水资源的结果，是历史的及近代的生态严重破坏的结果，是多方面原因造成的。现代的自然因素主要是在20世纪70年代以来，黄河流域降水量偏少。近代的人为因素有：上游水库增多，拦洪能力达600亿m^3，下泄水量减少；农业用水增多，原为190亿m^3，现在高达300亿m^3；水土保持减少了入河水量40亿m^3；工业用水及城市生活用水增加了10多亿m^3；地下水过量开采，目前已高达120亿～130亿m^3，需引水补给地下水，减少了入河水量；下游断流，只能排水而无水源补给，等等。历史的综合作用是黄河中上游几千年来因森林砍伐殆尽，植被覆盖率低，水土流失严重，生态环境质量恶化等。青海森林覆盖率只有0.4%、甘肃为4.3%、宁夏为1.5%、山西为8.1%，内蒙古虽达 12.1%，但森林分布地区在黄河流域之外（全国现在包括人工次生林在内平均为13.92%）。如此恶劣的生态环境质量条件，岂能不造成了野生动植物的灭绝，岂能不造成了水土严重流失，岂能不造成了风沙和尘暴，岂能不造成了旱涝频繁，岂能不造成虫害、鼠害，岂能不未老先衰！

北京王红旗在《焦点》上发表了“劈山救母——拯救黄河新思路”一文，不仅仅忧国忧民跃然纸上，而且还开出“救黄奇方”：劈开青藏高原，打通印度洋的水汽大通道，把印度洋的雨搬到黄河上游来。虽然这一近乎狂想的方案，是否可行，还需要作科学论证，但这不失为是对中国科学院、中国工程院院士联合发出的呼吁：“拯救黄河！”的一个积极响应。既然“南水北调”是可能的，那么“南汽北调”是不是可能的呢？当然，即使可行，也会是比较遥远的，远汽解不了近渴，因为投资、调查、勘测、研究、评价、论证、设计、施工、技术、材料、风险、对策等诸多环节，程序都不是轻而易举的。

6.2.4 编者评述

黄河流域的生态环境质量严重的恶化历史悠久，新中国成立后党和政府在控制洪水方面也付出了巨大代价，取得了一时的胜利；但是全国的区域、整体生态意识的觉醒却太晚了，采取的部门对策（如大兴水库及灌溉用水）中又蕴含着导致断流的根源，这不能不说是上述原因之外的更加重要和深层次的原因。1972 年黄河就开始断流了，但直到 1995 年黄河断流已到非常严重的时刻，各级环境保护部门才将生态环境保护列入国家重点，才以“黄河断流影响及其对策”为题，组织人力从自然生态、社会经济、环境保护多角度对黄河断流问题进行了专题调查。原国家环境保护局解振华局长将调查结果上报国务院，姜春云副总理批示：“这是一个重大问题，应当高度重视，及早研究对策”。黄河断流危机是冰冻三尺非一日之寒，黄河生态环境已进入严重恶性循环期，恐短期内难有“回天之力和回天之术”。“南水北调”方案即使可能实现，也只能解决黄河断流、干涸一时之需，仍不能彻底解决黄河生态环境恶化问题。要彻底解决黄河流域生态环境崩溃问题，首先必须指导思想和方法对头，并且只能是艰苦的持久战，还要一切从实际出发，按照自然规律办事，否则好事也会办成坏事。

结论是：没有黄河全流域生态环境质量的恢复和持续发展，决谈不上黄河综合症的好转；没有黄河全流域生态环境的好转，就不会有黄河全流域的社会经济持续发展。同理，没有全国生态环境质量的恢复和持续发展，也决谈不上全国社会经济的持续发展。

6.2.5 读者思考

黄河问题是一个历史性难题，全流域性难题，综合性难题，不能将账都算到当代或某几个部门头上；但 1972 年首次黄河断流与全国环境保护部门成立几乎是同步的，如果能够高度重视，高瞻远瞩，及时决断，并在西北、华北大发展总体规划中，采取预防为主的方针，采取同步和谐发展规划对策措施，可能不至于变成今天这样难以收拾的局面吧？决策管理部门及我们每一个人应从中吸取什么样的经验和教训呢？

6.3 大地干渴

1998 年是世纪洪灾年，但在洪灾年里，干旱地区还有百万干渴的灾民，他们盼水就像盼玉液琼浆。要是将洪水引至干旱区该多好呀！然而，自然与世界始终是不平衡的，人类只能在适应环境中因势利导。

6.3.1 宁夏干渴

宁夏的西（吉）海（原）固（原）等地，地处干旱的黄土高原，黄土层厚且裸露沟深，年降水量仅 190～300 mm，而蒸发量是降水量的好几倍，降雨量虽小但集中，又造成水土流失极为严重，属严重缺水地区。新中国成立后曾引黄河水灌溉，在头一两年因有了优质水源而丰产；可是第三四年就出现盐碱化，黄河水中的盐分因蒸发量大而灌溉水限制使用，盐分不能带走，留在土层表面，造成土地板结、绝产；只能搬迁他处，有的迁至黄土塬上。黄土塬上的作物是靠天吃饭，人畜饮用水是靠一家一户的小土坑存水，连续干旱少雨，作物干枯，只见黄土，不见绿苗，亩产不过几十斤，连种子都收不回来；靠储存降雨的小水窖早就干了，人畜用水需要用水车到几十里外地方拉水（解放军支援，用汽油换水）。近几年连续干旱，百万干渴的灾民及牲畜、作物期盼老天降雨，期盼从黄河引水。

宁夏西海固地区又是回族自治区和贫困地区，加上干旱缺水区的多重因素，党中央、国务院十分重视，根据宁夏回族自治区的请求及宁夏人民的迫切需求，决定实施移民，将黄土高原塬上的灾民迁至平地，并引黄灌溉，重建家园。

引黄灌溉，可以暂时解决宁夏的干渴，但是还不能高枕无忧，因为还存在四个方面问题：一是为了不能重蹈盐碱化的覆辙，灌区需要科学灌溉；二是需同时进行区域生态防护，种树、种草、排盐碱，防治风沙、改善区域生态环境质量；三是灌区多回族，越穷越生，越生越穷，少数民族地区，为了其长远利益，也需要计划生育，才能发家致富，否则，灌溉的胜利成果，又被新增的人口而耗尽了；四是采用先进的灌溉技术，节约用水，因为黄河上中游多用 1 m^3 水，中下游就少了 1 m^3 水，而中下游的经济发达，每立方米水创造的价值远高于上中游，何况下游的人口密度也比上中游的高，下游缺水的困难一点也不比上中游小。

6.3.2 西夏兴衰

宁夏的自然气候条件、土壤条件及森林、草原条件古代是很好的。岳飞的一首《满江红》流传千古。宁夏的贺兰山，历史上森林茂密，野生动物成群；在平原上水草茂密，正如诗句形容的那样“风吹草低见牛羊”。历史上的西夏国就建立在这里，因土地肥美，治国有方，农牧业丰收，曾鼎盛一时，国富民强。作者参观西夏博物馆里展出了发掘出的野牛头骨，两角的距离足有 1 m 多，据博物馆介绍，这头野牛的重量至少在 1 000 kg 以上。没有贺兰山的森林涵养水源及山下的草原保持水土，如此雄壮的野牛如何能成长？西夏王国又如何能如此兴盛？遗憾的是，西夏王国与宁夏生态环境早就一起衰落了。据考证西夏王国的衰落有许多社会性原因，今天从生态角度分析，是否还与贺兰山的森林被砍伐光了及草原的草被破坏光了关系更密切？就像罗布泊一样？值得进一步探讨。

6.3.3 甘草精神

在原国家环境保护局自然司生态处官员的带领下，作者主持了宁夏百万生态移民环境影响调查报告的评估会。吉普车队在千沟万壑的黄土高原上弯弯曲曲地缓慢前进，放眼望去，满目黄土，一片荒凉，一路尘土飞扬，在转一个小弯时车子的前轮已经接近沟边，差一点掉进几十米深的黄土沟里。考察人员在来到一个居民点时，先参观了居民住地窑洞、牲畜和水坑。每家窑洞中的土炕上只有一两床破被；桌子上只见几个土豆外，油瓶空空；牲畜栏中只见一头毛驴；集降水的土窖中没有一滴水。一家的家当大约不超过 500 元，使代表们十分感慨，考察专家将随身带的钱都情不自禁地送给了他们。

令人兴奋的是，我们还参观了就在近旁的小学校，看到一位中年回族男老师正在讲课，一个教室里坐满了两个年级背靠背坐的合班学生，墙上挂着整齐的学生作业和贴着壁报。这个贫困黄土高原的小学老师为了下一代，兢兢业业的忘我奉献精神使我们都十分感动，也看到了“甘草精神”。

宁夏环保局局长送我一本书，名为：《宁夏甘草资源研究》，我看了以后，感到这位老师的精神不就是甘草精神吗？甘草是宁夏驰名中外的“黄宝”，它的“根茎入药，性平和味甘，并和百药”，是中药中不可缺少的药用植物。在医药、食品、轻工、畜牧等方面有广泛的应用，又是宁夏滩羊的主要冬贮饲料。

优质甘草称甜甘草，甜甘草还具有防沙固土作用，对环境适应性强，耐受大气的极端干燥，扎根于沙土中，广泛分布于干旱、半干旱地区，喜光，生态经济价值高。在百草不生的生态环境中，独甘草兴旺。

甘草精神，是一种不畏自然干旱、艰难困苦、奋斗奉献的精神。甘草吸收了宇宙的灵气，吸取了大地之精华，在干渴的大地上，化作根茎花果，顽强地、紧紧地固住流动的沙土，为改善干旱地区的生态环境恪尽职守，最后并把体内毕生积累的一点甘甜，也全部奉献给了人类！广大的宁夏人民、干旱区的人民、高寒区的人民、中国人民都有这样一种顽强拼搏、不屈不挠、无私奉献的精神。

6.3.4 编者评述

遗憾的是，世上总是存在许多贪婪和无知的人，为了个人和家庭发财，只顾眼前利益，不顾国家及长远利益，十万大军压境，疯狂地挖掘自然甘草、发菜、药材，破坏了甘草、发菜、药材资源，甘草、发菜、药材资源正面临斩草除根的灭绝险境。甘草、发菜、药材毁灭了，固定的流沙就会活动起来，将进一步重新肆虐黄土高原，吞噬一切。宁夏的正东面就是首都北京，北京、华北已经饱受风沙、雾霾之苦。保护西北水资源、保护和恢复宁夏甘草、发菜资源，保护和恢复宁夏草原资源，保护和恢复宁夏森林资源，无论对于黄土高原来说，还是对于首都北京、华北来说，都是十万火急。

宁夏干旱贫困区的百万移民问题，已经不是“可持续发展”的问题，而是从一个“生态死区”向另一个“生态恶化区”搬迁的权宜之计。如果大生态环境背景没有彻底改善，在新的人工再造区还是难于发展下去的。这显然不是一个简单的技术问题、简单的部门问题、简单的投资问题，而是一个变区域恶性循环为良性循环的困难问题。需要运用复合生态学原理，从整体出发、整体与部门相结合，从长远出发、长远与近期相结合，从区域出发、区域与局部相结合；需要采取引水、用水、排水，防盐、防碱，植树、种草，禁止砍伐森林、禁止破坏草原、禁止毁灭甘草等生态资源，计划生育、控制人口，防止工业污染，适度、协调发展经济的综合对策，一代接一代，并持之以恒，不可急于求成，不可急功近利。

6.3.5 读者思考

当我们即将离去时，回民老人和许多儿童（多为男孩，女孩可能都被时代计划掉了）都出来送我们。一再叮嘱我们把他们迫切盼水的要求报告给中央和政府。我问一位老人：“你们这里这么干旱，几乎寸草不生；贫困，家里四壁空空，为什么生这么多小孩子？一家一般有几个小孩子？”他们告诉我说，一般一家有 4~5 个孩子，回民是少数民族，国家没有严格限制生育，甚至鼓励少数民族多生育。这里又向决策者提出了一个值得思考的问题：少数民族要不要计划生育？尤其是贫困区的少数民族要不要计划生育？少数民族实行计划生育是破坏民族政策吗？生态环境恶化地区不实行计划生育能够实现少数民族的持续发展吗？事实表明，全球穷困国家、地区，都是人口众多的国家、地区；越穷越生，越生越穷，陷入恶性循环难以自拔。读者，您看懂了其中的玄妙吗？

6.4 地球发烧

我国历来有以南京、武汉、重庆和南昌四大火炉为代表的长江流域“火炉带”（包括江苏省、湖北省、湖南省、四川省）；近十年来火炉带不仅扩展到全流域（新增加了安徽省、江西省、上海市），而且向东、南推进到东南沿海一带（浙江省、福建省、广东省、广西壮族自治区），向北推进了 500 多 km（河南省、河北省、陕西省一带）；连北京、天津、青岛、沈阳这些北方城市，甚至连著名的消夏度假的北戴河近年夏季也热得不行，创下历史最高纪录，火炉城市正在向全国扩散。滑雪胜地的吉林市出现了罕见的暖冬，往日“三九”严寒，1988 年冬吉林市内冰雪消融，有的年轻人甚至穿上了春装；与往年不同的是，武汉、九江等市既受“火热”之苦，又受“水深”之害。这难道是温室效应的表象吗？

6.4.1 水深火热

火烧火燎的东方火珠——上海

上海靠近东海有海风的调节，一般夏季也不是很热，所以算不上是火炉，可是 1998 年 8 月 8 日立秋那一天，有三个“8”字，本应是“发发发”的大办喜事的好日子，想不到地球也发烧了，接着几天办丧事的却超纪录。从这一天起连续 5 天最高气温超过 38℃，到 8 月 15 日达 39.4℃，创造 56 年来上海入夏气温最高纪录。地表温度达 50～63℃，高架桥上、无空调的车内温度超过了 50℃，浦东国际机场工地屋面钢结构的温度竟高达 70℃以上，施工人员需穿上厚厚的工作服抵挡骄阳烙烤才能施工一小会儿。哪还谈得上办喜事呢？上海人民火烧火燎，气温远远超过了体温。中暑、晕倒的急诊病人，挤满了医院；电话叫出租车比平时超出一倍；8 月 11 日一天里急救车出动了 397 次；死亡人数剧增：宝兴殡仪馆每天接运遗体超过 100 具，8 月 11 日达到 136 具，8 月 12 日高达 167 具。因气温居高不下，居民家用电器超负荷运转，火警增多；水果、冷饮供不应求；入夜至天亮，人们打赤膊、穿裤衩，拥向街头、广场和空旷处乘凉和睡觉。幽默的是在长江中游的人民正处于“水深”中苦撑，而上海人民却在“火热”中煎熬。

是不是因为上海人是中国的骄子，太娇气了？连续几天气温超过 38℃就受不了了，而历史上的几大火炉人经受和超过这样的煎熬是常有的事。虽然上海人娇气了一点，也是情有可原，因为他们 50 多年才遇到一次，何况这次是连续几天高温，气温超过了体温，超过了人体能够调节的范围和能力，就是新、老火炉的人民也同样是无可奈何地苦苦地煎熬着。连上海 8 万人体育场的大草坪也只能承受 35℃高温，何况人呢？连“八哥”鸟也中暑了。地面可以烧熟鸡蛋、烤肉、煎鱼了，成了天方夜谭，何况人呢？

“火热”似乎过去了，明、后年还会再来吗？下一次会不会比 1998 年更高？持续时间更长？因为 1934 年，上海也曾出现了持续 5 天超过 38℃高温，最高温度达 40.2℃。如果今后超过了 41℃、42℃、45℃或更高怎么办？这有可能吗？这是可能的。如果真成了可能，您还受得了吗？

2013 年夏天长三角的浙江、上海、江苏果真又创 50 年来的新高。

酷暑袭击石头城——南京

在上海人民火烧火燎的同时，酷暑也袭击了久负盛名的大火炉城市南京。连续 3 年的凉夏过后，迎来了 1998 年的酷暑。自 7 月 7 日开始，气温就在 35℃以上居高不下，连续 15 天，热得南京人如热锅上的蚂蚁，无处躲藏，中暑病人增多。中暑是由气温、湿度、气压、风及体质等多种因素综合形成的，南京酷热与上海酷热不完全相同，往往高温的同时，还存在气压低、湿度大、无风、昼夜温差小等综合不利因素，因此人的实际体验似乎比上海更加难熬。南京市率先在全国发布空气质量周报，并采用了“中暑指标”：指数小于 45 为先兆中暑，46～61 为轻症中暑，大于 62 为重症中暑。如 7 月 9 日预报：气温超过 35℃、空气湿度较大，预计 10～17 时，老人、婴儿和孕妇的中暑指数为 62.5，慢性病人和户外工作人员为 62，均达重症中暑等级。预报信息可帮助人们提前采取适当预防措施，减少致病或死亡。由于连续几年的凉夏，空调机滞销，入夏暴热后，每日销售量超过 3 000 台，还供不应求，到处调运，日销售额达 1 亿多元。买到空调的人家，一时因缺安装工而怨声载道，几大厂家又从外地抽调 1 000 名安装工应急。由于高温，家庭用电量猛增，日用电量创历史最高值 197 万 kW。部分小区、老住宅楼、未增容的居民家频频出现电力事故，10 天中，24 小时报修中心就接到电话 11 359 个，发出抢修传票 879 份，近千名抢修人员冒烈日酷暑昼夜抢修。连动物园的动物也酷暑难熬，分别采取了不同降温措施，尤其是重点保护了数百只珍稀动物和寒带动物安全度夏。

“火炉”让位“水深”——武汉

武汉也是举世闻名的特大火炉城市，但 1998 年之夏，在“浊浪滔天”的生死关头，“火热”也只好让位于“水深”了。

1931 年 8 月 19 日武汉市水位达 28.28 m，武汉三镇“堤防尽溃，人畜漂流”，水淹武汉三镇 100 多天，63 万人流离失所，3 600 多人命丧黄泉。因此，“28.28 m 水位线”被称为武汉“生命线”。

1998 年 6 月 26 日武汉市长江水位进入设防水位后，6 月 28 日、7 月 1 日连超警戒水位和紧急水位；7 月 22 日武汉市从凌晨 4 时到下午 1 时，降水倾盆而下，9 个多小时内降雨量多达 6 600 万 m^3，接着当天又降水 2 000 万 m^3，接着三四天共降雨达 1.3 亿 m^3，占全年平均降雨量的 1/3，相当一个大中型水库的蓄水量，部分地区降雨强度达到 300 年一遇的水平。暴雨后，武汉三镇严重渍水面积已超过 1/4，不少干道交通中断，1 000 多家企业停产或半停产，汉口机场关闭达 6 天之久，有的地下室及低洼地区水深达 1～2 m，京广线出现滑坡。

尤其严重的是，来自上游的洪峰接连不断，而且一次比一次危急。7 月 25 日突破危险水位后，水位仍不断上涨：7 月 28 日为 28.90 m（超生命线 0.62 m），7 月 30 日为 29.06 m（超生命线 0.78 m），8 月 1 日为 29.20 m（超生命线 1.08 m）。长江、汉水、府河水位高出市区 4 m 多。8 月 18 日长江第六次洪峰通过荆江河段，沙市水位达 45.22 m，超过 1954 年最高洪水位 0.55 m。洪峰仍以雷霆万钧之力，势不可当地进逼武汉。江汉平原告急，洞庭湖告急，武汉告急，京广大动脉告急！

为什么城市比农村要热呢？为什么“水深火热”会同时出现在一个城市呢？有的说是厄尔尼诺气象异常捣的乱，有的说是温室效应造成的，有的说是热岛效应的结果。事实上，这几种因素都存在，只是叠加在一个城市上的比重有所不同，武汉市 1998 年都赶到个“奇点”上去了。

6.4.2 热岛效应

什么是热岛效应？热岛效应是因为城市人口集中，工业、生活、交通能源消耗量大、高大混凝土建筑物集中，绿地稀少，加上静风或逆温天气，城市产生的热量不能很快耗散开去，不断在城市积累而使城市上空气温比周围农村地面空气温度高出很多，城市高温区与周围农村的低温区相比，就像一个热的孤岛。一般大城市可以高出农村 3℃左右，不利情况下可高出 6℃左右。如果这个城市（如上海等大城市）历史多年最高气温在 35℃左右，再叠加热岛效应增温就会达到 38～41℃。如果原来就是火炉城市（如南京、武汉、重庆等火炉型大城市），历史最高气温就高达 41℃，再加上热岛效应增温就可能达到 44～47℃以上。可见，热岛效应对于大城市的夏季增温作用是最直接和明显的，应预防热岛效应的危害。

6.4.3 温室效应

什么是温室效应？就像用玻璃或塑料薄膜建造的花房或蔬菜大棚一样，太阳光能够透过来，热量不易放散出去，室内温度会逐渐提高。想象如果地球表面上空也覆盖着一个很大的透明薄膜，只让太阳光射进来，热量散不出去，地球表面的温度就会不断地提高。把这种情况就称为“温室效应”，把能够形成这种“透明薄膜”的物质（如二氧化碳等气体）就称作“温室效应物质”。地球的大气中原也含有少量的二氧化碳、臭氧、一氧化氮、甲烷、一氧化碳等气体；天然森林火灾也产生一定数量的二氧化碳气体；渐渐地在地球上空形成了一层二氧化碳等温室气体层，它就像透明薄膜一样罩在地球表面，地球表面就成了人造温室，气温就会不断地提高，地球就会悄悄地变暖，正好适合地球生命的产生和保护生物生存的生态温度条件，如果没有自然的温室效应的功效的话，就没有地球的生命、生物和人类的产生、生存和发展，这是“温室的正面效应”。

但自从人类大量的燃烧化石燃料（地球上总的矿物碳为 7 万亿 t），全世界每年向大气中排放的二氧化碳达 50 多亿 t（以碳计，未计氧），其中一半被海洋所吸收，40%～50%滞留在大气中，增强了温室效应，致使空气中的二氧化碳含量逐年增加，从地球背景值的 300 μL/L，已增加到超过了 350 μL/L，20 世纪与 19 世纪相比，全球平均气温升高近 1℃。预测到 21 世纪中叶，可能增加到 600 μL/L，当达到 620 μL/L 时，可使全球平均温度上升 4℃！别小看这 4℃，它将造成地球气象、水文、生态的巨大变化。近百年来地球变暖的温室效应已成了全球气象、生态环境、水利、海洋、农业等许多部门关心的热点问题之一。地球上燃烧矿物碳如果每年用量增长 4.3%左右，在 100 年内 7 万亿 t 储量将耗尽，按约有一半的碳被释放到大气中，就可能使地球表面平均气温增加 2.5～5.0℃。此外，除二氧化碳之外，动物及水稻田还释放出甲烷气体，对温室效应影响也较大。一头牛每天排泄 200～400 L 甲烷，全世界有 12 亿头牛、羊、猪每年可产生 5 亿 t 甲烷；而水稻等植物产生的甲烷比动物还要多得多。世界气象组织预测，臭氧、氟利昂等其他气体，虽然数量极少，但对地球表面的增温效应比二氧化碳还要大 1.5～3 倍！这些使地球增温的因素复合在一起，地球气温就会持续增长下去，在 21 世纪，地球表面平均气温就可能提高 5℃以上。这就是全球为什么要禁止使用和产生温室气体的道理，这就是“温室的负面效应”。

别小看了这似乎是一点点的增温，这将足以使整个地球“发高烧”。造成南极洲、北极洲及雪山上的冰雪就会加快融化，长江、黄河的源头水源补给量就会减少，全球水循环受到扰乱，水资源将重新分配。我国的华南、西南、东北都将变为干旱区，而内蒙古、甘肃、新疆却变得雨量充沛。海水因升温后会膨胀，海平面就会上升，1920 年以来，全球海平面已升高 30 cm，如果全球气温平均升高近 4.5℃，海平面将继续升高 25～100 cm。一些岛屿及沿海的三角洲和平原地区的一些肥沃良田、城市、国家就会被淹没。气温升高，大气循环受到巨大干扰，产生热带风暴频率就会增加，灾害性气候将增多。火炉城市的人民在酷暑季节将要承受近 45℃左右的高温……甚至威胁到整个人类是否能持续生存下去，可持续发展的问题已经变得没有意义了。

6.4.4 编者评述

俗话说“无巧不成书”，自然界有一些事情的概率是很低的，如产生生命和人类的概率几乎趋近于零，但生命确实产生了，人类确实产生了。从这个角度考虑问题，从提高安全保险系数考虑问题，许多灾害都赶到一起的事情也不是不可能。设想：21 世纪的某一年的夏季，南京市自然气温达到极端高温 42℃，同时热岛效应增加 4℃及温室效应增加的 4℃，实际气温就会高达 50℃！如又遇到气压低、湿度大等不利气候条件，那么，中暑及死亡的人数就绝不是几十人、几百人，可能会达到几千人或更多！到时，靠人海战术“防暑抢险”“严防死守”也难奏效了。古人说：“预则立，不预则废”。人类的确到了严重关头。

据报道：从国家减灾办获悉，仅 2013 年 7 月，各类自然灾害共造成中国 8 158.4 万人次受灾，461 人死亡，228 人失踪，333.4 万人次紧急转移安置。

经民政部、国家减灾办会同工业和信息化部、国土资源部等部门核定，7 月份，中国自然灾害以洪涝、地震、干旱、地质灾害为主，风雹、台风等灾害也均有不同程度发生。

各类自然灾害共造成农作物受灾面积 7 807.1 khm^2，其中绝收 1 214.4 khm^2；29.3 万间房屋倒塌，148 万间不同程度损坏；直接经济损失 1 215.3 亿元。甘肃岷县漳县 6.6 级地震灾害损失正在核定，上述房屋倒损和经济损失暂未包括此次地震数据。

总体来看，7 月自然灾害呈现五个特点：一是降雨过程多、强度大，洪涝及地质灾害损失偏重；二是甘肃岷县漳县地震影响大，人员伤亡重、房屋倒损多；三是南方持续高温少雨，湘黔等地旱情发展迅速；四是台风损失集中闽粤，风雹灾害损失偏轻；五是重复受灾现象突出，灾害叠加损失严重。

来自国家减灾办的信息显示，与近 10 年同期相比，2013 年 7 月洪涝及次生地质灾害造成的死亡、失踪人数为 555 人，仅次于 2010 年和 2007 年；直接经济损失为 973.9 亿元，仅次于 2010 年。其中，四川、陕西、甘肃 3 省因灾死亡失踪人数、紧急转移安置人数、倒损房屋数量和直接经济损失合计值均占全国总损失六成以上，四川省上述指标均占全国总损失三成以上。（记者 崔静）

6.4.5 读者思考

恩格斯关于自然报复的警告发出已经百年了，马克思、恩格斯是我们的导师，为什么将恩格斯的话置若罔闻呢？恩格斯的警告为什么如此无力呢？是恩格斯的话过时了吗？还是……

6.5 天灾人祸

1998 年的特大灾害后，人们在思考，洪水、干旱、高温……为什么越来越多了？为什么越来越频繁了？为什么危害程度越来越严重了？人类不是无所不能吗？现代科学技术不是非常发达吗？我们现在不是开始富裕了吗？根源在哪里？是天灾？是人祸？还是天灾加人祸？是天灾为主，还是人祸为主？

6.5.1 天灾

时任国务院副总理、全国防总总指挥温家宝1998年8月26日受朱镕基总理的委托、代表国务院向九届全国人大常委会第四次会议报告全国抗洪抢险时指出：

“造成今年洪水灾害的原因是多方面的，但直接原因是气候异常，雨水过大。今年长江流域洪水主要有4个特点：一是全流域发生洪水；二是干支流洪水遭遇，洪峰叠加；三是水位高；四是洪峰接连出现，高水位持续时间长。入夏以来，东北地区也连降大雨暴雨。松花江、嫩江发生3次大洪水，来势之猛，持续时间之长，洪峰之高，流量之大，都超过历史最高纪录。”

科学家也从科学角度证实：厄尔尼诺及拉尼娜现象是导致全球气候异常的“祸首”，1998年爆发了100年来最强的一次热带中、东太平洋表层海水的大范围增温的厄尔尼诺现象。这导致全球某些地区出现严重干旱，另一些地区又出现了严重洪涝。1998年夏，我国江南、华南降雨频繁，长江流域、两湖盆地都出现了严重的洪涝灾害，都和前期厄尔尼诺现象有关。厄尔尼诺现象还没有完全消失，拉尼娜的影响又开始了，使我国的气候状态变得异常复杂。一般来说，由于厄尔尼诺的影响，到7月，副热带高压不仅具有相当的强度，而且位置向北移，长江流域的汛期应该结束，雨带移向华北但拉尼娜现象接着出现，使副热带高压变得很弱，其主体位置在移到北纬30°后不久，又突然南退到北纬18°，这种现象在历史上还是第一次出现；加上南方输送的水汽充足，于是在长江、两湖盆地及其以南地区，又一次出现暴雨过程，形成严重洪涝灾害。

近年气候为什么异常呢？据国内外气象部门科学家认为主要是由于全球性的“厄尔尼诺”及“拉尼娜”一对关系密切的气候现象所致。

什么是厄尔尼诺呢？

厄尔尼诺源自南美洲的一股大西洋暖流，厄尔尼诺与一般的天气现象反其道而行之。20世纪70年代初期，富饶无比的秘鲁渔场遭受了一场巨大的灾难，在很短的时间内，鱼大量死亡、逃散，由于食物链的断裂，造成了成千上万只海鸟因失去食物而惊恐万状，盲目地在天空盘悬，最终因饥饿而死亡；海滩、海面布满了大量死亡的鱼类、海鸟及其他生物；腐烂后发臭、放出硫化氢气体，臭气熏天，海水变黑。捕鱼量从1970年的1 200万t，下降到1972年的400万t，1973年的150万t，使世界鱼粉产量下降一半以上。这就是当地人说的“厄尔尼诺”现象。这一现象还影响到智利、哥伦比亚、厄瓜多尔等国家，甚至在加利福尼亚、西南非洲、西澳大利亚和越南沿岸都发生过这种情况。

什么是拉尼娜呢？

与厄尔尼诺相反，拉尼娜则是南美洲的一股异常寒冷的海流，拉尼娜是海洋中影响大气的一系列活动，它使一般天气现象的特点更加突出，即潮湿的地区更加潮湿，而干旱的地区越加干旱，其来势没有厄尔尼诺那么凶猛。因此，被称为厄尔尼诺的“小妹”。

可见，天灾论是有事实根据的。问题是“原因是多方面的”，除了直接的气候异常原因外还有其他什么间接的原因呢？间接原因是不是指的人祸呢？我们可进行一些补充分析。

长江流域的问题

（1）问题一是“全流域发生洪水”，那为什么地处下游的江苏省，这一次也同样遭到世纪洪水的冲击而有惊无险呢？（江苏省历史上也长期吃过洪涝灾害的苦，自得到气象部门关于 1998 年洪水的预报后，立即投入了大量人力、物力和财力进行了预防工程）。

（2）问题二是“干支流洪水遭遇、洪峰叠加”，设想干流或支流上的森林覆盖率如果很高，是不是能够使洪水洪峰大大削弱和滞后，干支流的洪峰就可能不会产生遭遇或即使遭遇也危害减少？（恩格斯不是早就警告过我们吗？美索不达米亚的森林砍伐之后，随之而来的不就是洪水猛兽吗？）

（3）问题三是“水位高”，据报道 1998 年长江流域洪水期的降水量并没有超过历史同期的最高纪录，为什么水位反而还比历史最高水位高出很多呢？

（4）问题四是“洪峰连续出现，高水位持续时间长”，设想中下游的湖泊如果没有因围湖造田而消失是能够大量蓄洪的，如果原有分洪区能够即时分洪、河道无淤积和畅通无阻，即使洪峰连续出现，高水位也不致持续时间很长吧？

松花江、嫩江的问题

（1）要不是大、小兴安岭的森林被大量砍伐，如果上游山区的原始森林、自然林等植被保护很好，是不是会大大削弱洪水凶猛之势呢？

（2）干流、支流的分洪等级是不是太低了呢？

（3）有关决策及管理部门是不是对气象部门早就关于全球性气象异常及 1998 年可能有特大洪水的预报置若罔闻，以致洪水突然到来而措手不及了呢？

6.5.2 人祸

许多报道提出了“人祸论”，如“九江溃堤，天灾？人祸？”等。由于人总是护着人，一些记者报道就站在自然的角度，为自然代言：发出了“长江的警告”“长江向我们诉说”

“混浊沱沱河”“伐木工人的最后一位劳模”“流失与保持，较量十周年”“围堤湖的忧虑”“鄱阳湖的危机”等，都说的是“人祸”。森林砍伐尽了，造成水土流失了，河道、水库、湖泊淤积了，围湖造田了，分洪区发展城镇和工厂了，防洪堤的等级及质量太差了……这也都是事实。如果怀疑马克思主义者们没有看过马克思、恩格斯的著作可能不符合实际，但是，没有真正读进去或没有真正读懂是符合事实的；要是既读了，又读进去了，又读懂了，为什么不照恩格斯的指导去做呢？岂不拿自然生态系统及人类的安危当儿戏？

6.5.3 天灾加人祸

还没有人认为，全部原因是天灾；也没有人认为全部原因是人祸。因此比较全面的看法是天灾加人祸。问题是，按照《矛盾论》分析，主要矛盾或矛盾的主要方面是什么呢？天灾与人祸哪一方面又是主要的呢？

为什么要分得这么清楚呢？灾害已经过去了，还说这些有什么用呢？我们不是要持续发展吗？我们不是要总结经验教训吗？如果不搞清灾害的原因，或者分析错了，将天灾为主说成是人祸为主；或者是人祸为主说成是天灾为主，都是有害的，今后如何有针对性的预防呢？将天灾为主说成是人祸为主的危害就可能忽视自然的巨大威力，而且可能加重并非责任者的责任，就会误伤好人；将人祸为主说成是天灾为主的危害又可能忽视人的巨大破坏力，忽视了对真正的责任部门、责任者以教育和必要的惩戒，以教育决策者、管理者、工程技术人员和警戒其他相关人。

板子要打到实处

当时记者报道国家环境保护总局自然司提供的一份报告认为：“气候因素和全流域严重的生态破坏有可能是本次水灾的主导原因。”这个提法虽然比较婉转，但其基本观点是明确的。也就是天灾（气候）可能是主导原因，而人祸（生态破坏）也可能是主导原因。也就是天灾与人祸各打五十大板。根本问题是板子落在哪个“天”上和哪个“人”身上呢？是否打到了实处呢？不打到实处，谁来承担责任和汲取主要教训呢？

6.5.4 编者评述

1998 年如果长江流域、松花江及嫩江没有降雨或降雨量不大，哪来的洪水和洪水灾害？显然，自然气象异常是造成洪水灾害的直接原因或主导原因。

1998 年如果黄河流域降雨量很大或较大，宁夏怎么会干渴？黄河下游怎么会断流？显然，自然气象异常是造成黄河流域缺水的直接原因或主导原因。

如果上海及其他城市，自然气温不是很高，也不会火烧火燎，更不会热死人，显然自然气象异常是直接原因或主导原因。

党中央、国务院肯定自然气象异常是主要原因或主导原因首先是以事实为根据的，不是仅仅凭想象的；其次，肯定了气象异常原因，就可以令决策者今后充分注意自然条件的变化预测预报，作出超前的预防措施，因势利导，防患于未然。

肯定了自然气象异常是主要原因或主导原因后是不是可以忽视人祸的间接原因或主导因素了呢？当然不是。人祸不仅仅是存在的，而且是问题十分严重，正是由于人类的无知、盲目、无防、无序，才加剧了自然的不利因素。使自然灾害的频率加快了，提前了，延长了，来势更加凶猛了。无知，需要学习；盲目，需要睁开眼睛；无防，需要加强设防；无序，需要加强法制管理。法制管理就包括对真正的责任者以惩戒，这是为了持续发展的需要，是为了民族兴旺的需要，是为了国家和人类的未来的需要。

6.5.5 读者思考

如果森林植被没有被过度砍伐和破坏，如果水库、湖泊、河道没有淤塞，如果分洪区没有作为他用，如果没有围湖造田，如果提前修筑堤坝并有足够的高度和坚固……1998 年的灾害即使不能消除，但是不是会大大减轻呢？

以往的气象、水文的“百年一遇”“千年一遇”完全是自然规律；黄河断流的教训告诉人们，在人为因素干扰下，灾害可能年年都会来，而且还可能一年比一年厉害。因此，1998 年的灾害与我们再见了，谁能保证以后几年或十几年不会再见呢？甚至还会再次多重不利因素都叠加到一起？人们现在应该怎么办？是亡羊补牢，还是好了伤疤忘了疼？

值得庆幸的是，1998 年特大洪水，震撼了党中央、国务院、全国人民。这是中国自然生态环境之大幸！这是中国之大幸！真是不幸之万幸！

毒杀任何一个地方的食物链最终会导致所有的食物链中毒。

——阿尔·戈尔《寂静的春天》序言

致毒实验

7.1 谁在给人类做致毒实验

7.1.1 人类给自己做致毒实验

您看到过毒理学家是如何采用实验动物（鼠、兔、狗、猴等）做致毒试验的吗？（见表 7-1，表 7-2）。他们是将实验动物放在一个实验容器（染毒柜）里，选用在某种实验条件（如：温度、震动、辐射）下，采用某种或几种实验毒物、致病菌或其他致害实验物，通过空气、饮水、食物、涂抹或注射等途径对被实验的生物做试验，观察和分析试验动物的致毒（致害、致死、致癌、致畸、致突变）反应、时间、剂量及其相互的关系。借以制定人的卫生防护基准、标准或措施。

您开始看到这些实验动物在致毒初期的活蹦乱跳神态，可能还很好玩；当看到这些小鼠、小兔、小狗、小猴致毒而痛苦不堪情景时就会很难受、怜悯，甚至感到了人的残忍。但您是否知道全人类也都被环境的污染物所包围，也都身不由己地在“地球笼子里”进行着类似的微量、慢性、综合、持久性的致毒试验？小白鼠等实验生物只是人类的一面镜子，我们人类哪个不是实验品？我们人人都成了“小白鼠”？

表 7-1 实验动物最低需气量及不同体积染毒柜应放置动物数关系

<table>
<tr><th rowspan="2">动物种属</th><th rowspan="2">呼吸通气量/（L/h）</th><th rowspan="2">最低需气量/（L/h）</th><th colspan="4">不同容积染毒柜放置动物数/只</th></tr>
<tr><th>25 L</th><th>50 L</th><th>100 L</th><th>300 L</th></tr>
<tr><td>小鼠</td><td>1.45</td><td>2.45</td><td rowspan="2">3～5</td><td rowspan="2">6～10</td><td>12～15</td><td>36～40</td></tr>
<tr><td>大鼠</td><td>10.18</td><td>30.5</td><td>1～2</td><td>5～6</td></tr>
</table>

表 7-2 几种动物不同注射途径注射量范围　　单位：mL

注射途径	小鼠	大鼠	豚鼠	兔	狗
静脉	0.2～0.5	1.0～2.0	1.0～5.0	3.0～10	5.0～15.0
肌肉	0.1～0.2	0.2～0.5	0.2～0.5	0.5～1.0	2.0～5.0
皮下	0.0～0.5	0.5～1.0	0.5～1.0	1.0～3.0	3.0～10.0
腹腔	0.2～1.0	1.0～3.0	2.0～5.0	5.0～10.0	—

7.1.2 两种不同本质区别的实验

说到致毒实验，就不得不联系到日本、德国等法西斯国家的刽子手们用俘虏或敌对国的人民做活体实验的滔天罪行。最臭名昭彰的“731”就是这种罪恶行为的代名词！这些国家的变态恶魔科学家，为了取得所谓的“人的活体科学数据”，竟用活人做毒气、毒物、致病菌、病毒的急性、亚急性、慢性致毒实验，无数中国人、亚洲人、欧洲人遭到灭绝人性的残害！但在德、日战败后，这些反人类的“科学家”竟被战胜国和讲究“科学、民主、人权”的美国作为宝贝收罗去豢养起来，并将全部实验数据、资料为其垄断所用，这算什么“科学”“民主”“人权”？真是匪夷所思。

但是，如果抛开政治、思想、法律、道德观念，只看最终后果又该如何呢？

现在全球人类的的确确被笼罩在大气、水、土壤、作物、食物、生物、衣物、电子器具、建筑物的污染环境危害之中，是谁在给人类做致毒实验呢？我们得出了与卡逊在《寂静的春天》中得出的结论完全一致，就是人类自己。这是人们发展规划之初所没有料到的困惑，这是发展与环境之间的一个悖论（见专栏 7-1）。那么，发展、科技与生态、环境之间的悖论，是属于哪一类呢，谁能解开？

专栏 7-1 悖论

悖论指在逻辑上可以推导出互相矛盾之结论，但表面上又能自圆其说的命题或理论体系。悖论的出现往往是因为人们对某些概念的理解认识不够深刻所致。悖论的成因极为复杂且深刻，对它们的深入研究有助于数学、逻辑学、语义等理论学科的发展，因此具有重要意义。其中最经典的悖论包括罗素悖论、说谎者悖论、康托悖论，等等。

悖论有三种主要形式。

（1）一种论断看起来好像肯定错了，但实际上却是对的（佯谬）。

（2）一种论断看起来好像肯定是对的，但实际上却错了（似是而非的理论）。

（3）一系列推理看起来好像无法打破，可是却导致逻辑上自相矛盾。

【引自：360 百科】

如果“是人类自己使自己受害”这个命题能够成立，那么人类自己不也都成了自己的“刽子手”了吗？显然，人类自己使自己受害与法西斯刽子手做人的活体实验是有本质的区别，不能相提并论，不能同日而语。我们人类是被自己的错误理念及一系列发展理念、发展理论、发展战略、发展方针、发展政策、发展规划、发展计划、发展行为、法律法规、监控管理不当而犯的错误，看错了方向，走错了路，制定了错误的方针、政策、指标，陷入了一个恶性循环的悖论怪圈中难以自拔。

7.1.3 “人类自己使自己受害”也难逃惩罚

7.1.3.1 为什么“人类自己使自己受害”也难逃惩罚

（1）拿受害人数比较来看，法西斯刽子手拿人做活体实验所残害的人数，大概数以千万计吧？而人类自己使自己受害的人数，可是数以亿计、十亿计了！相差何止十万八千倍？岂能借口“自己危害自己”就可以逃避任何惩罚吗？

（2）拿受害程度比较来看，法西斯刽子手拿人做活体实验所残害的程度是灭绝人性的、置人于死地的、强制性的、急性的；而我们自己则是无意识的、隐性的、微量的、慢性的、长期的、综合性的。其目的不同、性质不同、方式不同、剂量不同、时间长短不同，难以直接对比。如果其最终结果是严重的，也不能借口“自己危害自己”而逃避惩罚吧？

（3）人类自己使自己受害，不仅只有已经受害的人类、正在受害的人类，而且还可能通过遗传途径危害一代又一代，如果果真是这样，岂能借口“自己危害自己” 而逃避任何惩罚？

（4）人类自己使自己受害，不只是人类自己，还包括各种各样的动物、植物、微生物受害及整个生态系统受害，如果果真是这样，更不能借口“自己危害自己”而逃避任何惩罚！

7.1.3.2 “人类自己使自己受害”该如何惩罚

（1）首先，自然界会惩罚我们的，也就是恩格斯所说的“自然报复”。惩罚一是：致病、致癌、致畸、致突变受罪；惩罚二是：提前死亡！惩罚三是：能源、资源、水资源枯竭；惩罚四是：食物链断裂、生态金字塔倾倒、生态系统破坏、水土流失、荒漠化沙漠化、物种灭绝、多种自然灾害频发增强；惩罚五是：如恐龙一样作为一个物种的灭绝，这不是耸人听闻，阿尔·戈尔不是在《寂静的春天》序言中公示：全球男性的精子降低了50%吗？离绝育的时间表不是万分的紧迫了吗？

（2）地球自然生态系统有一个机制和规律，即具有自设计、自组织、自循环、自恢复、自净化、自平衡的功能和本领，所以，才是真正可持续发展的系统。人类如果学会自己惩罚自己，就应该向自然学习，学会纠正在社会经济发展之中所犯的一系列错误，纠正“以人为本”“人口爆炸”“人的需求无限膨胀”及“社会经济无限膨胀”的发展理念与模式。实现新的自设计、自组织、自循环、自恢复、自净化和自平衡的功能和本领，为此必须付出理性的代价。人类文化、法规、科学、技术、社会、经济、工程、规划、管理系统与自然界不同的是自然生态系统的每一个“细胞”及整体的能耗、物耗、水耗、废物无害化等，总是趋向于最优化方向演化；而人类只是追求个人、单位、部门、国家的需求及利益的无限最大化，即使组成了联合国，也只是为强权国家服务而已，没有太多的实权，只是一个全球性最高的协调机构，因此，非但个人、单位、部门、国家不是一个优化系统，全人类也不可能形成最优化系统，全人类整体利益只是一句空话，为人类未来利益更是一句空话！人类如果不能自己惩罚自己，又不愿向自然学习，那么，只能是由自然界来惩罚！

（3）如果“人类自己使自己受害”，能够做到自己惩罚自己的话，是不是各个国家、部门、单位、各个人都不问三七二十一，各打三十大板呢？当然不是。那么谁承受多些？谁承受少些？谁可以免责呢？这就要有根有据，责罚分明，评价出个人、单位、部门、国家的“贡献率”。几十年来的每次国际环境会议，国家间为此总是互相扯皮、争论不休，主要是在发展国家与发达国家之间，也有国家与国家之间；在国内部门之间、地区之间、人与人之间同样存在类似的情况。

为此，需要按照核武库当量、能耗、物耗、水耗、废弃物的人均量、总量及累积量大小排序；需要查明各国、各地区、各部门、各企业、各单位、各个人的污染源、污染物“指纹”及标志污染物进入环境（大气、水、土、生物、人体）之后的迁移、转化的机制和规律，最终达到生物体及人体后的生理、生化效应及其临床、流行病学及长期后果；需要查明生态系统破坏的程度、原因与责任。为此，需要联合国出头，组织国际间多学科专家长期的通力合作，确证各个国家、部门、企业、单位、个人在导致能源耗竭、资源耗竭、环境污染、生态破坏、环境健康及公害事件中的“负担率”，将罪魁祸首送上“国际、国家环境法庭”，全球人民、各国人民也应承担自己的责罚份额。

全球人类及生态系统还面临“转基因”的潜在危险及“化学武器”“生物武器”及“核武库”的终极性污染及生态毁灭，因此，上述的调查与评价，还应该包含这些潜在危害在内。人类该如何有效禁止及销毁这些恶魔？如果连联合国都无能为力，全人类还依靠谁呢？只有全世界人类大团结起来，与一切毁坏地球生态环境质量的国家、部门、单位和个人斗争到底。

7.1.3.3 如何评价多种化学物积累暴露效应

从 20 世纪 80 年代起，美国国家环境保护局（EPA）和美国咨询中心（NRC）就致力于多种化学物累积毒性效应研究，成了国际热点，但没有能建立一个公认合适的方法。随后，包括美国在内的发达国家，纷纷开展了相关研究，不断提出研究进展报告及有关的原则、模型、框架、指南，由于问题的不确定性，在低剂量水平下，很难预测化学物的交互毒性，更无法全面模拟全人类环境中的状况，除非采取1∶1模型（如临床及流行病学），随机采取全球大样本（数以百万人计），进行全方位、多学科、临床及流行病学跟踪的调查、评价。

为了查明与确认涉及全人类命运的这个重大问题，必须追根寻源，拿出有说服力的定性与定量相结合、历史与现实相结合、宏观与微观相结合的调研数据、资料、宏观相关、微观相关及因果相关的研究结论，为此，需要进行全面的、系统的、长期的、科学的调查研究，需要联合国教科文、世界环境保护、世界卫生组织组织多学科科学家、专家与全世界人民参加的大联合。

7.1.3.4 建立一个“标准人”测评模式

我们这里的测算，是针对刚好符合国家标准的化学污染物，对它们可能进入人体的摄入量，进行概略的分析评价。鉴于情况的复杂性，我们作如下假设：

（1）综合有关数据、资料、信息，设计一个受害的“标准人”，他不分国籍、不分民族、不分地域、不分年龄、不分性别，他的“期望寿命”平均约为57岁，统一他（她）的吸气、饮水、食物量以及平均分摊的吸烟、饮酒量；

（2）采用我国的环境质量及卫生标准，作为标准人摄入的“有害成分种类”及“有毒害物标准摄入量”，是因为我国人口众多，又是个发展中国家，标准值大体上都处于中上等水平，测算全球人也具有一定的代表性；

（3）对比与参考全球生态环境资源的地球化学元素丰度值、背景值、本底值、各种环境标准值、人的生理生化标准值；

（4）参考国际及我国的环境疾病的调查统计资料，如：肺癌流行病学及临床学以及权威媒体报道的危害事例、环境公害事件等；

（5）再以致瘟疫、致癌、致畸、致突变为例证，以验证人是否会受到复合、积累危害的案例，举一反三。

7.1.4 编者评述

撰写“人类自己给自己做致毒害实验” 这个命题实在不是编者的意愿，只是作者40年研究的见证，确确实实的存在。难道这是人类发展阶段的必然，是持续发展的必然，是“全人类生命周期”的必然，也就是社会经济发展必然是以牺牲包括人类自身的健康和生态环境资源质量为代价吗？

7.1.5 读者思考

如果社会经济发展必然是以牺牲包括人类自身的健康和生态环境资源质量为代价，这还能称之为“可持续发展”吗？还能持续发展吗？这样的可持续发展有什么意义呢？

7.2 人类在给自己做大气致毒试验

7.2.1 空气背景

20世纪末，人类每年排入大气中的污染物已接近60亿t，相当于全世界每个人每年排放1t大气污染物。虽然只占大气自然总质量的0.000 1%，但是大气污染物主要分布于底层大气中（大气层在70 km范围内基本是均匀的），如大气污染物分布按70 m高度计，那大气污染物比例就是大气质量的0.1%。这是一个相当大的比例，因为人们吸进1 000 m^3的空气中就包含了1 m^3的大气污染物。而一个成年人每分钟呼吸按15次计，每次约0.5 L计，每人每年吸进空气约3 942 m^3，每人一生（按标准人57岁计）将吸进空气22.5万m^3。

大气主要污染物有二氧化硫、氮氧化物、碳氢化物、颗粒物、一氧化碳、二氧化碳、放射性物质等及其他物质（如：氯氟烃、氟化物、氯、苯系化合物及种类繁多的人为排放的重金属、一般有机物及剧毒二噁英等）。虽然被大气扩散、稀释、沉降所净化，但大气中仍然含有各种各样的微量污染物。以下资料数据主要为20世纪末的，仅供参考。

二氧化硫：全球自然界大气中二氧化硫总质量为0.11亿t；全世界人为排放量每年为1.7亿t，是自然排放量的15倍多。人类活动力已经超过自然营力，主要来自燃煤、炼油、燃油、金属冶炼等行业，人为排放的污染物的一半可被自然过程消纳，但仍有约一半会较长期地留在大气中。

氮氧化物：全球自然界产生量每年约800万t；全世界人为排放量每年为2 000万t，也超过了自然排放量的2.5倍。

碳氢化物：全球自然产生量每年约2亿t，70%是甲烷，30%是其他有机化合物，大部分被自然过程所消纳；全世界人为排放量达0.9亿t，占自然排放量的近一半。

颗粒物：自然产生源主要为风扬尘及火山喷发；全世界人为排放量每年为5亿多t，主要来自燃煤、冶炼、水泥、交通扬尘和尾气；粗颗粒物形成降尘落到地面，细颗粒物则会长期以飘尘形式停留在大气中；颗粒物上往往附着多种微量重金属或有机物，小于1 μm的飘尘可以通过呼吸进入肺泡内，对人体危害大。北方近年多起阴霾天气污染就与$PM_{2.5}$细颗粒物污染有极密切的关系。

一氧化碳：自然界发生量有限；全世界人为排放量每年为2.5亿t。一氧化碳剧毒，主要致急性中毒，在空气中不稳定，会很快与氧化合后形成稳定的二氧化碳。

二氧化碳：自然界总质量为 2.5 万亿 t，在大气中的体积比为 0.032%；全世界人为排放量每年为 55 亿 t（以碳计），可使大气中二氧化碳体积分数增加 1.2 μL/L，而且在逐年增加，是温室效应的罪魁祸首。二氧化碳本身无毒，但大量存在，就会侵占氧的比重，人及动物会因缺氧窒息而死。我国西南有个洞内因二氧化碳体积分数过高、缺氧，导致动物死亡，传出许多神奇故事。

二噁英：不是单一物质，而是混合物。全称分别是多氯二苯并-对-二噁英（简称 PCDDs）和多氯二苯并呋喃（简称 PCDFs）。每个苯环上都可以取代 1～4 个氯原子，从而形成众多的异构体，其中 PCDDs 有 75 种异构体，PCDFs 有 135 种异构体。

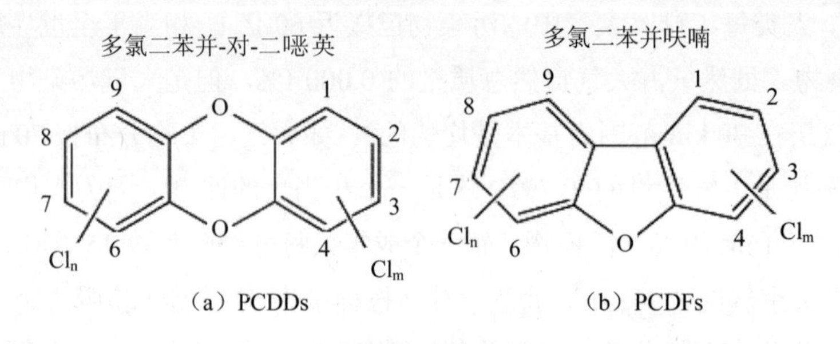

二噁英类结构式

自然界的微生物和水解作用对二噁英的分子结构影响较小，因此，环境中的二噁英很难自然降解消除。它的毒性十分大，是氰化物的 130 倍，是砒霜的 900 倍，有“世纪之毒”之称，万分之一甚至亿分之一克的二噁英就会给健康带来严重的危害。二噁英除了具有致癌毒性以外，还具有生殖毒性和遗传毒性，直接危害子孙后代的健康和生活。因此二噁英污染是关系到人类存亡的重大问题，必须严格加以控制。国际癌症研究中心已将其列为人类一级致癌物，是一组被称为持久性有机污染物的危险化学物质，它们在体内的半衰期估计为 7～11 年。在环境中，二噁英容易聚积在食物链中，食物链中依赖动物食品（含脂肪）的程度越高，二噁英聚积的程度就越高。

“二噁英”，常以微小的颗粒存在于大气、土壤和水中，主要的污染源是化工、冶金工业、垃圾焚烧、造纸以及生产杀虫剂等产业。日常生活所用的胶袋，PVC（聚氯乙烯）软胶物中都含有氯，燃烧这些物品时便会释放出二噁英，悬浮于空气中。

大气环境中的二噁英 90%来源于城市和工业垃圾焚烧。含铅汽油、煤、防腐处理过的木材以及石油产品、各种废弃物特别是医疗废弃物在燃烧温度低于 300～400℃及缺氧环境时容易产生二噁英。聚氯乙烯塑料、纸张、氯气以及某些农药的生产环节、钢铁冶炼、催化剂高温氯气活化等过程都可向环境中释放二噁英。二噁英还作为杂质存在于五氯酚、2,4,5-T 等农药产品中。

城市工业垃圾焚烧过程中二噁英的形成机制仍在研究之中。目前认为主要有三种途径：① 在对氯乙烯等含氯塑料的焚烧过程中，焚烧温度低于 800℃，含氯垃圾不完全燃烧，极易生成二噁英。燃烧后先形成氯苯，成为合成二噁英的前体；② 其他含氯、含碳物质如纸张、木制品、食物残渣等经过铜、钴等金属离子的催化作用不经氯苯也可生成二噁英；③ 在制造包括农药在内的化学物质，尤其是氯系化学物质，像杀虫剂、除草剂、木材防腐剂、落叶剂（美军用于越战）、多氯联苯等产品的过程中派生。

尽管二噁英来源于本地，由于其稳定性强，在环境分布上是全球性的。世界上几乎所有环境介质上都发现有二噁英，但在植物、水和空气中的含量非常低；这些化合物聚积最严重的地方是在土壤、沉积物和食品，特别是乳制品、肉类、鱼类和贝壳类食品中。在 PCB 工业废油的大量储存，其中许多含有高浓度的 PCDFs，这种现象遍及全球。长期储存以及不当处置这种材料可能导致二噁英泄漏到环境中，导致人类和动物食物污染。PCB 废物很难做到在不污染环境和人类的情况下处理掉。这种材料需要被视为危险废物并且最好通过高温、完全焚烧无害化处理。

环保部南京环科所丁剑高工负责的一项国家科委攻关项目，与南京汇丰危险废弃物焚烧厂合作，花费了 7 年多时间，取得相当满意的成果，实现了固体及液体危险废弃物、医疗垃圾完全焚烧处理废气中二噁英浓度达到国际标准，并实现废水零排放，少量废渣可安全填埋，确保消除二噁英的污染；而且投资不足同类进口设备的 1/2，即将鉴定推广，届时人们就不至于一谈垃圾焚烧及二噁英就“谈虎色变”了。

放射性物质：自然界原来就存在放射性，称为放射性背景值；生物体及人体中也含有微量放射性，所以，不必一说到“放射性”就“谈虎色变”。人为经常性排放的放射性来自燃煤的废气、废渣中，全世界燃煤排放铀量约 3 万 t（含铀 2.6～8.8 mg/kg），排放钍量约 7 万 t（含钍 4.0～17.0 mg/kg）；燃煤电厂排放放射性物质近 50 种，主要是α粒子，放射性物质在煤灰中富集，总α粒子为原煤的 3～15 倍。局部性放射性来自原子能设备、核燃料废物、核动力船舰及医疗辐射、空间试验等方面。

突发性的放射性污染源来自核爆炸（如广岛、长崎原子弹爆炸以及核试验）可造成数以十万人计的杀伤力及核电站重大公害事故（如三哩岛核电站公害事故、切尔诺贝利核电站公害事故及日本海啸导致福岛核电站公害事故等）。放射性的危害除了突发性战争及重大公害事故外，经常性的微量放射性主要是来自医疗放射性射线，其医疗工作者每年放射性负担可达 6.45×10^{-4} C/kg（C—库仑）；高空飞行员的放射性负担每年为 3.35×10^{-4} C/kg。放射性物质的放射性一般半衰期很长，在食物链中具有富集作用，对生物的特定器官具有选择吸收性。

全世界人民都坚决反对和要求禁止核武器、核战争、核试验；在和平利用放射性方面由于防护、管理及处置严格，一般不会构成危害，但潜在威胁来自核电站等核设施事故和核燃料开采、生产到排放过程中“三废”的泄漏，以及核设施报废后的处理、处置不当，有的半衰期很长，可与人类“共存亡”，人类绝不能掉以轻心。

放射性损伤难以逆转，分别有外部急性辐射损伤、慢性辐射损伤及体内辐射损伤。一般临床症状分为五级：Ⅰ级为几乎无症状；Ⅱ级为一时性恶心、呕吐、造血障碍；Ⅲ级为重度造血障碍，轻度肠道障碍；Ⅳ级为肠道障碍显著；Ⅴ级为中枢神经障碍。我国进行了全国放射性普查，除少数地区和少数单位的放射性背景值较高外，全国放射性本底基本都在全球背景值范围内，人们大可放心。

7.2.2 人从空气中可能吸入多少毒害物

根据我们设计的标准人及标准测算得到：

（1）标准人每年约吸入空气中标准毒物量约为 18.20 g；

（2）标准人一生约吸入空气中标准毒物量约为 1.04 kg；

（3）全球人一生约吸入空气中标准毒物量约为 0.06 亿 t。

7.2.3 大气主要污染危害特征

（1）工业革命二三百年以来，由于人们将大气当成了“废气储存库、污染净化库”，又将“废气库”的容量看成是无穷无尽的，是免费的扩散、稀释、净化器，将产业没有无害化处理或处理不彻底的所有大气污染物都向大气中排放，竟然大量的空气的容量都被用光。重要标志就是：温室效应，也就是人类活动所产生的 CO_2 等污染气体，远远超出了自然产生的量，才有了“控制碳排放”、实行“碳税”等控制排放措施，只不过属于亡羊补牢而已。

（2）人为的污染源主要来自能源、工业、农业、交通、城市、废弃物焚烧，有点源、线源及面源，有高空、低空及地面源，污染物的种类繁杂、数量巨大、浓度很高，其分布与产业化、城市化、现代化发展布局及速率相关。

（3）全球大气循环，导致全球大气都受到了不同程度的污染，几乎找不到没有污染的原始大气了，只有污染程度的差异。

（4）全球人类也身不由己地不同程度地呼吸着这些污染的大气。

（5）一般情况下，大气污染对人体健康的影响是微量的、慢性的、综合性的，表现为潜在的、积累性的危害。

（6）当突发的生产事故及恶劣的天气条件下，会造成大气污染公害事件，造成亚急性、急性危害，产生疾病、直至死亡。

（7）大气污染危害程度，除了与污染源的特性有关外，还取决于气象、地理、地貌及地表覆盖物的特征等因素及在污染源的上、侧、下风向及其距离有关。

（8）大气污染公害事件首先来自发达国家，有名的比利时马斯河谷，美国洛杉矶、多诺拉，英国伦敦，日本四日烟雾、光化学公害事件；我国近 20 年来也步西方后尘。大气公害污染表明：污染区的人几乎无法避免，来得快，影响广，危害大，死亡率很高，由于属事件性质，一般会引起政府及公众的关注而得以控制、治理或赔偿；而众多的一般所谓达标排放污染源的潜在危害时间长，难以识别和判定，难以得到国家、法律的保护，因此也得不到任何补偿，目前只能听天由命，导致越来越多的“冤死鬼”。

7.2.4 编者评述

俗话说的“人活一口气”，应该修改为“人活一口清洁气”，因为现在没有 1 万年前、1 000 年前甚至 100 年前的清洁大气了，现在的空气几乎没有不被污染的了，只有污染轻重程度之分。

7.2.5 读者思考

试想，如此的持续发展下去，任凭达标或不达标的污染空气时时吸进人们的肺里，进行“慢性致毒害实验”，老百姓会问：我何时就会得环境病？会得什么样的环境病？得了这些环境病又该怎样办？谁能给出一个满意的回答？难道任凭“冤死鬼”越来越多？难道，你就相信或保证自己或你的家人不会得环境病？

7.3 人类在给自己做饮水致毒试验

7.3.1 水的背景

由于水是极性分子，具有相当强的溶解性，自然界的清洁水中因此也含有相当多的溶解性物质和非溶解性物质；有固态的、液态的或气态的；有人体必需的及有害的等多种成分。如生命过程所必需的元素有：H（氢）、B（硼）、C（碳）、N（氮）、O（氧）、F（氟）、Na（钠）、Mg（镁）、Si（硅）、P（磷）、S（硫）、Cl（氯）、K（钾）、Ca（钙）、V（矾）、Mn（锰）、Fe（铁）、Co（钴）、Ni（镍）、Cu（铜）、Zn（锌）、Br（溴）、I（碘）等。

人体固体物质中以 C、O、N、H、Ca、P、Na、K、Cl、Mg 等为主，这些元素占人体总固体物质重量的 99.9%以上，其他元素含量甚微，但是，它们也往往有特殊的功能和作用。如 I（碘）是甲状腺素的主要成分（达 65.2%），每天还需要补充 100～200 μg，如果摄取量不足就会引起甲状腺肿大疾病。如 F 含量过低会发生龋齿病，但过高又会造成牙齿病和骨骼病。如硬度（钙、镁）过低，心血管系统病的死亡率升高，硬度过高对生命体及生产用水也有害。自然界地面水中常含有各种病原菌、病虫卵、病毒，如霍乱、痢疾、血吸虫等，必须煮沸或消毒后才能饮用。可见，饮用纯水对生命体无益，但某些元素过高或某些成分有害对生命体也不利。为此，国家和地方制定并颁布了“生活饮用水水质标准”及其他用途水质标准。

水中物质组成可分为：微溶的气体、主要离子、微量元素、有机质、放射性元素、悬浮固态颗粒等。

微溶的气体：以溶解氧（O_2）及二氧化碳（CO_2）意义为大，它们影响水生生物的生存和繁衍，以及水中物质的溶解、化合等化学和生物化学行为。天然水中氧来自大气中氧及水生植物光合作用放出的氧，溶解氧是水生动物（鱼类）的氧气来源；水中氧的输出来自有机物的氧化、有机体的呼吸和生物残骸的发酵腐烂作用。水中溶解氧的质量浓度变动在 0～14 mg/L。天然水体中二氧化碳来自有机体氧化分解、水生动植物的新陈代谢作用及空气中二氧化碳的溶解；而消耗于碳酸盐类的溶出、水生植物光合作用及过饱和时的自然逸出。河水、湖水中二氧化碳质量浓度一般在 20～30 mg/L，地下水中较高，海水最低。水中溶解气体多以分子状态存在。

主要离子：氯离子（Cl^-）、硫酸根离子（SO_4^{2-}）、重碳酸根离子（HCO_3^-）、碳酸根离子（CO_3^{2-}）、钠离子（Na^+）、钾离子（K^+）、钙离子（Ca^{2+}）、镁离子（Mg^{2+}）。通常这8大离子总量可占水中溶解固体总量的95%～99%。此外氢离子（H^+）虽然很少，但有特殊性，其含量多少可以影响水中所进行的化学过程和生物化学过程。氢离子的多少采用pH值表示。一般水体变化在pH 6.8～8.5之间，7为中性，<6为酸性水，>8为碱性水。强酸或强碱都有极强的腐蚀性。

微量元素：水体中的微量元素一般指质量浓度<10 mg/L 的元素。如：溴、硅、氮的无机化合物、磷的化合物、铁的化合物、碘、氟、铜、钴、镍、铬、砷、汞、钒、锰、锌、钼、银、镉、铍、锶、钡、铝、金、硼、硒及放射性元素（镭、氡等）。

溴，一般在淡水中质量浓度为 0.001～0.2 mg/L，在海水中可达 60 mg/L，成为海水的主要化学组成之一，在有些盐湖中可达几百毫克每升。

氮的无机化合物，包括铵离子、亚硝酸根离子和硝酸根离子，是水体富营养化的主要成分。

磷的化合物，一般质量浓度变化在 0.01～0.1 mg/L，质量浓度虽低，但对水生生物的生长繁殖有极重要意义，过高会协同氮元素一起造成水体藻类疯长，形成“赤潮”一类的富营养化水污染。

铁的化合物，铁在空气中很容易被氧化，在含氧的水体中也会被缓慢氧化，同时还可能会被腐蚀而溶于水中。

碘，在淡水中<0.003 mg/L，海水中为 0.05 mg/L。

氟，一般质量浓度变化在 0.01～10 mg/L，地下水中较高，矿泉水中可达十几毫克每升。

铜、钴、镍，在淡水中一般铜为 0.02 mg/L、钴为 0.004 mg/L、镍为 0.001 mg/L。

铬、砷、汞、镉等其他微量元素在天然水体中极少，一般在清洁水体中难以测出，当出现高值时，不是上游或附近存在金属矿床，就是人为污染的结果。

有机物质：水体中的有机物包括水生生物（如鱼、浮游动物、浮游植物、底栖动物、巨型植物、藻类、菌类等微生物）及其分解、死亡所产生的有机物质。有机物质的成分很复杂，主要由碳、氢、氧所组成，这三种元素占全部有机物含量的 98.5%，另外还有少量的氮、磷、钾、钙等微量元素或超微量元素。水体中的有机物具有多种存在形式，一般直接监测比较困难或费用很高，所以通常采用间接方法测定，如采用生化需氧量（BOD）指标反映，有机物质含量高，BOD 也就高。

无机物质：水中的有机物质（蛋白质、脂肪、碳水化合物等）在微生物的作用下，经过一系列的化学、生物化学变化，不断地分解形成无机物。如蛋白质（主要是氨基酸）分解为氨及有机酸，氨在细菌作用下生成亚硝酸，进一步生成硝酸，进一步生成氮及二氧化碳。测定水体的有机质及无机质含量的变化，可看出水体有机污染的时间长或短、重或轻。在有机物质分解的同时，水体中的无机物质又可以通过生物化学合成、光合作用成为有机物或生物体。

7.3.2 人从水中可能饮入多少有毒害物

根据我们设计的标准人及饮水标准中的规定毒物测算的结果为：

（1）标准人每年可能饮入有毒害物量约为 20.40 g；

（2）标准人一生可能饮入有毒害物量约为 1.16 kg；

（3）全球人约饮入有毒害物质约为 0.073 亿 t。

7.3.3 水污染主要特征

（1）近代大城市兴起的数百年中，由于人们将天然水体当成了“下水道”“污水库”，并将其容量看成是无穷无尽的，是免费的扩散、稀释、沉淀、净化器，将经过达标处理的、没有经过无害化处理或处理不达标的城市污水、生产废水、垃圾都排入天然水体中；即使处理达标，也不可能全部实现零排放，因此造成污染水体中含有数以百计的污染物质，即使饮用前再经过处理，但受技术或经济条件的限制，往往还是存在少量或微量有害物质成分。

（2）污染源主要来自工业废水、城市污水及降水地面径流，有点源、线源及面源，污染物的种类、数量、浓度、分布与产业化、城市化、现代化发展速率及布局相关。

（3）理论上讲，因为全球水循环，导致全球降水（雨、雪）、江河湖海都受到了不同程度的污染，进一步渗入地下而污染地下水。

（4）人们一般会选择相对清洁的水体作为直接饮用水源，水源地受到重点防护；城市集中供水必须经过严格的净水处理，一般是安全的。

（5）一般情况下，水污染对人体健康的影响有化学性的及生物性的，也是微量的、慢性的、综合性的，表现为潜在的、积累性的危害。

（6）当突发的生产事故及恶劣的水文条件下，会造成水污染公害事件，造成亚急性、急性危害，产生疾病、直至死亡。

（7）水污染危害程度，除了与污染源的特性及治理程度有关外，还取决于气象、水文、水生生物特征等因素。

（8）自来水厂为了消除微生物的危害，往往采用含氯消毒剂杀菌，氯与水体中的少量有机物发生化学反应后，可能生成新的系列氯代化合物，其中许多是致毒害物、可能致癌物及剧毒、剧害（致畸、致突变）物（参照附件 3、4）。

（9）水污染公害最初来自美国、日本等国家，全球性重大公害事件中，就有美国饮水中大量致癌物被检出；日本的“水俣病”及“骨痛病”事件；如前所述，我国的氟骨症、镉米事件等也是有毒害废水污染所致。

7.3.4 编者评述

俗话说的“人一天也离不开水”，应该修改为“人一天也离不开清洁的淡水”，因为现在没有 1 万年前、1 000 年前，甚至 100 年前的清洁的淡水了，现在的水源几乎没有不污染的了，包括珠峰也可以检测到微量污染物，可见，只有污染轻重程度之分。

7.3.5 读者思考

试想，如此的持续发展下去，就是任凭未达标而污染的水天天饮入人的肠胃里，进行“慢性致毒害实验”。老百姓会问：我何时就会得环境病？何地会得环境病？会得什么环境病？得了环境病又该怎样办？

7.4 人类在给自己做食物致毒试验

7.4.1 食物背景

常言说：“病从口入”。从口中进入人体的有毒害物，除了饮水外，主要就是各种各样的食物了。人不能不呼吸空气、不饮水，也不能不吃食物，生了病也不能不吃药，此外毒害物还可以通过抽烟、饮酒、皮肤接触、打针、输液、输血等途径进入人体而致害。食物污染危害问题越来越为人们所关注，食物致毒害可能是急性、单一性的，但经常的、大量的是微量、慢性、综合性的。食物污染物主要来自农药残留、食物添加剂、滥用药物及细菌性污染等方面。

7.4.1.1 耕地及作物重金属污染触目惊心

据中国日报网（北京）报道（2013-05-26）：一项调查表明，在华东等六个地区的县级以上市场中，随机采购大米样品 91 个，结果显示：10%左右的市售大米镉超标。另有调查显示，我国受重金属污染的耕地面积已达 2 000 万 hm^2，占全国总耕地面积的 1/6，农业污染状况已经达到触目惊心的程度。

湖南攸县的农民世代务农，几乎都是第一次听说“镉”，他们不知道镉的来源和危害，对他们来说最关心的是现在种的大米以后能不能卖出去。

7.4.1.2 农药、化肥污染

农药、化肥污染同样严重。据张维理分析，我国农药使用量年达 130 万 t，是世界平均水平的 2.5 倍。而据测算，每年大量使用的农药仅有少量（报道仅为 0.1%左右）可以作用于目标病虫，而 99.9%的农药则进入生态系统，造成生态系统结构的破坏和质量的下降。

农药是杀虫剂和植物保护剂的总称，农药生产的目标是：剧毒性、广谱性、持久性、经济性、便捷性等，农药因目标的不同，种类繁多，是一个大家族，包括：杀虫剂、杀菌剂、杀霉剂、杀藻剂、杀螨剂、杀鼠剂、除草剂、落叶剂及植物生长调节剂等，市售农药品种多达 1 万～2 万种。但其中有药效的物质仅 250 多种，其与各种附加剂、稀释剂相配合而成。自从《寂静的春天》问世以来，农药污染危害越来越被人们重视，人们开始追求的是低毒和易降解性替代农药。我国 1992 年禁用包括 DDT、六六六在内的有机氯农药以来，有机磷农药类取代了有机氯农药。有机磷农药在环境中相对较易生物降解。如用马拉硫磷粉剂处理谷物，谷物中马拉硫磷的平均质量分数为 10 mg/kg，两周后分解一半，11 个月尚残留 1/3。大部分黏附在谷物的表面外壳、麸糠上达 16～60 mg/kg，淀粉中为 0.6～1.2 mg/kg，深加工后进一步下降；做啤酒的谷物要经过 8 天发芽，然后加热到 70℃，农药质量分数可降低到 0.08 mg/kg。通过生物化学分解（发芽）、发热，可达到根本净化的目的。然而，数以万计的农药，不可能都通过这种方法进行无害化处理，因此，农药的残留及危害，随时都在我们的周围。

农药在除虫、杀菌方面“功不可没”：农药对于人类来说是有功的。如 1872 年化学家合成了二氯二苯三氯乙烷（简称：DDT），1939 年才被确定具有很强的杀虫作用。因此，被广泛使用来杀灭传播疾病的蚊子等昆虫后，在 20 世纪 40 年代挽救了几百万人的生命，免死于疟疾。我国台湾省禁用 DDT 前的 1945 年疟疾死亡人数达 100 万，使用后的 1969 年下降为 9 人；委内瑞拉禁用 DDT 前的 1943 年疟疾死亡人数达 81.7 万，使用后的 1958

年下降到 800 人；土耳其禁用前疟疾死亡人数达 118.9 万，使用后的 1969 年下降到 2 173 人；斯里兰卡禁用前的 1946 年疟疾死亡人数为 280 万，使用后的 1963 年下降到 17 人，于 1964 年禁用 DDT 后，疟疾死亡人数又再次上升到 1968—1969 年的 250 万。化学家 P.Müller 还因此而获得 1948 年诺贝尔医学奖。在养牛场合理使用 DDT 防止蝇类，每 1 美元可获益 4 美元，并可提高产肉量。

印度在 20 世纪初期，曾经掀起一场农业现代化的“绿色革命”：施用包括六六六、DDT 在内的农药、化肥及农业机械化，一时期取得粮食大幅度增产的效应，可惜不久就遭到自然的报复，土壤结构破坏了，有益细菌、昆虫消失了，害虫的天敌也消灭了，害虫抵抗力提高了，农业生产反而下降了，农药残留、污染问题发展了。

我国也步印度的后尘，在大跃进时期，也同样大量施用包括六六六、DDT 在内的各种各样的农药，自从六六六、DDT 造成农业严重污染危害后，我国及全球已经禁止施用了，采用一些危害性低、易自然降解的农药来替代。

7.4.1.3 食物添加剂

人们在解决了吃、穿、住、行基本生活之后，就在吃、喝、玩、乐方面特别下工夫，“吃”字始终是打“头”的。五花八门、五颜六色、五味俱全、花样翻新的食品层出不穷，吃不厌其精、不厌其细、不厌其烦，其中，食品添加剂的贡献是很大的。

日本人为了改善食品的商品特性及追求高额利润的手段，大量使用各种各样的食品添加剂，据日本厚生省（卫生部）资料：

早餐：饭食使用防虫剂（氧化胡椒基丁醚）；酱汤使用物品改良剂（氯化铝）、防腐剂（去氢醋酸）；酱小鱼使用甜味剂、调味剂、保存剂、着色剂、糊剂等；紫菜使用着色剂；酱油使用防腐剂（苯甲酸钠、对羟基苯甲酸脂）；调味剂使用谷氨酸钠、次黄尿圜核苷酸钠、乌苷酸钠等。

中餐：面包使用面粉改良剂（过氧苯酰、溴酸钾等）、无机盐、膨胀剂（重碳酸钠、磷酸钙、明矾等）；黄油使用防腐剂（去氢醋酸）、抗氧化剂（丁基化羟甲苯等）、着色剂、强化剂（维生素 A、D）；火腿使用发色剂（亚硝酸钠）、防腐剂（山梨酸钠等）、杀菌剂、抗氧化剂、着色剂、香料。

点心：冰激凌使用着色剂、人造甜味剂、乳化剂、食用色素；清凉饮料使用人造甜味剂、香料、乳化剂、有机酸保护剂、强化剂；口香糖使用可塑剂、香料、着色剂、人造甜味剂、稳定剂、抗氧化剂。

晚餐：清酒使用防腐剂（水杨酸）、质量改良剂（氯化铝、高锰酸钾）、发色剂（亚硝酸钠）；肉使用发色剂（亚硝酸钠）；豆腐使用凝固剂（硫酸钙）、除沫剂（硅铜树脂）、杀菌剂；干鱼使用抗氧化剂；咸菜使用甜味剂、着色剂等。

7.4.2 人从食物中可能摄入多少毒害物

根据我们设计的标准人一年从食物中可能摄入的毒物量概略测算结果：

（1）农用化学品：4.6 mg（-）

（2）添加剂：182.5 g（89.29%）

（3）焦油（烟中）：21.9 g（10.71%）

尼古丁（焦油中）：3.57 g（1.75%）

（4）茶（氟化物）：3.2 mg（-）

合计：204.4 g（100%）

由上可见：从摄入量及与人们生活关系的密切度来看，以添加剂比重最大；但从毒性来看，以焦油及其所含的尼古丁最高，可见，戒烟及厨房的抽油烟机多么重要；农用化学品摄入量的比重虽然不高，但是情况非常复杂，不能仅以其摄入量的比重来评价，而需要另外从靶目标、摄入的载体、方式、途径、品种、剂量、持续时间、富集程度、人体状况等多方面进行专项的综合评价。蕾切尔·卡逊的《寂静的春天》，就是专门论证农用化学品对生态毒害的高级环保科普书。

7.4.3 食品污染危害特征

7.4.3.1 农药的危害

为什么国际上同时取缔了包括 DDT、六六六在内的有机氯农药呢？这是因为，有机氯农药在环境中难以降解，而且在脂肪中溶解性高，环境中超微量、微量的有机氯等农药能够在生物体内残留并通过食物链进一步富集而可能达到致害剂量。20 世纪 50—60 年代证实，在全世界范围内的大气、水体、土壤、作物中和动物、人体脂肪、脏器、乳制品内普遍检测出 DDT，而且有逐渐普遍提高趋势。美国人在 1950 年测定为 5.3 mg/kg，1962 年为 10.3 mg/kg，70 年代初就高达 20 mg/kg。自然人们会思考，如此迅速的增长下去，人及动物还活得下去吗？因此引起了全球对包括 DDT、六六六在内的农药恐惧症。

7.4.3.2 添加剂的可能危害

据日本科学技术厅 1966 年调查：日本大体有 356 种添加剂被批准使用，每人每天摄入的仅防腐剂就有苯甲酸 0.01 g、水杨酸 0.09 g、山梨酸 0.45 g、去氢醋酸 0.041 g、对羟基苯甲酸脂 0.005 g、丙酸钙 0.674 g，共为 1.36 g。日本每人每年平均吃进添加剂就有 0.5 kg，其一生就吃进添加剂几十千克（比我们用标准人和标准的概略评价高出数倍以上），这些数值还有逐年增加的倾向。这么多种类和数量的添加剂进入人体后，会发生什么样的生物化学变化呢？就是连医学科学家也说不清。

7.4.3.3 滥用药物的危害

吃药是为了治病，人们往往想象不到的是“逢药三分毒”，有时吃药不但不能治病，反而致病。“治”“致”一字之差，却背道而驰。如不恰当地服用或使用某些激素类、安眠药、抗生素等。

激素类：众所周知，禁止运动员服用某些激素，但屡禁不止。有一种激素的衍生物，可以促进肌肉生长，但副作用是引起妇女男性化，引起男性性腺障碍，引起少年早熟等。

安眠药：孕妇早期服用某种安眠药，可引起胎儿肢体畸形。

抗生素：抗生素也如 DDT 一样，自 1928 年发现它的原理并普遍使用至今，功劳显赫。抗生素是由微生物制造的，能杀灭其他微生物或者抑制其生长，因此成功地将细菌感染在短期内治愈或抑制。自 1940 年英国成功地从特异青霉素菌的培养物中分离出青霉素纯物质的时候起，就不断制造出新的抗生素，至 20 世纪 70 年代初抗生素的生产量就高达 100 t 以上。至今离开了抗生素，全世界的西医医院就会全部瘫痪，西药生产及经营厂家就要全部关门。然而，由于抗生素的长期使用，使得致病菌发生了抗药性，人体及生物体产生了嗜药性，有益菌也被广谱杀灭，生物及人体的免疫性降低，形成了恶性循环，使用剂量越来越高，老的抗生素失效后，新的抗生素又不断推出。如“万古霉素”，与 20 世纪 80 年代初相比使用量增加了 100 倍，但微生物的抗药性也增加了 30 倍，如此恶性循环下去，到了无药可医和有药也不能医的境地，医学工作者、研究者应该思考新的对策，不能图省事和高利润，也许应回过头来向中医求教，为什么中医会延续数千年而不衰呢？至少需要学习中医的看病、治病的辨证施治。

7.4.3.4 细菌性食物危害

细菌更是一个大家族，有有益菌与有害菌的区别，不能一概而论。有害菌危害是一个古老的问题，细菌是地球上最早出现的生物种类，因此自从有了人就有了细菌性食物危害，中国人有饮开水及熟食的传统习惯，无不与杀菌有关，至今人类尚未完全制服小小的有害细菌，而且由于人的免疫性在下降及细菌的抗药性在增强，反而有发展的趋势。

1）肉毒杆菌食物中毒

肉毒杆菌致病原因是在食物食用前就生长繁殖并产生特殊神经毒素，引起的麻痹性疾病，症状是潜伏 12～36 h，首先出现恶心、呕吐和腹泻，接着出现复视、吞咽困难、声音嘶哑，最后表现为呼吸麻痹。是已知的对人类最强烈的毒素，人的口服致死剂量仅为 0.1～1.0 μg。亚硝酸盐是唯一的抗肉毒杆菌的特性物质，以往采用它作为肉类的防腐着色剂。20 世纪 60 年代研究证实亚硝酸盐能与仲胺形成致癌的亚硝胺，于是禁止在肉类中使用，又令肉毒杆菌食物中毒有所增加；然而，禁止亚硝酸盐在肉类中使用后，并不能显著地减少癌症的发生。因为，人类每天从唾液中分泌的亚硝酸盐的量为10～12 mg，肠道细菌能产生70 mg，而从腌制的肉类中，每日食入量仅为3 mg左右，只是总食入量的5%。因此，禁止在肉类使用亚硝酸盐有些得不偿失。人类经常遇到这样进退两难的决策问题。

2）金黄色葡萄球菌食物中毒

金黄色葡萄球菌致病原因也是在食物食用前就生长繁殖并产生强烈的催吐毒素，引起的呕吐和腹泻性疾病，症状是潜伏期为1～6 h，一般一天左右即能恢复，死亡率极低。对人的催吐剂量低于1 μg。该毒素为一种蛋白质，较耐热。因此，在监测中耐热的脱氧核糖酶阳性则提示受到该菌污染。

3）沙门氏菌属食物中毒

沙门氏菌是最重要的经食物传播的肠道传染病，这些细菌主要生活在人类的肠道中，通过食用受感染的动物性食物致病。每100 g食物中含2～3个活沙门氏菌就能致病。防止途径是加强食用动物的喂养和屠宰过程中的严格科学管理。

4）产气荚膜芽孢杆菌食物中毒

产气荚膜芽孢杆菌致病原因通常是与食用了大量受该菌污染的肉类或卤肉有关，每克食物中必须达到几百万个该种细菌才能致病。潜伏期8 h以上，可产生肠道毒素，引起严重的腹痛和腹泻，一天左右即能恢复。

5）非细菌性食物中毒

在病毒中，A型肝炎病毒是最严重的经食物中毒因子，它的暴发常与食品工作人员带病毒有关，水和贝类受污染也是主要途径之一。人们想起上海暴发的甲肝至今还心有余悸。一些动物寄生虫也可通过被感染的动物进入人体，最重要的是旋毛线虫，通常与食用未经煮熟的肉类有关。

7.4.3.5 食物毒害典型案例

1）德国肠出血大肠杆菌感染事件

2011年5月8日德国由大肠杆菌感染暴发了HUS病例和EHEC感染病例疫情持续上升，两周后达到高峰，随后稳定下降，历时两个月。HUS病例845例（死亡31例）、EHEC病例3 202例（死亡17例）。

经流行病学调查与溯源追踪认为：可能是来自埃及统一进口商供应的葫芦巴豆种子可能受到人类或动物排泄物污染的风险有关，因此，2009—2011年来自统一供应商的种子（包括供应其他国家）都可疑。

2）美国田纳西型沙门菌感染事件

2006年8月1日，美国CDC医生和美国国家卫生部门官员监测发现首例田纳西血清型沙门菌的发病患者，至11月大幅增加，至2007年4月23日共报告481例入院96例，涉及39个州。

经流行病学调查与溯源追踪认为：可能与进口的以色列的花生酱有关，历史上发生4次。1993年暴发的病例与奶粉有关。

3）日本水俣病事件

1925年日本氮素公司一家氮肥厂在水俣湾建厂，至1950年发现猫站立不稳、抽搐，甚至跳海“自杀”。至1956年5岁女孩出现口齿不清、表情痴呆、步履艰难、眼瞎耳聋、全身麻木、精神失常、躯体弯曲，最后不治身亡。之后，陆续发生类似病例。又在新潟县发现“第二水俣病”，至1974年约有332人患病，14人死亡。直到2006年统计，先后有2 265人被确诊为水俣病，其中大部分已死亡；还有11 540人未获医学认定，但已具有水俣病的症状。

经流行病学调查与溯源追踪认为：人们食用了与氮肥厂废水中排放的汞污染的海产品中毒有关。经熊本大学研究确认：水俣病实际上是水俣湾中的甲基汞所致（无机汞在自然环境中，可转化为甲基汞），底质中质量分数达2 g/kg，贝类达27～202 mg/kg（一般海鱼为0.3 mg/kg）；水俣湾中海水高达1.6～3.6 μg/L（太平洋海水中仅含0.1～0.27 μg/L）。直到1968年日本当局才承认这起严重的公害事件，这是由于政府偏袒污染肇事企业及控制不力之故。日本水俣病公害及其他公害或污染事故，促使日本反公害运动风起云涌，促使全球环境保护运动的兴起。我国从1973年开展环境保护以来就特别注意，不久就在吉林第二松花江流域发现类似水俣病患者，彻底治理污染源及切断污染途径后得到控制。

4）镉米污染事件

重金属镉，是日本骨痛公害病的元凶。在几十年前，我国沈抚灌渠就出现过采用沈阳冶炼厂的含镉废水灌溉区产的镉米公害事件，发现后镉米长期封存于仓库中；前些年镉米污染事件又在湖南、江西、广西等地沸沸扬扬，不仅导致大米销路遇阻，更让公众对农田污染给百姓餐桌带来的威胁有了新的担忧。

作为问题大米的风暴核心，广东省已经开始了全面清查。面对镉污染，还有地方至今未对事件原因和影响作出说明。作为一名普通消费者，人们心中不禁要问，污染大米的镉从何而来？从地头到厂家，再从市场到餐桌，这几道防线，我们守得怎么样？保证人们吃饭的安全，农田污染该如何治理？近期，广州市食品药品监管局网站公布了第一季度餐饮食品抽验结果，其中一项结果为44.4%的大米及米制品抽检产品发现镉超标。广州市食药监局共抽检18个批次，有8个批次不合格。在广东省食安办公布的抽检31个批次的不合格大米中，有14个批次来自于湖南，镉含量从每千克0.26 mg到0.93 mg不等。5月21

日，镉大米来源地湖南攸县官方通报了不合格大米的镉含量范围，披露原稻主要收自当地农户，涉事米厂手续齐全，周边也无重金属企业。既然生产环节无污染、原稻来源也没有问题，那么，污染大米的镉又源自哪里？南京农业大学农业资源与生态环境研究所教授潘根兴说，这些重金属的确不应该存在于农田，因为它们原本来自矿山。

早在 2007 年，潘根兴和他的研究团队，在全国华东、东北、华中、西南、华南和华北六个地区的县级以上市场中，随机采购大米样品 91 个，结果表明：10%左右的市售大米镉超标。研究还表明，中国稻米重金属污染以南方籼米为主，尤以湖南、江西等省份最为严重。大米镉超标的关键在于环境污染，具体取决于污染源、污染物、土壤和品种情况。“镉污染大部分来自矿山及工厂排放的废气中、废水中含有的镉，一些肥料中也可能含有镉。”专家表示，要寻找稻米镉超标的原因，需对当地、附近及水源上游进行全面的大气、水和土进行检测评价。多年来，中国土壤学会副理事长张维理长期关注我国土壤污染问题，他认为：“目前，我国土壤污染呈日趋加剧的态势，防治形势十分严峻。我国土壤污染呈现一种十分复杂的特点，呈现出新老污染物并存、无机有机污染混合的局面。”农业部环境保护科研监测所研究员侯彦林指出，一项针对 30 多年来近 5 000 篇中文论文的统计数据表明，矿山周边、工厂周边、城镇周边、高速路两侧、公园等经济活动和人活动密集的区域，土壤几乎都受到不同程度的污染，并且经济越发达，污染越严重，南方比北方严重。对此，中国工程院院士、华南农业大学副校长罗锡文也曾公开指出，有调查显示，我国受重金属污染的耕地面积已达 2 000 万 hm^2，占全国总耕地面积的 1/6。专家指出，污染的加剧导致土壤中的有益菌大量减少，土壤质量下降，自净能力减弱，影响农作物的产量与品质，危害人体健康。环保部门一项统计显示，全国每年因重金属污染的粮食高达 1 200 万 t，造成的直接经济损失超过 200 亿元。

5）三聚氰胺污染婴儿奶粉事件

2008 年 6 月 28 日，兰州中国人民解放军第一医院发现一例“婴儿肾结石”，之后陆续发现多例“双肾多发性肾结石”和“输尿管结石”，至 9 月 8 日，共收治 14 例，且入院时都基本到了中晚期，表现为急性肾衰竭症状，甚至有生命危险。除甘肃省外，陕西、宁夏、湖南、湖北、山东、安徽、江西、江苏等地都报告了类似婴幼儿疾患发生，以往甚为罕见，这些肾疾患与传统的成人肾结石不同，来势凶猛，引起政府、卫生及公安部门的高度重视。

经流行病学调查与溯源追踪确认：与“三鹿牌奶粉”有关，可能在生产加工、销售、储存等环节添加了“三聚氰胺”（化学原料），以提高原奶蛋白含量的三甲胺混合物（“蛋白粉”）；进一步锁定在原奶及奶粉原料环节。该公司在问题出现之后，仍然采取“措施”，将问题小的（含三聚氰胺＜10 mg/kg）奶粉或奶制品替换销售。

9 月 2 日，三鹿集团被政府勒令停止生产和销售问题奶粉。经审计，2008 年 8 月 2 日—9 月 12 日，生产含有三聚氰胺婴儿奶粉 72 批次，总量为 904.243 2 t，销售 69 批次，总量达 813.737 t，销售金额达 4 756.08 万元。

全国共有 22 家婴幼儿奶粉生产企业 69 批次产品被检出含量不等的三聚氰胺。不完全统计，有 30 万名婴幼儿患病，死亡 6 名，后果极其严重！

6）广州“甲醇”白酒致毒事件

2004 年 5 月 11 日，广州发生一例饮酒后不适，后死亡，之后陆续发生多起类似中毒事件。虽追回涉案白酒，但后果十分严重。主要表现为：视力下降、6 人双目失明、头痛、头晕、恶心呕吐、乏力、腹痛、意识障碍等症状；导致：14 人死亡、10 人重伤、15 人轻伤、16 人轻微伤。

经流行病学调查与溯源追踪认为：鉴定为甲醇（化工原料）中毒，甲醇含量高达 29.3%；中毒病人摄入量最少 50 mL，最多 2 500 mL，平均为 897.7 mL，死亡者平均达 1 038 mL。均为不法制造、销售者采用工业酒精（甲醇与工业酒精混合物）勾兑后，销售。

7）广州福寿螺原线虫事件

2006 年 6 月 24 日，北京市发现 3 名病人因头痛、发烧、恶心呕吐、颈部僵硬、偶感皮肤异常等症状急诊，化验发现多项血液等指标明显增高。

经流行病学调查与溯源追踪认为：与所食食品有关，后检查认为是含寄生虫的福寿螺原线虫引起的嗜酸性粒细胞增多性脑膜脑炎。至 9 月 29 日，累计诊断 138 例，均从某川菜连锁酒楼食过“凉拌螺肉”和“香香麻辣嘴螺肉”的福寿螺。经一年半的长期诉讼，该公司赔偿 160 多名患者近 1 000 万元。患者告北京市卫生局不作为，要求国家分别赔偿 7 000～20 000 余元，但未获准。

8）台湾“守宫木”蔬菜中毒事件

1994 年 8 月 23 日，台湾毒物药物咨询中心接获高雄一医生电话咨询：一名妇女食用了“沙巴里素”（绿健绞汁）后出现心动过速、致命性心律不齐及昏厥，两者是否存在关联？之后不断有类似咨询，并告知患者多食用一种所谓的“减肥菜”，不知是否有关？截至 1995 年 11 月，仅台中医院就收治了 100 多名呼吸困难和严重肺功能障碍的患者，全台病例达 300 人。

经流行病学调查与溯源追踪认为：是与患者食用了一种叫“守宫木”的蔬菜有关。“守宫木”也叫“减肥菜”“越南菜”“沙巴菜”，在东南亚国家广泛种植、食用，我国云南、四川也有种植，可作为药食用。含有红萝卜素、维生素、叶酸、脂肪、粗蛋白、钙和铁等营养成分，于 1993—1994 年引入台湾，本是一种食物，转化为多功能的“减肥、控制高血压、解除便秘、养容美颜、缓解痛风及妇科疾患等”的“神药”，商家误导宣传：“吃几斤减几斤”，“健康食品”，因此红极一时，随即大量引进。迷信者一天食用量是东南亚国家一周的量，可能是致病的根源。

9）台湾塑化剂污染事件

2001 年 5 月，台湾“食品药物管理局”主动查获富康公司的益生菌粉末中含有邻苯二甲酸（2-乙基己基）二乙酯（DEHP 塑化剂）；之后又发现许多知名品牌饮料产品中都被检出。

经流行病学调查与溯源追踪认为：是台湾昱伸香料公司制售的复合食品添加剂“起云剂”中含有 DEHP，实属违法行为，造成大规模食品污染。台湾公布累计 279 家企业 948 种产品受塑化剂污染。

上海口岸发现 3 月进口 792 箱饮料中可能含有“起云剂”；其他地区也有发现。6 月 11 日国家食品药品管理局通报大陆产食品首次被检出塑化剂，涉及 4 家企业 8 种品种。

问题是：2010 年《中国药典》中，将邻苯二甲酸二乙酯（DEP）列入合法使用的药用辅料范畴，主要作增塑料剂和包衣材料。虽对其性状、鉴别、检查作了详细说明，还规定了测定方法，但居然没有规定使用限量。

美国药典虽然也允许将其作为药用辅料，但同时规定了其同系物每人允许摄入量。

10）苏丹红污染事件

2005 年 2 月 18 日，英国食品标准局发出全球食物安全警告，公布“苏丹红一号”（工业染料）的产品清单。当即在英国引发疯牛病以来最大的食物恐慌，各超市、商店撤下 419 个品牌的数百万件食品，包括：虾色拉、泡面、熟肉、辣椒粉和调味酱。

经流行病学调查与溯源追踪认为：我国也不同程度地使用苏丹红一号、苏丹红二号、苏丹红四号、红药、辣椒红等被用于调料、制辣椒酱、口红、唇膏、红心蛋。其源头是广州田阳食品公司，他们购买了化工原料“油溶黄”（苏丹红的含量达 98%）作为原料，添加到其产品“辣椒红一号”中，制作油溶辣椒精，而被广泛使用。

7.4.4 编者评述

看了上述一些食品污染案例，真是触目惊心呀！看来，大气、水环境的保护非常重要，而食品环境保护也同样非常重要，甚至更加重要，食品实际上也是人的生存的环境要素之一，应该纳入环境卫生保护行列。

俗话说的“人是铁，饭是钢，一天不吃饿得慌”，这个“饭”可以作为“食品”的代名词。如果这个“饭”中有毒害物，长期食用还会成“钢”吗？因为从一定意义上说，现在没有 100 年前的没有农药等化学品污染的“饭”了，现在的食品几乎没有不被污染的了，只有污染轻重程度之分，超标未超标之分。

7.4.5 读者思考

试想，如此的持续发展下去，任凭违法的食物、不达标污染的食物及达标而有潜在危害的食物长期、大量地食进人们的肠胃里，进行“急性致毒实验”“慢性致毒害实验”“长期‘三致’实验”，老百姓会问：我何时就会得环境病？会得什么环境病？得了这些环境病又该怎样办？谁来给个说法？

7.5 人人都成了小白鼠

7.5.1 人类都被关在地球的“笼子”里

是的，人类的确是被囚禁在地球的“笼子”里的“小白鼠”。不仅如此，君不见人类还将自己囚禁在自己建造的一间一间铁门、铝窗、钢筋混凝土的“囚室”中。

这是地球巨大的吸引力所致，因为人离不开地球。今天科学技术的进步，少数宇航员才开始可以暂时挣脱地球进入太空了，即使达到千人，对于63亿人来说，99.999 999%的人是无法享受这个“特殊待遇”的；就是宇航员，也只能在极其有限的太空舱中短期生活，太空免去了地球表面的污染，又会遭遇太空辐射、失重、缺气、无水、少食、缺少绿色生物等一系列酷烈的环境质量的侵扰，更加不适合人的生存与生活。目前及今后一个相当长的时期，航天技术还无法超越太阳系，超越银河系大概是无法逾越的极限了，至少是非常遥远的事情了，也许在这种可能之前，人类甚至地球都可能已经毁灭。

这个“笼子”及“囚室”是不是就像生物毒性实验的“染毒室”呢？全人类都是毫无例外的、一生一世被自己的污染做着大量、微量、慢性、复合致拥挤、致嘈杂、致害、致毒、致癌、致畸、致突变的实验，对这种危害实验结果，只有长期、大样本（数以十万人计、百万人计）的流行病学及临床观察才能得出一些结论，往往是马后炮，而且，即使确诊的患者是由于环境污染、危害所致，也难以找到责任者，即使找得到元凶，也拿他没有什么招。法律、法规、政府、管理部门都显得手足无措，这就是环境保护科学、技术、法规、管理的盲区与悖论。

联合国、政府、管理部门及其法律、法规、标准等在这样的环境健康危害方面都显得无能为力，患者只有怨天由命而已。唯一欣慰的是，环境污染危害对于每一个人还比较“公平”，无论你多么富有、地位多么显赫、权势多么大，你都难逃出同样的命运，只是运气与概率不同而已。当然，富有者、权贵者可以选择最美、最清洁的环境生存、生活、工作及休闲和饮用无污染的水、食用有机食品，甚至可以购买“陈光标牌”在西藏高原取的罐装“世界最清洁空气”来呼吸，谁还敢说大气没有价值？未曾想珠峰的雪中也会有农药、重金属的污染，有机食品也只是相对的干净，即使刚出生的婴儿第一口吸的母奶中也保不住存在污染物。因为污染已经形成全球性的了，污染物参加了大气、水、土、食物、生物的大循环，无处不在，无时不在。你还不知道的是，即使非常微量的难降解的污染物，在食物链中可以富集百、千、万倍而使你致害！你也许是亿万富豪，可以购买宇宙飞船到外星球去，你要知道的是，太阳系确证没有哪个星球能够替代地球的生态环境资源质量，外星系中是否有可以与地球匹敌的，还是一个谜。即使科学家发现了这样的星球，即使是最近的星系，也是以光速为尺度才能到达，你用几生的时间也不可能到达那里的。别做梦了，还是回到现实吧！全人类觉醒吧，行动起来，联合起来，消灭各种各样的污染源、污染物，切断污染途径。

7.5.2 人类可能摄入多少毒害物

我们将从大气、水、食物中三种途径分别测算的可能进入标准人体的毒物合计得到：

（1）标准人年均可能摄入环境毒害物约为 243 g，即一生可能摄入毒害物 13.9 kg；如去除添加剂后年摄入量为 60.5 g，即一生可能摄入 3.5 kg。

（2）其中，约 7.49%来自空气，8.4%来自饮用水，84.11%来自食物；如去除添加剂，情况则为：36.2%来自食物，33.72%来自饮用水，30.08%来自空气。

（3）从前面测算的结果看，饮酒中的乙醇摄入量很高，因无摄入量标准，未参加汇总，不等于乙醇不算有毒害物，酒精的危害及事故是常见的，不可忽视。

（4）需要特别说明的是：上述仅是按照数量汇总的，环境健康效应不但要看数量，更要看种类及其毒性（因为参照了标准，实际隐含其中）和进入途径及方式；还要看数以十计、百计的微量污染物质的积累交互作用，这可是一个极其复杂的问题，目前的科学技术、计算机技术也是无法计算或模拟的，如果采用排列组合的方式建立这种交互关系的话，那就是个天文数字了。为此，需要先筛选出重点的、危害性大的污染物，即使摄入数量不大，但毒性极强的污染物是绝不能忽略的，如焦油、尼古丁、二噁英、3，4-苯并芘、农药、重金属、病毒、致病菌、放射性物质等剧毒或有“三致”的毒害物等。

（5）本测算是按照“标准人、标准值”进行的，不能代表污染区、职业环境及公害事故的情况；也不能代表清洁区优良的环境状况；实际情况是千差万别的，所以，具体情况还要具体分析。

7.5.3 致毒害效应

人类自诞生以来，始终是在与自然及人类自己导致的疾病作着不懈的斗争。下面分别从致瘟疫、致癌、致畸方面看看人类“小白鼠”的综合效应。

7.5.3.1 “致瘟疫”

1）雅典瘟疫

2 400 多年前一场呼吸系统瘟疫，几乎摧毁了雅典。

2）流感

自公元前412年就出现了类似流感的疾病，分别于1173年、1510年、1580年、1733年、1742年、1889年、1918年、1957年、1977年出现大暴发，席卷欧洲、亚洲或全球，最严重的一次是1918年，尽管导致这次全球性流感的病毒被美化为“西班牙女士”，却造成数千万人的死亡。

3）鼠疫

第一次鼠疫大流行最早发生于公元6世纪，起源于中东。公元542年从埃及南部传至北非、欧洲，几乎殃及所有国家，每天死亡万人，累计高达1亿人，导致罗马帝国的衰落，生态系统的破坏，生态灾害会导致国破人亡看来不是无端妄说。

第二次鼠疫大流行发生于公元14世纪，持续300年之久，遍及欧亚大陆和非洲北海岸。到1665年8月，每周死亡2 000人，一个月后竟达8 000人，最终导致欧洲死亡1/4的人口。

第三次鼠疫大流行始于19世纪末，至20世纪30年代达到高峰，波及亚洲、欧洲、美洲和非洲的60多个国家，死亡高达千万人以上。其特点是：突然暴发，传播迅速，波及几大洲。可见，地球在病毒面前，只是个“地球村”，不分远近、不分肤色、不分种族、不分国籍。

4）狂犬病

发现历史悠久，但直到1885年还不明其究竟？现在发明了狂犬病毒疫苗，才使大多数患者免于致死。现在养狗之风盛行，宠物狗已经进入寻常百姓家，还是预防为好。

5）天花

天花流行，曾波及欧、亚、非三洲，在17世纪、18世纪，曾是西方最严重的传染病之一，受害者主要为儿童，死亡率达10%，活下来的成人，因具有了免疫性而具有了免疫力。现在有疫苗可以预防。1980年世界卫生大会宣布天花在全世界消灭。

6）登革热

登革热是由伊蚊传播登革病毒所致的急性传染病，病症是关节、肌肉疼痛，步态难看，20世纪曾在全球大流行，患者多达数百万，我国东南各省也有过流行。

7）艾滋病

艾滋病是“后天免疫缺损综合征”（AIDS），可终身传染，破坏免疫系统，使人体丧失抵抗力。开始在美国的6例同性恋者中发现，此后传至全球210个国家和地区，至2002年底，累计达6 000多万人，死亡1 800多万人，我国累计达84万人感染，每秒就有1人感染，成了全球头号病毒“敌人”。

8）结核病

结核病是一种古老的疾病，而今又有卷土重来之势。自1882年发现结核菌以来，全世界死亡人数已达2亿，已有20亿人感染，感染率达30%，即每年感染人数约6 500万，还需继续与其作斗争！

9）SARS病毒

最近的一次大流行是2002—2003年的上半年，被称为非典型肺炎的冠状病毒（SARS），在全球肆虐。据世界卫生组织报告：全球累计病例8 437人，死亡813人，治愈出院7 452人。中国大陆受害最大，病例为5 327人，死亡348人，治愈出院1 422人，澳门1例，治愈；台湾累计病例671人，死亡84人，治愈出院507人。流感在外国“谈虎色变”，但在中国视为寻常，可能是与中国人长期受到感染，逐渐形成的抵抗力、免疫力比西方人强一些，即使如此，也难抵抗厉害病毒的挑战。

7.5.3.2 致癌、致畸

一般动物毒性实验的时间不可能很长（如：三个月），而最高级别是“三致”（致癌、致畸、致突变）实验需要更长时间，为了模拟人的生命周期情况，需要采用寿命为一两年时间的实验动物；而人因环境污染的“三致”的情况一般都比较长（数年、数十年），两者不可能完全吻合。我们这里以“三致”示例，主要是引用肺癌流行病学与临床学研究、统计的结果及学者、专家的研究成果及媒体报道，可窥见一斑。

1）肺癌流行病学的结果

（1）最新全球、中国肺癌流行病学及临床研究进展。

① 肺癌发病急性死亡流行病学分析。据钱桂生、余时沧对最新全球流行病学及临床研究进展报道（摘要）：

a. 2011年9月世界卫生组织发布肺癌高居恶肿之首，其死亡人数已超过乳腺癌、前列腺癌和直肠癌之和。

b. 肺癌发病率高、增长快，仅50年男性增长10～30倍，女性增长3～8倍；美国2010年新发癌肿患者150多万人；中国肺癌22万人，占各类癌肿的15%，居首。

c. 中国内地30个市县统计，1998—2002年，肺癌发病率为8.6/10万～58.8/10万，居14市县之首，24个市县＞30/10万；2000—2005年，肺癌患者增加12万人。

d. 肺癌死亡率高，预后差。世界卫生组织报道：1996年全球肺癌死亡人数达60万人，2003年为110万人，2008年高达140万人，跃居首位。1995—2001年，肺癌的5年生存率下降了15.7%，比1974—1976年的12.5%相比有所提高；临床分期统计5年生存率以“局限期”为佳，达49%；“区域累计期”为次，为16%，而“远处转移期”只有2%，说明“远处转移”对生存期的贡献率低。美国2010年肺瘤死亡的569 490例中，近30%（157 000例）为肺癌。我国肺癌死亡率在20世纪70—90年代增加了1.5倍，增长最快！

e. 肺鳞癌、肺腺癌、大细胞癌、小细胞癌四种类型在肺癌中约占90%，国外资料显示，

20 世纪上半叶吸烟导致的肺鳞癌最多，小细胞未分化癌次之；自 20—70 年代开始，肺腺癌显著上升，已取代肺鳞癌，其原因尚不清楚。

f. 非吸烟癌症发病率方面，美国男性没有明显变化，而女性，尤以老年女性显著上升。非吸烟男性肺癌死亡率大于女性，而非裔美国女性高于白人女性，值得注意。

g. 值得注意的还有：女性肺癌死亡率显著上升，20 世纪 30 年代男性肺癌发病率迅速上升，至 20 世纪中叶成为主要死因；而女性则自 20 世纪 60 年代至今一直上升。2010 年美国共 10.5 万新发生的女性肺癌死亡人数 71 000 例，是 1975 年的 2 倍，是 1950 年的 6 倍，已超过乳腺癌、结肠癌成为主要死因。随吸烟模式的变换，女性高峰晚于男性约 20 年，至今未见下降趋势。女性虽还低于男性，但差距在缩小。

h. 2002—2005 年上海市 15～44 岁青年肺癌发病率占同期全人群肺癌病例的 3.09%，男∶女=1.63∶1；初发病率均有上升，男性上升 2.46%，女性上升 1.57%，肺腺癌比例大于同期人群比例，应引起警惕。

② 肺癌发病相关因素分析：

a. 吸烟仍为最主要因素。吸烟肺癌发病率大于非吸烟的 20 倍。1995—1999 年主要发达国家中死亡人数高为 457 371 人，其中美国为 12.4 万人；而我国吸烟与肺癌发病率呈明显相关，预计 21 世纪中期将达到数百万人，其中被动吸烟也是重要因素之一，尤其会增加女性的危险！

b. 职业、生活暴露对特殊行业问题突出。职业、生活暴露相关的肺癌患者最常见占肺癌患者的 9%～15%。

c. 普遍人群与大气污染显著相关。如前所述，从中国及世界肺癌发病与死亡率的临床学与流行病学研究结果表明与大气污染呈显著相关。2004 年因空气污染导致全球 16.5 万肺癌患者死亡。大气中 $PM_{2.5}$ 年质量浓度每升高 10 $\mu g/m^3$，肺癌死亡率则上升 8%。

d. 遗传易感性对特殊人群影响显著。

e. 复合作用的叠加效应。

如果，上述四个方面的因素被叠加起来，如：A-B、A-C、A-D，A-B-C、A-B-D，A-C-D、B-C-D，A-B-C-D 的不同组合，其危害程度随组合程度的增加，而会起到相加、相乘的放大作用。

（2）中国大气污染对死亡的影响估计及对策措施。中华医学会会长、中国科学院陈竺院士，环保部环境规划院副院长兼总工王金南研究员等专家，于 2013 年 12 月 14 日在国际医学界最权威的《柳叶刀》（The Lancet）杂志（第 382 卷总第 9909 期）上，发表了《中国积极应对空气污染健康影响》（China tackles the health effects of air pollution）评论（以下简称《影响》），试图给出新答案。

《影响》发表后并未引起国内足够的注意。《影响》认为，根据 2007 年世界银行的《中国污染的代价：人身损害的经济评估》报告、2009 年世界卫生组织的《中国环境的疾病负担》报告以及环境保护部环境规划院做的《中国环境经济核算体系 2007—2008》报告等对中国空气污染的健康影响进行了评估，估计中国每年因室外空气污染导致的早死人数在 35 万～50 万人。

这一数字远远低于《柳叶刀》杂志于 2012 年 12 月 14 日发表的《全球疾病负担 2010 年报告》的评估。《全球疾病负担 2010 年报告》（以下简称《报告》）由 50 个国家、303 个机构、488 名研究人员历时五年共同完成，提出 2010 年中国因室外 $PM_{2.5}$ 污染导致 120 万人早死以及 2 500 万伤残。【详见《21 世纪经济报道》（2013 年 4 月 2 日）：2010 年《中国 $PM_{2.5}$ 污染致 120 万人过早死》】

《影响》认为，《报告》的研究结果是目前国际上对中国室外空气污染健康影响最严重的估计，但可能高估了中国室外空气污染的健康影响。世界银行、环保部环境规划院和复旦大学的相关研究采用了修正的空气污染长期暴露—反应关系系数和各城市实际空气监测数据，评估结果能更好地反映中国的真实情况。

“我不认为，《报告》高估了中国室外空气污染的健康影响。”《报告》的作者之一、中国疾病预防控制中心原副主任杨功焕对 21 世纪经济报道记者解释，“《影响》引用的作为依据的几份报告，其评估的主要是 PM_{10} 的影响，而《报告》的评估对象则不仅包括 PM_{10}，也包括 $PM_{2.5}$。”如果这么看来的话，那么《影响》和《报告》的评估结果可能会比较接近。

国际地理联合会健康与环境专业委员会主席、中国地理学会医学地理专业委员会主任王五一认为，无论是《影响》还是《报告》都是对室外空气污染对健康影响评估的研究尝试，这些努力是非常必要的。

“但是它们研究的前提都还存在一些不确定性，比如对健康影响最大的大气污染物 $PM_{2.5}$，在 2007—2010 年并不存在直接的监测数据，可能只有部分监测点的研究性数据，因此这一数据来源主要是推算出来的。”王五一分析，等 2016 年全国都开始监测 $PM_{2.5}$ 之后，我们有了全国的完整监测数据，到时再做评估可能结论更为可信一些。

尽管如此，空气污染直接对公众健康造成严重影响。$PM_{2.5}$ 已成为影响中国公众健康的危险因素，这已成为共识。另外，自 20 世纪 70 年代以来，中国肺癌死亡率呈迅速上升趋势，已成为中国首位的恶性肿瘤死因，2004—2005 年肺癌死亡率上升到 30.84/10 万人；与 1973—1975 年相比，肺癌死亡率和年龄调整死亡率分别增加了 464.8%和 261.4%。

公开资料显示，2013 年 9 月发布的《大气污染防治行动计划》提出了全社会以“同呼吸、共奋斗”的准则，要求未来 5 年投资 17 000 亿元治理空气污染。2013 年 10 月，国家卫生和计划生育委员会启动空气污染人群健康影响监测系统建设。

《影响》认为，这些严格的大气污染防治措施势必会带来中国空气质量的改善，产生显著的公众健康效益。根据环保部环境规划院的相关研究估计，如果中国城市 PM_{10} 年均浓度达到新修订的《国家环境空气质量标准》一级标准限值 40 μg/m^3，每年将减少 20 万人过早死亡。

2）环境污染致癌、致畸村

媒体报道：环保部在公布的《化学品环境风险防控“十二五”规划》中承认：中国一些河流、湖泊、近海水域、野生动物和人体中已检测出多种化学物质，有毒有害化学物质已造成多起急性水、大气突发环境事件，多个地区出现饮用水危机，个别地区甚至出现“癌症村”。

我作为一位老环保，欲哭无泪，只有心痛！这就是那些坚持所谓“先污染后治理”理论及指导思想的后果与代价！尤其严重的是污染公害事件是不能也不敢公开发表的，是环保工作者的无奈和渎职。现在媒体能够像流行病学一样公之于众，人民大众有了一定的知情权，我非常拥护。包括公害、污染事件的解决显现出曙光。国际经验表明：环境保护只有唤起人民群众的觉醒，才有希望！愚民政策是有百害而无一益的。

写到这里想起 38 年前，应于光远之约，写的一份环保材料给他，一共十条，最后一条是“关于环保保密”，我指出：一是环境污染是很难保密的，不说大气污染、地面水污染是显而易见的，就是北京地下水污染，也可以通过锅炉结垢反映出钙镁离子增加；大使馆可以取样化验也保不住密。二是我不同意实行环境污染保密的“愚民政策”，他同意我的这些看法，因为人民群众对于环境质量状况及生态环境公害事件有知情权、有生存权、有健康权、有监督权、有问责权、有要求赔偿权！如果人心也污染了，那么比环境污染更可怕。因此，传统的法规、制度、标准、办法等都急需全方位、多层次、系统地加以重新审定、修改、完善，而不是“空”喊可持续发展的口号。

我们党是一贯坚持实事求是的党，改革开放初，提出的对于政治问题的甄别要实事求是，以及后来提出的科学发展观，都是很正确的，严重流行传染的 SARS 病毒及大范围污染的 $PM_{2.5}$ 污染公害公开了，天不是也没有塌下来吗？环境污染危害是涉及包括决策、管理者在内的全体人民大众及其后代的生死攸关的大事情，应该不只是口头说说而已，而应该落到实处。现在，看到媒体越来越多的关于污染、生态破坏方面的报道，十分欣慰，国家在进步，也说明，我国已经迈入了发达国家 30 年前污染公害事件频发的阶段，我们用 30 年的时间，持续高速发展经济和社会建设，第一步确实取得了翻天覆地的变化，在第二步、第三步可能又会被生态环境资源的恶化及环境疾病的蔓延而取消，这是恩格斯早就警告过我们的，切莫忘了将“自然报复”的警钟作为座右铭！

2013 年 7 月 11 日，记者在原来重污染的淮河最大支流沙颍河沈丘段看到，经过多年的治理恢复，这里的水质表面上已有所改观。“淮河卫士”霍岱珊告诉记者，虽然现在水质有所好转，但那些看不到的污染仍致命。“经过这么多年的治理，上游那些‘会说脏话的排污口’已经很难找到了。现在这里的水质是Ⅳ类水，你看不到污染，也闻不到怪味儿，但是水体中的持久性化学物污染、重金属超标等仍然存在。”可见，一旦污染了，再彻底治理污染不是轻而易举的事情，新付出的代价可能会远远超出原来的急功近利。

国外常有关于畸形生物甚至是畸形胎儿的报道；我国某地也出现了畸形鱼，值得引起人民群众及政府的高度重视。

7.5.4 编者评述

此章从空气、水、食物等多种途径概略地测算出可能进入人体的有毒有害物，它们虽然是微量的，但它们参加了区域或全球大气、水、土及生物物质循环中，这将对于人及生命系统造成什么样的综合、长远影响与危害，已经不是目前世界各国在实验室中仅对少数动物、少数毒害物的生物毒性实验，或小样本的人群的临床和流行病学研究就可以解释与判明的了，怎么办？这是摆在全球思想家、政治家、法律家、科学家、企业家、工程师面前不可推卸的责任和重大课题！采用短寿命实验的鼠做全生命周期的致毒实验，不失为一个科学、合理、便捷的途径，再配合大样本（数以十万、百万计）的流行病学调查、统计、研究及全面临床的观察、测试、研究，为此，急需成立全球性大联合研究团体，职责分明、统一计划、资金分担、信息公开，资源共享，造福人类及子孙后代。

7.5.5 读者思考

人们通过各种途径，摄入了不清洁、受污染的空气、水和食物，每天、每年、一生吸（吃）进了多少有毒害物进入您的身体？长此以往，它们在人们的身体内残留有多少？人类能够有效地控制大气、水、食物污染危害吗？谁能确保进入人体的污染物不会使人受危害致病呢？受到了环境污染危害致病、致癌、致畸、致突变，又到哪里能讨个说法呢？因为环境污染受害找法院能受理吗？能查明原因和责任者吗？如果不能，那只有听天由命了。

即使经过处理或严格监管，广布全国的数以千万计的污染源及数以百计的污染物都能够达到各种各样的“标准”吗？即使统统都能达到，但久而久之，它们在人体内可能由于积累作用、富集作用、叠加作用、复合生理生化作用而使人受害。而实验鼠如果只有几十天的实验期，是不充分的；实验毒物是单一的，也是不充分的。那么，以往采用单项实验制定的规范与标准，对环境健康评价还有多大的意义呢？会不会起到误导作用呢？看来，对复合性环境卫生标准的制定又是一个重大科学难题，又带来法律界定环境疾患的难题，目前的环境及健康法规往往失灵。那么，谁应先负起环境责任呢？如果找不到责任者的话，按国际惯例是政府负有不可推卸的法律、行政、经济责任，除非政府能够确认责任者。建议尽快制定出这样的法律、法规、程序和办法，现在到时候了！

> 氟利昂可以在大气中存在 60～130 年，使它们扩散到平流层，分解释放出的氯原子会给臭氧层造成严重危害。
>
> ——Lee R. Kump《地球系统》

发展代价

8.1 天被谁戳了一个洞

8.1.1 臭氧层空洞是怎么回事

地球形成初期表面是缺氧的还原性环境；大约在 18 亿年前，地面水体中出现了微生物，约 7 亿年前陆地上出现了植物，通过光合作用放出氧气，经过上亿年的积累，到 6 亿年前达到现代氧气量的 1%；到 4 亿年前达到现代氧气量的 10%：到 3 亿年前基本上接近近代氧气量了。目前地球上每年自然产出的氧气量约 1 000 亿 t，除去生物新陈代谢的消耗，每年有 200 多亿 t 的余量。在地面上 10～55 km 的范围内称为平流层，由于缺乏降水、空气稀薄、太阳光强烈，在紫外线的照射下，1 个氧分子（O_2）就变成了 2 个氧原子（O）；氧原子与氧结合形成臭氧（O_3）；臭氧能吸收波长 200～320 nm 的紫外线，又分解出氧（O_2）及原子氧（O）；如此循环积累的结果，在 25 km 高度上自然形成了一个包含原子氧、氧及臭氧在内的臭氧层。

别小看这个臭氧层，如果铺在地球表面（将其压缩到海平面大气压条件下）只不过几毫米厚，却是地球的“生命保护伞”：由于它能吸收与削弱了紫外线对地球表面的辐射强度，地球上的生命才得以产生、生存和发展；如果失去它的防护，地球生命就会遭受严重的甚至难于逆转的危害。波长 200～280 nm 的紫外线能杀死人和生物，幸好被臭氧层全部吸收；波长 280～320 nm 的紫外线可杀死生物，但大部分被臭氧层所吸收；波长 320 nm 以上的紫外线臭氧层吸收较少，幸好其对人和生物危害较小。这就是在开篇中所指出的，产生生命的因素、因子是非常苛刻的，这还只是其中之一，还有之二、之三，等等，这还不够，还需要这些因素极其巧妙地交织在一起，由此可见，人类及生物的产生是多么的不易，生物及人类的生存是多么的困难，所以说生物及人类是万分的脆弱，真是命悬一线。

臭氧层之所以十分脆弱，不仅仅是因为它十分稀薄，而且是由于组成臭氧层的原子氧、氧及臭氧都具有很强的氧化能力，可与达到臭氧层高度的氟氯碳及一系列有机化合物发生化学反应而削减。20 世纪 70 年代，英国科学家首先通过观测发现，南极上空臭氧层开始减少并出现空洞。据联合国 1989 年观测得到同温层臭氧浓度年平均下降 3%左右，以南极下降最高，在南纬 53°～60°处下降 10.6%，60°～90°处下降 5%以上。1986 年测得空洞的面积达 1 000 万 km^2（略超过了美国或中国国土面积），空洞的高度可容纳珠穆朗玛峰！至 20 世纪 90 年代，空洞面积已达 1 400 万 km^2，已遍及南极上空。1998 年观测到空洞面积已达 2 720 万 km^2，1988 年科学家又发现在北极上空也存在臭氧层空洞，其面积是南极空洞的 1/5。南极上空臭氧含量总体已下降 50%，北极上空臭氧含量下降约 10%。据美国环保局提供的资料，在美国及我国上空的臭氧层同样也有损耗。我国科学家在青藏高原上空也发现了臭氧层空洞，并对其成因作出了科学的分析和新的解释。我国科学家还对臭氧层空洞形成的原因，进行了理论探讨，也提出了自然成因的可能。最近，我国赴极地考察的科学内容中，也有关于臭氧层空洞的研究。

8.1.2 是谁戳的这个洞

根据国外科学家的研究，是由于人类生产、生活、飞机航行、火箭发射、军事科学技术试验的迅速发展，人类排放了大量可以破坏臭氧层的物质，而且通过地面地扩散到臭氧层。如飞机的尾气，到火箭的升空、卫星及宇宙飞船的发射，到大气层进行核武器爆炸试验，以及核战争等多种途径。排放高度越来越高，除从地面污染物上升到臭氧层的途径外，许多污染物更是直接达到臭氧层并与臭氧层发生化学反应，造成了全球大气臭氧层总量下降、浓度降低并在南极和北极上空出现了骇人听闻的“臭氧层空洞”，这已成为不争的事实，震惊了世界。

臭氧耗损及臭氧层空洞对生态的危害十分严重：在平流层的臭氧体积分数每减少 1%的同时，地面臭氧体积分数就会增加 2%，有害波长紫外线的强度也将增大 2%。当大气中的臭氧体积分数达到 0.05 μL/L 时，敏感植物的生长、发育和繁殖就会受到影响；达到 0.1 μL/L 时，人的呼吸道就会发生炎症；当达到 5 μL/L 时，人就会患晒斑、皮肤癌、眼疾和改变免疫系统的某些反应及动物的生命就会发生危险。这是因为蛋白质和核酸是动植物生命组织的基本物质，而蛋白质对波长为 260 nm 的紫外线辐射最为敏感；核酸对波长为 280 nm 紫外线最为敏感。美国 1986 年测算每年因大气污染造成的农业损失达 20 亿美元，其中 90%是由包含臭氧在内的污染物共同作用造成的。

科学家已知造成臭氧耗损的直接污染物质是含氯和溴的化合物，其中最为显著的是氟利昂、哈龙类，以及一氧化二氮、四氯化碳、三氯甲烷等。氟利昂类被确定为是“罪魁祸首”，包括20多种物质，常用的有氟利昂—11、氟利昂—12，占全世界氟利昂总产量的80%。氟利昂广泛用于制冷系统、灭火剂、发泡剂、烟雾剂喷洒的发射剂、溶剂等。氟利昂具有极强的稳定性、无毒、不易燃烧，在大气中寿命可达几十年或几百年，但进入臭氧层后就会分解，释放出氯原子（Cl）。氯原子具有极高的活性，成为“臭氧杀手”。本身并不损耗，所以会不停地与臭氧反应，一个氯原子大约会破坏数以千计的臭氧分子。从而导致臭氧层的破坏。世界产量达200多万t，其中，美国占36%，欧共体占37%，也就是破坏臭氧层的主要责任国。1985年20多个国家签署了《维也纳保护臭氧层公约》；联合国环境规划署于1987年4月在加拿大召开了国际会议，并签订了《关于消耗臭氧层物质的蒙特利尔议定书》，规定发达国家到1998年氯氟烃使用量减少一半；发展中国家可以有10年的宽限。现在全世界包括中国在内的大多数国家都在议定书上签了字。美国及欧共体已经决定2000年停止生产氟利昂。第十一次《蒙特利尔议定书》缔约方大会于1999年11月在北京召开。我国政府积极参与并作出了巨大努力，已经取得了较好进展。

8.1.3 臭氧层破坏能够控制吗

我们必须保持清醒的头脑，并不能因为有了《议定书》问题就可以解决了，问题严重的是：全球累计排入大气中的氟里昂高达2 000万t相当稳定的停留在对流层中，只有少数进入平流层。即使从现在起，全世界减少90%的破坏臭氧层物质，臭氧层的空洞还将至少持续100～150年。因此至少21世纪人类已难以逃脱“臭氧层空洞”的阴影！何况，消耗臭氧层的物质不仅仅是氟利昂类物质，一些其他破坏臭氧层物质是很难全面、全部禁止生产和使用的，一些军事狂人及战争贩子还不会立地成佛。如氮肥和化石燃料的大量使用产生氮氧化物；超音速飞机排出的氮氧化物；航天飞机排放的含氯气体；大气层核爆炸等。大气层核爆炸很可能是更为主要的罪魁祸首。据科学家的计算，1952—1962年全球大气层核试验可使臭氧损失1%～8%，与同期实测数据减少了2.2%是基本吻合的。全世界如果不制止大气层核试验，岂不是到21世纪初臭氧就将消失殆尽。预测如果发生10 000MT量级的核战争，臭氧将损失50%，加上历史的破坏量，臭氧层将彻底瓦解！此外，还可能存在自然原因。不言而喻，臭氧层的耗损及破坏如果得不到有效遏制，对包括人类在内的生态系统的危害将是灭顶之灾。

写到这里，不由想起“女娲补天”的故事来，看来，杞人忧天不为过，远在远古的女娲时代就不仅是忧天，而是开始“补天”了，我国古代哲人多么的具有远见！

专栏 8-1 女娲补天

传说盘古开天辟地，女娲用黄泥造人，日月星辰各司其职，子民安居乐业，四海歌舞升平。后来共工与颛顼争帝位，怒触不周山，导致天柱折，地球上除了人类所有生物灭绝，地球两极颠倒，九州裂，天倾西北，地陷东南，洪水泛滥，大火蔓延，人民流离失所。

女娲看到她的子民们陷入巨大灾难之中，十分关切，决心炼石以补苍天。于是她周游四海，遍涉群山，最后选择了东海之外的海上仙山——天台山。天台山是东海上五座仙山之一，五座仙山分别由神鳌用背驼着，以防沉入海底。女娲为何选择天台山呢，因为只有天台山才出产炼石用的五色土，是炼补天石的绝佳之地。

于是，女娲在天台山顶堆巨石为炉，取五色土为料，又借来太阳神火，历时九天九夜，炼就了五色巨石 36 501 块。然后又历时九天九夜，用 36 500 块五彩石将天补好。剩下的一块遗留在天台山中汤谷的山顶上了。

天是补好了，可是却找不到支撑四极的柱子。要是没有柱子支撑，天就会塌下来。情急之下，女娲只好将背负天台山之神鳌的四只足砍下来支撑四极。可是天台山要是没有神鳌的负载，就会沉入海底，于是女娲将天台山移到东海之滨的琅琊，就在今天日照市涛雒镇一带。至今天台山上仍然留有女娲补天台、补天台下有被斩了足的神鳌和补天剩下的五彩石，后人称之为太阳神石。女娲补天之后，天地定位，洪水归道，烈火熄灭，四海宁静。人们在天台山载歌载舞，欢庆补天成功，同时在山下建立女娲庙，世代供奉，朝拜者络绎不绝，香火不断。

【引自：360 百科】

8.1.4 编者评述

人类的前途多么险阻，维系生命系统的保护伞臭氧层是如此的脆弱，整个生命系统命悬一线，人类为何还能处之泰然并歌颂昌盛？还大量生产、使用破坏臭氧层的各种各样的物质？还大量储备核弹？人类还算是文明的、智慧的生物种吗？

在全球消除大量可能破坏臭氧层的物质谈何容易。难道耗损臭氧物质的替代能够全部及时解决？难道臭氧层会很快恢复？难道这些科学研究成果只不过是科学家散布的一个“弥天大谎”？

人们不解的是，为什么产生臭氧层空洞和损耗最大的南极、北极及青藏高原，恰恰不是地面污染源所在地，恰恰是无人区？虽然科学家也有解释，但看来还需要深入探索其机制机理。

8.1.5 读者思考

既然已经查明了“责任国”和各国的责任分担，除了分担削减的义务外，联合国或世界人民还有什么更有效的手段给予严厉的惩罚与制裁呢？尤其是对悬在世界人民头顶上的核武器是否能够彻底的消除呢？

当然，对于全世界人民来说，也都有责任与义务，贡献一份力量。所有生产或产生臭氧物质的设备的厂家立即或限期停止生产。

对于老百姓来说，一家一户影响不大，但乘上几十亿这个数字，就是个天文数字了。可见，从生活中消除有害臭氧层物质的家用设施的使用，已经不是小事，而是与人类的命运联系到一起了。

如果要彻底消除臭氧层污染物质的使用和排放，人类将付出多么大的代价？但是，无论多大的代价，与全人类的安全相比，又算得了什么？

8.2 生物多样性在下降

8.2.1 什么是生物多样性

“生物多样性”是有关生物的种类、数量和系统的统称。包括：“基因（或遗传物质）多样性”“物种多样性”和“生态系统多样性”。一般因为基因太小和生态系统又太大而难以观测；加上基因存在于物种之中，而物种又是生态系统的构成要素；物种如果灭绝了，其基因也就灭绝了，其组成的生态系统也就毁灭了。因此通常用物种多样性来反映生物多样性的程度比较方便；但是这不是说生物多样性仅仅是指物种多样性。

即使只采用“物种多样性”在一定程度上可以反映总体生物多样性，但也不是一件容易的事，因为据各种不同的估计，地球上的生物物种多达 500 万～3 000 万，已经有记录或研究过的只有 140 万种，只占估计物种数量的 28%以下。何况对已经记录和研究的物种也无法全部进行连续性跟踪观测。这不仅会造成较大误差，而且很可能在尚未记录或研究前它就无声无息地消失了。

8.2.2 生物多样性的下降在以对数曲线增长

作者在《中国生态资产概论》一书的绪言中指出：据生物学家的长期研究结果是：① 在 10 000 年前没有人为影响的生态环境背景下，生物物种的自然灭绝，每年约为 1 个；② 现代生物物种的灭绝速度达到每年 1 000 个之多；③ 生物物种灭绝的情况虽不很清楚，但可以假设 1 000 年前灭绝速度为 10 个，100 年前为 100 个，近 10 年来递增达到 1 000 个；

④ 以上两端的估计如比较可靠，中间的近似假设也是可以基本成立的；⑤ 如果上述推论成立，可见：是以 1 个/a→10 个/a→100 个/a→1 000 个/a 的速率在递增，也就是以对数曲线在下降，这是一个非常高的速率。如果继续以这样的速率发展下去，岂不是会达到 10 000 个/a→100 000 个/a 速率下降吗？当然，这是一种十分概略的推算方法，问题是专家估计的近期每年已经达到 1 000 个/a 的速率是比较可靠的，这也是一个令人生畏的速率。

8.2.3 生物多样性的保护与持续利用

这是生态环境保护中的难题之一，原因是：① 生物数量太多；② 分布很广；③ 已经研究和有记载的还只占少数；④ 这方面的科学家及专业人才稀少；⑤ 所需费用巨大等。

生物多样性保护不是一个国家的事情，要想持续利用，首先要做到全球联手控制与消除对生物多样性的破坏，因此，我们只能从投入小、收效快的途径入手，逐步扩展：

（1）首先在全球范围内联手行动，建立健全国际性生物多样性保护法律法规框架，并建立健全履行国际公约义务的相关法规体系；

（2）各国要进一步完善、充实现有的生物多样性保护法律制度的建设，并建立健全行政执法的程序、手段及队伍建设；

（3）要作出全球性、全国性、区域性生物多样性保护区划、规划及行动计划；

（4）优先保护划定的具有战略性、全球性及特殊性意义的重点保护区，确保保护区持续运营的费用、人员、设施、生活及科考条件；

（5）保护区的范围，要确保大型生物的栖息地、繁殖地、迁徙地及其生态种群容量的最低需求；

（6）目前的无人区、人类稀少区要优先保护起来，划定保护范围，严格禁止人类的活动和进入；

（7）对于人类活动已经干扰或破坏了生物多样性保护的地区，需要研究人类退出的法规和实施办法；

（8）加强国际科技合作并引进与利用现代高科技手段，如卫星、通信、信息、生物技术等；

（9）加强和扩大宣传、教育、培训专业科技人员及公众参与的力度、范围并创造各种条件。

8.2.4 编者评述

生物多样性这个看起来好像是个虚无缥缈而又非常现实的重大生态环保课题及难题；既离每个人似乎很远，实际上又在每个人的身边。它看起来没有臭氧层、酸雨的危害来得这么紧急，这正是生物多样性不易被公众所理解的原因，由生物多样性组成的生态系统就犹如多米诺骨牌一样，是一个高度有序系统，因此，如果不慎触动了某张不该触动的牌，就有可能产生多米诺效应，就会毁于一旦，因此，绝不可以掉以轻心。

8.2.5 读者思考

我们在生物多样性保护公众参与方面能够做些什么有意义、有作用的事情吗？

8.3 三个热点

物种灭绝、外来物种、遗传基因是生物多样性保护的组成部分，之间都有密不可分的关系，也都是国际热点问题，也是难点问题，涉及生物多样性或生态系统保护的深层次问题，这些问题需要以预防为主，加强全面控制与管理，因为一旦出现问题，不是仅仅依靠资金、科学、技术就可以解决得了的，往往就是灾难性、不可逆性，其损害难以评估。

8.3.1 物种的产生与灭绝

8.3.1.1 物种的自然产生

自从生命在地球上诞生，就伴随着基因的遗传与变异，遗传保持了物种的继承，变异实现了基因、物种及生态系统的多样性，正如第 2 部分所述，地球上才会有异常丰富的生物物种，并形成独特的生物圈。即使到了今天，科学技术十分发达，而且人类活动的范围几乎遍及地球的各个角落（珠峰、南北极、入海、入地、探空），但是对丰富的物种的种类的认识还没有穷尽，已登记的物种才不过 140 万种，据专家估计有 1 000 万至 1 亿之间的物种还有待发现。鉴于物种的分布在地球的各个角落，而且存在变异，因此，鉴别、调查、登记物种的工作不但是一个专业性非常强的工作，而且也是非常困难的工作，这样的人才面临后继无人的窘境，解开物种的全部秘密还是个全球性的科学考察任务。

地质历史中，生物也存在自然灭绝，然而，自然产生总是大于自然灭绝，所以才有生物多样性的平衡与发展。

8.3.1.2 物种的自然灭绝

生物物种也像生物个体一样也有寿命，它的产生、发展到灭亡是一种自然过程，根据化石研究表明，多数生物物种的寿命为 100 万～1 000 万年。造成物种灭绝的原因有物种自身的自然衰变及外因巨变所致，自身衰变也往往与外部环境因素巨变有关。外部环境因素的巨变因素很多，如有来自太空的超量辐射、巨大流星及陨石碰撞、严重的气候灾变等，均可能导致物种灭绝、食物链的断裂及生态金字塔的崩塌。自从地球产生生物以来，科学家估计存在过 5 亿种生物。在过去的 5 亿年间，有五六次物种灭绝还是全球性的（约相当 1 亿年发生 1 次），众所周知，在地质时代的三叠纪（6 500 万年前）发生的恐龙灭绝（化石研究还表明，当时地球上的动物同时灭绝一半）。

在两亿多年前的中生代，大量的爬行动物在陆地上生活，因此中生代又被称为“爬行动物时代”，然而，这些爬行动物却在 6 500 万年前很短的一段时间内突然灭绝了，今天人们看到的只是那时留下的大批恐龙化石。但恐龙没有彻底灭迹，据地质学家通过化石的鉴定考察得到，幸存的恐龙的后代演化为鸟而存活下来。

小行星撞击说

关于恐龙大规模灭绝的原因，人们仍在不断地研究之中。长期以来，有权威观点认为，恐龙的灭绝和 6 500 万年前的一颗大陨星有关。据研究，当时曾有一颗直径 7～10 km 的小行星坠落在地球表面，引起一场大爆炸，把大量的尘埃抛入大气层，形成遮天蔽日的尘雾，气温剧降，植物的光合作用暂时停止，食物链的断裂导致恐龙灭绝。

这一学说，很快获得了许多科学家的支持。1991 年，在墨西哥的尤卡坦半岛又发现一个发生在久远年代的陨星撞击坑，这个事实进一步支持了这种观点。今天，这种观点似乎已成定论了。

甚至，人们还发现，生物的灭绝现象和外星的撞击存在一个 6 500 万年的周期，以此观点来看，当前地球上的生命已经是行走在生命的尽头了。因为上一次灭绝就发生在 6 500 万年以前。下一次大灭绝随时都有可能发生，实际上也正在发生，看看前述的物种灭绝速度就知道了……

但也有许多人对这种小行星撞击论持怀疑态度，因为事实是：蛙类、鳄鱼以及其他许多对气温很敏感的动物都渡过了白垩纪而生存下来了。陨石撞击可能并不是全部的真相，除此之外，关于恐龙灭绝的主要观点还有以下几种。

气候变迁说

6 500 万年前，地球气候陡然变化，气温大幅下降，造成大气含氧量下降，令恐龙无法生存。这一学说，没有指明原因，而小行星撞击说是不是正好补充了这个原因呢？

物种斗争说

恐龙年代末期，最初的小型哺乳类动物出现了，这些动物属啮齿类食肉动物，可能以恐龙蛋为食。由于这种小型动物缺乏天敌，越来越多，最终吃光了恐龙蛋。

大陆漂移说

地质学研究证明，在恐龙生存的年代地球的大陆只有唯一一块，即“泛古陆”。由于地壳变化，这块大陆在侏罗纪发生了较大的分裂和漂移现象，最终导致环境和气候的变化，恐龙因此而灭绝。

地磁变化说

现代生物学证明，某些生物的死亡与磁场有关。对磁场比较敏感的生物，在地球磁场发生变化（磁极倒转以及强度的变化）的时候，都可能导致灭绝。

被子植物中毒说

恐龙年代末期，地球上的裸子植物逐渐消亡，取而代之的是大量的被子植物，这些植物中含有裸子植物中所没有的毒素，形体巨大的恐龙食量奇大，大量摄入被子植物导致体内毒素积累过多，终于被毒死了。

酸雨说

白垩纪末期可能下过强烈的酸雨，使土壤中包括锶等毒性物质在内的微量元素被溶解，恐龙通过饮水和食物直接或间接地摄入锶，出现急性或慢性中毒，最后一批批死掉了。

关于恐龙灭绝原因的假说，远不止上述这几种。但是上述这几种假说，在科学界都有较多的支持者。当然，上面的每一种说法都存在不完善的地方。例如，“气候变迁说”并未阐明气候变化的原因。经考察，恐龙中某些小型的虚骨龙，足以同早期的小型哺乳动物相抗衡，因此“物种斗争说”也存在漏洞。而在现代地质学中，“大陆漂移学说”本身仍然是一个假说。“被子植物中毒说”和“酸雨说”同样缺乏足够的证据（引自：人民网　熊旭、林露）。

8.3.1.3　人为生物灭绝

对大多数野生生物来说，近代最大的威胁显然是来自人类对生物生境的占有、分割、破坏、污染，导致生态环境质量的退化、恶化，这是由于人类利用自身进化取得的优势条件与野生生物竞争有限的生态环境资源与空间的恶果。全球连极冷及极热地区都居住了人，考察、探险及偷猎者的足迹几乎踏遍了地球的南极、北极、高山、峡谷、冰川、荒漠、火山、深海。只要哪里有人的活动，哪里的野生生物就难以生存和繁衍，而且地球上连野生生物都难以生存的地区，也有了人类的踪迹。人类以惊人的速度侵占野生生物的栖息地或将其切割得支离破碎。如孟加拉国已损失高达 95%的野生生物生境，美国的佛罗里达州大量用水疏干了湿地，导致水禽减少了 90%，美国的高原草原减少了 50%。中国的野生生物生境减少了多少呢？我国是世界人口最多、历史悠久的国家，我国的人口从中原开始向东南西北方向发展，从湖海、平原向高山、峻岭方向发展，从温暖地区向高寒地区方向发展，几千年来，人们修建了大量城镇、工厂、农村、农田、矿山、公路、航道、机场、码头、水库……目前连昔日野生生物都难以生存的黄河源头、长江源头的青藏高原都有了居民。如果按目前森林覆盖率 13%左右估计一下，我国陆地野生生物生境减少了 75%左右，不是过高的估计吧？何况，现在还在持续的破坏和侵占呢？我国海洋野生生物的生境相对破坏要小一些，但是一个值得引起特别重视的是，现代化的海洋捕捞规模巨大，捕捞量巨大，海洋资源（能源、矿产资源、生物资源）将是 21 世纪全球掠夺的重点，海洋污染和破坏早已开始，这样下去连野生生物的“最后残存的自然生境”也将消失。试问：还有野生生物的藏身之地吗？

据英国世界保护监测中心报告，自 1600 年以来已有 311 种被科学家描述过的物种灭绝了，其中包括 96 种无脊椎动物、24 种鱼、20 种爬行动物、117 种鸟和 54 种哺乳动物；另外还有 13 种野生动物已经消失，仅为人工豢养。说明生物物种已不仅仅是自然灭绝了，物种的濒危和灭绝一直呈上升趋势，而且越到近代，物种灭绝的速度越快。特别严重的是，根据科学家的观测、研究和估计，物种灭绝的速率高到令人难以置信的程度：从公元前 8 000 年至 1975 年的近 1 万年期间，哺乳动物和鸟类的平均灭绝速率大约增加了 1 000 倍！如果包括植物和昆虫的灭绝速率，1973 年估计灭绝速率为每年几百种，现在已达到每年几千种！短短的几十年里，物种灭绝速率已至少增加了 10 倍！

这是一个什么概念呢？这正如前面所述是一条近似以对数曲线灭绝。即使科学家的估计误差达到十倍、百倍（一般来说是不可能的），上述以对数曲线灭绝的高速率如果成立，生物多样性还有救吗？人类岂不会成为孤家寡人了吗？人类还能独自存活下去吗？实在是让人触目惊心！

生物学家早就警告说，如果森林砍伐、沙漠化及湿地和珊瑚礁破坏按目前的速度继续下去，那么在 1975—2000 年，地球上至少有 50 万（也许有 100 万种）物种将会因为人类活动而灭绝，其中大部分是尚未被分类记录的植物和昆虫。

生物物种在灭绝之前处于珍稀濒危阶段或受威胁阶段。珍稀濒危物种是指残存的个体数极少，失去大量繁殖的可能，以致会在所有分布区或大部分分布区灭绝的物种；受威胁物种是指那些在分布区内仍为数不少，但繁殖数量已低于死亡数量，总体数量正在减少并向濒危阶段发展的物种。1988 年列入世界珍稀濒危及受威胁的物种表中的已有 4 600 种之多，很多物种正在评估之中，一些物种也许等不及科学家列入其中就已经灭绝了。

当前地球面临的第六次物种大灭绝，却是由人类所驱动的。现在地球上的物种正处于地质史上又一次大灭绝的时期。世界上 11%的鸟类已经踪影全无，非洲一些地方的类人猿减少了 50%，亚洲 40%的动物和植物将很快消失，到 2025 年，全球 2/3 的海龟也将与我们永别。

这仅仅是本次物种灭绝的冰山一角。科学家估计可能每 20 分钟就有一个物种灭绝，也就是说一年可能会有 27 000 个物种灭绝，而其中很多物种也许人类还闻所未闻、见所未见，便永远地消失了。

过度地垦荒伐木，严重地破坏了生态系统。据统计，目前地球上超过 1/4 的土地已被开垦，54 个国家 90%的森林已经消失。南美亚马孙河流域的雨林正在以每年 24 000 km^2 的速度消失，这相当于每小时有 6 个天安门广场那么大面积的雨林在消失。

大肆地狩猎、捕捞是物种灭绝的又一原因。美洲野牛在欧洲人到来之前有 3 000 万头，由于不断捕猎，到 1890 年只剩下了 750 头；蓝鲸最初有 30 万头，大肆捕杀使其在 20 世纪60年代就只剩下了几千头。联合国声称由于过度捕捞，目前海洋中最主要的17种鱼类已有15种数量大幅减少，严重影响了海洋生物的生存。

稀有物种的国际贸易对物种灭绝也起到了推波助澜的作用。这种国际贸易一年的净利润能达到100亿美元，它的规模超过了非法军火贸易，仅次于毒品交易。巨大的利益驱使一些盗猎的犯罪分子铤而走险，如象牙贸易虽在1990年就被国际社会明令禁止，但时至今日每年仍有4 000头大象遭到猎杀。

环境污染对物种生存而言也是一个严重的威胁。重金属、阻燃剂、合成激素、杀虫剂等到处散播，无处不在；污水、酸雨、放射性废物、油污等正在不断蹂躏着生态系统。

可见，人类在生产生活中的各种不理性、不文明行为，严重破坏了生物的多样性。加快了物种灭绝的速度。面对当前的物种大灭绝，人类如果还不能清醒地认识到它的危机，还不去采取积极有效的措施，那么，今天的物种灭绝就会拉开明日人类终结的帷幕。【引自：谢小军《知识就是力量》】

8.3.2 外来物种

《生物多样性公约》第8条h款提出："防止引进、控制或消除那些威胁到生态系统、生境或物种的外来物种"。为此，1997年实际上发起了《抵御全球入侵物种计划》，旨在世界范围内交流和共享外来物种入侵的知识、信息和防止措施，制订和发展外来入侵物种管理策略，涉及外来物种的现状评价、入侵途径、入侵生态学、风险评价、法律、政策框架以及教育和培训等方面。

2002年国家检疫部门就截获外来有害生物1 310种、22 448批次，比2001年增加了1.5～3.4倍，仅紫茎泽兰、豚草等11种外来有害生物，每年给农林牧副渔业生产正常的经济损失就高达570亿元。至2004年，入侵我国的外来物种至少有400多种。在全球100种最具威胁的外来生物中，我国就有50种（引自：百度知道）。

由此可见，有些外来物种入侵会对当地物种、生态系统平衡产生巨大的冲击或破坏，挤占原有物种的生存空间、阳光、水分及养料。人们常见的水葫芦的疯长就是一例。这是因为，外来物种水葫芦入侵到一个新的生态系统，其"天敌"消失了，就可以自由的生长；在条件允许的情况下，如水葫芦喜肥，因此在污水沟、污水塘、污水湖泊中很快就形成疯长（参考第10部分的"生态黑洞"原理），原来引进的目的是为了净化污水的，结果原有水生生物系统破坏、萎缩或死亡，水葫芦疯长死亡腐烂后，进一步污染水体，形成恶性循环和公害。

外来物种的种类很广，包括：陆生、海生的外来入侵微生物、植物、动物。

外来物种入侵的途径也很多，如贸易、运输、旅游等活动的入境或出境归来携带、引进；外轮压舱水的排放、物品包装、大气输送等途径。至于大气输送难以管控，目前控制与管理只可能集中在前面几种途径。

8.3.3 遗传资源

遗传资源一般是指取自人体、动物、植物或者微生物等含有遗传功能单位并具有实际或者潜在价值的材料。

作者在《遗传资源价值评估研究》中采用一个模式作出了如下界定：

遗传资源（界定）=遗传信息元（遗传密码）+遗传物质（DNA 或 RNA）及由 DNA/RNA 转化而来的遗传信使（*m*RNA）+遗传物质载体（染色体、细胞、组织、种质、生物个体、生物群体）+遗传种群生境

这个界定比《生物多样性公约》中的定义更完善、更科学了。

作者在完成国家重点课题《外物种入侵、生物安全及遗传资源》课题中，承担了“遗传资源经济价值评价”项目，初步了解了遗传资源特殊而巨大经济价值。我们的研究是从“燕梅发现”开始的（见专栏 8-3）：

专栏 8-3 燕梅发现

看“燕梅发现”，如一石激起千层浪，发人深思。据 2001 年 10 月 26 日，新华网报道：

中国最早栽培的“五谷”里有大豆 6 000 多种。占全球总量的 95%的野生大豆品种在中国。可是往后“种豆”还能顺顺当当“得豆”吗？美国一家叫孟山都的公司正向全球 101 个国家申请一项源自上海的野生大豆基因专利，一旦成功，很可能全中国人卖豆、摘豆，甚至种豆都得先掏出专利费来。本周在德国波恩召开的《生物多样性公约》大会上，中国的“大豆专利危机”令举座皆惊！而追踪这一危机长达 8 个月的，竟是上海复旦大学一位四年级女生燕梅。她说：“我只想告诉像我父母一样不懂转基因、不懂专利的普通人，很可能今后种自己的豆，稀里糊涂就受了侵权指控。”

孟山都公司检测和分析了一种来自上海周边的野生大豆品种，发现了一种与控制大豆高产基因密切相关的“标记”。进一步培育出含有这种标记的大豆。由此，孟山都提出了 64 项专利申请，保护其发明的“高产大豆”。这些专利包括：与控制大豆高产性状的基因密切关系的“标记”；所有含有这些“标记”的转基因大豆及其后代；栽培高产大豆的育种方法；甚至植入了这种高产“标记”的转基因植物，比如我们熟悉的大麦、卷心菜、棉、大蒜、花生、土豆、草莓、番茄……要是孟山都申请专利得逞，就意味着孟山都垄断了大豆的高产品种及其遗传资源。

【引自：徐海根、王健民、强胜、王长永，《生物多样性公约》热点研究：外来物种入侵、生物安全、遗传资源，科学出版社，2004 年 10 月】

8.3.3.1 全球大背景

据 2012 年 2 月 13 日《中国经济时报》范思立报道，全球转基因作物种植面积已达 1.6 亿 hm^2，仅 2007—2008 年就增长约 1 070 万 hm^2，说明转基因有极强的需求背景及生命力（图 8-1）。

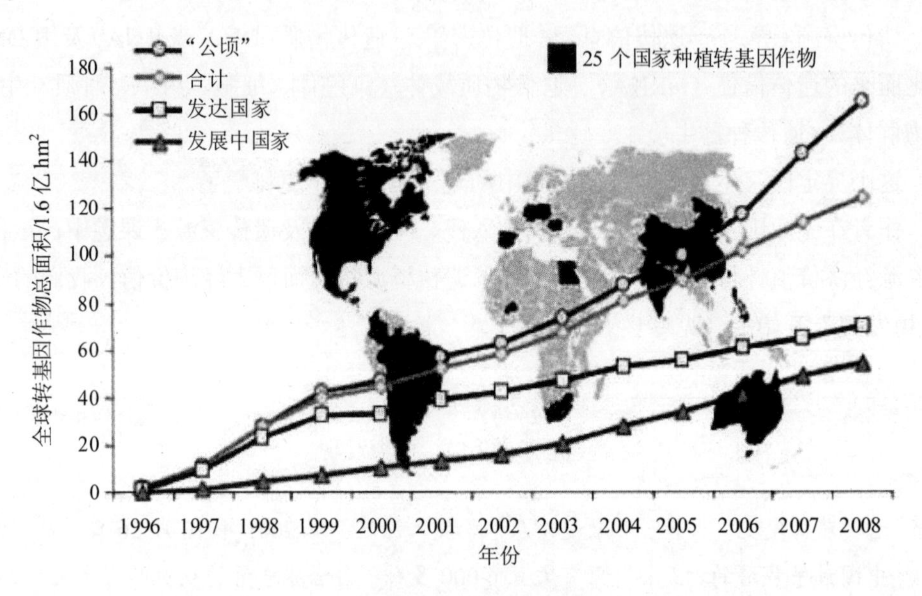

图 8-1 全球转基因作物种植面积

据报道：总部设在美国的国际农业生物技术应用服务组织 7 日发布报告称，与 2010 年相比，2011 年全球转基因作物种植面积增长 8%，达到 1.6 亿 hm^2。2010 年全球共有 29 个国家种植转基因作物，其中 19 个为发展中国家，10 个为发达国家；发展中国家转基因作物种植面积新增 820 万 hm^2，发达国家新增 380 万 hm^2，分别增长了约 11%和 5%。

报告显示，2011 年转基因作物种植面积最大的国家是美国，达到 6 900 万 hm^2，主要为玉米、大豆、棉花、油菜等；巴西、阿根廷分列第二和第三位，种植面积分别为 3 030 万 hm^2 和 2 370 万 hm^2。其余名列前位的国家是印度、加拿大、中国、巴拉圭、巴基斯坦、南非和乌拉圭，种植面积均超过百万公顷。

美国现行的转基因食品政策是从克林顿政府开始的，其特点是“不问不说”，即规定自愿标志，实际上是不标志的政策，其理论基础是依据美国食品和药品管理局的“实质等同”原则，即转基因食品和传统食品无本质不同。【引自：世界工厂现代农业网，编辑：王直板（2012.02.08）】

一场关于“转基因”的不是战争的战争也拉开序幕，至今如火如荼。

一方是正方，主要认为：① 自然界中的基因重组始终没有停止过，人类今天种植的普通谷物正是几千年来自然与人工选择的结果；② “转基因”有可能为解决目前人类（尤其是我国）粮食等食物短缺的困难，为人口负担过重的地球带来食物供应喘息的机会，各国政府，尤其是农业部门当做福音而大力支持；③ 同时“转基因”还可能带来巨大的潜在经济利益，被企业家、公司、风险投资家追捧，趋之若鹜，疯抢高地。

另一方是反方，主要认为：“转基因”可能带来遗传基因的突变而致病害及存在生态环境质量潜在灾难风险，危及生命系统及其子孙后代风险，所以，环境保护部门及广大人民群众抱有慎重的态度，是可以理解的。

8.3.3.2 正方论据是：最新研究表明转基因食品不构成食品安全问题

转基因生物技术的发展一直受到国内外的高度关注，从2009年11月底转基因抗虫水稻获得农业部颁发的生产应用安全证书至今，转基因作物的安全性问题一直是舆论热议的话题之一。对于目前公众对转基因作物安全的种种疑问，国际知名食品安全专家、国际食品添加剂法典委员会主席、中国疾病预防控制中心营养与食品安全研究所陈君石院士认为需要及时澄清一些不实传闻，告诉公众有关转基因、转基因作物、转基因生物安全等方面的知识，让公众准确了解转基因食品安全的实际情况，避免因而受各类传闻的影响，使公众陷入某种认识误区。

1）天然食品不等于就是安全食品

任何一个农作物新品种的诞生都是基因改变的结果，这是农业发展的根本。为什么没有人质疑杂交水稻新品种？因为人们普遍认为，传统的杂交方式是安全的，而人为的基因改变就是不安全的，同样的误解也出现在对食品添加剂的认识上，即天然的食品添加剂就是安全的，而化学合成的食品添加剂就是不安全的。事实上，天然的食品添加剂中也有有毒有害的，而化学合成的经过科学评价的照样是安全的。对于转基因作物来说，基因改变的数量远远低于传统的杂交育种方式，在基因位点的选择上也更为精确。

2）没有零风险食品存在

食品安全是一个相对和动态的概念，没有一种食品是百分之百安全的，零风险的食品安全是不存在的。世界卫生组织对不安全食品有明确的定义，即食品中有毒有害物质对人体健康产生不良影响的公共卫生问题。这个定义中有两个关键词，一个是有毒有害物质，一个是对人体健康产生不良影响，这两个关键词必须同时并存，才能构成不安全食品的事件。

在我们生活的环境（包括食物）中有毒有害物质很常见，关键在于含量，有毒有害物质只有达到一定的量，才可能对健康造成危害。例如，对于国家允许使用的农药，我们不是规定食品中农药残留等于零，而是规定食品的农药残留最大限量，只要不超过限量就是合格的，超过了是不合格的。国家在制定食品中有毒有害物质的最大允许含量标准时十分慎重，一般加上100倍的安全系数，超过标准的食品都是不合格食品，不允许出售。所以要进行风险评估。从政府管理的角度讲，非法使用的、超标的都是不能进入市场的。比如，之前发生的苏丹红事件中，苏丹红就不是政府批准的饲料添加剂和食品添加剂，所以把苏丹红放到鸭饲料中从而进入鸭蛋是非法的，政府对其予以坚决取缔。

3）转基因食品不构成食品安全问题

按照食品安全定义：一方面转基因食品不含有有毒有害物质，更不要说量的问题，所以说，转基因食品并不构成食品安全问题；另一方面，转基因作物的研究、开发有一整套严格的监督管理程序，在生产方面，也有确定的生产规范和严格的管理要求，这和其他传统产品的生产是一致的。【引自：微微健康网-健康 养生 保健，2011年1月20日】

4）农业部：吃转基因食品会致绝育纯属造谣（引自：农业部网站2013-10-17）

本网讯　日前，《环球时报》又刊登了彭光谦“转基因安全要用事实说话”的文章，新华网也报道了彭光谦的评论“靠转基因解决粮食问题是饮鸩止渴”。郎咸平在广东卫视“财经郎眼”播出的“警惕！转基因！”，上海第一财经（微博）频道“解码财商”做的《转基因食品，你敢吃吗？》中，更是把权威机构已反复澄清过的所谓转基因食品致癌、影响生育、导致土地报废等谣言拿来说事，又一次引起了人们对转基因技术的恐慌。近日，中国农业大学食品科学与营养工程学院教授、院长罗云波和中国农业科学院生物技术研究所研究员黄大昉接受了记者专访，对相关问题给予了坚决回应。

记者：彭光谦的文章称，当前商业化推广的转基因品种，只有抗除草剂或者杀虫的特性，或者二者的结合，转基因不增产，更谈不上高产。迄今为止，全世界没有任何一项转基因作物是增产的，也没有任何一个人搞出任何一个“增产基因”。实际情况如何？

黄大昉：转基因技术在作物上首先实现商业化的确是抗除草剂和抗虫两个基因，但不是只有这两个基因。之后在农业领域，包括农业转基因动物、植物及微生物的培育方面，转基因作物的发展速度最快，培育了一批具有抗虫、抗病、耐除草剂等性状的转基因作物。目前，转基因技术正朝着改善农艺性状如光合效率、肥料利用效率、抗旱耐盐和改善品质等技术方向发展，含有复合功能基因的新一代转基因作物的研究开发近年明显提速，成为技术竞争的新热点。比如，含有8个基因，能防治多种害虫，并具有抗两种除草剂特性的玉米已获准在美国生产应用；富含ω-3不饱和脂肪酸的大豆即将上市。2013年，阿根廷宣布开始试种干旱和盐碱环境下还能高产的小麦品种。此外，具有保健、防病或抗癌功能的蔬菜、油料、糖料等多种转基因作物因能显著提高产品附加值，市场开发前景更为广阔。目前，转基因技术已广泛应用于医药、工业、农业、环保、能源、新材料等领域。至于彭的文章中所提到的“增产基因”，据最新研究发现，产量不是由单一基因决定，农业上的增产更是受多种因素影响，转基因抗虫、抗除草剂品种能减少害虫和杂草危害，减少产量损失，实际起到了增产的效果。因此，转基因农作物的增产效果是客观存在的。值得一提的是，巴西、阿根廷等国种植转基因大豆后产量大幅度提高，已分别成为全球第二、第三大大豆出口国；南非推广种植转基因抗虫玉米后，单产提高了一倍，由玉米进口国变成了出口国；印度引进转基因抗虫棉后，也由棉花进口国变成了出口国。

记者：有人提出，“西方向中国大量低价倾销转基因农作物，严重冲击中国的传统农业，加剧而不是减轻了中国的粮食问题。大量进口转基因大豆几乎冲垮了传统大豆业”。这个问题您怎么看？

黄大昉：关于这个问题，前一段时间转基因生物安全委员会委员林敏已做过回答，我在这里有必要再重复一次。首先，需要澄清一下，目前我国进口的转基因大豆主要是从美国、巴西、阿根廷、乌拉圭等国进口，进口国家是多元的，并非有人说的所谓“西方”国家向我国倾销。我国大豆种植面积减少、总产降低的情况是由多种原因造成的。一是我国非转基因大豆单产低，平均亩产只有 120 kg。我国年进口 5 000 多万 t 大豆，如果按现有的品种和技术水平来测算，需要 4 亿多亩的耕地，而我国没有这么多的后备耕地，因此利用国外国内两种资源，统筹两个市场是我国的必然选择。二是转基因大豆比国产非转基因大豆成本低。在国内，大豆的比较效益低于玉米和水稻，特别是在东北地区，高产的玉米和水稻种植取代低产大豆种植趋势明显，如黑龙江省 5 年前粮食产量只有 350 多亿 kg，现在达 550 亿 kg。三是国外转基因大豆与国产大豆相比在榨油方面具有优势，如含油率高出 2 ~ 5 个百分点。由于规模化经营降低了成本，因此价格低、商品性好、可以全年按需供货，可降低加工企业的流动资金和仓储费用。

记者：有人提出，鉴于转基因食品风险的潜在性，需要进行人体试验，您认为有这个必要吗？

罗云波：各种新资源食品在研发过程中，只要其他科学试验足以证明其安全性，就没有必要进行人体安全性试验。在各国食品安全和转基因食品安全评价中均没有用人进行实验的要求，因为科学发展至今，研究出了一系列世界公认的实验模型、模拟实验、动物实验，完全可以代替人体实验。药物与食品不同，药物有明确的功效成分，多为结构清楚的化学物质。药物是通过人体实验以发现药物对人体是否有确定的、特殊的影响，如疗效或副作用，在进行临床实验确定这种作用的同时，往往还要与已知有效药物的疗效或副作用进行比较等。

转基因食品入市前都要通过严格的安全评价和审批程序，比以往任何一种食品的安全评价都更严格。各相关国际组织、发达国家和我国已经开展了大量的科学研究，国内外均认为已经上市的转基因食品不存在食用安全问题。全球已大规模商业化种植转基因作物 17 年，没有发现任何不良影响，这也充分说明现有的转基因食用安全评价理论、措施和管理体系是可靠的。

记者：有人说转基因农作物的安全性未得到确认，世界各国对转基因农作物商业化严加限制，欧盟甚至实行“零容忍”，是真的吗？

罗云波：首先，转基因食品的安全性是有定论的，即凡是通过安全评价、获得安全证书的转基因食品都是安全的，可以放心食用。转基因食品入市前都要经过严格的毒性、致敏性、致畸等安全评价和审批程序。世界卫生组织以及联合国粮农组织认为：凡是通过安全评价上市的转基因食品，与传统食品一样安全，可以放心食用。一个不争的事实是，迄今为止，转基因食品商业化以来，没有发生过一起经过证实的食用安全问题。

其次，并非“世界各国对转基因农作物商业化严加限制”。恰恰相反，不论是发达国家还是发展中国家，都把发展转基因技术作为占领未来农业国际竞争的制高点和推动新一轮农业科技革命的重要力量。转基因技术是农业生物技术的核心，被称为“人类历史上应用最为迅速的重大技术之一”。从国际上看，据国际农业生物技术应用服务组织（ISAAA）发布的2012年年度报告，全球转基因作物种植面积已由1996年的170万 hm^2 发展到2012年的1.7亿 hm^2，17年间增长了100倍。截至2012年底，全球59个国家和地区批准转基因作物进口用于食品、饲料或种植。其中，已有28个国家批准了25种转基因作物的商业化种植。

第三，欧洲并非对转基因食品“零容忍”，相反，欧洲也是转基因产品进口和食用较多的地区。1998年，欧盟批准了转基因玉米、油菜、大豆、土豆等在欧洲种植和上市，除了极少数是作饲料或工业用途，绝大部分都是用作食品。2012年仍有西班牙、葡萄牙、捷克、斯洛伐克、罗马尼亚5个国家批准种植转基因作物，除了极少数是作饲料或工业用途，绝大部分都是用作食品。欧盟曾耗资2.6亿英镑对超过50个转基因安全项目进行风险评估，并在2000年和2010年的欧盟委员会报告中得出“两个有力的结论”：① 没有科学证据表明转基因作物会对环境和食品及饲料安全造成比传统作物更高的风险；② 由于采用了更精确的技术和受到更严格的监管，转基因作物甚至可能比传统作物和食品更加安全。

记者：有人说西方转基因大国绝不对自己的主粮搞转基因，但是却把拿下中国主粮转基因作为他们最终战略目标。实际情况到底如何？

黄大昉：首先，“主粮”就是一个相对的概念，在不同国家不同民族有所不同。如土豆在一些国家是主粮，在另外一些国家就是蔬菜或工业原料。过去，玉米一直是我国的主粮，但现在越来越多地成为饲料和加工原料。其次，在食品安全问题上，对主粮与非主粮的要求一样严格。如果转基因食品真如有人所言“与肿瘤、不孕不育等数十种疾病有高度相关性”，主粮不搞转基因是底线，难道非主粮就可以接受吗？最后，美国是世界上转基因作物最大的生产国和消费国，也是食用转基因农产品时间最长的国家。美国种植的86%的玉米、93%的大豆和95%以上的甜菜是转基因作物。据世界粮农组织的食物平衡表最新数据显示，美国出产玉米的68%、大豆的72%以及甜菜的99%用于国内自销。日本连续多年都是全球最大的玉米进口国、第三大大豆进口国。2010年，日本进口了1 434.3万t美国玉米、234.7万t美国大豆，其中大部分是转基因品种。

记者：郎咸平在广东卫视“财经郎眼”播出的“警惕！转基因!”，上海第一财经（微博）频道“解码财商”做的《转基因食品，你敢吃吗？》节目中，谈到吃转基因食品会“致癌”“绝育”，种植转基因作物会导致土地报废，还举了美国的例子。请问真实情况到底是怎样的?

罗云波：这些都是被反复炒作的不实言论，以前也都多次澄清过。关于法国教授用转基因玉米喂食大鼠产生肿瘤的试验，欧洲食品安全局已彻底否定了其研究结论；中国消费转基因油的区域是转基因发病集中区的言论，因没有流行病学调查，当时就被医学专家所否定；关于我国种植转基因作物导致土地报废的说法也早已被澄清。事实上，我国转基因棉种植区地力稳定，产量正常，关于吃转基因食品会导致“绝育”纯属造谣，因为广西从来没有种植和销售转基因玉米，迪卡玉米也不是转基因品种，《广西在校大学生性健康调查报告》根本没有提到转基因问题。关于节目中谈到的美国种植转基因作物产生的危害纯属无稽之谈。

记者：节目中谈到，阿根廷因种植转基因大豆而“被孟山都控制”，是真的吗?

黄大昉：种植者选择什么样的种子，最终还要看他给种植者带来的市场竞争能力，要各方面都有钱可赚，如果只自己赚钱，农民得不到实惠，也不会长久，这对所有企业都是一样的。至于孟山都公司，毫无疑问它在种子市场是巨头，但即便在美国，与其相竞争的还有杜邦先锋、先正达、拜尔等公司，孟山都并未形成垄断。一个企业再强，若是缺少了技术创新，也难以长久。至于阿根廷种子市场被其控制，我了解的情况并非如此。

记者：节目中提到，我国对转基因食品的审批情况未公开，是这样吗?

黄大昉：按照《中华人民共和国政府信息公开条例》，农业部已经通过官方网站上“热点专题”的“转基因权威关注”栏目（http: //www.moa.gov.cn/ztzl/zjyqwgz/）主动公开了农业转基因生物相关法律、法规，安全评价标准、指南、转基因生物安全审批结果及相关安全评价资料，包括审批项目名称、编号、研发单位及有效期等内容的审批清单，也包括了转基因安全委员会工作规则、委员名单，并依照公众申请，按照国际惯例依法公开了安全评价的结果及相关资料，提高了安全审批和管理的透明度，满足了公民的知情权。关于转基因食品名单，农业部评价审批的是转基因生物，不批准转基因食品，应该说凡是食品原料中用到我国种植的或者进口用做加工原料的转基因生物或直接加工品的都属于转基因食品，那么这两个名单都已在网上公开，可以说是公开透明的。

8.3.3.3 反方论据是：最新研究表明转基因食品会构成食品安全问题

证据一：美国环境医学科学研究院正式宣布：转基因食品严重危害人体健康。

美国环境医学科学研究院正式宣布：转基因食品严重危害人体健康：“一些动物实验

表明，食用转基因食品有严重损害健康的风险，包括不育、免疫问题、加速老化、胰岛素的调节和主要脏腑及胃肠系统的改变”。【据高山流水等报道及采撷于网络的图片（2012-05-13）】

证据二：法国科学家研究证明转基因大豆致老鼠致癌、致突变。

据路透社网站2012年9月19日报道：法国公布的一项研究成果表明，终身食用孟山都公司的转基因玉米或长期接触该公司的除草剂农达（草甘膦）的老鼠（两年期寿命实验鼠），普遍患上肿瘤、乳腺癌；并有肝脏等多器官衰竭的症状；50%的雄鼠与70%的雌鼠提前死亡，而对照组的整个比例仅为30%和20%。该成果在法国该行业的《食品与化学毒理学》杂志上发表，并在伦敦同步举行了新闻发布会。

作为转基因安全性研究团队的一员的瑟兰尼教授指出：以往的研究成果只有90天（只相当于达到刚成年鼠），这次采用实验鼠作全生命周期实验，更具权威性、真实性、可靠性。【引自：环保部有机食品发展中心，有机食品时代，2012年第4期（总第64期）】

证据三：澳大利亚联邦科学与工业研究组织（CSIRO）发表的一篇研究报告显示：一项持续一个月的实验表明，被喂食了转基因豌豆致小白鼠肺部炎症、过敏反应，并对其他过敏源更加敏感。并据此叫停了历时10年、耗资300万美元的转基因项目。

证据四：《中华人民共和国粮食法》（征求意见稿）中明令主粮禁用转基因技术。

据《华夏日报》报道：我国首部《粮食法》终于被提上日程。2012年2月21日，国务院法制办公室在其官方网站公布了《粮食法》（征求意见稿）。值得关注的是，其第12条特别提出：转基因粮食种子的科研、试验、生产、销售、进口应当符合国家有关规定。任何单位和个人不得擅自在主要粮食品种上应用转基因技术。

这是中国首次通过立法对转基因进行管理。绿色和平食品与农业项目主任方立锋说，转基因技术将会在主粮上有一些限制，范围包括小麦、玉米、大豆、水稻等粮食作物，这对于保护中国粮食安全和粮食主权具有重大意义。法案一旦实施，对已进口转基因大豆为主的企业将会产生一定影响。

因为涉及粮食安全和民众健康问题，转基因主粮究竟会不会在中国实行，引发公众广泛关注。近年来，转基因农产品领域因信息公开不足，引起部分民众担忧，“两会”的代表、委员们表示，农业部此举有利于让阳光照进转基因农业领域。

但据中国农业科学院作物研究所研究员佟屏亚透露，中国农田里早已大片种植转基因玉米和水稻了。他表示，违规商业化玉米品种在四川、湖南、贵州、辽宁、吉林等省种植面积多达几十万亩。转基因水稻种子的销售渠道则已遍布南方十多个省。

包括农业部门在内的科学家、专家，纷纷奋起抗争，呼吁把好“转基因”作物、食品这一关，这是关系到子孙后代的千年大计，丝毫疏忽不得！不能为了对部门、企业的短期利益，而置人类的未来于不顾！

反方质问：为什么新的《中华人民共和国粮食法》（征求意见稿）第12条中要规定："转基因粮食种子的科研、试验、生产、销售、进口应当符合国家有关规定。任何单位和个人不得擅自在主要粮食品种上应用转基因技术。"

中国农业部早在2007年批准孟山都MON88017转基因玉米进口，就是既含Bt毒素又抗草甘膦除草剂的"叠加"作用转基因玉米，Bt毒素以及草甘膦除草剂残留双重毒性对动物与人类健康更加危害。为此，法国科学家该项新的研究对中国尽快禁绝MON88017转基因玉米等双重有毒、有害作物产品进口，具有特别的重大意义。一项新的研究表明，低剂量的Bt生物杀虫剂CryA1b以及草甘膦除草剂农达，杀死人类肾脏细胞。孟山都的转基因Bt玉米MON810在匈牙利、奥地利、德国、希腊与卢森堡法律规定禁止种植数年以来，法国也禁止种植，这是欧洲独立科学家与民众坚决抵制的结果。农业部韩长赋部长向全国人大、国务院、媒体与公众解释：欧洲越来越多国家禁止"单毒"转基因Bt玉米MON810，中国农业部为何批准Bt毒素以及草甘膦除草剂残留双重有害有毒孟山都转基因玉米MON88017进口？请农业部公布对孟山都转基因玉米MON88017所做的毒理性动物试验报告。

反方遗传资源学家、生态环境学家的基本观点是：

——危害人体健康

2009年5月，美国环境医学科学研究院报告得出的结论引起了轰动。报告强烈建议：转基因食品对病人有严重的安全威胁，号召其成员医生不要让他们的病人食用转基因食品，并教育所在社区民众尽量避免食用转基因食品。

对于转基因的侵害原理，研究院指出：插入到转基因大豆里的基因会转移到生活在我们肠道里的细菌的DNA里面去，并继续发挥作用。

——产生超级杂草

不下十种"超级杂草"正在美国22个州至少上百万公顷农田中肆虐。这些农田的共同特点是，都种植了转基因作物，并且使用了孟山都的"农达"专利除草剂。

"我们过去用不了一滴农药就能杀死的小草，如今被转基因转成了对所有农药都刀枪不入的超级大草。"安德森是美国田纳西州西部的农民，从去年开始，他就开始为一种叫做长芒苋的杂草头疼。

这种草每天可以长七八厘米，最高能长到两米多，把农作物全都盖在底下，使农作物见不到阳光。这种粗壮的杂草非常结实，收割机经常被它们打坏。

如今，除草剂"滋养"出来的抗除草剂杂草布满了农田，农民被迫喷洒毒性更强的除草剂。遗憾的是所有的除草剂对这种超级杂草都无济于事，孟山都说开发针对这些变异杂草的除草剂还需要6年时间。

但农民不可能等6年，为了除草，他们想尽办法，或者干脆用手工除草，在投入几十万美元代价治草依然无效后，不少农民选择放弃。超级杂草在转基因种植区蔓延，一些耕地被迫荒芜。

——产生超级害虫

美国转基因农田里还出现了“超级虫”。由于转基因作物并不针对次生害虫，这使得一些次生虫渐渐成为作物的主要害虫。而除虫剂让这些害虫有了抗药性，变成超级虫，农民虽然投入更多的药物治理虫害，却仍无济于事。

美国国家科学院说：长期实践证明，所谓防虫害的转基因作物种植需要拿出农田的20%套种同类天然作物，以便让害虫“有饭吃”，避免它们成为抗体“超级害虫”。就是说，转基因作物不但没能防虫害、反而促使原本是小虫害的害虫变成“超级害虫”。

美国国家科学院的报告用 16 年的实践事实和统计数据明确说明，长期种植转基因作物会给农业经济带来无法弥补的副作用。

——美国掩盖转基因危害的真相

事实是，早在20世纪90年代初，美国食品和药物管理局（FDA）已经对转基因食品安全问题发出警告：转基因食品有内在的危险，并可能制造出难以检测的过敏、新的疾病和营养问题。它敦促美国政府相关部门做严格的长期测试。但是，白宫下令该机构促进生物技术发展。

最终，FDA招募了孟山都的前律师迈克尔·泰勒来负责研究出台转基因的政策。这一政策出台后实行至今，政策宣布，任何转基因生物安全性的研究都是不需要的，食品的安全与否全由孟山都和其他生物技术公司来决定，泰勒后来成为孟山都的副总裁。

1992年，美国总统老布什宣布，转基因食品与天然食品实质相同。此后，各届总统的态度都是支持转基因作物开发，奥巴马也不例外。

奥巴马上任后任命孟山都公司的说客伊斯兰西迪基担任白宫农业贸易代表，受到美国社会的猛烈抨击。就此，《纽约时报》发表社论说：“谁是我们的谈判代表？谁才可以真正代表美国农业的广泛意见。”

让运动员兼裁判员，让与转基因有直接利益关系的人来裁定转基因，这就是美国政府的做法。

——美国应对转基因有安全底线

但值得关注的是，不管如何支持转基因作物开发，美国政府始终有个底线：严防转基因作物侵入现有的天然农业生产系统和天然食品供应系统。美国的天然农田面积远远超过转基因农田面积，而且，转基因农田大部分都是远离天然农业和与世隔绝的新开垦田地。美国法规保障美国有足够质量和数量的天然农田战略储备，即：一旦造成巨大危害而不得不放弃转基因作物和现用农田，美国还有足够的天然农田养活全体美国居民。

现在的问题是：美国设置了转基因安全底线，不知我国有这样的底线吗？

8.3.4 编者评述

简介了三个生态环境热点问题之后，感慨万千。实际上这三个问题，都是生物多样性或生态系统的组成部分及其重点问题，范围十分的广，问题十分的深刻，难度实在是大，人类已经到了这样的时刻，我们人类赖以生产、生存和发展的家园已经到了“最危险的时候”！这非但不是什么耸人听闻，而且也不是什么理论或预测的问题，而是近在眼前，迫在眉睫的生死攸关的大问题，世界上还有什么比生态系统的破坏、生物多样性的破坏、物种的灭绝、遗传基因的恶性变异更重大的呢？

像燕梅父母这样的农民、老百姓有多少懂得这些科技前沿的问题？但是，像孟山都这样的外国公司却将手早就伸进到遗传资源的里面，盗取我国特有的农作物极其宝贵的遗传资源，发达国家还利用所控制的专利规则，为其垄断服务，这是在新的时期技术资本侵略的案例，此外，中国人的一些特殊疾病，糖尿病、癌症等的遗传资源也被美国的一些机构所窃取，其中，不乏名义上是“中国人”的人，打着“科技合作”的幌子，拿出可怜的“合作资金”，做着“技术间谍”的活。这与几十年前那些西方的盗墓者、中国古文物的掠夺者有多少区别？还有传言，西方精英企图利用基因技术无形地毁灭所谓落后的民族和国家，我们当然不希望这是真的，但是无风不起浪，不会是空穴来风吧？

关于转基因的争论必定是一场旷日持久的争论：一方面是关系到现有人口的吃饭大问题，一方面是关系到子孙后代的健康大问题，一方面是这个问题涉及转基因层次的长期效应的评价问题。正如《寂静的春天》中揭示的农药问题以及水俣病中的汞中毒问题、垃圾焚烧中的二噁英问题一样，需要时间因素（至少数十年）的加入，也就是需要有一个深入研究与风险检验时期。作者非常支持诺贝尔奖得主英国皇家学会会长保罗·纳斯的建议：转基因之争需要一场高质量的公开辩论（专栏 8-4）。

专栏 8-4 转基因之争需要一场高质量的公开辩论

在中国科学院大学前不久举办的科学与人文论坛上，诺贝尔生理学奖得主、英国皇家学会会长保罗·纳斯谈到了最近热门的转基因话题，他首先承认该问题在英国乃至整个欧洲也尚未找到一个良好的解决方案，但他表示，在民众对这一问题充满困惑、不解和质疑的情况下，一个“明智”且“最终还是要做”的事情就是“来一场高质量的公开辩论”。

保罗·纳斯曾因其对细胞周期控制因素的研究而在 2001 年获诺贝尔生理学或医学奖。在他看来，转基因技术并不被人所诟病，真正引起争议的在于转基因食品，乃至主要粮食作物上的推广，他说，“通过基因工程把那些人们搞不清楚的基因介入到植物中，这在全世界范围内都是很有争议的，英国也是如此。”

然而，大多数植物方面的科学家却认为，转基因粮食其实是安全的，可以带来很多的好处。

“中国现在要为全世界22%的人提供粮食，却只有全世界可耕种土地的7%。因此，你们要开发出新的品种，来提高农业生产率，降低病虫害带来的危害。有时候甚至还要对基因进行一些改变。这都是可以理解的。”

然而，与政府、科学家考虑问题的方式有所不同，普通民众更多的是关心“吃到的东西是不是安全的”。

欧洲国家，尤其是英国，其民众对于转基因食品就常感到忧虑。纳斯曾参加过一个公共咨询会，他看到很多民众在科技食品面前的表现可谓是“望风而逃”，原因就在于他们担心这些粮食会含有某种基因，甚至，一些英国新闻媒体把转基因食品称为“怪兽食品”，“认为科学家对自然进行过多的操纵，这样感觉好像是穿着白大褂的科学家在改变粮食的纯洁性。”

当然，科学家却不大会想这个问题，“因为科学家知道所有的食物都是含有基因的”。

科学家们一旦遇到这种“指手画脚”“被指摘”的情况，通常会感到“委屈”“科学家一定要多一分耐心，要听从公众的意见，来了解他们关心的问题，并且通过科学的方式回答他们的问题。”

科学的一个重要本质就在于要竭尽所能去证明一些东西是不正确的。这就是科学和信念不一样的地方，信念会更多地强调传统、态度以及信仰。好的科学家应当要有批判精神，如果一个观察和试验的结果和一个想法并不符合的话，那么这个想法就应该得到否定或者加以修正。

换言之，一旦“通常打质疑牌”的科学家开始鼓吹某样技术，这就不免会让公众感到焦虑，“到底是信，还是不信？”

我们必须要在公众舆论当中引发高质量的辩论。科学家要从最开始就参与这种辩论，但前提是，要确保每一场辩论的发言都是理性且有实质根据的。

来源：中青在线-中国青年报（北京）（2013-10-26　03：49：46）

8.3.5　读者思考

作为学生、科技人员，我们应该向燕梅学习，勇敢地站出来，揭露与保护国家、民族的遗传资源——终极资源。国家有关主管部门更是责无旁贷，否则，难脱其咎。

作为转基因等问题，既有争论，应接受农药、水俣病、二噁英的教训，还是慎重为好，你说是吗？所以，来一场公开的、高质量的辩论十分必要，如果成功的话，对于类似的两难的问题也可以照此办理。你们支持吗？不过，也可能又会是个悖论问题。

8.4 降雨变杀手

降雨（雪）本是地面水及地下水的优质补给源；对一些海岛、黄土地区、高山顶地区的居民、战士来说还是直接饮用水源；降水又是植物及作物的主要自然水源。如果降雨受到酸性物质、有毒物质污染，降水就会变成世界级“杀手”，杀伤植物、水生生物、微生物，危害人类，腐蚀衣物及建筑物。

8.4.1 纯净的降水无毒无害

降水来源于海洋、陆地地面水的蒸发及植物的蒸腾作用，在大气环流的带动下，在高空凝结核的协同下形成降雨云层，过饱和后变成雨滴降落地面。纯净的降水是无色、无味、无嗅、无毒、无害、电导率低、接近中性的淡水，仅含有少量溶解性盐类及气体，一般降水中物质含量小于 50 mg/L。如国外降水背景值氯离子（Cl^-）为 5.04 mg/L、重碳酸根离子（HCO_3^-）为 18.20 mg/L、亚硫酸根离子（SO_2^{2-}）3.03 mg/L、硫酸根离子（SO_4^{2-}）9.17 mg/L、亚硝酸根离子（NO_2^-）0.019 mg/L、硝酸根离子（NO_3^-）1.51 mg/L、铵离子（NH_4^+）0.21 mg/L、钾、钠离子（K^++Na^+）5.12 mg/L，总盐量（M）为 42.30 mg/L。然而，有特殊环境或来源时，其某些成分可能超过上述背景值，如咸海上空降水的氯离子可高达 217.56 mg/L，可见，自然降水的成分与形成来源及形成过程有关。

一般纯净降雨与蒸馏水或电渗析淡化水水质相近。如：北京电渗析淡化水的电导率（ρ）为 $10^{-4}\Omega$/cm、总盐量 57.3 mg/L、悬浮物（SS）0.000 mg/L、氯离子 4.91 mg/L、重碳酸根离子 32.10 mg/L、硫酸根离子 4.48 mg/L、总铁（Fe）0.0036 mg/L、总硬度（^{0}H）1.16 德国度。

8.4.2 污染的降水成分复杂

受到污染的降水（雨、雪），成分就变得十分复杂（包括微生物、溶解性物质、重金属物质、有机物质、溶解性气体等），电导率高，甚至有毒、有害，可变成酸性，一般污染降水中的物质含量超过 50 mg/L。

作者与同事们早在 1973 年，就对北京市 41 个降雨样品进行过 28 个分析项目的监测（这可能是北京，也是我国最早的降雨全面分析研究），除少数样品没有检出外，所有项目及绝大多数样品都有检出，有的污染物含量还很高，最高值超过或不符合饮用水标准的有：铁（超过 83 倍）、酚（超过 18 倍）、氨氮（超过 77 倍）、锰（超过 9.5 倍）、汞（超过 1 倍）、氟化物（超过 1 倍）；pH 值为 5.4～8.6（超出了 6.5～8.5 标准）；连剧毒的氰化物已达到饮用水标准的 76%；亚硝酸氮在饮用水标准中规定为 0，但在降雨中测得 0.3 mg/L，这个指标是新的生活污染的标志；此外有机氯农药及致癌物3,4-苯并芘也都有检出。

尤其需要特别重视的是，降雪中的污染物普遍超过降雨，酚检出范围超过标准0.002 mg/L的4～240倍，平均值超过降水12.1倍，氰化物最大值超过标准0.05 mg/L的7.4倍，平均值超过降水4.8倍；汞最大值超过标准0.001 mg/L的2.8倍，平均值超过降水的2.7倍；铬最高值超过标准0.05 mg/L的3.08倍，平均值超过降水的3倍。小孩子如吃了这种污染的降雪，完全会中毒。北京市降雨及降雪污染，具有明显地受到冶金工业、化工工业污染、城市生活污染、交通污染及农药化肥等污染的综合特征。

中科院贵阳地球化学研究所为了研究我国或全球的大气降水成分的背景值，早在1973年，就委托我国登山队员取了珠峰雪样，从中测出了雪样中含有微量的农药、重金属等污染成分，说明了持续性大气污染物早已参加全球性大气循环了。

8.4.3 酸雨的形成和危害

“酸雨”具有大区域性污染危害的特征，水的酸性程度通常是以pH值表示的。自然界中的降雨也有偏酸性的，但一般都在pH 5.6以上，而污染所致的酸雨是指pH值小于5.6的降水（降雨、降雪、酸雾）。酸雨主要是由于大气污染物二氧化硫、氮氧化物等污染造成的。

酸雨的酸度大小取决于雨水的初始pH值及在降雨过程中酸性物质（含产生氢离子的酸性物质）的增加、碱性物质（含金属离子、铵离子及碱性颗粒物）的减少。

北欧在20世纪50年代初就发现了酸雨，由于工业高空排放大气污染物所形成。20多年里降雨氢离子浓度增加了100～150倍，有的甚至高达200倍之多。美国在20世纪70年代发现有的地区降雨氢离子浓度增加了27%、硫酸根离子浓度增加了22%，而钙和镁离子却降低了85%。美国东北部降雨的pH值平均为4.4，个别的只有1.5。

世界上许多国家都有酸雨，酸雨又可以随着降雨云层的飘移；从一个地区转移到另一个地区，从一个国家转移到另一个国家；北欧、北美都出现过因酸雨造成的国际纠纷，因此，酸雨也被列为国际性污染公害。

我国也同样存在酸雨，不但面积大，而且还有特色。我国酸雨主要分布在西南及东南沿海地区，尤其是集中在这些地区的大工业区、大城市。我国北方地区广泛分布碱性尘土，对于降雨酸度起了中和作用，除少数工业区外，目前尚不严重；据专家预计，当$PM_{2.5}$的治理加强了，但二氧化硫等酸性污染物没有同时加强治理，北方的酸雨也可能会突出来。

酸雨可以直接破坏植物叶面的蜡质保护层，干扰蒸腾作用和气体交换，向叶子内部侵蚀，降低光合作用、发芽率和产量，严重时中毒死亡。采用pH 3的水浇灌菠菜和萝卜，分别减产15%和50%。美国通过对32种主要作物进行实验，结合美国实际生产状况得出每年因酸雨污染损失500亿美元。根据联合国环境规划署和欧洲经济委员会的调查，酸雨已经跨越欧洲28个国家、影响面积达1.1亿hm^2的森林，大约有35%出现了衰败或枯萎。酸雨的另一项重大危害是使湖泊酸化，形同“死湖”。如，瑞典的85 000个湖泊中，已有4 000个被酸化，毁灭了其中的水生生物及鱼类；加拿大的安大略省的4 000多个湖泊全部酸化，鱼类趋近绝迹。酸雨还会毁灭土壤中的微生物，使有机物分解困难，土壤板结，影响植物生长；酸雨还会造成土壤中的养分流失和有害的铝等重金属元素的积累。酸雨还会造成建筑物的腐蚀，尤其是大理石、木材和金属建造的文物古迹。德国每年用于防止水生生物和人的死亡、建筑物腐蚀的维修费达数百万马克；荷兰修复被腐蚀的建筑物的费用每年达数百万荷兰盾。酸雨甚至还会损害人的健康，如饮用酸化的井水会造成腹泻不止；还会导致眼疾、癌症、肾病和先天性缺损、老年痴呆症等，据科学家估计，每年因酸雨造成的死亡人数上万人。

8.4.4 编者评述

自然界的水能够“水滴石穿”，但那是需成千上万年的地质时期；可是由于人类的污染危害，降雨都变成了“酸雨”，腐蚀掉一座纪念碑、一座桥梁、一栋建筑物……只用几十年或几年的时间，“柔弱的水”变成了“杀手”，真不可思议！谁之过？

8.4.5 读者思考

如果人类无法控制污染，连降雨也成了天兵天将的杀手，地球生物包括人类还能生存和持续发展下去吗？

8.5 太空垃圾成灾

地球表面的垃圾已经成灾，几乎所有大城市都被垃圾所包围，如何减少、无害化、综合利用已经成了全球的难题。德国在学校中还开设了“垃圾课”。人类的垃圾不仅布满了地球表面，而且向地下深埋（放射性废弃物），还向海洋抛弃，太平洋就有很大一块由垃圾形成的流动的“岛”；现在人类又将垃圾带上了太空，而且连广阔无垠的太空的垃圾也已经十分拥挤了。难怪日本科学家槌田敦强调指出：“令人担心的与其说是资源的枯竭，不如说是垃圾场的枯竭。”

8.5.1 太空警报

人们都有这样的常识：每小时上千公里飞行的飞机，竟害怕迎面的任何物体，即使是一只小鸟，也会机毁人亡！这是相对运动造成的，小鸟就会像一颗高速的子弹射向飞机。

1997年2月16日这一天，美国“发现号”航天飞机正以每小时2.8万km的速度（是飞机速度的几十倍）在茫茫太空的轨道上飞行，宇航员突然接到地面警报：“一块 20 cm^2 的物体正向你袭来，距你 0.8 km，请迅速升高规避。”宇航员迅速调整了高度，避开了不明物体，才化险为夷。如果，地面未能发现和及时发出指令，一场太空灾难就会发生了。虽然这次有惊无险，但却引起人们对太空垃圾物的高度重视；虽然高度重视，但至今还没有有效的控制、管理与治理的办法。最近，空间站又一次遇险，向人类发出了 SOS！

8.5.2 太空垃圾何其多

说起太空，人们自然会浮想联翩，那里是一个清净无染的“极乐世界”“神仙幽境”。殊不知随着人类科学技术的发达，人类征服太空已梦想成真。如今，太空一改昔日的纯净、安宁、空旷的面貌；成了危机四伏的险境。在人类活动最频繁的 2 000 km 以下的太空中有正在运行的卫星、飞船等人造航天器；也有失效的运载物体、运载工具及其产生的残骸碎片、微粒；运行中抛入太空的各种工具和废弃物等，统称为“太空垃圾”。太空垃圾已经十分拥挤，随着航天活动的发展，太空垃圾还将以更快的速度与日俱增，已经开始形成全球太空环境的一大公害。

据《新科学》(1990 年 10 月 13 日) 报道：在太空尺寸大于 10 cm 的人造物体约有 7 000 个；1～10 cm 的有 17 500 个；0.1～1 cm 的约有 350 万个！它们的总重量已达 300 万 kg。在大于 10 cm 的人造物体中，工作卫星仅占 5%，失效的占 20%，发射和发射过程中抛入太空的运载工具及其他废弃物占 26%，爆炸和碰撞产生的碎片占 49%。这些太空垃圾以每秒数十公里的速度在太空飘荡。美国国家航空航天局的科学家想出了一个清除的办法：采用雷达测定需要清除的残片，采用激光器发出的高强度激光束对其瞄准，将残片底部烧掉一部分，燃烧所蒸发出的物质流推动残片从其围绕地球的圆形轨道推进到一个椭圆形的轨道上；最终残片带入大气层烧净。这是一项称为“奥利安”的高科技计划。目前已经拥有一个能把 800 km 高空之内的残片清除掉的设备；进一步计划把 1 500 km 高空内的太空垃圾清除掉。

8.5.3 太空垃圾其害无穷

数以百万计的太空垃圾还在不断增加，并以高速在太空飘移，相互碰撞及与人造卫星、宇航飞机、空间站碰撞的机会越来越多。碰撞的危害是毁灭性的，绝大多数微小的垃圾物质都无法追踪，太空垃圾中许多碎片带有污染物、核物质，如此多、如此分散、如此高速、如此遥远的太空垃圾，对宇宙飞船、人造卫星、天文观测等构成了威胁。虽然有的科学家建议为太空垃圾建造“太空垃圾坟墓”将其收集到一起或是采用激光将其击毁，这需要高科技和经济条件；对于体积很小的太空垃圾仍是无计可施，其自然消失及危害过程将会很长很长。

8.5.4 编者评述

难怪英国科学预言家阿瑟·克拉克惊叹：可能到 2001 年将迫使探测太空的活动不得不停止！显然，这一惊叹只不过是惊叹而已。已经进入太空的国家不会轻易退出，他们每年都投入数以十亿计的美元，还有更宏远的规划，要登上火星，要寻找外星人，要在太空寻宝，要成为宇宙的统治者；尚未进入太空的国家，也绝不会自甘落后，甚至希望后来居上。

以往形成的太空垃圾中，57%是美国发射的航天器造成的；40%是前苏联发射的航天器造成的；另外 3%是由英国、欧空局、法国、德国、日本、中国、印度等国发射的航天器造成的。显然，美国和前苏联负有不可推卸的主要责任；英、欧、法、德、日、印及我国虽然发射的航天器数量相对很少，但也加入了这一行列，为了人类社会持续发展，同样应承担起维护太空环境的责任。太空计划除了真正科学技术意义上的探索外；主要还是军事大国太空军备竞赛的结果。这些航天器大多数具有军事目的，除了自然碰撞外，为了避免落入敌对国家或为了军事目的的试验，人为有意加以爆炸，大大增加了危害性。

8.5.5 读者思考

为什么人类的活动力到达哪里，哪里就有污染和破坏？人类对地球环境污染还没有解决，又将污染带到了太空，这是人类的成就还是人类的罪过？这是科学探索，还是科学破坏？

"衷心感谢您们寄来的重要信息。我觉得你们提出了一些重大问题，值得认真研究。如何处理发展和环境保护之间的关系，特别是如何处理农村乡镇企业的兴起与生态恶化的矛盾，是一个十分迫切的内容。在你们的研究报告中对这方面的发展趋势所作测算对各级政府部门具有重要参考价值。我已请有关部门认真研究。

——宋健　1987.7.10 批复

9 走出误区

9.1　确立正确的天人观

9.1.1　中国传统的天人观

人与自然的关系在中国古代哲学中称为“天人观”，始于殷周，历经西周，形成于春秋战国。“天人观”贯穿于上述各个时期以及各个主要学派，称为中国古代的首要问题。其中“天人合一”说为主体，这是我国古代哲学的主要特征，也是中西方哲学的主要区别所在。历时 3 000 多年直到明清不衰，是中国古代哲学的精华与核心。

上述三个时代的后期，孔子首创了以“仁”为核心学说及儒家学派。孟子继承和发展成为“天人合一”观。钱穆先生在他谢世前的最后一篇文章中说：“中国文化过去最伟大的贡献，在于对‘天’‘人’关系的研究”。中国人喜欢把‘天’‘人’配合着讲。我曾说‘天人合一论’是中国最大的贡献。”（钱穆，1991）“天人合一”命题正是东方综合思想模式的最高最完整的体现（李永峰，2012）。

可见，“以人为本”观，背离了中国传统天人观。本，是根是源，人不能以自己为本。人是天（自然）进化的产物，只能是“以天（自然）为本，天人合一”，何况，人有好人、坏人（罪人）之分，有中国人、外国人之分，有官、民之分，显然，中国人不可能接受“以坏人为本”“以外国人为本”“以官为本”吧？如果将“以人为本”作为总方针，就会出现许多尴尬的情况：是不是可以取消监狱了呢？不枪毙死囚了呢？侵略者打进来了要不要抵抗呢？以牺牲生态环境来“保护”人之本呢？显然是不正确的、不可取的。

9.1.2 西方传统的天人观

“以人为本”是西方“天人观”的体现，与中国古代的“天人观”相悖。西方哲学主要是想强调人与自然的对立，自然是人们的征服、索取、改造的对象。“人是万物的尺度”成为近代人本主义思想的最早来源。苏格拉底和柏拉图是研究人的哲学家，轻视对自然的研究。与中国古代天人观恰恰相反，表现为：“天（神）与人的对立”。

之所以形成两种完全相反的对立的哲学观，这是东西方古代文化的形成区位、生存环境、社会经济文化发展方向与路径有所不同所致。中国古代是农业国，靠天吃饭，观察、研究“天与人”的关系比较深刻而对外封闭；而资本主义发祥地的古代欧洲，社会存在与发展主要靠海外贸易，形成了“人是宇宙的中心，人应该主宰自然、征服自然、改造自然和利用自然”的哲学观。了解了东西方哲学起源及发展路径不同，也就不奇怪了。

9.1.3 殊途同归

现代人与古代不同了，社会经济及科学文化发展到了相当高的水平，地球也变小了，形成了一个“地球村”，人们交往频繁，尤其是共同经历了 20 世纪 70 年代以来，人口爆炸、经济危机、全球性的生态环境资源危机及许多环境公害事件，东西方对“天”与“人”的关系的看法，已在逐步趋于一致，新的环境道德观及新的环境道德规范，在对人类尊重、爱护的同时强调与保护自然环境相结合的伦理道德。自从联合国召开第一次环境大会，确立了“只有一个地球”主旨后，几十年来的国际环境保护会议的基点及核心就是强调地球生态环境是生命及人类的生存与持续发展的前提与基础，强调人与自然的和谐相处。这就摆正了天与人的宇宙生态位。

9.1.4 编者评述

我国一些社会学家、哲学家写的著作中，就像钱穆大师一样，对这个问题作了相当全面而深刻的论述，但不知何故，一时间，这样的看法偃旗息鼓，鸦雀无声。不是说真理总是越辩越明，实践是检验真理的唯一尺度吗？

9.1.5 读者思考

社会文化及科学进步，都离不开摆事实、讲道理的讨论与辩论，否则，只会窒息科学氛围。读者你说呢？

9.2 走出产值、GDP 的误区

9.2.1 1 亿元≠1 亿元?

9.2.1.1 问题的提出

由于国家经济体制的改变，“总产值”作为国民经济统计的总指标已经不用了。那么为什么还要从总产值说起呢？这是因为：① 这个指标长期作为国家国民经济统计的总指标，其影响还在；② 与作为新的国民经济统计的新指标 GDP 虽然有所不同，但其本质仍是相同的，了解了总产值对了解 GDP 也有好处；③ 不但一般人对这个指标及 GDP 的问题及危害不够了解，就是许多专家，甚至经济学家也不甚了了；④ 是一个反常的问题引起了我的兴趣：明明乡镇企业每吨产品的能耗、物料消耗的要比大中型企业高得多，然而环境保护部门的统计、评价的“万元产值能耗、物耗”反是乡镇企业的小，而且越来越小，这是一种假象，给决策管理者及科研人员一种错觉、误导。这是为什么呢？我想，乡镇企业的能耗、物耗是分子，比较准确；问题可能就出在产值上。我带着这个问题查阅规范、手册、资料、论著。花了七个月，才基本搞清楚了。的的确确是因为乡镇企业产值的水分偏大，有时还偏大很多。为什么会这样呢？这与产值的定义及计算方法存在严重问题有关。为此，作者应合孙冶方 1953 年撰写的“从‘总产值’谈起”一文，写了“也从‘总产值’谈起”一篇论文。考虑“总产值”这个指标是我国党和政府制定的 2000 年经济翻番的总指标，以及国民经济的统计指标，事关重大，非同小可，经过许多专家的评审认同后（见专栏 9-1），以“1 亿元不等于 1 亿元？”咨询信的方式寄给了有关决策管理部门，引起了决策者们的高度重视及社会经济学家及生态环境科学家们的共鸣，给予了充分的肯定与鼓励。

专栏 9-1　领导及专家们对“总产值 1 亿元不等于 1 亿元？”一文的评价

郭方（中国科学院环境保护委员会，副主任，研究员）：

乡镇企业 1 亿元产值的环境效应、生态后果和资源损耗肯定不同于大规模工业生产所产生的结果，从事生态环境保护工作的同志，应该写文章改变当今以“经济”技术指标作为社会经济“发展”的唯一目标。应该提出经济环境（资源）统一的指标来指导社会经济的发展，这才是真正的“进步”。这篇文章应该公开发表引起讨论。

李康（中国环境科学研究院，教授）：

使用“总产值”这一综合性经济指标的弊端，是显而易见的。“毛”与“净”虽仅一字之差，但却“失之千里”。关键问题，是它不能真实反映经济活动的内涵和归宿，反而使之扭曲变形，带来了形而上学的种种假象。

除了同意文中所述内容之外，还应该特别强调“总产值”的虚幻增加，是以自然资源（自然物质资源+环境资源）的净消耗和枯竭为代价的。

另外，需要进一步分析各种经济上的弊端与普遍存在的多种短期行为的关系，以及它对造成宏观失控有多大影响。

夏日（江苏省人民政府经济研究中心，研究员）：

该文的主题及其所指的问题是确凿的。产值指标特别是总产值不仅不反映真实情况和可比性；而且在当前政治、经济体制下，是推动盲目的高速度，直至形成基建规模过大，供需结构失衡、通货膨胀、物价大幅度上涨的主要原因之一。

究竟制定怎样的考核指标体系，既简便又能反映环境、经济和社会效应，且易于操作，是个有待急切解决的难题。

陆雍森（国家环境保护总局同济大学环境工程学院，教授）：

文中很多观点我很赞成，通过物耗系数与乡镇企业“总产值”的对比，可以说明“2000年产值翻番靠乡镇企业背着了”的观点是有问题的，会产生连锁的社会、经济与环境影响，造成虚假的社会经济增长的印象。

智瑞年（内蒙古自治区呼和浩特市，假如我是一个决策者）：

假如我是一个决策者，看完“重要咨询”一文后，我会很同意文章的观点，我也认为这6条不能简单地相等，但是，用什么指标可以比较呢？哪个1亿元产值可能更好，或更实在一些呢？换句话说，我这个地区使哪个产值增长，就可以实实在在发展起来呢？

物耗水平、产品质量、经济效益似乎还可以有一些指标或办法进行相互比较，社会价值、环境效果，怎样才能进行相互比较呢？有哪些指标可以表征1亿元产值的社会价值和环境效果呢？

因为现在还没有更好的替代指标，那么，是否可以认为我们应该让那些“物耗水平低、产品质量高、社会价值大、经济效益好、环境效果佳”的企业增加产值呢？纯农业产值的增加社会价值是否更大一些呢？

“1亿元不等于1亿元？”题目前面的“1亿元”是指规模小，生产、技术、管理落后的工业企业产值，题目后面的“1亿元”是指规模较大，生产、技术、管理先进的工业企业产值，两者的“产值”即使数字上相同也不能画上等号，在大多数情况下应该画上不等号。所谓“相同”，实际上是指形式上的相同，所谓“不等于”是指两者实质上存在差异。为了把握起见，进一步查阅了包括孙冶方在内的经济学家的论著得到了证实。如果按照乡镇企业总产值发展的速率发展下去，即使全国国有企业全部“破产”，仅靠乡镇企业到2000年就可以达到56 000亿元，不但也可以实现翻番的宏伟规划，而且还会超过一倍。基于问题严重性，我在人民大会堂召开的第一届全国环境经济学术会上提交了这篇论文，从18个方面（其中15个问题是经济学家的，我又补充了3个问题）论述了总产值的各个方面的严重问题。当时坐在身旁的北京大学陈静生教授听了后说：“这可属高级智囊性的咨询”，为此我又呈寄给国家环保局局长曲格平及国务委员、国务院环境委员会主任宋健，他们及时回复并给予了充分肯定。

“衷心感谢您们寄来的重要信息。我觉得你们提出了一些重大问题，值得认真研究。如何处理发展和环境保护之间的关系，特别是如何处理农村乡镇企业的兴起与生态恶化的矛盾，是一个十分迫切的内容。在你们的研究报告中对这方面的发展趋势所作测算对各级政府部门具有重要参考价值。我已请有关部门认真研究。希望你们能继续进行深入细致的研究工作，同时提出采取的政策措施的建议。再次感谢同志们的研究工作。此致　敬礼　宋健 1987.7.10”

宋健批示、曲格平局长肯定、专家评价及农业部乡镇企业局的大力帮助，激励并鼓舞了我们的课题组，顺利地完成了“七五”重点课题《全国乡镇企业环境污染对策研究》（100万字），面对2 000多万家乡镇企业，又没有一个数据的情况下，我们克服了许多困难，完成了长周期、全方位、多层次的系统的对策研究。其中包括作者首次提出的对“国民经济总指标总产值”的研究，总成果荣获国家环保局一等奖，1993年由江苏人民出版社出版。宋健在第三次全国环保会议的空隙，在曲格平局长及金鉴民副局长及环境学会秘书长朱钟杰的陪同下还专门参观了我们课题组丰富的成果展览。课题虽结束了，可我几十年来一直关注这个问题，至今真正了解与掌握的人似乎仍很少，包括高层的决策者、经济学家、社会学家及各层干部，大家还在为这样一个不是度量效益，而是度量资源耗竭、环境污染、生态破坏的指标而奋斗着！

作者为改变国民经济发展采用单一产值指标的弊端，提出建立优化的4A指标体系：A（综合）=A（生态环境资源）×A（经济）×A（社会）的4A指标体系（A代表最优级）的建议。

9.2.1.2 关于“产值”

1）“产值”是什么

简单来说，它是生产单位、生产部门、地区或整个国民经济在一定时期内所生产的产品的价值形式（并不是真正的“价值”），产品价值形式实际上主要由物质消耗部分价值与人工消耗价值两大部分组成。“总产值”，它是一个反映一个国家、一定范围内生产总规模的综合经济（实力）指标。

胡耀邦总书记代表中央宣布了我国 1980—2000 年国民经济翻番规划，其翻番的目标值就采用了这个指标。——“在不断提高经济效益的前提下，力争使全国工农业的年总产值翻两番，即由 1980 年的 7 100 亿元到 2000 年的 28 000 亿元左右。”

这个指标不是一般的技术指标，而是党中央、国务院号召全国人民为之奋斗的行动总目标，每个中国人，尤其是各级决策者对这个指标应该是十分清楚的，然而许多决策者只是十分清楚这个指标是与自己政治生命攸关的，上级是用这个指标来决定自己晋升迁降的前途的；遗憾的是对它的实质含义并不是所有决策者、管理者、工程技术人员都十分清楚。因此搞清“产值”“总产值”是什么？是十分重要和必要的，至今仍不失其价值。如果，对待 GDP 与产值一样对待，盲目的采用总产值及其引出的一系列二级指标（如万元产值能耗、万元产值物耗、万元产值水耗等），进行统计、分析、决策、考核与管理，就可能得出片面或错误的结论，甚至导致严重的后果而不自觉。事实上，为产值翻番，各级、各地出现了比较普遍的虚假和浮夸，造成了虚幻增长，这与持续发展毫无共同之处。

由于原来统计制度规定，工业总产值采用“工厂法”计算，这一规定不允许在企业内部重复计算，由于这一企业的产品，往往是另一企业的原材料或部件、零件，因而，从整个工业经济系统来看，工业总产值中总有重复计算部分，越是小的企业，如乡镇企业产值水分就越大。即使产值相同的产品、企业、地区或国家，但是其原材料消耗、能耗、产品质量、社会价值、经济效益、环境效益、生态影响是千差万别的。

由此可见，“总产值”这个指标的可比性很差，不同产品、不同企业、不同行业、不同地区之间的产值，几乎都没有可比性；即使同一产品，因其能耗、物耗、水耗不同，质量不同，畅销与积压不同，可比性也差；即使生产同一产品的不同企业，因其环境状况的不同，环境容量的不同，造成环境污染、生态破坏、人体健康损害、建筑物损害等外部损失（不经济性）也不同，可比性也差。

那么，试问：中央及国务院为什么会采用这样一个可比性很差的总指标呢？难道我国的政治经济学家、社会经济学家、统计经济学家的水平低到这种程度了吗？问题在于我国当时采用了前苏联的国民经济统计模式；加上这个问题的复杂性及对这个指标的缺陷长期认识不足所致。事实上，著名的经济学家孙冶方（1953）最早撰写的“从‘总产值’谈起”这篇重要论文中，就指出来它的 6 大问题；王积业（1987）等经济学家后来进行了相当全面而深入的探讨；作者（1987）是经济学的外行，只是从生态环境保护方面作了重要的补充。真是全球、全国经济学界的一个“大笑话”。

2）产值翻番意味着什么

全国人民为之奋斗的产值翻番意味着什么呢，意味着实力增强，具体来说可以分出以下不同情况：

（1）工农业产值翻番，意味着工农业产品的价值增长 4 倍，如 1978 年工农业总产值为 7 100 亿元，翻一番为 14 000 亿元左右；到 2000 年再翻一番就达到 28 000 亿元左右。2000 年的 28 000 亿元，就是 1978 年的 4 倍，也就是翻两番。总体上可说明国家经济实力大大增强，从实力上看这是正效应。

（2）工农业产值翻番，意味着产品数量的翻番。说明社会物质财富大大增加，市场繁荣，这也是正效应。

（3）工农业产值翻番，意味着就业人数的增加，国民总产值每增加一个百分点，就业人数约增加 125 万人，这也是正效应。

（4）工农业产值翻番，因为产值中包含了所有原材料的价值，也就包含了废品的价值、废弃物的价值、浪费的价值，也就是一种虚假的价值，不是效益价值，这是负效应。

（5）如资源的回采率不高、中间产物、废物的回收再利用系统不健全或效率低下，则意味着资源消耗翻番。说明资源开采利用强度大大加强，加速了资源的衰减或衰竭，这是负效应。

（6）工农业产值翻番，在没有实现清洁生产、回收循环利用、无害化处理再加上环境容量较低的情况下，意味着“废气、废水、废渣”也会翻番，加速了空气、水源、土壤、生物的污染、生态破坏、自然灾害加剧及人体健康的危害大大增强，这也是负效应。

（7）工农业产值翻番，意味着国家需要为强化寻找新能源、新资源、新水源、替代资源、防治污染、防治生态破坏、防治自然灾害、防治疾病还需要付出大量额外投资，这也是负效应。

（8）工农业总产值翻番，意味着全国工人和农民做了许多无用功（水分部分造成），浪费了许多劳动力，这也是负效应。

（9）工农业总产值翻番，意味着培养了一批弄虚作假的或只图个人升官的“糊涂官”，这也是负效应。

（10）工农业总产值翻番，意味着刺激消费，包括刺激非法砍伐森林、破坏生态资源、盗猎、销售、食用野生生物及其制品，导致野生生物的灭绝，一定程度上导致犯罪增长，这也是负效应。

3 个正效应，7 个负效应，比较之后如何呢？如果 3 个正效应的效益大于 7 个负效应，当然最终取得的是净正效益；如果 3 个正效应与 7 个负效应的效益基本相当，则正、负抵消，等于没有效益；如果 3 个正效应的效益小于 7 个负效应（这种情况可能是经常发生的），则最终得到净负效益。如果最终没有效益甚至是负效益，试问我们追求产值翻番到底是为了什么呢？

9.2.2 GNP、GDP是什么

9.2.2.1 两大经济核算体系

国际上传统的国民经济核算分两大体系，一类是前苏联及社会主义国家采用的核算体系（MPS），如产值、总产值等为指标的；另一类是联合国及西方国家普遍采用的核算体系（SNA），即以国民生产总值（GNP）、国内生产总值（GDP）等为指标的。在核算理论上MPS立足于产品经济（不包括服务价值），SNA立足于商品经济（包括服务价值）；在核算范围上MPS是工业、农业、建筑业、运输业、商业五大部门总产值之和（劳务作为再分配来核算）；SNA是物质产品加上劳务产品之和；在核算重点上MPS偏重于总产值的核算，SNA偏重于增加值的核算，它消除了中间产品的重复计算，减少了水分。

我国在体制转变之前采用的是MPS指标体系；体制转变之后，采用的是SNA体系。

9.2.2.2 产值、GDP是污染总值

在《熵：一种新的世界观》一书的译者的话中指出：产值和国民生产总值的增长必然就代表着社会财富和福利的增长吗？许多经济学家对此有怀疑。产值、速度和国民生产总值这些指标有时是通过对自然资源的大规模破坏来实现的。因而有的经济学家把国民生产总值（GNP）讽刺为“国民污染总值”，是相当形象的。

有人会这样问：就难道“没有污染的生产”了吗？没有污染的生产的产值难道也能夸张为“污染产值”吗？说GNP是污染总值是不是以偏概全了呢？

让我们从工业方面来看，我国分：煤炭采选业，石油和天然气开采业，黑色金属矿采选业，有色金属矿采选业，建筑材料及其他非金属矿采选业，采盐业，其他矿采选业，木材及竹材采运业，自来水生产和供应业，食品制造业，饮料制造业，烟草加工业，饲料工业，纺织业，缝纫业，皮革、毛皮及其制品业，木材加工及竹、藤、棕、草制品业，文教体育用品制造业，工艺美术品制造业，电力、蒸汽热水生产和供应业，石油加工业，炼焦、煤气及煤制品业，化学工业，医药工业，化学纤维、橡胶制品业，塑料制品业，建筑材料及其他非金属矿物制品业，黑色金属冶炼及压延加工业，有色金属冶炼及压延加工业，金属制品业，机械工业，交通运输设备制造业，电气机械及器材制造业，家具制造业，造纸及纸制品业，印刷业，电子及通讯设备制造业，仪器仪表及其他计量设备制造业，其他工业等40个行业，几乎所有行业都存在污染，只有污染大小及轻重之分，一点污染都没有的行业几乎不存在。

因为即使产品生产过程中没有污染（如只采用电、不用水、不排污，这是环境保护部门，也是生产部门共同追求的理想模式），但是电来自发电厂，发电厂就存在污染，只是

污染源不在这个厂里，从整个地球村的环境来说仍然存在污染。事实上，不仅生产存在污染，而且，只要有人的地方，那里就存在生活污染。除了污染之外，还都存在生态破坏问题，因为没有不占地的生产工厂，尤其是占用农田菜地，就减少了植物、野生生物，甚至是人类生存的基本条件。由此可见，将“GNP”看成是“污染总值”还真不算是以偏概全呢？由此可见，从一定意义上说，追求总产值或追求GNP，就是追求资源枯竭，就是追求污染，就是追求生态破坏。有人又会问，生产中除了排放的污染物会造成污染之外，不是生产出大量的产品供给社会消费使用而作出了重大贡献吗？将GNP看成污染总值，岂不会将产品也当成污染物了吗？是的，产品最终也是废弃物、污染物。

9.2.3 所有产品最终也是废物

让我们再进一步想一想，环境保护部门正在从浓度控制发展为总量控制及推行清洁生产，这对于解决生产过程的污染当然是十分重要和必要的。但即使有一种产品，它的生产物料全部都转化为产品（虽然这是不可能的），也就是说一点污染物也没有了，这当然是人们的理想状况（未来的纳米技术也许有可能，但在纳米的制造过程中仍然会产生污染物），请问，即使是这样，该种产品就没有污染和生态破坏了吗？不，还是存在污染和生态破坏问题。

第一，有的产品本身就是污染物，如农药、化肥、有毒有害化学品等；有的产品本身就是禁止采伐的生态资源产品，如原始森林等。

第二，我们要问这些产品（商品）即使是清洁的，但是生产这些产品的能源、原材料、水源是从哪里来的呢？难道这些物料的采、选、冶、加工、运输、贮存、使用过程中也都没有污染物产生吗？

第三，任何产品（商品）都有一定的生命周期，所以最终还是要在使用后作为废弃物进入环境中的，尤其是一次性用品给资源枯竭和环境污染造成了新的压力。

第四，产品（商品）的包装物在消费之前不是都作为废物也进入环境中了吗？即使产品（商品、包装品）反复循环利用，大大地提高了循环利用率，但不可能达到百分之百，也只是延长了进入环境的时间而已。

9.2.4 编者评述

如果总指标错了，就会“差之毫厘，谬以千里”。一切以总产值为指标的规划、计划、统计、评估都必然出现差错。如：

“大炼钢铁”时期，砸锅炼铁出废铁，有使用价值的锅已经算了一次产值，拿来炼废铁又算了一次产值，产品还是“废铁”。降低了使用价值，但还重复计算在国家工农业年产值里，这样的产值有什么意义呢？据我们的测算：三年“大跃进”真正损失的是 1 200

亿元！那么是不是就不要生产了呢？当然不是，“文化大革命”时期，停产闹革命，很多工厂停工是没有污染了，污染严重的黄浦江第一次变清了，然而社会产品匮乏，经济达到了“崩溃的边缘”；但是工农业产值却从2 000多亿元提高到5 000多亿元？这样的产值有什么意义呢？可见，不是不要生产，而是不要有水分的、虚假的、不全面的、以牺牲生态环境资源为代价的产值。

9.2.5 读者思考

为什么国内外这么多专业出身的经济学家，对于这样一个关系到全球、全国国民经济全局的指标的严重问题发现很晚，发现后又迟迟不能解决，甚至至今仍是国家、国际考察与衡量国民经济效益的尺度。

这个指标不是净效益尺度，只是国民经济实力的尺度，但这个实力是建立在牺牲资源、环境、生态甚至是健康的基础上的，从这个意义上说，这些指标就是资源耗竭指标、环境污染指标、生态破坏指标，也不为过。读者，你说呢？

9.3 穿新鞋走老路

9.3.1 西方发展经济的老路

西方资本主义产业发展走过了二三百的生产—污染—治理的老路，将生产经济搞上去了，构建起了一个庞大的资本主义体系，成就是巨大的；只是这个成就是以资源耗竭、环境污染、生态破坏、人民健康及世界不公平、不平等为代价换来的，对全球生态环境资源陷入恶性循环的旋涡而难以自拔，负有罪责！

近 40 年来，由于全球性公害事件接二连三，规模越来越大，危害越来越重，影响越来越广，环境保护浪潮的兴起，反污染的游行风起云涌，环境保护被列入了联合国的主要议程，世界各国这才意识到，不重视环境保护是不行了，才加强了工厂“三废”的治理及生态保护。

9.3.2 我国穿新鞋走老路

前苏联是沿着西方这条老路走下去。新中国成立之后，借鉴前苏联的经验，也就沿着这条老路继续走下去的。都是穿新鞋，走老路。因此，西方国家的教训进一步在我国延伸。直到1973年，环境保护才受到重视，并列入基本国策。

国家环保局，一开始就制定了“预防为主，综合治理” 环境保护总方针，反对“先污染后治理”的错误方针。但是，在执行过程中失之偏颇。如：2001年，在紫金山召开的一个“江苏省生态规划评审会”上，一位副主任公开表示：“我们省要先发展经济，后治理环境，经济发展了，有钱了，在全国各省中再拿出最多钱来治理”。作者参加了这次会议，当即站起来批评了他的这种谬论。实际上这是非常有代表性的，一般情况下，都只做不说而已，而这位负责人公然敢于亮剑，挑战国家环保发展方针政策。江苏省是个经济大省，各方面都走在全国的前面，是一面旗帜，他的表态具有很大的影响力，其他省的情况可想而知，有的可能更不如了。

本来许许多多可以从战略层次上加以预防、预控的污染和破坏事件，被他们大开了方便之门。今天全国环境保护的严重局面，无不与这种指导理念和方针有关。他们是导致今天生态环境资源危机的责任者。

9.3.3 走可持续发展之路

9.3.3.1 “先污染后治理”的危害

决策管理者开了“先污染后治理”的绿灯，一些体制性的资源损耗、环境污染、生态破坏的工程、工厂、项目就不可能得到控制，相反会大张旗鼓的鼓励、支持、纵容。

决策管理者开了“先污染后治理”的绿灯，一些规划性的资源损耗、环境污染、生态破坏的工程、工厂、项目就不可能得到控制，相反会大张旗鼓的鼓励、支持、纵容。

决策管理者开了“先污染后治理”的绿灯，一些管理性的资源损耗、环境污染、生态破坏的工程、工厂、项目就不可能得到控制，相反会大张旗鼓的鼓励、支持、纵容。

为什么会是这样？这是因为，这些体制性、规划性、管理性的巨大工程、工厂、项目，往往都是决策管理者的“政绩”“社会效益”或“经济效益”和晋升的依据。

专栏 9-2 与专栏 9-3 是两个一反、一正的案例。

专栏 9-2 《边城》的悲哀——以牺牲环境为代价的虚假繁荣

从“穷乡僻壤”到“经济神话”到“神话破灭”。

“锰三角”指的是湖南花垣、青州松桃、重庆秀山三省市交界之地。是我国锰的生产基地。而哺育沿岸 10 万余民众的清水江就流经三省市的腹地，最后汇入沅水、进入洞庭湖和长江。经济神话就在此产生。以花垣为例，从 2000 年开始，上游共建了电解锰企业 13 家。仅三年就实现财政收入 3.2 亿元，连续两年居省内各县市之首。

但是，对资源的贪婪索取、对环境无知的破坏、终究招来横祸，更殃及无辜的老百姓。祖祖辈辈靠这条江幸福生活、生存的繁华洁净乡村及繁忙而洁净的江面，已不复存在，呈现出中国农村近期环境污染及生态破坏的变迁的一个缩影式的苍凉图景。

一位镇长说："90%以上村民不同程度上患上了结石病，得癌症的也不少。"

2005 年中央领导两次重要批示，要求国家环保总局深入调查研究，提出治理方案。经过国家环保总局召集三省（市）负责同志及专家共商治理措施，要求 41 家严重污染的锰矿企业停产整顿；并列入 2006 年督办案件。41 家中有 1 家治理无望取缔，30 家停产治理，10 家被限期治理，补交排污费 927 万元；投入治理资金 1913 万元。国家环保总局副局长张力军指出，整治只是取得阶段性成果，即使治理全部达标，其排放的污染物总量仍然超出环境容量，巩固治理成果的难度仍然很大。【摘自：李永峰等，《环境管理学》，中国林业出版社，2012 年】

专栏 9-3 天苍草芒重现敕勒川——引导传统产业走低碳环保之路

敕勒川，阴山下。天似穹庐，笼盖四野，天苍苍，野茫茫，风吹草低见牛羊。

多么美的内蒙古大草原的瑰丽风光。旗委、旗政府确立了"工业强旗，生态立旗"的发展思路和方针，要求"科学慎重，合理开采"，坚持"不给草原留下败笔，不给后代留下遗憾"的发展理念。

天马泰山石材公司就建在如此美丽的地方，他们为何能够存在并发展壮大？就是因为他们经过不懈的努力，走出了一条经济发展与生态环保护"双赢之路"。革新了爆破采石的落后的技术，采用了绳锯最先进技术，石材利用率接近 100%，消除了废石及尘埃和环境破坏，还提高了经济效益，仅半年全旗石材产业产值超过了 7 亿元！同时，还创建了"生态经济，绿色家园"，确保可持续发展。【摘引自：王金海 等报道，中国环境报 2010-09-25】

9.3.3.2 不要盲目追求指数增长

1）增长≠发展

由于以往考核经济发展的速率及成果，总是采用"总产值"或"国民生产总值"等指标，并且规划、计划中，又都是按照"每年增加几个百分点"要求各地区、各部门一层一层向下分担，因此，从上到下深深扎根在决策者、经营者、管理者和科学技术人员的头脑里，逐渐形成了一种定式：所谓经济发展，为经济发展而奋斗，就是为实现"每年增长几个百分点"的目标。如果，这仅仅限于少数单位或者只是一般单位及一般性生产指标的话问题也不大，问题在于这是关系到发展的指导思想、战略目标和发展总指标的大问题，所以，必须厘清。

（1）发展的本质。"增长"或"持续地增长"的实质是指"某一部门（如经济部门、工业部门或国家），为了本部门、国家的需求、利益，而不断扩大其产品的品种、产量，甚至不顾生产成本，不顾环境成本”。

而“发展”或“持续地发展”的实质是指“在提高包含生态环境经济效益在内的综合效益的前提下提高经济发展速度”“整个社会在不牺牲未来几代人的需求的情况下，满足我们这代人的需求。”

显然，两者之间有着本质的区别，所以不能简单地将两者等同起来。

（2）持续发展的内涵。“发展”也不简单地等于“持续发展”，在官员任期内短期地发展是容易做到的，它可以不顾外部效益的前提下取得地区或部门内部的效益，可以是以牺牲生态环境资源为代价取得的；而“持续发展”的内涵包含以下三个相互联系、不可分割的必要而充分条件：一是“持续地增长”；二是“要满足当代人不断增长的需求”；三是“不牺牲未来几代人的利益和需求的条件”，三者缺一不可。显然，持续发展则是很难做到的，只有做到了持续发展才是千秋万代的事业。

由此可见，不断增长只是持续发展的条件之一，“零增长”不是持续发展，也不能满足当代人不断增长的需求。但是，如果仅仅有不断增长，也能满足当代人不断增长的需求，但是却破坏了未来几代人的利益和需求的生态环境质量和资源条件，也不能算是持续发展。而是“吃祖宗饭，造子孙孽”。

持续发展则是很难做到的，持续发展是关系到千秋万代的事业。

（3）积极建立的战略

——实行清洁生产、废物最小化、循环利用、综合利用、回收利用、重复利用；

——加强资源核算、环境影响评价、工业审计、企业诊断、物料系统控制、工业代谢、生命周期分析总量控制；

——加强企业财务分析、国民经济分析、生态经济分析、产出/转化/投入分析；

——完善市场、合理规划布局、合理配置资源、发展可持续替代资源；

——加强法制管理、行政管理和经济管理；

——实现生态、经济、社会三效益同步发展。

（4）积极切断的战略

——切断只顾当代，而不顾后代的决策、规划、布局和项目；

——切断只顾本部门、本单位、本行业利益，而不顾全国利益及全球生态环境保护的项目；

——切断有生态破坏、环境污染、资源耗竭的项目；

——切断不利于生态环境资源保护的价格补贴政策；

——切断用输血的方法扶贫，改为造血机制扶贫。

（5）妥善调控的战略

——加强项目的经济评价，包括项目财务评价（内部收益率）、环境经济评价（外部收益率）、国民经济评价（边际机会成本分析）及边际效益/边际成本分析评价；

——加强政策调研、政策分析、政策模拟实验、政策综合研究，尤其总方针、总政策、总指标的深入研究，为决策调控提供科学依据；

——对于重大项目进行生态环境可行性评估和追踪评价，及时进行调控。

2）什么是“生态阻力”与“生态容量”

（1）生态阻力。人类社会经济发展与自然生态环境之间，有如作用力和反作用力，要发展就有阻力，阻力来自各个方面，如意识的、政治的、经济的、社会的、技术的、资源的、环境的、生态的等。其中，来自自然生态环境阻力是最基础的、最根本的。这是由自然生态—经济—社会复合生态系统的金字塔结构所决定的。经济是社会发展的基础，自然生态是经济发展的基础，是社会发展的基础的基础。显然，如果经济基础破坏了，社会上层建筑就无法建造了，已建造的也将不稳定了；如果作为基础的自然生态系统破坏了，自然经济基础也将破坏或受阻，社会上层建筑的破坏、受阻或不稳定，就是自然而必然的了。

（2）生态容量。研究自然生态系统持续发展轨迹看出，虽然每个生态因子、因素、子系统，都有无限增长的内在潜力（参考第 12 部分“生态黑洞”），但由于受到环境质量条件的阻力和生态系统各子系统、因素、因子之间的相互制约及生态容量的限制，只能呈有限的、自然缓慢增长，直到形成生态平衡状态。

在复合生态系统里，社会经济发展必然受到生态环境资源系统的质量、容量及供给量的约束，有一个相对的极限；由于科学技术及科学管理的贡献，有可能提高生态环境容量，从而在一个时期社会经济可能增长快一些，但很快会减慢下来，直到趋于平衡（接近零增长；如果搞得不好甚至倒退到原点或原点以下）；随着科学技术及管理水平的进步，又将进入一个新的增长期，如此良性循环下去。

然而，世界各国自从工业革命以来，一直在追求经济和社会的指数曲线的增长和发展（每年都要增长几个百分点，甚至十几个百分点），由于追求指数增长，其结果造成了自然生态系统总体上反过来也以指数（甚至是对数）曲线衰退。生态环境资源的衰退就是一种自然报复，不仅仅造成经济和社会难以持续发展下去，而且已经危及整个生态系统的完整、稳定的发展，危及整个人类社会经济体系的稳定与安全。因此，指数曲线发展模式是不可能持续发展下去的。

专栏 9-4，讲了一个关于指数增长的有趣的故事，供你欣赏。

专栏 9-4 “国王死”—— 一个古老而现实的故事

这是一个古老的故事，又有非常现实的意义，让我们对指数增长有一个生动的图像。

故事讲的是：古波斯国，有位聪明绝顶的宰相，发明了一种取悦国王的《国王死》的游戏，国王玩得很开心，决定给他奖赏，问他要什么，只要国库里有的珍宝都可以，他不假思索地说：“我不是个贪婪的人，只想要些麦子就可以了。”国王一听，这好办，就又问：“想要多少呀？”他于是说：“棋盘上有 64 个格子，在第一个格子放上 1 粒，第二个格子翻一倍放 2 粒，第三个格子再翻一番放 4 粒，下面每个格子是前面格子的一倍，直到将这个棋盘上最后的格子装满，我只要最后这个格子装的麦子就可以了。”国王一听，哈哈哈大笑起来，这个傻帽，国家粮库的麦子堆成山了，他只要几粒，没有问题，于是就这么定了。他叫粮库管理头计算一下有多少，等到计算到装满最后一格时……你猜怎么啦？国王晕过去了。

答案：最后一个格子上将放上 9 223 372 036 854 775 808 粒（0.5 kg 约 12 000 粒），也就是总共达到 384.3 万亿 kg，国王一听，傻眼了，能不晕死过去吗？

看了上面专栏的故事，你还能认为国民经济能够始终按照每年几个百分点长期“不断增长”吗？就是现在将全国甚至全球的麦子都放上去可能也不够。

3）复合有机增长

复合有机曲线，是一条仿生态系统进化的复合 S 形态曲线，是持续发展的客观规律与理想模式。相对人类需求来说，其自然生态系统的生产力的增长，在一个发展时期是有一个相对极限的，这是自然规律。人类只有将自身的发展控制在自然生态环境资源系统可以保障、稳定地供给的前提下，人类社会经济才可以与自然生态系统同步持续发展下去。

由于人类自身的盲目发展及追求经济的指数曲线发展结果，人类社会经济负荷超出了自然生态系统的容量范围，人类面临两难：S 曲线不愿走，指数曲线又行不通，人类社会经济何处去？

人类既然选择了可持续发展模式，这是由无数个 S 曲线，接力形成的“复合有机增长曲线”模式。复合有机增长模式，是复合生态系统发展的客观规律，这也是“不断发展论与发展阶段论”的有机结合。这一模式对于决策者、经营者、管理者及科学技术工作者都具有指导作用，也是可持续发展模式的体现。

4）充分而合理地运用好科学技术

(1) 科学技术是第一生产力。科学技术不仅在发展社会生产力方面，被邓小平誉为“第一生产力”；就拿为了创建新型、节约型、绿色环保型产业和事业来说吧，几乎会用到现代所有的各种科学技术的最新成果。如：卫星技术、航天技术、通讯技术、电脑网络技术、生物技术、纳米技术、监测技术、系统科学技术、控制论科学技术、信息科学技术、节能减排技术、无害化技术、再生技术、循环利用技术、杂交种植养殖技术、健康养生技术、“三致”控制技术、生态工程技术、改造恶劣大环境技术、人造地球科学技术等。因为科学技术可以实现“变废为宝，化害为利”“无废排放，趋于零排放”“开发新能源、新资源”“循环经济、绿色经济、生态经济”“保护遗传资源、保护物种、保护生物多样性”“改造恶劣的生态生境”等方面大有作为。从这个意义上讲，科学技术能够不断实现社会经济走内涵持续增长之路，这才的的确确是第一生产力。

（2）防止科学技术的负面效应。要说科学技术还有负面影响，思考的人就比较少了。这说的是：如果科学技术用得不好，就会成为生态环境及人类社会的破坏力或潜在危害因素。如：

——六六六、DDT 等农药的发明与应用，在消灭害虫方面取得了巨大成就的同时，对益虫、食物链、生态系统，直至人类健康及生命造成了难以控制的损害，全球不得不全面禁止。

——安全核能用于发电，就会造福人类；若用于核恐怖、核威胁、核讹诈、核报复、核打击、核战争或核泄漏，就会成为可怕的杀人武器，甚至是毁灭生灵的恶魔。全球人民要求全面禁止、销毁的呼声一浪高过一浪。

——转基因作物具有许许多多指向目标的优点，对于解决人口爆炸所需的粮食需求问题，将发挥巨大的作用；基因技术已经实现无性生殖，为无法生育的家庭带来了福音；但是转基因长期效应问题尚未得出科学结论之前，人们就急功近利，大面积、大幅度、广泛地推广这种技术，会不会如六六六、DDT 一样存在潜在风险与隐患，重蹈覆辙呢？

转基因就是利用现代分子生物技术，将某些生物的基因转移到其他物种中去，改造生物的遗传物质，使其在性状、营养品质、生产品质（如：耐高温、耐高寒、耐干旱、防虫、高产、高品质）等方面向人们所需要的目标转变，但也就会意想不到地培育出难以控制的“超级杂草”“超级害虫”来，那么会不会培育出“超级人”来？值得质疑。事物有一利必有一弊，自然辩证法也告诉我们要防止自然报复。

人们主要疑虑是：会不会危害人们健康？会不会危害下一代健康？会不会危害本土生物？会不会危害生态系统的安全、稳定及持续发展？这种种疑虑不是没有道理的；不是一二年短期可以得出结论的；不只是达不达到标准的问题；不是某个单位或部门的保证就可以排除风险及潜在危害的；何况某些公司或部门是为了自身或部门的经济利益呢；这也不是公众投票的多少就可以免除风险的。因此，还是慎之又慎为好。

——三峡大型水力发电工程，其初衷是好的，也经过了反复论证，由于能够提供大量清洁的能源，缓解国民经济大发展中急需的能源短缺，能够调控长江洪水峰值以消除下游洪水灾害及枯水年份的干旱补水；但运营的结果也显现出了不少弊端，如：主要是彻底改变了中下游的水文生态状况及变化规律，导致一系列的连锁变化，促进了湖泊、江河河床的快速退化；其次是水库自身的污染、淤积和安全隐患（主要是防止核破坏）等。这些功过、是非、得失又是一个悖论命题。

（3）科学技术关键在于掌握在谁手里？科学技术是技巧、工具、手段，是人的能力的延伸。看它掌握在谁的手里，为了什么目的使用和怎样使用？

从社会经济科学发展史的长河来看，总体来说，科学技术巨大的创造能力及贡献与负面效应相比较，功远远大于过，科学技术推动了全球整个社会经济的长足进步与发展。

科学的发明、发现及应用，都要受到人们社会的实践检验和监控，发现弊端将会及时处理处置，并不能随心所欲，如核电站泄漏事故等。

科学技术总体上主要用来为人类可持续发展服务的；但也的确存在被某些别有用心的人，攫取之后会用来作为反人类的工具，如化学武器、细菌武器、核武器等。为此，我们在建设社会主义现代化强国中，要相信科学技术，学习科学技术、依靠科学技术，正确和充分地使用科学技术。一方面要将科学技术是第一生产力发展到极致；同时又要将科学技术的第一破坏力降到最低！

9.3.4 编者评述

我们人类几千年来，尤其是工业革命以来的二三百年中，处在一种盲目发展的状态，直到危机四伏才开始觉醒，才选择了可持续发展模式，这是人类发展史的转折点，方向明确了、道路选对了，人类的未来应该是光明的，这是值得庆幸的。

但愿人们能够从人类的整体利益、长远利益出发，走复合有机增长的道路。

人和事物都具有两面性，所以，科学是双刃剑也好理解。我们不仅要学科学、爱科学、用科学，而且要知道科学的本性，要学习爱因斯坦（参见第10部分），能够从纯科学的境界走出来，进入一个又一个新的境界。

科学家发明火、炸药、电、毒药、农药、核、转基因……都是为了人类，为人民服务，但是，有时会始料未及地背离人的初衷，发明家也很无奈。这与那些以危害，甚至是杀灭人类为目的、目标的所谓“科学家”的发明创造有本质的不同，只是后果很可能是相近或相同的。

9.3.5 读者思考

假如您是一个决策者，或者是经营者，或者是管理者，或者是工程技术工作者，或者是科学教育工作者，您是按照哪一种模式在工作的呢？您今后又打算按照哪种模式去指导您的工作呢？

假如你是个学生，在学校里老师一般只告诉你们科学的正面效应，作为知识来说是不全面的，我们要学会辩证地看世界的万物、万事、万理！科学家不仅要学好本身热爱和从事的专业，而且，要学习一些社会、经济、生态环境及哲学常识，会站得更高些，看得更远些，看得更清些，你说对吗？

9.4 走出消费的误区

9.4.1 刺激高消费就是促进污染

为了实现每年经济百分之几的增长目标，社会经济学家有一种理论、措施和途径指导着经济发展，即是“刺激高消费拉动经济发展”。这在传统发展模式下似乎是完全正确的、可行的；现在按建立起来的可持续发展模式衡量，这种理论、措施和途径就有问题了。

——刺激高消费，就必然会促进超前消费、无效浪费、奢侈挥霍。

——刺激高消费，就必然会促进超额污染、超额生态破坏、超额资源耗竭。

——刺激高消费，就必然会促进跨区消费、跨国挥霍，甚至造成灾难性消费。

刺激高消费的后果是：促进高浪费—增加废弃物—加速环境污染—加速生态破坏—加速资源衰竭，形成恶性循环。使危机四伏的地球村，环境质量进一步恶化。尤其是中国，是一个人口大国，原本人均消费水平很低，消费空间和潜力很大，加上政策上的刺激，消费增长的速率很快，消费增长的绝对量很大，高消费连锁造成的生态环境恶性循环就更加突出和严重。

例 1：中国在刺激商品包装方面，包装工业在 20 世纪 80 年代销售额就增加了 4 倍，意味着包装废弃物增加了 4 倍。

例 2：广告业是刺激商品消费的第一道宣传战。美国每天的广告包括 140 亿本函购册、380 亿份各式各样的广告宣传单，占各式各样的报纸、杂志的 65%的比重。加拿大每年为美国提供广告新闻纸，需要砍伐 1.7 万 hm^2 的原始森林，加拿大正在将全国的森林变成纸浆。

仅仅为一个公司制造供 300 万人的双月目录册用纸，将需要砍伐 28 hm^2 生长 70 年的森林，需要 59 亿 L 水和 2.3 亿 MW 的电力和蒸汽；同时还产生 14 t 二氧化硫废气和 345 t 含有机氯化物的废水。

例 3：全球消费类型和水平取决于收入多少（见表 9-1）。

表 9-1 表明，不同收入水平的消费类型的明显差异。富有者占有了世界总收入的 64%，平均人均收入比贫困者高出 32 倍。富有者主要分布在北美、西欧、日本、澳大利亚、中国香港、新加坡、中东的石油酋长国，部分英国、东欧，少部分在拉美、南非和亚洲新近工业化国家，如韩国。就是在富有者阶层中，差距也是很大的，占 1/5 的最富有者占有的财富比

另 4/5 的富有者还要多。公司的上层人员是雇佣工人的 93 倍。富有者收入高，消费的档次也高，消耗自然生态资源就越多，直接和间接干扰和破坏自然生态环境的作用力就越大。

表 9-1 全球消费类型和水平

消费类型	富有者（11 亿人）（人均年收入 7 500 美元以上）	中等收入者（33 亿人）（人均年收入 700～7 500 美元）	贫困者（11 亿人）（人均年收入 700 美元以下）
饮食	肉类、包装食品、饮料	谷物、清洁水	不充足的谷物、不清洁水
居住	别墅	公寓	贫民窟
交通	私人轿车	自行车、公共汽车	步行
用品	一次性用品	耐用品	当地材料

9.4.2 刺激挥霍就是促进浪费

——20 世纪中叶以来，由于别墅、轿车、超市、家庭电气化、现代化的大发展，对能源、肉制品、铜、钢材、木材的人均消费量增加了 1 倍；轿车和水泥人均消费量增加了 3 倍；人均飞机历程增加了 33 倍。现代日本人比 20 世纪 50 年代日本人多消费 4 倍多的铝、5 倍的能源、25 倍的钢材、4 倍的轿车、肉食增加了一倍；1972 年只有 100 万人到国外旅游，至 1990 年就达到 1 000 万人。彩电、冰箱、空调、微波炉、录像机、影碟机……应有尽有，还有包装食品、饮料、一次性用品等这些高消费，主要是富有者所享有。

中等收入者人均享有的钢铁量少于 150 kg，纸少于 50 kg；使用的还是吱吱作响的吊扇、滴答漏水的水龙头……他们家庭的废弃物基本上都能充分回收利用。

贫困者半个世纪的生活水平基本未变。

——挥霍浪费造成了消费量的剧增。如过度包装；推行一次性使用用品；缩短使用寿命和更新期（如轿车）等。

在 20 世纪 90 年代初，美国人每天直接或间接消费约 50 kg 的生活物资——18 kg 的石油和煤、12 kg 的其他矿物、12 kg 的农产品和 9 kg 的森林产品。为了商业利润的目的，广告宣传中，连篇累牍、不厌其烦、花样翻新的招揽顾客。儿童玩具、补品、礼品包装往往十分荒唐，包装价值甚至超过了商品本身。美国每年人均用于包装的废物价值 225 美元。英国计算用于包装上耗费的能源占使用量的 5%；德国计算用于包装的纸占使用量的 40%，美国用于包装的塑料占使用量的 25%、用于包装的铝制品是铝产量的 1/4。包装食品比未包装的食品的能量消耗多 10 倍；包装废弃物是城市废弃物的 1/5，人均达到 130 kg 以上。

原本出于卫生目的，推行的一次性卫生用品，后来变成了以商业目的为主，官方也推波助澜，以高消费刺激生产和经济的发展，以实现官方的年度经济增长指标。从厨房的碟子到相机，用过即扔。英国人每年抛弃 25 亿块尿布；日本人每年使用 3 000 万“一次性照相机”和奉送几百万节含有毒的镉、汞电池；美国人每年抛弃 1.83 亿把剃刀、27 亿节电池、1.4 亿 m^3 的塑料、3.5 亿个金属罐和可供全世界人使用的盒式录像带……轿车的更新周期从几十年，缩短到十几年、几年；家用电器、计算机、计算器和常用用品的更新周期更短。德国人每年扔掉了 500 万件家用器具；美国人每年扔掉了 750 万台电视机……美国人每年扔掉的 2.8 亿件物品中只有约 1/4 被再循环、再处理，最终，还是变成了废弃物。

服装行业在更新换代方面始终是超前的，“领导世界新潮流”的服装模特展是各国竞争的重要手段，许多妇女购置的新衣、新鞋还没有穿过一次，就因“过时了”而抛弃。

饮料占领了世界。工业化国家饮用自来水只占 1/4，而 3/4 是饮饮料，1980 年饮用 640 亿份，至 1990 年上升到 850 亿份。主要是受到可口可乐与百事可乐公司激烈竞争的驱动。

全世界每年制造和扔掉 2 万亿个瓶子、多功能罐头盒、塑料纸箱、纸杯及塑料杯。

——消费，正在实现全球化。消费信息进入了计算机信息网络；消费形成了连锁；消费品全球飞来运去，消费品的供给半径已经达到几百公里甚至几千公里、几万公里。菲律宾的农场、美国的谷物田、非洲的牧区、印度的香料农场形成了网络。日本人食用着澳大利亚的鸵鸟肉、美国空运来的樱桃；美国人食用的葡萄的 1/4 来自 7 000 km 外的智利，饮用的橘子汁的 1/2 来自巴西，冬天供应品来自哥伦比亚；欧洲人从遥远的澳大利亚运来水果，冬天的供应品来自肯尼亚牧场，这一切都是要靠消耗能源、资源、劳力和费用才能换来的。

9.4.3　可可西里的枪声

发展中国家，为了保障向发达国家供给木材、农产品、畜产品、野生生物皮毛等各种供应品，以换取外汇，不得不砍伐森林和毁灭野生生物来建立农场、牧场；同时在高额报酬的诱惑下，全球野生生物的偷猎活动十分猖獗，我国有关报刊时有报道。《焦点》（1999 年 6 月号）以“中国向偷猎者开火”为题报道了偷猎者在可可西里偷猎藏羚羊的活动，真是触目惊心。1999 年 4 月，国家组织各有关方面，分三路联合对偷猎行为开战，并命名为“可可西里一号行动”。

“可可西里”藏语意为“美丽的少女”，位于青藏高原之上，高 5 000 余米，高寒缺氧，空气中的含氧量只有海平面的 40%～50%。因环境条件恶劣，人类无法生存，但却是野生生物的乐园。我国几千年来，由于人类的发展和活动，中原原有的野生生物只能向东南西北方向逃避，野生的牛、马、羊、熊等多逃避到西北无人区。人类不仅仅侵占了它们的家园和栖息地，而偷猎者还向它们发出了罪恶的子弹，野生生物的乐园成了偷猎者的屠宰场，血溅“美丽少女”。20 世纪初，可见成万只藏羚羊群的可可西里，如今成了珍稀濒危物种。

藏青（南）行动组横穿可可西里，在可可西里自然保护区的腹地发现并抓获了盗猎者，取得了战果。

青海北线行动组虽先后发现偷猎者的三辆吉普车的车辙，几天搜索，一无所获。北线的十天行动中只见到5只一群和7只一群共两群12只藏羚羊。原来，“绝密”行动也不机密，偷猎者已获行动组的信息，“按兵不动”或“马上撤离”了。北线无战事，却留下了一个悬案：是谁给偷猎者通风报信的呢？偷猎者应该消灭，偷猎者的幕后有没有“老板”呢？行动组内有没有通风报信者呢？他们不消除，盗猎活动是禁而不止的。

在黑市交易中，有一个人说他有500张藏羚羊皮，另一个人说他有700张藏羚羊皮，每张500元。当化装的公安人员前去“交易”时，交易者很狡猾，只拿出23张，另外的1 177张却一无所获。

新疆行动组晚了两天出发，结果正好赶上青藏两路行动组将偷猎者都赶到了新疆境内，这次三省区联合围剿行动的两次枪战都集中到新疆这一路了，经过连续作战，最后取得了辉煌战果。

从4月12日开始，至30日结束的三省区联合围剿行动，共捣毁团伙14个，抓获非法捕杀、窝藏、偷运、贩卖藏羚羊皮犯罪嫌疑人42名（其中，击毙1名，击伤2名），查缴藏羚羊皮1 000多张，藏羚羊头300余颗，野牦牛皮4张，野驴皮26张及一批熊掌等，同时查获作案用车12辆，各类枪支9只，子弹8 000多发。

吓人的菜单

中国人是以“吃”闻名天下的，中国菜馆分布在世界各国，中国菜名扬海内外，吃是吸引全球游客到中国的第一块招牌，每年为国家、地方、个体，也为非法盗猎及经营者换取了不少外汇和利润。中国人的传统道德原本是最讲朋友了，然而，作为人类的朋友——野生动物，竟成了盘中餐。传说：“中国人天上飞的除了飞机不吃、地上跑的除了汽车不吃、水里游的除了轮船不吃、带腿的除了桌椅板凳不吃外，几乎自然界的生物无所不吃。”这种讽刺似乎太过分了，不过请看一看绿荷（广西）在“野生生物快吃完了”一文（《焦点》总38期）中列出的菜单：

“孔雀全宴”“天鹅全宴”“纸包鸵鸟肉”“麻辣野牛”“红扒山瑞掌”“清炖蛇”“香炸鳄鱼条”“蛤蚧炖红毛鸡（褐翅鸦鹃）”“干锅大雁”“红烧五爪金龙（巨蜥）”“红扣穿山甲”，还有各样野生生物名目：如斑鸠、血鸡、山鹰、黄鼠狼、野牛、山龟、梅花鹿、南蛇、水律蛇、榕蛇……足有100多种。据说，有的地方，还吃什么猴脑、蝎子、蛆虫……而且，各种各样的野生生物又有各种各样的做法和各种各样的吃法。真是五花八门，花样翻新，应有尽有，无奇不有。当记者故意问服务员，这些野味是否是野生的，服务员肯定地说：您放心好了，我们这里百分之百是野生的。还怕你不信，带着记者参观了厨房。厨房里放了几十只铁笼子，里面果然都是野生生物。而且，声言：除了老虎和大熊猫之外，其他什么都有。吃这样一顿饭，一般也得几千元。

“美食家”是谁

看来上面传说的讽刺及“野生生物快吃完了”的报道并不过分，而且更加具有讽刺意味的是，记者花了几个晚上调查了餐馆门前的几百个汽车牌号，原来一些政府机构、公检法、工商税务及一些房地产公司、证券公司的车辆占了绝大部分。“美食家”是谁，不是一看自明了吗？用国家通过高消费刺激取得的收入，再投入新的高消费，如此循环不已，这是一种什么样的循环呢？这称之为：恶性循环！政治腐化—经济虚假—生态环境资源衰退—政治进一步腐化—经济进一步虚假—生态环境资源进一步衰退。

“护身符”

在检查中，一些店家和摊主出示了“经营证”和“养殖证”，这“两证”成了不法分子大肆捕杀、贩卖、经营野生动物的“挡箭牌”。据南宁市林业局林政科介绍，1995 年该科就给市内二级以上的酒家、饭店发放了“野生动物经营许可证”和“野生动物养殖证”各 80 份。

尽管“两证”上对容许经营的动物品种和来源有明确规定，如环境保护的一、二级野生动物绝对不许经营。但这些规定对于利欲熏心的经营者来说，如同聋子的耳朵纯粹是摆设。据了解，持有养殖证的养殖场都是一些私营企业，除了能养殖一些蛇类、龟类和山鸡外，其他野生动物都无法人工养殖。但对付检查或上法院时就成了“护身符”，如野生生物贩运者雷湘清仅一年多（1997—1998 年）的时间里，先后 14 次从钦州市、防城港市、北海市这一条“黑色通道”非法收购国家一级保护动物、二级保护动物以牟取暴利的特大贩卖野生动物案件中，贩卖穿山甲达 5 000 kg 和巨蜥 840 kg，被“桂发”等养殖场收购，实际上是外购外销，但在法庭上出示养殖证为自己诡辩。尤其具有讽刺意味的是“黑色通道”位于边境地区，雷湘清非法收购的野生动物都来自北海、钦州和防城港三市的林业公安部门！有时被查扣的野生动物，又被上述三市的公安部门一而再、再而三地转给雷湘清。这不是不打自招地说明他们之间是狼狈为奸吗？

在中越边境上贩运野生动物的关卡重重，各地林业部门还设有临时执勤点。但是都无法遏制非法贩卖野生动物的疯狂活动，其中一个重要原因是一些强权部门执法人员的参与。从已发现的案例中，有多起案件的作案运输工具是军车、警车（其中有的是假牌照）或动用这些车辆进行亲自押运。1998 年 9 月 18 日，南宁树木园公安派出所截获一部高档越野车押送非法贩运的野生动物，押送者竟是穿着制服的凭详市交通稽征所的副所长。

野生生物被吃绝了

以广西为例，广西原是我国野生生物物种丰富的省份之一。

灵长类动物在生态金字塔中居于顶部，是经过长期复杂的进化过程才出现的，与人类是最亲近的物种，也是广西优势种群，全国有 17 种，广西就有 10 种，而且数量居全国之首。然而，所有灵长类都没有逃脱被捕杀、食用的悲惨命运。

早在 1959 年，广西有关部门便捕捉了 16 263 只活猴供给前苏联。

1964—1978 年，仅河池地区外贸共收购活猕猴 10 233 只，捕杀 4 000 多只。

1974—1980 年，每年平均收购活猴 20 000 多只；天等县大量收购白头叶猴、黑叶猴，生产所谓“加味桂龙膏”，每年仅销往东北地区便达 4 万多包。龙州县以黑叶猴、白头叶猴为原料泡制“乌猿酒”，年产万瓶以上。城里人“疯吃”，刺激了企业“生产”，引发起农村人“狂杀”，一个时期一级保护动物白叶猴、黑叶猴被敞开收购，龙州、天等、宁明、崇左等地农民纷纷持枪上山。一个被称为“乌猿队长”的领头，竟捕杀白叶猴上千只。1997 年广西壮族自治区野生动物保护人员进行普查时，已经见不到白叶猴、黑臂猿的踪影了。当地护林人员说：“我最后一次听到黑长臂猿的叫声是在 1979 年……”

作为国家的二级保护动物穿山甲，原是广西的一个优势品种，从 20 世纪 70 年代开始被各地餐馆列为一道名菜，开始被捕杀收购。80 年代中期，谣传穿山甲的鳞片可以提炼“春药”，捕杀之风随之达到高潮。高峰时年捕食穿山甲达 5 万 kg，收购鳞片 5 000 kg。1998 年普查时，在全区 1 000 多条普查线中，仅仅在一条线上见到穿山甲的洞穴。

世界稀有的瑶山鳄蜥、遍布广西山野的蟒蛇、黄腹角雉、红腹角雉、黑颈长尾雉、白颈长尾雉、白腹锦鸡等珍稀鸟类，都被奉为“山珍”送进了自称为“文明人”的“血盆大口”。目前已经全部处于灭绝边缘……

谁为后代代言

自然赋予人类的一切，既属于过去、现代，还属于未来。生态环境资源，包括：大气、水、土地、土壤、植物、动物、微生物资源及其环境容量资源，都应该有子孙后代的份；谁为后代代言呢？当代人如何确定留给子孙后代的份额呢？我们将实物资源和容量资源都用干、用尽，子孙后代那一份向谁来索取呢？这个问题不解决，可持续发展就会落空。需要制定有关法律，将维护子孙后代纳入法律程序，并制定有关制度、规范和方法，并由环境保护部门依法行政，加以监督执行。对于违法行为，应该通过法律程序解决，因此，有必要建立为子孙后代辩护的律师制度。

谁为野生生物代言

野生生物不会说话，但是野生生物应有自然生存的权利，人类无权任意杀戮。人类已经制定了保护野生生物的法律和规章制度，建立了许多自然保护区、野生生物保护区，取得了一定的成效。但是，人的直接利益始终放在首位，一旦出现矛盾，总是以牺牲野生生物及其栖息地为代价。谁来为野生生物代言呢？因此，也非常有必要在现有法律基础上，将保护野生生物纳入法律程序，并制定有关制度、规范和方法，并由环境保护部门依法行政加以监督执行。对于违法行为，应该通过法律程序解决，因此，有必要建立为野生生物辩护的律师制度。

“大自然律师”无处不在

在德国及欧洲，大量民间的环保组织及少数官方的环保组织遍布各个地区。几乎当任何一种生态受到侵害时，都会有人站出来，充当“大自然律师”，以各自独特的方式为之“辩护”。有爱鸟协会，共 22 万会员；有青少年生态保护协会；有名胜古迹保护协会；有森林保护联盟；有环境保护基金会；有环保俱乐部；有环境保护中心……一位环保俱乐部成员，是学经济的，她说：她现在既是教师，又是大自然的律师，大自然不会讲话，当大自然受到侵害时，她要当自然的代言人。如在许多环保组织的努力下，就成功地促使德国政府出台了一道法令：从 1988 年开始，禁止生产有害臭氧层的含氟冰箱。德国及欧洲的环境保护群众运动不是很值得效仿吗？

9.4.4 编者评述

从“可可西里一号行动”归来的人，并无打了胜仗的感觉，反而心情更加沉重了，这不值得回味吗？

——青藏高原高寒干燥，藏羚羊等野生生物的皮、头、骨、掌等可以就地埋于沙里保存，这次围剿的成果，只能是一部分，黑市上两名交易者说有 1 200 张藏羚羊皮，不才拿出 23 张吗？

——20 世纪初，可可西里的藏羚羊群是上万头，如今只有几头。那时可可西里不仅仅是藏羚羊的乐园，而且是许许多多高寒野生生物的乐园，如：白唇鹿、野牦牛、野驴、野熊等。20 世纪 80 年代，盗猎者主要追杀的白唇鹿已基本灭绝了，野牦牛、野驴也快绝迹了，藏羚羊的命运是否会好起来？全国珍稀濒危野生生物还有救吗？

——盗猎、窝藏、偷运、贩卖、消费、内线活动一条龙，不将这条龙从根本上切成几段并彻底毁灭之，不是还会复活吗？何况还有国内外后台“老板”及奢侈的消费者的支持呢！

——盗猎者往往是武装分子，有现代化通讯、交通装备，反盗猎行动也只能是以武装行动对待武装的盗猎活动。盗猎者不顾天高地远，天寒地冻，经常活动在青藏高原上，出入无人区；而我们的反盗猎联合行动，需要几年甚至十几年才有一次，岂不是只能起一点点宣传的作用而已？

呼吁国家急需建立健全野生生物武警为核心的公检法长效保卫系统，才能有可能控制偷猎、贩卖、走私等犯罪行为，才有最后一点希望。

9.4.5 读者思考

进入 21 世纪，全球保护珍稀濒危野生生物、保护生物多样性、保护自然生态平衡是一场特殊的“战争”，仅靠目前的保护法规、管理体制、机构和能力是远远不能胜任的。面对残忍凶狠的盗猎者及国内外的隐秘地下通道，能不能建议国家从每年复转军人中选拔优秀者，组织成一支具有中国特色的“绿色保护军”呢？

对于那些政府部门、执法部门的违法者是不是应该追究他们的违法责任呢？他们是不是已经受到了法律的制裁呢？他们是不是应该按照“罪加一等”来处理处置呢？还是“宽大为怀”，甚至“加官晋爵”呢？

对于那些违法的贪婪经营者和奢侈的食客是不是也应按照法规来追究其违法责任呢？

为了预防，能不能学习发达国家，建议除发挥政府职能部门作用外，将目前已经产生的“绿色志愿者”，组成一支“自然保护律师”的群众监督队伍呢？

9.5 美国总统的科学顾问为什么选择“环境学家”

9.5.1 美国总统的科学顾问应选谁

美国《科学家》杂志 1989 年 4 月 3 日刊登了一篇“谁应是总统的科学顾问？”

9.5.2 美国总统顾问应是生态环境科学家

该文章认为：国家未来的安宁取决于其教育、科学和技术基础。在 20 世纪 90 年代首要的要求将不同于 70 年代和 80 年代。因此，总统的科学顾问的人选也应不同。下一个十年存在的问题和机遇将主要在生命科学领域。由于日益增长的对生物学的注意，下一个美国总统科学顾问应是一个生态环境科学家，而不是传统的物理学家。

9.5.3 为什么要选生态环境科学家

该文章认为：下一个十年将会遇到的问题与过去的几十年大不相同。那时剧烈竞争的冷战、国家的安全、公共关系促成了原子能和空间研究等科学；而今天科学与技术的重要性已延伸到宽广得多的范围，包括国家的经济状况、教育和生态环境。

布什总统当时面临的主要问题多集中在生物学领域。生态和健康问题需要加强注意。生态环境问题诸如温室效应、酸雨、污染、废物处理、污水处理等都已从学术杂志上讨论的问题变成日常生活中遇到的问题。健康问题，包括艾滋病、医学保健，以及日益成为国家危机的吸毒和酗酒，威胁着我们的社会结构。

同样重要的是，到 20 世纪 90 年代，生物技术科学将成为一门成熟的学科。那些原只在科学幻想小说中谈论的可能性将会成为现实。毫无疑问，农业、医学、工业都将被日益成熟的 DNA 技术改变。所不明确的是，这些变化如何实现，后果又如何？但十分明确的是，联邦政府的科学政策将起重要作用。

虽然少数人已经很清楚，总统的科学顾问仍有很重要的工作要做。总统科学顾问的职能和作用随每位总统而异，但有三种基本模式：科学界的辩护者、重要问题的顾问或国家政策的制定者。

现在还没有提出一个问题是总统首席顾问应该是什么类型的科学家，但这个问题非常重要。

大体上讲，在生态科学方面，生物学家常比物理学家和化学家更内行。物理学家常把问题简化成最简单的原则；环境学家则日益把理论、测试和计算机综合在一起。生命科学现正进行一场物理学家在 21 世纪早期所经受的革命。

总统的科学顾问应具有广阔的知识和敏锐的洞察力，并得到科学界的尊重。两者都很重要，因为他将在极为广泛的范围内对总统提出建议。

总统可能将任命另外一位物理学家为科学顾问，但现在或者是该任命一位生态环境科学家为顾问的时候了。生态环境科学家，他主要关心的是整个生态系统及全体公民的健康和幸福。选择生态环境科学家并不意味着忽视其他领域科学技术的重要性。

9.5.4 编者评述

要走出发展的误区，关键在于决策层次和政府职能部门的正确决策和监督管理。现在已经进入 21 世纪，世界发展已经从传统的单纯社会经济增长模式，发展为自然生态环境、经济、社会持续、协调发展模式，因此，在决策层次及政府职能部门的顾问仅仅依靠社会、经济、工程技术方面专家就不够了，还需补充选择生态环境科学家作为顾问是十分必要的，这是时代进步的需求。人类面临的各种环境危机，越来越逼近，尤其是中国人口众多、还刚刚脱贫，加上几千年、几百年及近几十年来，尤其是 1998 年的世纪大水的经验教训，更加证明了这一点。美国政府重视生态环境科学家的地位和作用，是非常有远见的。

看了阿尔·戈尔撰写的《寂静的春天》序言及《未来——改变全球的六大驱动力》一书，进一步深刻地理解了这一点，当代不仅首席科学家应该是生态环境学家的道理，作为美国副总统的戈尔本人就是一位兼有政治、社会及生态环境保护的专家。

9.5.5 读者思考

环境保护是我国的一项基本国策，我国各级政府中环境保护部门只是起到一个部门的作用，还是真正起到了环境保护法规定的综合监督管理部门的职能和作用呢？

我国各级政府部门选择、依靠的顾问、专家是否包括生态环境保护方面的科学家和专家呢？他们在政府的决策和管理中发挥了多大的作用呢？例如，制定发展规划及重大的工程项目计划出台前后是否有生态环保专家参与呢？是否包含生态环保内容呢？

夸父与日逐走，入日；渴，欲得饮，饮于河，渭；河，渭不足，北饮大泽。未至，道渴而死。弃其杖，化为邓林。

——中国神话故事“夸父逐日”

10 夸父逐日

10.1 核密码

10.1.1 核弹之父

美国物理学家 J. 罗伯特·奥本海默被称为“美国核弹之父”。是研制原子弹的“曼哈顿计划”的主要负责人，揭开了核密码，他带领着其他科学家团队于 1945 年成功研制出第一颗原子弹，并在美国离阿拉莫戈 90 km 外的沙漠试验场上爆炸试验成功。美国因此成为了世界上首个掌握了核弹的国家，人类进入了一个新时代——原子能时代。J. 罗伯特·奥本海默看到此般情景，想起了古印度圣诗中的一段描写：“漫天奇光异彩，有如圣灵逞威，1 000 个太阳才能与其争辉。”

第一颗原子弹爆炸

写到这里，不由想起“夸父逐日”这个寓意深远的神话故事（见专栏 10-1）：

专栏 10-1　夸父逐日

“夸父与日逐走，入日；渴，欲得饮，饮于河、渭；河、渭不足，北饮大泽。未至，道渴而死。弃其杖，化为邓林。”

据传，夸父是中华民族远古时代的一个正义、力大无比又一心为人的英雄首领。他为什么要逐日呀？是因为有一年太阳太歹毒了，火辣辣的直射着大地，烤死庄稼，烤焦树木，烤干河流，人们纷纷死去。太阳实在是可恶，我要追上太阳，捉住它，驯服它。经过九天九夜，在太阳落山的地方，夸父快追上它了。火辣辣太阳就在近前，万道金光。他感到口渴难熬，黄河及渭水都不够，又赶去北方的大海喝水，不幸还是渴死了。他在临死前扔出手杖，顿时化为大片郁郁葱葱的桃林。这片桃林后来终年茂盛，结出了丰硕的鲜桃，为千秋万代的后人遮阴、解渴、充饥、消除疲劳，精力充沛地踏上旅程。

小小的原子弹爆炸产生的能量非常巨大。1 kg 的放射性铀-235 或钚-239 完全裂变释放出的能量约相当 2 万 t TNT 爆炸的威力，扩大了 2 000 万倍！按照核弹之父的形容，第一颗核弹试爆产生的光亮可和 1 000 个太阳媲美（这是指太阳表面温度 6 000℃×1 000=600 万℃）；那么，全球核武库现在拥有 25 亿 t TNT 当量，也就是相当第一颗原子弹的 125 000 倍。如果再乘以 1 000，则相当 125 000 000 倍！如果假设同时释放，就相当 1.25 亿个太阳在全人类的头顶上“爆炸”“照耀”“烧烤”，地球将完全熔化、气化而不复存在。

核恐怖对人们心灵的冲击要比夸父当时对那个歹毒的太阳的愤恨要强千倍、万倍，对后人的启迪会是千秋万代的吧！

10.1.2　核能量

原子弹是利用原子核裂变释放出来的巨大能量制造大规模杀伤力和破坏力的一种核武器。利用这个原理与特性，许多国家一手抓核武器（泛指原子弹、氢弹、中子弹等）的制造与升级；一手抓原子能发电站的建设，以缓解能源危机。

核武器的主要核装药是军用铀、钚、氘、氚。原子弹的出现，是 20 世纪军事科技发明和武器装备制造最重要的更新换代大大升级成果，它对现代战争的战略和战术产生了重大影响。核武器的不断改进升级，形成了核弹系列。通常按爆炸威力分为 5 级：① 100 万 t TNT 当量以上的称为特大型核武器；② 10 万～100 万 t TNT 当量的称为大型核武器；③ 1 万～10 万 t TNT 当量的称为中型核武器；④ 1 000 t～1 万 t TNT 当量的都称为小型或小当量核武器；⑤ 1 000 t TNT 当量以下的称为超小型核武器或微型核武器。

氢弹是原子弹的升级核弹，与原子弹不同的是利用原子弹爆炸的能量点燃氢的同位素氘、氚等轻原子核的聚变反应瞬时释放出巨大能量的核武器。又称聚变弹、热核弹、热核武器。氢弹的杀伤破坏因素与原子弹相同，但威力比原子弹大得多。原子弹的威力通常为几百吨至几万吨级 TNT 当量，而氢弹则可大至几千万吨级 TNT 当量。大当量的原子弹、氢弹可用于战略方面；还可通过设计减弱其某些杀伤破坏因素，使小当量的核弹头可广泛用于战术方面。TNT 及当量见专栏 10-2。

专栏 10-2 TNT 及当量

梯恩梯（TNT）——是一种黄色烈性炸药。是 1863 年由 J. 威尔勃兰德发明的。梯恩梯的化学成分为三硝基甲苯，其威力很强而又相对安全的炸药，即使被子弹击穿一般也不会燃烧和起爆。它在 20 世纪初开始广泛用于装填各种弹，逐渐取代了苦味酸烈性炸药（2,4,6-三硝基酚，具腐蚀性、毒性强、稳定性差）。在第二次世界大战结束前，梯恩梯一直是综合性能最好的炸药，被誉为“炸药之王”。

“TNT 当量”是用来比较不同炸药具有潜在能量的相对单位。主要用于大威力炸弹、原子核弹、氢弹等爆炸所具有的能量大小的度量。

10.1.3 首次使用核武器

美国为了报复日本 1941 年 12 月 7 日偷袭珍珠港的一箭之仇，为了惩戒日本军国主义者的狂妄，为了检验原子弹在实战的真正威力及效果，分别在 1945 年 8 月 6 日和 9 日向广岛和长崎各投下了一颗原子弹，相当 1 万～2 万 t TNT 当量级。死神从天而降，命中了两座城市的心脏，死、伤数 20 余万人，两座城市均夷为平地，遗留下来许多长期影响的后遗症，促使了日本投降，促进了第二次世界大战的提前结束。全世界各国人民，一方面为其神力而感震惊，另一方面又为其魔力而备感担忧。它是世界的福音，抑或是灾星？

10.1.4 编者评述

从原始人的长矛、刀剑到黑色炸药，黄色炸药、原子弹、氢弹……武器发展史可见：

（1）人类社会经济的进步始终是与军事技术的进步相同步的，相互促进，相互影响。

（2）武器是不会说话的双刃剑，看掌握在不同人的手中和用在不同地方，就会发挥出不同的效果。原子弹掌握在正义力量一方，遏制核讹诈，制裁法西斯侵略者，就会发生正能量，如促使日本法西斯投降，“二战”提前结束。如果设想，德国、日本法西斯战争狂人（当时他们也都在计划开发原子弹）掌握了原子弹制造技术，就会实施核威胁、核大棒、核战争，就会发生负能量，第二次世界大战的历史就会改写，世界就难实现和平。

（3）除广岛、长崎投掷的原子弹产生的举世知晓的毁灭性杀伤和破坏力之外，美、苏等国在空中、地下、海洋还进行了大量核试验；美国还在常规战争中使用的贫铀弹，对大气层、江河湖海、土壤、生物、人体健康产生了什么样的潜在危害效应呢？如：对臭氧层、大气圈、水圈、土圈、生物圈产生了什么负面影响及危害呢？这些国家都闭口不谈，联合国至今也没有一个全面、系统、科学的评价。

10.1.5 读者思考

为什么小小的原子核中会有如此巨大的潜在能量？如果大量开发出来制造核弹，人类及生态系统会不会被核战争而毁灭？是福是祸？会不会是“潘多拉魔盒”里的最后一个魔头？

臭氧层空洞，真的是由居民家用的氟利昂造成的？抑或主要是大气层核试验及高空飞机尾气排放才是真正的凶手呢？是不是有意隐瞒和转移全球人民的视线呢？联合国应该做出科学评估不是吗？

如果将原子核的能量都开发出来安全发电，为人类和平利用，人类还会出现能源危机吗？

10.2 核武库

10.2.1 总量与比较

由于核绝密，关于核武库的信息、数据和资料当事国一般是不会公之于众的，外间的不同渠道的估计、猜测、分析结果，可能相差甚远，就连权威研究部门的研究数据也不尽相同，就是政府公布的数据也不尽可信，所以只供参考。

据估算世界核武器 TNT 总当量大约在 25 亿 t（有资料为 200 亿 t）。分摊到全球 63 亿人每人头顶上约为 0.4 t（如按 200 亿 t 计则为 3.2 t）；分摊到地球大陆表面，每平方千米合 4.9 t（按 200 亿 t 计则为 39.2 t）。也就是说，理论上看，现有核总量，足以毁灭人类及地球几十次！当然，毁灭 1 次与几十次实际上没有差别。这只是一种严重性的评价，不可能同时将 25 亿 t 或 200 亿 t TNT 当量的核弹都同时平均地扔到全球、全人类的头上的。

（1）全球 10 个核拥有国估计有 14 435 枚核弹头（有资料为 2 万枚）；美国、俄罗斯两个核大国各拥有 6 600 枚及 6 300 枚，共占 89.37%，不愧是两个核大国。

（2）从数量上看美国比俄罗斯多一些，但是俄罗斯的核弹头当量总数比美国多一些，他们看来势均力敌，基本扯平，维持着所谓的战略态势的“核平衡”。

（3）法、中、英、印、巴五国共拥有 1 400 枚，共占 9.7%。

（4）以色列可能拥有 80～100 枚核弹头、伊朗有 25～30 枚，朝鲜有 15～20 枚。

（5）此外，日核电站钚燃料的泄漏，透漏出其钚储量具有可造核弹的潜力，引起了世界各国的高度关切。【中核老者注：日本确有核电站乏元件委托国外处理后，按“三返回”原则返回的上百吨钚。这些“工业钚”正确用法应是进入核燃料循环链条——制成 MOX 元件，进入快中子增殖堆，让人类的核燃料越烧越多。但它是“工业钚”而不是“军用钚”，与能做核弹所需要的“军用钚”比，乃天壤之别。不要人云亦云，误导视听。奉劝军国主义分子不要玩火，日本有识之士，还是抓紧福岛核电站堆芯已熔化的燃料元件的无害化处理，保护本国及东北亚的核安全。】

10.2.2 美国核武库

美国国会 2008 年夏天发布的报告透露，1945 年至今，全球各国累计大约制造了 12.8 万枚核弹，其中美国有 7 万多枚，苏联（俄罗斯）有 5.5 万枚，共占世界的 97.66%。

据资料报道：目前现役核弹头 2 700 枚，包括 2 200 枚战略核弹头和 500 枚战术核弹头；还有 2 500 枚处于后备或非现役状态的核弹头（包括 150 枚左右作为备件）。美国的战略核力量包括 450 枚“民兵”III 陆基洲际弹道核导弹、部署在 14 艘核动力弹道导弹潜艇上的 288 枚潜地弹道核导弹、60 架执行主战任务的战略轰炸机及其运载的核武器。

2009 年 4 月，奥巴马在布拉格提出最终消除所有核武器，推进实现“无核武器世界”的宣言，受到世界和平人士的广泛赞誉，美国前政府官员基辛格等 4 位前政要还联合撰写了题为“无核武器世界”的文章。就目前来看，实现这一理想化构想的道路尚且遥远，美国政府不仅需要大幅削减核力量，还必须重新确立核武器在国家安全战略中的地位。【引自：中国网 2010-04-06】

10.2.2.1 战略核力量

迄今为止，美国仍然保持着陆、海、空“三位一体”的战略核力量，其中，海基战略核力量占据主体地位，核潜艇在各大洋游弋，核弹头数相当于陆、空基战略核力量之和。

1）海基战略核力量

美国弹道导弹核潜艇（SSBN）力量由 14 艘“俄亥俄”级潜艇组成（2 艘处于大修状态），共携带约 1 152 枚弹头，占实战部署核武库的近 43%。2008 年美海军完成了太平洋舰队弹道导弹核潜艇的升级改造，目前所有弹道导弹核潜艇都携带射程更远、精度更高的“三叉戟”II 潜射弹道导弹。“三叉戟”II 导弹携带 3 种类型的弹头，包括 10 万 t 当量的 W76、W76-1 以及美国核武库中当量最大的 45.5 万 t 当量的 W88 弹头。2008 年美海军采购了 12 枚延寿后的“三叉戟”II 导弹，并且到 2012 年每年生产 24 枚，总计生产 108 枚，耗资 150 亿美元。

到 2042 年，新型导弹将装备“俄亥俄”级弹道导弹核潜艇。改进型“三叉戟”II 导弹预计在 2013 年部署到美国的弹道导弹核潜艇上，并将装备英国的新一代弹道导弹核潜艇。此外，美海军已经开始设计发展新型弹道导弹核潜艇，暂定为 SSBN（X）。2009 年 8 月，美国能源部宣布，美国海军已经接收了第一批延寿后的 W-76 核弹头。W-76 核弹头由部署在“俄亥俄”级战略弹道导弹核潜艇上的“三叉戟”II /D5 潜射弹道导弹携载。另据 NTI 网站 2010 年 1 月 7 日报道，奥巴马政府正在筹备开发一种“通用引信”，用于替代美国两种类型核武器中老化的点火装置。引信在很大程度上被视为核武器的关键组成部分，因为它可以控制是否和何时引爆弹头，而且可以影响到毁伤力度。美国可能与英国合作开发这项技术。新的引信将可以替代三种美国和英国核弹头的点火装置。这三种核弹头分别是：350 枚部署在美国空军“民兵”洲际弹道导弹上的 W-78 核弹头、约 400 枚部署在美国海军“三叉戟”II /D5 潜射弹道导弹上的 W-88 核弹头，以及不到 160 枚部署在英国“三叉戟”导弹上的核弹头。

2）陆基战略核力量

目前，美国实战部署的“民兵”III 导弹已削减至 450 枚，共携带 550 枚核弹头，估计美空军即将完成把陆基洲际弹道导弹弹头削减到 500 枚的目标。2009 年下半年，W62 弹头正式退役。为提升陆基洲际弹道导弹的效能，空军正将威力更强的 W87 弹头装备到“民兵”III 导弹上，预计 2011 年完成升级工作。大部分“民兵”III 导弹将携带单个 W87 弹头或 W78 弹头，约 50 枚导弹将继续携带两枚 W78 弹头。另有几百枚弹头将储存起来以备必要时重新部署。2009 年 6 月 29 日和 8 月 24 日，美国范登堡空军基地分别试射一枚未携载弹头的“民兵”III 洲际弹道导弹。这两次发射均是实战试验，其试验目的是验证该导弹系统的可靠性和精度。目前，“民兵”III 导弹正在接受包括发动机、制导系统、指挥控制系统等在内的全面现代化改进，改进工作将于 2013 年完成。2003—2004 年，美国国防部编制完成了一项关于研发新型洲际弹道导弹的“任务需求声明和作战概念”文件，目标是到 2018 年部署新型洲际弹道导弹。2006 年《四年一度防务评审》报告提出将洲际弹道导弹削减到 450 枚后，这一替代型导弹的交付日期被推迟到 2030 年，但后续研究继续进行。

3）空基战略核力量

美空军在 B-2A 和 B-52H 远程轰炸机上部署了约 500 枚核武器。B-2A 和 B-52H 轰炸机能携带两种类型的核炸弹——B61 和 B83。B-2A 还能携带由 B61-7 航空炸弹改造成的 B61-11“地堡爆破弹”，B-52H 还能携带装备 W80-1 弹头的“空射巡航导弹”。W80-3 是经过改进的空射巡航导弹弹头，原计划 2008 年交付空军，但由于“可靠替换弹头”计划未获国会支持，该计划也被推迟，但预计将于 2029 年重启，并在 2036—2039 年投入生产。2009 年 1 月，美国国家核安全管理局称，约提前一年完成 B61-7 和 B61-11 核弹延寿计划。

这两型 B-61 核弹头由美国空军 B-2A 和 B-52H 轰炸机携载，最初于 1969 年开始服役，于 2001 年开始实施延寿计划。

美国采取了一系列措施改进现役战略轰炸机：一是提高电子干扰与攻击能力、预警探测和目标识别能力。根据美国空军雷达改进计划（RMP），2009 年 3 月 17 日，诺斯罗普格鲁曼公司向美国交付了首架换装新型雷达的 B-2A 轰炸机，用于技术验证；10 月该公司开始为 B-2A 轰炸机全速生产新型雷达，空军雷达改进计划项目将在 2010 年 10 月之前完成。该新型雷达由美国雷声公司研制，采用有源电子扫描阵天线（AESA）、新型电源以及改进型接收机/激励器，不仅可对敌方实施干扰，还可作为射频武器使敌方电子设备失效，同时大幅提高 B-2A 轰炸机的探测和识别能力。二是建设网络中心战能力。主要措施是为 B-2A 和 B-52H 战略轰机加装先进超视距终端（FAB-T）。2009 年 2 月 B-2A 轰炸机计划办公室接收了首套由波音公司制造的 FAB-T，用于 B-2A 轰炸机的集成飞行试验。9 月 29 日，美空军授予波音公司合同，研究 B-52H 卫星链路以及 FAB-T 与 B-52H 轰炸机的整合事宜。FAB-T 系统包括软件无线电、天线及用户界面硬件，传输速率超过 30 0MB/s，能够提高战略轰炸机通过超高频卫星链路安全地传输和接收语音、数据、图像和视频信息的能力，同时将战略轰炸机与“全球信息栅格”融为一体，形成网络中心战能力。FAB-T 与 B-2A，B-52H 战略轰炸机的集成将极大提高美军的核力量指挥控制能力。三是提高常规轰炸能力。作为 B-2A 战略轰炸机现代化升级项目之一，2009 年 6 月 9 日，美空军宣布计划在 2012 年前为 B-2A 轰炸机装备重 13 600 kg 的巨型钻地弹（MOP）。该弹可摧毁地下深埋加固掩体目标，其爆炸威力要比前身 BLU-109 炸弹高 10 倍，目前波音公司正在对该弹进行小批量生产和试验。除 B-2A 轰炸机外，该弹也将装备 B-52H 轰炸机。四是 B-2A 轰炸机替换 B-52H 轰炸机部署关岛。2009 年 2 月，美国空中作战司令部从蒙大拿州的怀特曼空军基地派遣了 4 架 B-2A 轰炸机前往关岛的安德森空军基地，与目前部署的 F-22 一起开始服役，与此同时 B-52H 结束其在太平洋地区的战略执勤任务，返回北达科他州的迈诺特空军基地。B-2A 轰炸机部署关岛反映了美军对太平洋地区的持续重视。

10.2.2.2 战术核武器

目前，美国仍保留大约 500 枚实战部署的战术核武器和 600 枚非现役战术核武器。战术核武器包括 B61-3 和 B61-4 核炸弹，以及 W80-0 弹头，后者用于对地攻击的“战斧”核巡航导弹。2007—2008 年，美空军悄悄移走了位于英国拉肯海斯空军基地和德国拉姆斯泰因空军基地的核武器。当前美国在 5 个北约国家的 6 个基地中还部署约 200 枚 B61-3 和 B61-4 核炸弹，供美国和北约不同的飞机投掷，北卡罗来纳州西蒙·约翰逊空军基地的第 4 战斗机大队在支援海外紧急任务中仍然负有核打击任务。此外，其他非现役战术炸弹作为后备储存在内华达州内利斯空军基地和新墨西哥州科特兰空军基地。

美国大约有 100 枚现役“战斧”海射巡航导弹装有核弹头，另有 200 枚处于非现役后备状态。这些武器并不部署在海上，而是与弹道导弹核潜艇的战略武器一起，放在华盛顿州班戈港和佐治亚州金斯湾的战略武器库中。W80-0 弹头不再进行延寿，将于近几年退役。根据 1987 年的《中程核力量条约》，美国开始退役并销毁携带 W84 弹头的地基巡航导弹，但直至 20 年后美国才正式将 W84 弹头从核武库中撤出。1987 年以后，美国防部一直将这些弹头作为非现役库存的一部分。最近的一批大约 380 枚 W84 弹头在 2006 年被撤出核武库，目前正在得克萨斯州的潘太克斯工厂等待拆除。

10.2.2.3 核弹头

1）核弹头的生产

美国《原子科学家公报》估计，全世界核弹头总数为 17 300 枚。其中，俄罗斯和美国拥有的核武器总数约占全世界 90%，俄罗斯核弹头总库存量为 8 500 枚，略微超过美国的 7 700 枚。俄罗斯约 8 500 枚核弹头中有 4 500 枚为军用储存，其余约 4 000 枚已过期但基本完好的核弹头正在等待拆除。

美俄之外，法国是第三大核武国，拥有 300 枚核弹头；其次是拥有 250 枚核弹头的中国和 225 枚核弹头的英国。2007 年，美国恢复了 W88 弹头的小规模生产，这是美国自 1992 年以来首次恢复核弹头生产。根据现有计划，每年将最多生产 10 个 W88 弹芯，用以替换在可靠性试验中消耗的早期型号弹头。国家核安全管理局还计划在完成 W88 弹头的生产后继续为其他库存核弹头生产弹芯。2008 年 12 月，美国国家核安全管理局建议修改布什政府建造新的核武器生产设施的计划，该设施原计划每年生产数百个核武器弹芯（后来降到每年生产 50～80 个）。新建议提出，将位于洛斯·阿拉莫斯国家实验室的化学和冶金研究设施改造为每年能生产 20 个钚弹芯的化学和冶金研究替代核设施。目前正在进行的核态势审议将决定是否进一步提高生产能力。

2007 年和 2008 年美国国会连续两年否决了“可靠替换弹头”（RRW）计划。2007 年美国政府的一份技术评估报告认为 RRW 验证计划是不充分的，需要进行额外的试验和分析，并评估新的生产过程对性能产生的影响，认为这应该是 RRW 计划最优先进行的工作。奥巴马政府已表示将不生产“新型”核武器，未来将通过扩展延寿计划，在现有弹头设计中引入新技术，而进行替换型或改进型弹头的生产。2009 财年国会授权 1 300 万美元用于发展一种可用于现有设计改型或用于 RRW 弹头的新型保险解除、引信和点火装置。预计到 2029 年，美国将为 B83-1 炸弹装备新引信，2039 年为 W76-1 装备新引信。

2）核弹头的拆解

2007 年国家核安全管理局宣布，“弹头的拆除速度比往年提高了 146%，几乎是原定 49%目标的 3 倍”。2008 年美国宣布核弹头拆除速度又提高了 20%。2008 年 4 月，美国负责核不扩散的特使克里斯多夫·福特在 2010 年《不扩散核武器条约》审议会筹备委员会第二次会议上称，“美国正加速拆除弹头”。但应当看到，美国国家核安全管理局正利用拆除速度的百分比来掩盖其拆除绝对数量相对较少并且是退役的核武器的事实。估计 2006 年美国仅拆除了约 100 个弹头，2007 年约 250 个，2008 年 300 个，2009 年大约提高到 350 个。以目前的拆除速度，所有积压的退役核武器以及后续削减的核武器要到 2022 年才能全部拆除完毕。

值得一提的是，计划拆除的大量弹头已迫使潘太克斯工厂必须提高其储存能力以存放钚弹芯。目前潘太克斯工厂已经存放了 14 000 多枚钚弹芯，预计到 2014 年需存放的弹芯数量将超出其储备能力。为将储备能力扩大到 20 000 枚（其环境所能承受的最大量），潘太克斯工厂的管理层正要求国家核安全管理局授权建造 6 个新的储存库。【引自：谢武】

10.2.3 前苏联/俄罗斯

10.2.3.1 前苏联

中国网讯 综合俄罗斯媒体报道，俄罗斯西北部阿尔汉格尔斯克州的新地岛位于北极圈内，巴伦支海和喀拉海之间，面积 8.26 万 km^2，终年积雪，气候寒冷，人烟稀少。虽然距离最近的大城市摩尔曼斯克、阿尔汉格尔斯克都在 1 000 km 以外，但是近半个世纪以来一直都以其核试验场的独特地位成为举世关注的焦点，特别是在苏美核竞赛时期，更以成功试爆 5 000 万 t TNT 当量的“核弹之王”而震惊全球。

“二战”结束后，五角大楼开始筹划针对苏联的新战争计划。1945 年 12 月计划抓住苏联战略弱点实施有限空中打击，拟向 20 个城市投掷 20～30 枚原子弹。1946 年 6 月做出调整，计划用 50 枚原子弹轰炸 20 个城市。1948 年 12 月计划向 70 个城市投弹 133 枚。1949 年 10 月调整为 104 个城市 220 枚，到 1949 年底增至 200 个城市 300 枚。后来又制订几个计划，总计要从各个方向使用原子弹轰炸苏联 3 423 个目标。

美国曼哈顿工程动用庞大的人力物力财力，最终在波茨坦会议前一天成功试爆原子弹，本以为能领先苏联 10～15 年，结果却大失所望。斯大林清楚，此事关系到国家的生死存亡，虽然第二次世界大战几乎使全国成为一片废墟，但是苏联仍竭尽全力发展“铀工程”，奋起直追。最终在 4 年之后制造出 RDS（“俄罗斯造”）原子弹，并于 1949 年 8 月 29 日试爆成功，从而一举打破了美国的核武器垄断。一个月后，中华人民共和国成立，杜鲁门总统审时度势，未采纳麦克阿瑟将军要用 500 架飞机轰炸新中国大陆的建议，避免了一场核战争和第三次世界大战的爆发；苏联人民继续奋斗，于 1953 年 8 月 12 日试爆了首枚氢弹 RDS-6，威力高达 40 万 t，是广岛原子弹的 20 倍，迫使美国人不仅放弃了攻打苏联的念头，甚至不敢再企图在朝鲜战场使用原子弹。从这些数据和严酷的事实可以看出，当时的中苏两国人民面临着何等的核讹诈威胁。挣脱不了这个核讹诈的锁链，你就没有生存权了。

但是美国人并没有放弃研制超级武器的想法，威力超强的战略导弹应运而生。1954年的Castle系列地面热核爆破威力高达169万t，1956年的“红翼”系列达到500万t，1958年的Hardtack系列达到890万t。截止到1954年底美国共进行了51次核试验，总威力4 000万t，苏联只有14次，200万t。无论是在数量上，还是威力上，美国都绝对占优。苏联却一时无法适当回应这种挑战，因为没有一个能够试验超强威力核弹的试验场，塞米巴拉金斯克核试验场到50年代中期就已力不从心。为了迎头赶上，确保核均势，苏联决定建设新的核试验场，并把目光投向了新地岛。

1954年苏联决定在北极地区新地岛建设新的核试验场（700工程），这里地形适合，既有深水湾，又有1 500 m的高山，而且远离大陆，荒无人烟，每年最多可进行85次试验，包括超强威力的炸弹。当时岛上约有400名居民，随即迁往阿尔汉格尔斯克州。工程人员开始建设试验场，项目代号“700工程”。工作量非常庞大，运送的物资数以万吨计，工作、生活、防护设施多达320处，由一支舰队和一个防空师负责武力保护。经过奋战，苏联工程人员先后在新地岛上建成了A、B、C三个主爆破区。

A区　位于黑角的A区试验项目非常丰富，其中A-6试验场用于5万t级以下威力的井式地下爆破和地面爆破；A-7试验场用于5万t级以下的空中爆破；A-8区用于发射特种核装药的战役战术导弹；黑角水域用于5万t级以下的水下爆破。

1955年6月冰雪融化后新地岛开始在黑角准备首次核试验。根据既定布局，陈设废旧军舰，装配仪表记录试验数据，调试各种设备。核工程师把拆解运来的核弹头重新组装，用鱼雷置入黑角中心水域30 m深处。1955年9月21日10点按时引爆，巨大的爆破柱冲天而起，光耀刺眼，水下冲击波汹涌澎湃，7 km外清晰可见。蘑菇云冉冉升起，之后慢慢坠落，随风飘向巴伦支海。这是苏联首次水下核试验，接近中心区域的所有军舰全部毁坏。试验获得成功，苏联终于拥有了能试验各种威力的核导弹、核鱼雷和核炸弹的场所。

“700工程”规模迅速扩大，沿极北地区扩建科研机构和监测网络，组织核弹实兵演练。陆军战役战术导弹部队提前一个月到达试验场，准备阵地，装配弹头，布设靶场，首次导弹发射准确命中目标，3天后再次试射成功。海军组织“风雪”演习，作为“航母有效杀手”的舰载核巡航导弹试射成功，这也是苏联最后一次海上核试验。70年代苏联海军还在此组织“彩虹”演习，使用潜艇水下发射核导弹、核鱼雷，创造多项纪录。

60年代初苏联大幅提高核试验辐射水平安全标准，新地岛南边的A区因过于接近大陆而在1964年后关闭，不再进行任何核试验。所有试验转移到新地岛北边的C区进行。

B区　美苏1963年签署有限禁止核试验条约后，新地岛核试验场的命运随即发生重大转变，所有试验全部转入地下，规模急剧缩小。苏联在马托奇金海峡新建B区试验场，另设环境监测地球物理站，代号D-9，主要用于地下坑道爆破。1964年启用，1990年关闭。

此间共进行了42次地下核试验，其中有两次接近600万t级。

从1955年9月21日首次启用，到1990年10月24日正式冻结，新地岛上共进行132次核试验，其中空中84次，地面1次，水上2次，水下3次，地下42次，成为苏美核竞赛时期当之无愧的主战场之一。1991年苏联在解体前宣布暂停核试验。之后俄罗斯继续暂停核试验，新地岛彻底“关门歇业”，沉寂至今已整整20余年。

C区　1956年3月17日苏联政府决定试验当时世界上威力最大的2 500万t级热核炸弹，同时还在新地岛更北端的米秋希哈角寻找500万t级空中爆破场，最终选了苏霍伊诺斯角以北27 km处的区域。1956年4月23日工程人员开始昼夜不停地施工，当年7月代号D-2的试验场就已完备，并在3.5 km外为监测设备构筑3处装甲掩蔽工事，指挥所设在90 km外的潘科夫地岛。经过系统测试，确定能够试射重型战略导弹，随即向莫斯科汇报。当时苏联担心首次超级核弹试验后果过于严重，不仅会影响到附近的摩尔曼斯克和阿尔汉格尔斯克，甚至是整个斯堪的纳维亚半岛北部地区，因此决定推迟一年试验，暂时不再追赶已经进行4次1500万t级核试验的美国。

1957年9月24日苏联在新地岛D-2试验场上空2 000 m处成功进行了100万t级空中核试验，12天后进行了第二次百万吨级爆破。在成为苏联超级核弹唯一试验场后，D-2也逐渐成为远程航空兵和战略火箭军的重要试验基地。苏联战略轰炸机曾在此试验过两种类型的核弹，战略火箭军在北乌拉尔“玫瑰”演习或赤塔“郁金香”演习中发射的热核导弹也落在这里。【引自：中国网 编译：林海 2011-07-24】

10.2.3.2 俄罗斯

2009年5月起草的新国家安全战略，明确了俄罗斯的核武器使用政策。该文的主要起草人，俄罗斯安全委员会秘书尼古拉•帕特鲁舍夫对俄媒体称，新战略“规定了俄罗斯使用核武器的可能性取决于形势条件和敌方的可能意图。在国家安全处于紧急关头时，不能排除对敌人使用核打击，包括先发制人的核打击。”由此可见，俄罗斯的核武器使用政策蕴涵着同美国核武器使用政策相似的模糊性。

俄罗斯的核武库非常庞大，门类齐全，分布甚广。据估计，截至2009年底，俄罗斯实战型核武库中约有4 600枚核弹头，包括约2 600枚战略核弹头和2 000枚非战略核弹头，数量比2008年略有下降，此外，预计另有7 300枚核弹头处于后备或待拆解状态。因此，俄罗斯总计约有1.2万枚核弹头，据信存放在48个永久性库存场址中。与美国通过库存管理计划对现有弹头进行延寿不同，俄罗斯核库存的持续维护及可靠性是通过对弹头的定期重复制造实现的。为了更大程度上同美国的做法保持一致，2009年7月梅德韦杰夫宣布，到2011年俄罗斯将开发超级计算机，以测试其核威慑的有效性。【引自：佚名网友】

10.2.4 编者评述

无论世界各国及人民多么反对，核大国自持手握核大棒，我行我素，核开发、核竞赛、核升级、核更新换代的势头始终难以遏制，头号核大国的美国又投入 1 万亿美元开发未来新型武器的研制，新一轮的核竞赛又显端倪。【引自：东方网 一周军情 2004 年 6 月 19 日】

试问：核大国美国始终引领核武器、尖端武器不断升级、更新换代，导致全球军备竞赛，如此恶性循环下去，还有一个头没有？你们要将人类引向何方？人类不毁灭你们心不安吗？网友撰文调侃奥巴马，“悬在每个人头上的 3 t TNT，如果削减 1 t，算是奥巴马对社会的一个进步”。看似一个幽默挖苦的笑话，其实说出了核大国领袖所说的“实现无核世界”只是欺骗世界人民的鬼话，不过是玩弄数字游戏、政治作秀及为国际谈判增加一点筹码而已。

10.2.5 读者思考

超过可杀死全人类及毁灭整个地球的核武库，成了核大国制造的“魔盒”，他们豢养了这许多的“妖魔鬼怪”到底想干什么？悬在世界人民头顶上，实施核讹诈、核恐吓、核大棒，以实现永久地独霸世界。世界人民会答应吗？会容忍吗？

10.3 核试验

10.3.1 概述

10.3.1.1 核试验的历史

从 1945 年 7 月 16 日美国进行世界上首次核试验到 1989 年底，各国共进行了 1 800 多次核试验。其中，美国 900 多次，苏联 600 多次，法国 180 多次。美、苏两国核试验次数约占总数的 90%。拥有核武器的国家一般都是首先进行大气层核试验。因为它易于实现，便于积累有关冲击波、光辐射、核辐射等的试验资料，实地研究各种杀伤破坏效应，并便于对大当量氢弹进行验证。在这些目的达到之后，就逐步转入地下核试验。

美、苏、英三国在进行了大量的大气层和其他方式的核试验之后，1963 年 8 月在莫斯科签订了《禁止在大气层、外层空间和水下进行核武器试验条约》（即《部分禁止核试验条约》）；1974 年 7 月，美、苏两国又签订了《限制地下核试验当量条约》，规定从 1976 年 3 月 31 日起，不再进行爆炸当量在 15 万 t 以上的地下核试验。由于美、苏两国已积累了大量的核武库，积累了大量的核试验资料，完全有可能通过低当量的地下核试验研制和完善各种核武器。这些所谓的“条约”一方面虚假地在世界各国和人们面前显示出一个姿态；另一方面是为了制造舆论来限制包括中国在内的后来的国家进行这些方面试验，以便到达“双赢”。

美曾在朝鲜战争中，就将未装配好的原子弹运到朝鲜附近海域，准备向中国人民志愿军实行核打击，台湾准备派特务配合美国准备空降到罗布泊实施彻底武装破坏；中苏关系恶化后，苏联撤走了专家，停止供给核心设备，带走了核工业的核心图纸、资料，同样也曾打算用原子弹来摧毁摇篮里中国核工业。

在毛泽东指引下，激励着中国人民奋勇前进，为了新中国的国防安全及世界和平，为了国家的尊严，中国人民没有被吓倒，没有退缩，必须打破核垄断，在核威胁及经济、技术极其困难的背景下，在美苏两核大国的夹缝中，硬是依靠独立自主、自力更生、奋起直追、精益求精，不断克服一个又一个思想、技术、材料、部件、设备的难关，取得一个又一个里程碑意义的进步，让包括美国、苏联在内的国家和人民，开始仰起头来瞧新中国、中国人民和中国科技进步。中国的核工业，对于美、苏两个核大国来说，几乎是透明的，防御性的。

1964 年 10 月 16 日在中国迎来了首次原子弹试验成功，欢呼，中国拥有了原子弹！

爆炸零时定在北京时间 1964 年 10 月 16 日 15 时。天气晴朗，骄阳当空，微风和煦，蓝天白云下映衬的戈壁滩显得格外静谧。指挥部里传出指挥员清亮的倒计时报数：“9、8、7、6、5、4、3、2、1、起爆！”巨大的火球翻滚、照耀，形成了拔地而起的蘑菇云。

我国第一颗原子弹爆炸成功，充分证明酒泉原子能联合企业第一套产品合格，从而进一步说明 404 厂确实夺取了第一个完全胜利。

这个比 1 000 个太阳还亮的辉煌瞬间，对于一个饱经忧患、受尽欺凌的民族来说，是多么宝贵！

那震撼天地的爆炸声（核爆炸所形成的高压冲击波，其压力高达十几亿个大气压），成为中华民族走向强盛的宣言。我们开始有了核自卫还手能力。中国政府当天发表声明：“中国发展核武器，正是为了要消灭核武器，中国政府郑重宣布，中国在任何时候、任何情况下，都不会首先使用核武器。”1992 年中国正式加入联合国《不扩散核武器条约》，1996 年 9 月 24 日中国率先签署各国《全面禁止核试验条约》。49 年过去了，事实证明：中国人民手中的核武器是核制衡力量，是维护世界核和平的盾牌。我国第一颗原子弹核装料的突破见专栏 10-3。

专栏 10-3　我国第一颗原子弹核装料的突破

——纪念酒泉原子能联合企业创业五十周年

王秉铃

我国核武器的研制是大科学之一，是巨大的系统工程，是核工业部 30 万职工，乃至全国的大协作才取得成功的。如果没有毛主席站在战略高度上的坚持，如果没有以周总理为首的老一辈无产阶级革命家的身体力行的领导以及全体从业人员上下一致的拼搏，那么实现“两年规划”是不可能的。在我国核武器研制的诸多工厂中，主工艺核心单位有三家——504 铀浓缩厂、404 核燃料研发生产基地（即酒泉原子能联合企业）、221 核弹体研发生产基地。在 1958 年二机部（核工业部的前称）部机关编制系列里分别设置命名为 15 局、14 局、9 局。由此可见核工业部对它们的重视。三个局首任局长分别是王介福、周秩、李觉。后来他们都被提任为核工业部副部长。在我国核武器研制链条里，三家不可或缺、互相依存才能完成共同的任务。

就军用核燃料生产工艺来说，404 厂 4 分厂——原子弹核心部件——核装料研发生产分厂处于核工业部最后的核心位置。一直密别很高、不好宣传，致使许多核工业部宣传材料中混乱失实的现象屡见不鲜，一直延续至今。

现根据甘肃省政协文史委《关于协作征集（原子弹、氢弹）史料专集的函》（甘政协发[2006]76 号）和中核 404 总公司党委的征稿函的要求，我把四分厂为我国第一颗原子弹核心部件研发——铀-235 的制取——冶炼、加工的科研攻关过程以回忆录形式整理出来，并借以纪念酒泉原子能联合企业创业五十周年。

核武器的研发大体分为两大块：核的一块和非核的一块，核弹的“两大块”是互相依存才能构成完整的战斗部。

“非核的一块”是研制能为“核的一块”——武器级核燃料——核部件达到超临界核爆炸提供局部压力温度条件的非核内爆——在几个微秒以内爆而不炸的弹体（也叫护持器）。

“核的一块”是设法获取足够的武器级核装料——铀-235、钚-239 以及氚等放射性核素，研制成核心部件装入弹体构成核装料，形成裂变或聚变的完整核弹。

难怪 1964 年 5 月 1 日凌晨，404 分厂用创新的方法已拿出了我国第一颗原子弹所需的铀-235 核部件喜讯，报到中央，当谈到还需要用护持器装炸药才能弄响时，有位领导开玩笑式的插话：“用柴火烧也要把它烧响了”。正如美国曾参与曼哈顿计划的已故物理学家路易斯•阿尔瓦雷斯在其回忆录中所说，恐怖分子只要拿到足够的武器级的核燃料，“一个中学生都能在短时间内造出核弹来。”从这里不难理解现在人们为什么对关乎武器级的核燃料的生产物流活动是那样的敏感了。

【引自：中核老者，《甘肃文史资料选辑》第 63 辑，2008-08-06（2013-08-18 修改）于兰州】

我国核及航天事业的速度和成效有目共睹，令亿万中国人民备受鼓舞、备感自豪！令世界称奇、惊叹不已！

10.3.1.2 核试验的目的

进行的核爆炸装置或核武器爆炸试验，其主要目的是：鉴定核爆炸装置的威力及其他性能，验证理论计算和结构设计是否合理，为改进核武器设计或定型生产提供依据；在核爆炸环境下研究核爆炸现象学和各种杀伤破坏因素的变化规律；研究核爆炸的和平利用等。它是一项规模很大、需要多学科、多部门协同配合和耗费大量人力、物力和费用的科学试验。

10.3.1.3 核试验的次数

从 1945 年 7 月 16 日美国进行世界上首次核试验，截止到 1998 年 5 月底，全世界总共进行了 2 058 次核试爆，其中美国进行了 1 032 次（1992 年），苏联进行了 715 次（1990 年），法国进行了 210 次（1996 年），英国进行了 45 次（1991 年），中国 45 次（1996 年），印度 6 次（1998 年），巴基斯坦 6 次（1998 年），朝鲜 3 次（2013 年）【注：括号内为最近一次核试年份】。

10.3.1.4 核试验的阶段

核试验一般可分为三个阶段：

（1）准备阶段。准备核试验装置和场地，布设控制设备，安放记录仪器和效应物，制定安全保障措施和意外情况的应急措施等。在进行大气层试验时，应十分注意选择气象条件，以尽量减少放射性沉降的危害。

（2）实施阶段。引爆核装置，测量记录核爆炸的各种信号，速报试验的初步结果，收集爆炸产物样品，回收试验成果，探测放射性剂量分布等。

（3）分析与总结阶段。判读、处理并分析测试数据，作出试验总结。核试验有各种分类方法。

10.3.2 试验的环境类型

10.3.2.1 大气层核试验

指爆炸高度在 30 km 以下的空中核试验和地（水）面核试验。核装置可用飞机或火箭运载、气球吊升等方法送到预定高度，也可置于铁塔或地（水）面上爆炸。大气层核试验便于进行大气中的力学、光学、核辐射与电磁波的测量，以及放射性沉降规律的研究，及时回收核反应产物，观测和研究核爆炸效应；但是，大气层核试验非但会造成一定程度的放射性污染外，还可能是导致臭氧层破坏的元凶。爆炸高度大于一定值时，可避免爆炸气浪掀起的地（水）面尘（水）柱与烟云相接，大大减少局部放射性沉降。直接在地（水）面或铁塔上进行核试验，核装置固定，便于测试，但由于烟云与地（水）面尘（水）柱相混，会造成比较严重的局部环境污染。大气层核试验案例见专栏 10-4。

专栏 10-4　大气层核试验案例

在 1946 年 6 月 30 日—1958 年 8 月 18 日，美国在马绍尔群岛进行核试验 67 次，所有这些都属于大气层试验。这些测试只是最强大的“布拉沃”核爆的前奏，一枚 1 500 万 t 级核弹试验，于 1954 年 3 月 1 日在比基尼环礁引爆，经测试相当广岛原子弹的 1 000 倍。在马绍尔群岛其他测试是在百万吨级范围内，67 次测试的累计总和为 108 Mt TNT，超过 7 000 颗广岛原子弹当量。

在 1945—2013 年，全球共进行了 2 060 次核试验，其中美国为 1 030 次，前苏联为 715 次，法国为 210 次，英国、中国各为 45 次，印度、巴基斯坦各为 6 次，朝鲜 3 次。美国在 1945—1988 年的 930 次核试验，合计为 174 Mt TNT 当量。其中，约 137 Mt，是在大气中被引爆的。也就是在马绍尔群岛进行的测试数量只占美国所有测试的约 14%。【引自：百度百科】

10.3.2.2　高空核试验

爆炸高度大于 30 km 的核试验。其中，爆炸高度在 100 km 以上的亦称外层空间（或宇宙空间）核试验。试验用运载火箭将核装置送到预定高度实施爆炸。主要目的是：研究高空核爆炸的各种效应，如核辐射、电磁脉冲、X 射线等对导弹弹头和航天器的破坏作用，为研制反导弹导弹或反航天器的核弹头和提高核武器的突防能力提供依据；研究高空核爆炸对无线电通信和雷达系统的影响；研究电子流在地磁场中的运动规律等。

10.3.2.3　水下核试验

用靶船、鱼雷或深水炸弹将核装置送至水下预定深度爆炸的核试验。目的是研究核爆炸对舰艇、海港、大型水利设施等的破坏效果，或进行反潜艇研究等。

10.3.2.4　地下核试验

将核装置放在竖井或水平坑道中爆炸的核试验。其爆炸效应的研究受到一定限制，场地的工程量较大，尤其是大当量试验困难较多。但封闭式地下核试验有其明显的优点：核装置位置固定，便于测试，特别有利于近区物理测量；受气象条件影响小，利于安全保密，可减少对环境的放射性污染；便于创造模拟高空环境的真空条件，研究某些高空核爆炸效应；还可研究核爆炸的和平利用，如探索开挖矿藏和制取特殊材料的可能性等。

10.3.3 测量与分析

为查明核爆炸的结果，确定核装置的爆炸当量，判明核装置内部核反应的情况，测定核爆炸效应参数等必须进行科学测量与分析。测量与分析是科学诊断的手段，依试验目的与方式而定，通常可分成两大类。

1）物理测量与分析

（1）核辐射测量。它是指对α射线、β射线、γ射线、中子射线等与称为“软γ”的X射线的测量。这些射线的强度与爆炸当量有关，它们的能量分布（能谱）随时间的变化（时间谱）和随角度的变化（角分布），能反映核装置的物理特性。测量不同距离上的核辐射，可积累辐射剂量破坏效应的数据并研究其规律。

（2）光学测量。大气层核试验时，可测量核爆炸火球发展和光辐射（包括紫外线、可见光与红外线）强度随时间的变化，用以估算当量，并提供光辐射破坏效应数据。

（3）力学测量。测量距爆心不同距离处介质中的冲击波。它可用来测定当量并提供破坏效应的力学数据。

（4）电磁脉冲测量。用来研究核爆炸的电磁脉冲效应，在一定条件下可判断爆炸类型并粗估当量。

2）放射化学测量与分析

大气层核试验时，可用携带取样器的飞机或火箭，收集爆炸产物样品或沉降物样品；地下核试验时，采用钻探等方法取样。从样品中分析裂变产物的生成量，可推断裂变当量的大小。分析核装料中各种同位素含量的变化，可得到核装料的燃耗等数据。放射化学测量与分析是测定核爆炸当量较可靠的手段。此外，核试验时，根据需要还可进行放射性沾染参数的测量和各种杀伤破坏效应的实验与观测。

10.3.4 编者评述

核试验虽然还不是战争中具体施用，但其危害与影响性质是完全相同或相近的。核试验与一般科学实验的共同特点是为了取得不同因素及条件下的试验过程、结果及数据；与一般科学实验不同的是：① 几乎都是接近实战型的规模；② 都是选择在荒无人烟的沙漠、戈壁进行，非常隐蔽；③ 一般都是从大气层开始，后来转入海底或地下。因此对试验区及全球生态环境的破坏性及对生命的杀伤性是毁灭性的；④ 是在绝密背景下进行，而外界无从得知，试验结果被试验国所垄断，对外国、非核部门都三缄其口，对试验地及对全球的危害及影响，几乎无从查明、恢复，试验地成了生态死区，全球人无端地成了核大国的“小白鼠”，是可忍孰不可忍！

10.3.5 读者思考

核大国已经完成了大气层核试验，取得了所需要结果及基本数据，同时制造出大量的核武器；进一步转入地下，他们就能够逃脱“破坏大气层及全球生态环境的罪责”吗？

10.4 核冬天

10.4.1 核战灾难

（1）大规模的核战争将让地球承受毁灭性灾难。美俄现有核武库的爆炸力，相当于全球每个男人、女人和儿童各自承受 3.2 t TNT。核武器一旦变成“上帝的诅咒”，那么无人能幸免，生物圈可能全部毁灭。

（2）遭受攻击的人类城市社区将变成一片废墟。核大国均把自己的核武器瞄准对方重要城市、军事目标、能源、水源、交通和工业设施等重要目标，如果一次核战争爆发，伴随火光四射、浓烟滚滚的刹那间，遭受攻击的社区将被核冲击波、风暴性大火和原子尘土夷为平地，无数人将在瞬间丧生，幸存者也将因为烧伤和辐射造成后遗症而很快死亡。昔日的大好河山化成炽热的灰烬，繁华的人类城市社区，瞬间顿成人间地狱。

（3）严重的光污染。印度佛经中就写道：“如果成千个太阳，在天空一齐放光，人类就会灭亡，大地便会遭殃。”是不是佛的预言？广岛原子弹爆炸后的景象人们为此诗做了最形象的诠释。核武器爆炸后会发出强烈的闪光，随后变成直径巨大的大火球，高悬在空中，好像 1 000 个太阳出现在天空，刹那间，广阔的天空因强光变得通亮炽白，地面上一切景物失去了轮廓，失明的人惊奇地看见了光，而成千上万的人却因强烈闪光而导致终身失明、死去。

（4）人造地质灾难。可能变成现实。核武器的爆炸会带来持续不断的巨响，震动得地动山摇，犹如一场超过自然地震的巨大灾难。世界第一颗原子弹阿拉莫戈多爆炸中，持续不断的巨响，方圆 160 km 范围都能听见，290 km 外的锡耳佛城内玻璃窗被震碎，爆炸地不仅留下一个半径 400 m 的大弹坑，而且爆心周围 700 m 内的沙地被烧成了玻璃状的结皮，形状像一个白热的大盘子。目前，以直接破坏地质构造的“钻地型核武器”成为新宠，这种武器可以摧毁敌方的坚固的地下设施，诸如加固的地下掩体、地下通道和用于军事目的的山洞。据称，美国在研制一种可以钻地 10～15 m 的小型核弹，不仅可破坏崇山峻岭中的敌军山洞，还可摧毁深藏于地下的军事设施。如果命中的核武库，必然产生巨大的连锁反应。

（5）生态环境将面临灾难性考验。除了太阳外，洁净的空气、水源、土壤是支撑整个生态系统的三大基本要素，也是大自然对人类的馈赠。核战争的爆发会给这些要素带来灾难性的变化。核武器爆炸中产生的巨大热辐射，会将空气的温度急剧提升到30 000℃，不仅将有效范围内一切生命消灭掉，而且将耗尽空气中的氧气和水分，散发大量有毒气体、扰动大气正常地循环和气候灾变；还会带来一系列连锁效应。如果目标是核电站、大型化工企业、油田、大型油轮等设施，就会造成大量有毒化学物质、油烟和碳氧化物散发到空气中，严重污染邻近地区的空气、土壤和水体；如果目标是水电站、大型水库等重要生态设施，会造成洪水泛滥，造成系统的生态灾难；如果目标是核工厂、后处理厂等核设施乃至和航母、核潜艇，核爆炸会引起二次更大规模的核污染，会将大量核烟灰和核尘埃送入同温层，从而长时间地反射日光，使得相当比例的日光不能进入地球表面，没有阳光的日子，地面平均温度也将大幅度下降。乃至造成植物无法生长，动物无法存活的“核冬天”。

（6）辐射污染将成为影响公共健康的罪魁祸首。原子弹爆炸，会产生近200种有辐射性的同位素。劫后余生者，大多数都会得“辐射症”。病人伤口难以愈合，各种癌症相继发生；受辐射的人婚后出生的婴儿，要么是先天畸形，要么是不治之症。更重要的是受灾地区的家破人亡、妻离子散、疾病与饥饿蔓延，社会结构遭到严重破坏，它们给人们造成的精神和身体的痛苦，就像一出永远无法谢幕的悲剧。【引自：网友回答提问：2008-02-16 18:15】

10.4.2 核冬天

1983年“TTAPS”（或读作T-Taps）（理查德·特科等五位科学家的姓氏首字母结合缩写）的研究小组受到了火星沙尘暴制冷效应的启发，他们采用了一个地球大气层的二维简化模型计算了核冬天效应，结果发现全面核战争可能导致内陆地区的温度降至−40℃。【引自：《科学》，1983年】

核冬天是一个关于全球气候变化的实验理论，它预测了一场大规模核战争可能产生的气候灾难。核冬天理论认为使用大量的核武器，特别是对象城市这样的易燃目标使用核武器，会让大量的烟和炭黑进入地球的大气层，这将可能导致非常寒冷的天气。进入大气层的烟和炭黑的颗粒层可以显著减少到达地面的阳光总量，这个颗粒层很可能在大气中停留数周甚至数年（燃烧石油和塑料制品产生的烟和炭黑能够比燃烧木材产生的烟更有效地吸收阳光）。中纬度的西风带将会输送烟尘，形成一个环绕北半球北纬30°～60°地区的环带。这些厚的黑云可以遮挡掉大部分的阳光，时间长达数周。这将导致地表温度在这一时期下降，根据不同的模型，温度下降最多可达数十摄氏度。

这种黑暗与致命的霜冻，再加上来自放射性尘埃的高剂量辐射，会严重地毁灭地球上这个地区的植物。严寒、高剂量辐射、工业、医疗、运输设施被广泛破坏，再加上食品和农作物的短缺，将会导致因饥荒、辐射和疾病引起的人类和生物大规模死亡。科学家还认为爆炸产生的氮氧化物将破坏臭氧层。科学家已经在热核爆炸实验中观察到了这种此前未曾预料过的效应。由于臭氧层的再生，这种效应会被削弱了。但是一场全面核战争的效应，毫无疑问将会更加巨大。臭氧耗尽（以及随之而来的紫外线辐射增加）的次生效应将非常显著，它会对人类、陆生生物及多种主要农作物产生影响，也会通过杀死浮游生物而毁坏海洋食物链。

近年来一个关于恐龙灭绝的理论也认为，6 500 万年前有一颗直径数十公里的小天体击中地球，这场爆炸掀起的尘埃遮蔽住了天空，导致气温下降，植物无法进行光合作用，从而让恐龙这类当时居于支配地位的物种走向衰亡。

在 TTAPS 的研究成果发表以后，有一些科学家对其表示了质疑，其中包括美国的氢弹之父爱德华·泰勒。泰勒与萨根等科学家则认为：核冬天的效应微不足道，由于大规模核战争造成的降温效应并不像 TTAPS 小组展示的那样严重，因此“核冬天”应该改名为“核秋天”。

自那之后，科学家使用改进的模型进行了更加精密的计算。1990 年，TTAPS 小组又在《科学》杂志上发表了一篇论文，回顾了自 1983 年以后的研究。他们认为，新的计算表明北半球中纬度地区的降温是 10～20℃，局部地区可下降 35℃；尽管这表明全面核战争的后果可能比 1983 年他们预测的要轻，但是核冬天在总体上仍然是可能的。

1990 年萨根和 TTAPS 的另一位成员特科一起出版了一本关于核冬天的著作，名为《无人想象的道路：核冬天与军备竞赛的终结》。

1991 年苏联解体，两个超级大国对抗的冷战时期结束，全面核战争的可能性大大降低。但是局部核冲突仍然有可能发生。如果不彻底消除核武器，这些核战争所造成的气候效应及危害的阴影仍将笼罩在人类的头顶。

10.4.3 防扩、禁止、销毁核武器

10.4.3.1 《不扩散核武器条约》

《不扩散核武器条约》又称“防止核扩散条约”或“核不扩散条约”，是 1968 年 1 月 7 日由英国、美国、苏联和其他 59 个国家分别在伦敦、华盛顿和莫斯科缔结签署的一项国际条约。

1959 年和 1961 年，联合国大会先后通过爱尔兰提出的要求有核武器国家不向无核国家提供核武器和“防止核武器更大范围扩散”的议案，这两项议案是不扩散核武器条约的

雏形。

1960 年和 1964 年，法国和中国先后成功地爆炸了核装置，美苏极为担心将会有更多的国家拥有核武器，会降低或动摇他们的核垄断地位。美国于 1965 年 8 月向日内瓦 18 国裁军委员会提出一项防止核武器扩散条约草案。同年 9 月，苏联也向联大提出一项条约草案。1966 年秋天，苏美两国开始秘密谈判并于 1967 年 8 月 24 日向 18 国裁军委员会提出了“不扩散核武器条约”的联合草案，1968 年 3 月 11 日美苏又提出联合修正案。1968 年 6 月 12 日，联大核准该条约草案。1970 年 3 月 5 日，《不扩散核武器条约》正式生效。

该条约的宗旨是防止核扩散，推动核裁军和促进和平利用核能的国际合作。

该条约有 11 条规定，主要内容是：核国家保证不直接或间接地把核武器转让给非核国家，不援助非核国家制造核武器；非核国家保证不制造核武器，不直接或间接地接受其他国家的核武器转让，不寻求或接受制造核武器的援助，也不向别国提供这种援助；停止核军备竞赛，推动核裁军；把和平核设施置于国际原子能机构的国际保障之下，并在和平使用核能方面提供技术合作。

根据有关规定，条约有效期 25 年，其间每 5 年举行一次审议会议，审议条约的执行情况。

中国于 1991 年 12 月 29 日决定加入该公约，1992 年 3 月 9 日递交加入书，同时对中国生效。

1992 年 1 月 27 日，法国决定签署不扩散核武器条约。8 月 3 日正式把参加不扩散核武器条约的批准文件递交美、英、俄 3 个签字国。

1992 年 12 月根据 47 届联大决议成立 1995 年《不扩散核武器条约》的审议和延长大会筹备委员会。1993 年 5 月—1995 年 1 月共举行了 4 次会议。筹备委员会为大会准备了临时议程和程序规则草案。根据筹委会的建议，会议期间将成立 3 个主要委员会，第一委员会将集中讨论条约中有关不扩散核武器、裁军和国际和平与安全（包括安全保障）条款的执行情况；第二委员会的工作是讨论不扩散核武器、保证措施和无核区条款的执行情况；第三委员会将讨论关于条约国家不受歧视地发展、研究、生产及使用和平核能条款的执行情况。

由于德国、意大利、日本和瑞典的反对，条约在 1970 年生效时，只有 25 年的期限，25 年后是否继续延长，如何延长则要根据多数会员国的意见决定。反对无限期延长的主要是“不结盟”国家和其他一些无核国家，如埃及、印度尼西亚、伊朗、墨西哥、尼日利亚、泰国、委内瑞拉等。这些国家认为核国家没有履行条约里的一些重要条款，例如全面禁止核试验，停止生产可制造核武器的裂变材料，对无核国家承担安全保证，允许无核国家获取和平核能技术等。这些国家认为，如果无限期延长，就会使核国家放松核裁军的努力，使事实上的“有核与无核”成为永久不可改变的、不合理的分配格局。德、意、日、瑞等原先反对永久性条约的4个国家，由于放弃发展核武器后，在获取和平核能技术方面得到保障，已转而支持无限期延长条约。

1995年5月11日，在联合国《不扩散核武器条约》的审议和延长大会上，178个缔约国以协商一致方式决定无限期延长该条约。大会还通过了两个决议：核不扩散和裁军的原则和目标；加强《不扩散核武器条约》审议机制。缔约国同时决定在5年之后举行审议大会，并在1997年、1999年和2000年举行三次预备会议。但代表们未能就一份关于该条约过去5年所起作用的最后报告达成一致意见。会议主席贾扬塔·达纳帕拉在闭幕词中说："这次会议没有胜者，没有败者。获胜的是条约本身。"

1997年4月7日，条约缔约国在联合国总部举行1997年预备会议，会议审议了核不扩散与核裁军领域工作的进展情况。中国、法国、俄罗斯、英国和美国的代表发表联合声明，重申支持《不扩散核武器条约》，全面执行包括裁军在内的各项条款。同年5月15日，国际原子能机构理事会核准了附加议定书。

1999年5月10日，1999年审议大会第三次筹委会会议在联合国举行。中国代表团团长沙祖康很慎重，为此曾先到404分厂进行过专门考察。参加了会议并发言指出，国际社会必须努力建立公正、合理的国际政治和经济新秩序，坚决反对和彻底摒弃霸权主义和强权政治。唯有这样，每个国家才会有安全感，才能保证核裁军和防止核武器扩散取得成功。

2000年4月25日，2000年审议大会在纽约举行。大会的主要议题有：《不扩散核武器条约》的普遍性；核不扩散和核裁军以及无核区。

中国于1992年3月加入《不扩散核武器条约》，1998年12月签署了附加议定书。截至2005年11月，签署附加议定书的国家有106个。

另外，中国已参加所有防扩散国际条约和国际组织。

2009年4月5日，朝鲜不顾国际社会的谴责发射长程火箭后，美日要求安理会通过谴责朝鲜决议，加强经济制裁。朝鲜愤而驱逐所有在朝鲜的联合国核测人员，并于29日警告如安理会不撤销对朝鲜制裁并道歉，将进行第二次核试和试射洲际弹道导弹。

2009年5月25日北京时间8点54分44秒，朝鲜进行了一次核试验，引发了4.7级地震，国际上测到的震中深度是10 km。无论这个地方是否与朝鲜的核设施有关，深度是10 km的地震可以被判为"人工地震"，也是朝鲜成功核爆的证明。这次地震震中位置在北纬41.331°，东经129.011°，离平壤380 km，但却距离我国边境最近的地方只有64 km，距离长白山天池109 km，距离吉林延边朝鲜族自治州府只有178 km。

现时共有8个国家成功试爆核武器，其中5个被不扩散核武器条约视为"核武国家"，根据获得核武的先后次序排列，这五个核武国家分别是美国、俄罗斯（前苏联）、英国、法国、中国。三个没有签约的国家：印度、巴基斯坦和朝鲜曾进行核试。此外，以色列被高度怀疑拥有核武，伊朗也正发展铀浓缩技术。

10.4.3.2 《全面禁止核试验条约》

《全面禁止核试验条约》是一项旨在促进全面防止核武器扩散、促进核裁军进程，从而增进国际和平与安全的条约。早在 1954 年印度领导人贾瓦哈拉尔·尼赫鲁首次在联合国大会上提出缔结一项禁止核试验国际协议的要求。1994 年 3 月，日内瓦裁军谈判会议正式启动全面核禁试条约的谈判。经过两年半的努力，1996 年 8 月 20 日，会议拟订《全面禁止核试验条约》文本，但由于印度的反对未能获得通过。后来根据澳大利亚的提议，《全面禁止核试验条约》文本直接送交第 50 届联合国大会审议。1996 年 9 月 10 日，联合国大会以 158 票赞成、3 票反对、5 票弃权的压倒多数票通过了《全面禁止核试验条约》。

《全面禁止核试验条约》包括序言、17 条、两个附件及议定书。条约规定，缔约国将作出有步骤、渐进的努力，在全球范围内裁减核武器，以求实现消除核武器，在严格和有效的国际监督下全面彻底核裁军的最终目标。所有缔约国承诺不进行任何核武器试验爆炸或任何其他核爆炸，并承诺不导致、不鼓励或以任何方式参与任何核武器试验爆炸。

《全面禁止核试验条约》还规定，经签署国按照各自宪法程序批准后，该条约将从所有 44 个裁军谈判会议成员国交存批准书之日起第 180 天生效，截至 2004 年 9 月，44 个国家中已有 32 个批准了该条约。1996 年 9 月 24 日，该条约开放供所有国家签署。中国等 16 个国家的领导人或外长当天在纽约联合国总部首批签署了全面禁止核试验条约。截至 2004 年 9 月，全世界已有 172 个国家签署了该条约，116 个国家批准了这一条约。

1999 年 10 月，联合国在维也纳首届召开促进《全面禁止核试验条约》生效大会。2001 年 11 月，第二届《全面禁止核试验条约》生效大会在纽约举行。2003 年 9 月，第三届促进《全面禁止核试验条约》生效大会在维也纳举行。

10.4.3.3 彻底销毁

我国的核制造、核试验、核储存是被迫的、被动的、防御性的、不扩散、不首先使用；我国一贯主张：对核武器要实现全面不扩散、全面禁止及彻底销毁的政策。而彻底销毁是最高层次、最高境界、最终目的。但是，核大国阻挠实现这个目标，任重道远。中国将与世界各国与人民一道，为这个崇高的目的而奋斗，造福人民，造福子孙后代。

10.4.4 编者评述

现在远远不是九个太阳旋转在人类及全球生灵的头上，我们应该学习后羿，将天上的其他的核太阳统统都射下，只留下两个太阳，一个是自然的太阳，在天上照耀万物生长；一个是在地面的人造安全核电站为人类提供源源不断的能源，全人类期盼着。后羿射日见专栏 10-5。

专栏 10-5　后羿射日

宇宙初开，天空曾出现十个太阳。他们的母亲是东方天帝的妻子。她常把十个孩子放在世界最东边的东海洗澡。洗完澡后，他们像小鸟那样栖息在一棵大树上，因为每个太阳的中心是只鸟。九个太阳栖息在长得较矮的树枝上，另一个太阳则栖息在树梢上，每夜一换。

当黎明预示晨光来临时，栖息在树梢的太阳便坐着两轮车穿越天空。十个太阳每天一换，轮流穿越天空，给大地万物带去光明和热量。

那时候，人们在大地上生活得非常幸福和睦。人和动物像邻居和朋友那样生活在一起。动物将它们的后代放在窝里，不必担心人会伤害它们。农民把谷物堆在田野里，不必担心动物会把它们劫走。人们按时作息，日出而耕，日落而息，生活美满。人和动物彼此以诚相见，互相尊重对方。那时候，人们感恩于太阳给他们带来了时辰、光明和欢乐。

可是，有一天，这十个太阳想到要是他们一起周游天空，肯定很有趣。于是，当黎明来临时，十个太阳一起爬上车，踏上了穿越天空的征程。这一下，大地上的人们和万物就遭殃了。十个太阳像十个火团，他们一起放出的热量烤焦了大地。

森林着火啦，烧成了灰烬，烧死了许多动物。那些在大火中没有烧死的动物流窜于人群之中，发疯似地寻找食物。

河流干枯了，大海也干涸了。所有的鱼都死了，水中的怪物便爬上岸偷窃食物。许多人和动物渴死了。农作物和果园枯萎了，供给人和家畜的食物也断绝了。一些人出门觅食，被太阳的高温活活烧死；另外一些人成了野兽的食物。人们在火海里挣扎着。

这时，有个年轻英俊的英雄叫做后羿，他是个神箭手，箭法超群，百发百中。他看到人们生活在苦难中，便决心帮助人们脱离苦海，射掉那多余的九个太阳。

于是，后羿爬过了九十九座高山，迈过了九十九条大河，穿过了九十九个峡谷，来到了东海边。他登上了一座大山，山脚下就是茫茫的大海。后羿拉开了万斤力弓弩，搭上千斤重利箭，瞄准天上火辣辣的太阳，嗖的一箭射去，第一太阳被射落了。后羿又拉开弓弩，搭上利箭，嗖的一声射去，同时射落了两个太阳。这下，天上还有七个太阳瞪着红彤彤的眼睛。后羿感到这些太阳仍很焦热，又狠狠地射出了第三支箭。这一箭射得很有力，一箭射落了四个太阳。其他的太阳吓得全身打战，团团旋转。就这样，后羿箭无虚发，射掉了九个太阳。中了箭的九个太阳无法生存下去，一个接一个地死去。他们的羽毛纷纷落在地上，他们的光和热一个接一个地消失了。大地越来越暗，直到最后只剩下一个太阳的光。

可是，这个剩下的太阳害怕极了，在天上摇摇晃晃，慌慌张张，很快就躲进大海里去了。

天上没有了太阳，立刻变成了一片黑暗。万物得不到阳光的哺育，毒蛇猛兽到处横行，人们也无法生活下去了。他们便请求天帝，唤第十个太阳出来，让人类万物繁衍下去。

一天早上，东边的海面上，透射出五彩缤纷的朝霞，接着一轮金灿灿的太阳露出海面来了。

人们看到了太阳的光辉，高兴得手舞足蹈，齐声欢呼！

从此，这个太阳每天从东方的海边升起，挂在天上，温暖着人间，禾苗得生长，万物得生存。

后羿因为射杀太阳，拯救了万物，功劳盖世，被天帝赐封为天将。后与仙女嫦娥结为夫妻，生活得美满幸福。【引自：SOSO问问达人】

10.4.5 读者思考

不彻底毁灭核武器、化学武器、生化武器等能够灭绝人类、毁灭地球的恶魔，全球环境保护就只是空谈而已，不是吗？

10.5 核电站

10.5.1 核能利用史

面对日益加剧的能源危机、化石能源利用中产生的温室效应以及环境污染等问题，世界各国都对新能源的发展战略决策给予极大重视。如除去核原料的开采、冶炼、生产事故、核废物、核站报废等负面效应外，核能一般在正常情况下是一种清洁、安全、高效、技术成熟、方便、经济、可持续的能源，开发利用核能成为能源危机下人类做出的理性选择。

1895年德国物理学家伦琴发现了X射线。

1902年居里夫人发现了放射性元素镭。

1905年爱因斯坦提出质能转换公式。

1938年德国科学家奥托哈恩用中子轰击铀原子核，发现了核裂变现象。

1942年12月2日美国芝加哥大学成功启动了世界上第一座核反应堆。

1945年8月6日和 9日美国将率先研制成功的两颗原子弹投放到日本的广岛和长崎；之后掀起了一场核竞赛、核角逐，在几十年里，世界建成了巨大的核储存库。

1954年苏联建成了世界上第一座核电站——奥布灵斯克核电站。

2003年，全世界共有440座核电反应堆在运行发电。核能已经由陌生渐渐被人们所熟悉，核能的巨大能量也被开发得越来越全面。现今社会，煤炭、石油这种化工原料已快开发殆尽，余下的储量也分布不均，缺少化石燃料的国家，单单依靠化工燃料燃烧的能量供给，已经满足不了这个时代的巨大能量需求了。所以核电的发展可以说是社会急切的需要。

当今，全世界总发电量的16%是由核反应堆提供，而其中 9 个国家多于 40%的能源生产来自于核能。而且人类从认识核能到利用核能，核能在能源中所占比例越来越大。

到 2001 年年底，全世界正在运行的核电站总发电量为 353 000 MW，累计运行时间已超过 1 万堆年（1 个堆年相当于核电站中的 1 个反应堆运行 1 年）。

美国核电站最多，达 104 座。

日本修建了世界最大的核电站——柏琦核电站，装机容量为 8 212 MW（5×1 100 MW+2×1 356 MW）。如果对世界上所有的电站从装机容量上比较，仅次于我国的三峡水电站 32 台[（左岸 14 台、右岸 12 台、地下 6 台）×700MW 台，相当 22 400MW]。超出了世界上最大的煤电站、最大的煤气化联合电站、最大的地热电站、最大的抽水电站、最大的风力电站、最大的潮汐电站。其规模之大可见一斑。

日本受到“二战”投降后的条约及法律制约，虽然还没有核武器，但它已拥有可以制造核武器的技术及核材料的潜力，并处心积虑地要拥有核武器，从战略上优先发展核电站，既可消解能源危机，又为发展核武器奠定了技术基础。日本是个多岛国，四面环海，具有发展核电的优越条件，现有 49 座核电站，年发电量约 40 000 MW（0.4 亿 kW • h)，位居世界前列。因此，日本政客就臆想一旦时机成熟，就会制造核武器，复活军国主义，圆大东亚共荣圈的幻梦，这是全世界人民不得不警惕的。

10.5.2 压水堆核电站的优越性及展望

核能应用作为缓解世界能源危机的一种有效的措施是有许多优点的：核能燃料体积比化学能小几百万倍；1 000 g 铀释放的能量相当于 2 500 t 标准煤释放的能量；一座 1 000 000kW 的大型烧煤电站，每年需原煤 300 万～400 万 t，运这些煤需要 2 760 列火车；同功率的压水堆核电站，一年仅耗铀含量为 3%的低浓缩铀燃料 28 t；每一磅铀的成本，约为 20 美元，换算成 1 kW 发电经费是 0.001 美元左右，这和目前的传统发电成本比较，便宜许多；而且，由于核燃料的运输量小，所以核电站就可建在最需要的工业区附近。虽然核电站的基本建设投资一般是同等火电站的 1.5～2 倍，但是它的核燃料费用却要比煤便宜得多，运行维修费用也比火电站少，如果掌握了核聚变反应技术，使用海水作燃料，则更是取之不尽、用之不竭的方便能源。

但在数百座核电站中，近 60 年来出现了三起特大核电站灾害性事故不可忽视。其中，1979 年美国三哩岛压水堆核电站事故和 1986 年苏联切尔诺贝利石墨沸水堆核电站事故，都主要是由于人为因素造成的。第三起核电站灾害是 2011 年产生于日本福岛核电站的核泄漏，主要是由于巨大的海啸自然灾害引起的。三次核电站事故影响之广、危害之重却是人们始料未及的，人们现在一谈起核电站事故阴影就“谈虎色变”，受害地区人们身心的创伤更是难以抹去的！

随着压水堆的进一步改进，核电站有可能会变得更加安全。核能发电的成本较不易受到国际经济情势影响，核燃料不是一种日常生活燃料，不像石油一样会引发战争。也不会受到经济等因素的影响，成本也较其他发电方法为稳定。正常情况下污染小，对环境污染负荷低。火电站不断地向大气排放二氧化硫、二氧化氮、二氧化碳等污染物外，同时煤里的少量铀、钛和镭等放射性物质，也会随着烟尘飘落到火电站的周围，污染环境。而核电站设置了层层屏障，基本上不排放污染环境的物质，就是放射性污染也比烧煤电站少得多。据监测分析，核电站正常运行的时候，一年给居民带来的放射性影响，还不到一次 X 光透视所受的剂量。

21 世纪初人类面临发展的能源瓶颈，传统能源存量不足，效率低，污染大。核电具有资源丰富、高效、清洁而安全的相对优势，水电资源的开发取决于长远生态影响的评估和科学论证，燃气能受制于资源的存量，其他可再生新型能源如风能、生物质能特别是太阳能由于成本高、效率低，短期内难以成为能源供应主力，因此，未来 20～30 年核电将会迅速发展以缓解人类能源需求；21 世纪的能源格局是核能、水能、燃气能 “三足鼎立”，核电的开发和利用一方面给生态资源、环境保护、社会生活以及经济发展带来巨大利益；另一方面也对人类的安全和可持续发展形成潜在威胁。从可持续发展的角度对核电开发和利用，一方面应该发挥其优越性，更好地促进人类社会经济的持续发展；另一方面应该进行风险评价，以预测、预防、预警重大灾害性事故的发生及日常严格的监管。

总体来说，发展核能对世界是有利的，既能节约能源，又能控制污染。在现在这个社会，核能的发展是不可避免的，我们应该审时度势，科学决策，安全、合理、有效地发展核事业，为世界能源找到一条新出路。

10.5.3 核泄漏及风险

10.5.3.1 美国三哩岛核电站核泄漏

1979 年 3 月 28 日凌晨 4 时位于美国宾夕法尼亚州三哩岛核电站发生了美国也是全球核电站的首起核泄漏事故。全美震惊，全球震惊！核电站附近的居民惊恐不安，约 20 万人撤出这一地区。美国各大城市的群众和正在修建核电站地区的居民纷纷举行集会示威，要求停建或关闭核电站。美国和西欧一些国家政府不得不重新检查发展核动力计划。

这次事故是由于二回路的水泵发生故障后，二回路的事故冷却系统自动投入，但因前些天工人检修后未将事故冷却系统的阀门打开，致使这一系统自动投入后，二回路的水仍断流。当堆内温度和压力在此情况下升高后，反应堆就自动停堆，卸压阀也自动打开，放出堆芯内的部分汽水混合物。同时，当反应堆内压力下降至正常时，卸压阀由于故障未能自动回座，使堆芯冷却剂继续外流，压力降至正常值以下，于是应急堆芯冷却系统自动投入，但操作人员未判明卸压阀没有回座，反而关闭了应急堆芯冷却系统，停止了向堆芯内注水。这一系列的管理和操作上的失误与设备上的故障交织在一起，使一次小的故障急剧扩大，造成堆芯熔化的严重事故。在这次事故中，主要的工程安全设施都自动投入，同时由于反应堆有几道安全屏障（燃料包壳，一回路压力边界和安全壳等）。幸好由于堆的事故冷却紧急注水装置和安全壳等设施发挥了作用，使排放到环境中的放射性物质含量极小，只有 3 人受到了略高于半年的容许剂量的照射。核电厂附近 80 km 以内的公众，平均每人受到的剂量不到一年内天然本底的 1%，因此，三哩岛事故总体上对环境的影响极小。由于是首次，对人们的心理承受力是一个巨大的冲击，造成了“核恐惧”的阴影难以抹去！另在经济上却造成了 10 亿～18 亿美元的损失。

韩国人民于 2011 年 3 月 28 日三哩岛 32 周年核事故纪念日，在首尔举行反核示威，环境运动联合会员举行记者会，呼吁韩国政府中断扩建核电站的政策。

10.5.3.2 前苏联切尔诺贝利核电站事故

1986 年 4 月 26 日，前苏联（现乌克兰共和国境内）的切尔诺贝利核电站由于设计上的重大缺陷及操作管理失误，4 号机组发生了世界核电史上最严重的一次事故，向环境释放出大量的放射性物质，造成十分严重的后果。

切尔诺贝利核电站事故究竟造成了多少人死亡？到目前为止有多种说法：

1996 年 4 月，国际原子能机构、世界卫生组织和欧洲委员会在维也纳联合举办了“国际切尔诺贝利事故 10 周年大会”，来自 71 个国家和 20 个国际组织的 845 名科学家，以及 280 名记者参加了这次大会。大会报告认为，这起事故当时造成 30 人死亡，其中 28 人死于过量的辐射照射，另外 2 人死于爆炸。其长期的健康效应，根据 10 年的观察，主要表现在儿童甲状腺癌发生率增加，比如，白俄罗斯靠近切尔诺贝利的戈梅利州，1990—1994 年在 37 万名儿童中发现甲状腺癌 172 例，而在白俄罗斯其余州共 196 万名儿童中只发现 143 例；乌克兰北部靠近切尔诺贝利的 6 个州，1990—1994 年在 200 万名儿童中发现甲状腺癌 112 例，而在乌克兰其余各州共 880 万名儿童中只发现 65 例。到 1996 年这批确诊为甲状腺癌的儿童有 3 名死亡。除儿童甲状腺癌发生率增加外，迄今尚未观察到可归因于这起事故的其他任何恶性肿瘤发病率的增加和由该事故引起的遗传效应。

2000 年 5 月，联合国原子辐射效应科学委员会在维也纳举行第 49 次会议，会议的主要议题之一是评价切尔诺贝利核电站事故 14 年来的辐射后果。该委员会的结论是：核电站事故造成 30 人死亡，其中 28 人死于过量照射，死者均为电站工作人员或消防人员。开始被检查有急性放射病症状的工作人员共 237 人，最后诊断为急性放射病的为 134 人，其他人没有确诊。134 人中包括辐射照射致死的 28 人。对于切尔诺贝利核电站事故的长期效应，联合国原子辐射效应科学委员会的结论是：除儿童甲状腺癌的发生率有十万分之几例的增加外，至今未发现有其他可归因于这次事故的总癌症发生率和死亡率的增加。

2005 年 9 月，国际原子能机构（IAEA）在举行的切尔诺贝利论坛上发表报告说，切尔诺贝利核电站事故只导致了约 4 000 例甲状腺癌，主要发生于儿童和青少年。在抢救核反应堆的工人中，迄今只有 62 人直接死于核辐射。联合国、国际原子能机构、世界卫生组织、联合国开发计划署、乌克兰和白俄罗斯政府以及其他联合国团体，一起合作完成了一份关于核事故的总体报告。报告指出事件死亡人数共达 4 000 人，其中包括死于核辐射的 47 名救灾人员和 9 名死于甲状腺癌症的儿童。

2006 年 4 月，联合国公布了世界卫生组织的研究结果，称切尔诺贝利核电站事故除造成上述 4 000 人死亡外，也许有另外 5 000 多名受害者死于放射性污染较重的地区（包括乌克兰、白俄罗斯和俄罗斯等地）。所以，死亡总人数共约 9 000 名。

核辐射事故对人员的伤害（即辐射生物效应）分为确定性效应和随机效应两种：确定性效应是指人员受到大剂量照射或低剂量长期照射后，会得急性或慢性放射病，患重度或极重度放射病的人如不及时救治就会死亡（放射病很严重时也难以救治）。随机效应是指人员受到一定剂量照射后，会发生致癌效应和遗传效应。随机效应的发生概率与剂量大小有关，剂量大发生的概率就高。

在统计因核事故造成的随机效应而死亡的人数时，应注意两个问题：一是要扣除正常情况下的癌症和遗传疾病的发病率。例如，某地在核事故发生前，某种癌症的发病率是万分之一，核事故后的发病率升高到万分之二，那么该地因核事故造成的癌症发病率则为万分之一。二是发病率不等于死亡率，不能把所有癌症患者都统计在核事故造成的死亡人数中。

切尔诺贝利核电站事故造成的确定性效应，即因患放射病而死亡的人数是明确的：共有 62 人直接死于核辐射。而因这起事故造成的随机效应而死亡的人数，各方则分歧较大：国际原子能机构认为共约 4 000 人，世界卫生组织的数字是 9 000 人，绿色和平组织则说死亡人数达 9.3 万。切尔诺贝利核电站事故究竟造成了多少人死亡？这也许永远都是一个谜。【引自网友：想灌就灌 2011-03-23】

10.5.3.3 日本福岛核电站事故

2011 年 3 月 11 日一场突如其来的 9 级地震，继而引发的海啸以排山倒海之势席卷了日本东海岸，夷平了大片城镇乡村、田园房屋，数十万人失去家园。更为震惊的是福岛核电站发生一系列的爆炸、起火、核泄漏将日本笼罩在一片核辐射乌云之中，大量的辐射性物质泄漏到空气中及海水中，四个机组废弃，17 万人撤离。其严重程度已上升到 7 级（最高级别），全世界的目光迅速聚焦在这里。因地震和海啸造成的死亡人数已经超过 4 000 人，因为不断有新的尸体被发现，估计死亡人数会超过 1 万人。至 2013 年最新报道，福岛核电站储罐泄漏，导致 300 t 含高浓度放射性废水流入海中，首先是日本自己周边的捕捞业受到巨大损害，之后可能殃及邻国。

10.5.3.4 核风险与评价

核生产、核试验、核战争及核利用的全过程（生命周期）内都存在核风险。从 19 世纪末至 20 世纪，是核物理科学家们发现和利用核物质和核辐射快速发展期，在和平利用核技术领域，医学上最早应用于 X 射线透视、CT、放射性核素诊断和治疗各种疾病；食品辐照技术已应用在食品的杀虫、灭菌等加工处理；在利用核辐射育种技术方面（核辐射诱导基因突变），目前全世界已培育出新品种 2 000 多个，如一个茄子长的和西瓜一般大，豇豆长达 1.2 m 等。

三哩岛核电站泄漏事件、切尔诺贝利核电站核泄漏事件及福岛核泄漏事件一次再一次敲响了警钟，即使和平利用核能也是一把“双刃剑”，据说我国核安全标准高于日本核电站，如大亚湾核电站的安全性是福岛核电站的数倍以上；但仍需高度认识核能安全问题的严峻挑战，从策略和技术上确保核能发电成为我国既安全又环保的能源。

由于，环境保护的监管的缺失或不到位，就不免留下环境隐患和增加环境风险。鉴于核工业的特殊性，核工业的环境监控、监管必须极其严格，采取系统控制及全面质量管理。应从规划、布局、开采、生产、储存、废弃物处理处置、生态环境资源影响、人体健康影响及长期效应跟踪。目前，国际国内发展出一些核电站风险评价方法及软件，举例如下：

1）安全概率评价

安全概率分析（PSA）是近年来发展起来的一种新的核电厂事故评价方法。其采用系统可靠性评价技术（即故障树和事件树分析）和概率风险评价技术对复杂系统的各种可能事故的发生及其进程进行全面分析，从它们的发生概率以及造成的后果综合进行考虑。PSA 方法具有诸多优点，包括便于对系统软硬件进行量化设计、便于优化设计、便于提供风险数据与其他活动进行比较以及利于被公众接受等。尤为重要的是，PSA 成果而且被后来发生的切尔诺贝利核电站事故进一步证实。因此，20 世纪 80 年代后 PSA 技术及其应用获得迅速发展。随着国内核能的不断发展，PSA 技术也在我国核电厂安全评审中发挥越来越重要的作用。PSA 专著中介绍了 PSA 技术的特点、组成和分级，并且详细介绍了 PSA 技术的基本流程，包括初因的确定、事件树的建立、系统故障树分析、事故序列定量化计算、结果分析。其中，系统故障树分析部分还需要建立模型进行分析。最后，通过计算结果就可得出堆芯熔化几率和辨别对堆芯熔化起重要作用的部件。随后，对 PSA 技术在核电厂安全分析中应用进行了简单的介绍，概述了几种不同情况下的应用分类。【引自：张锐平、张雪　核学会年会 2007-09-01】

2）供应链评价

随着经济发展与科技进步，整个世界对能源的需求越来越大，对能源的依赖程度也越来越高。作为国家经济的重要命脉的能源推动并影响着工业文明的进步。在这种大背景下，我国已经从限制核电发展进入到积极鼓励核电发展的阶段。到目前为止，我国正在建设和纳入规划的核电站已经超过 10 座。2020 年前，我国还要新建核电站 31 座，新增核发电能力 3 100 万 kW，届时全国核发电总量将为 4 000 万 kW，增长数量和增长率均居世界第一。当我国的核电站陆续从建设阶段转入到生产运营阶段后，能否持续安全有效保障核电站的生产运行，特别是能否构建一套完善的核电站供应链体系，将是我国核电企业未来生存发展的关键。另一方面，由于核电生产的特殊性，从国内外核电企业的管理实践来看，核电站的经营管理模式应采取供应链管理模式。显然，这两个重要方面都将是我国核电站管理领域亟待研究并解决的问题。但是，在我国，当前对于核电站的管理只是从采购的角度进行研究，没有结合核电企业上下游环节去考虑，更没有从中国核电站供应链整个体系去进行分析。至于核电站供应链及其风险问题，虽然也有些相关的研究成果，但这些研究尚未从根源上寻找核电站供应链风险，因此，迫切需要建立核电供应链评价的规程、规范【引自：朱林 优秀硕士论文 华北电力大学（保定）2008-12-15】

3）生命周期评价

作者按照生命周期评价方法的原理，认为核的开发、生产及应用的生态环境安全性评价至少需包含以下 11 个方面的系统性、整体性、持久性评价：① 核产业系统的空间布局规划与建设的生态环境安全性评价；② 核原料的开采、运输、储存中的核泄漏、污染与危害；③ 生产提取铀、钚过程中产生的废气、废水、循环水、废渣、废料的排放、泄漏、污染与危害；④ 工作人员使用过的防护衣物、手套、口罩、工具等核沾染物品的污染与危害；⑤ 生产核弹装填与拆解过程中的抛撒、泄漏、沾染物品的污染与危害；⑥ 大气层、海洋、地下核试验的核释放的严重污染、破坏与危害；⑦ 核战争对生态环境的严重污染、破坏与危害；⑧ 核电厂、核利用中的放射性排放与泄漏；⑨ 生产寿命结束后的原料棒的安全处理、处置，永久性填埋的持久性追踪监测；⑩ 核事故导致生态环境及人群的近期、中期及远期的追踪评估；⑪ 核武库的储存、拆解及消毁对生态环境的潜在安全性、可靠性评估。

目前未见各核大国在上述 10 个方面的全面性、系统性、整体性、持久性评价报告，只见到关于核武器的战略威力与升级报道、核电站效益及安全报道、事故后的应急性调查报道、其他方面都借口“保密”或采取“忽略”处理处置。尤其是核生产过程、核试验过程、核实战过程、长期过程对生态环境的评价的报道几乎为零。各核国家有专门的核监督与管理部门严格监管，但是老百姓没有知情权，甚至生产与事故对环境保护主管部门也可能隐瞒或谎报。因此，采用生命周期评价方法对核污染、核破坏、核危害的生态环境的系统评价还基本处于缺失或初级阶段，亟待联合国或国家环保部门组织力量，出台评价法规、规范、指南、手册等文件和定期、不定期的调查、研究、分析、评估、预测、预防、预报、预警，将核风险降至最低的程度或可控范围。

10.5.4 编者评述

10.5.4.1 福祸观（对立统一观）

老子在 2 000 多年前就讲得很透彻了、很精辟了：“祸兮福之所倚，福兮祸之所伏，孰知其极？其无正。”其实，福与祸不是绝度对立的，而是密切联系的，是互相依存的，可以互相转化的，甚至是互为因果的。从这个角度上看，祸与福无绝对的正（对）负（错）之分，只是从不同时空、不同对象、不同角度、不同程度，相对看而已。古语“塞翁失马，焉知非福”，就是对老子此说的注解。

当然，这是有条件的，一般情况下，不能简单地说福就等于祸，或祸就等于福；在一定条件下，这又是在统一体中两个端点上的对立的存在。犹如一条福（A）祸（B）直线上的两个移动的点一样，通常是分开的，但可能越离越远，也有可能越来越近，直至重合，关键在于条件。

说到社会经济的发展，尤其是核污染与破坏，会导致的生态环境资源的枯竭、污染与破坏，导致生态环境资源陷入无限循环旋涡的危机而难以自拔。从这个角度上看，显然我们不能说“这是人类之福”？只能说：“这是人类之祸”！但是，在一定条件下，它们是可能相互转化的，关键这个条件是什么？也就是转化的基础是什么？基础是：在福里存在祸之基因，在祸里也存在福的基因，善于找出这两个基因，就有可能实现相互转化。如原子很小，但其潜在能量很大，这里一小、一大，看起来是不可能统一、更不可能转化，但是物理学家居然找出了它们转化的“基因”——原子能。只要通过裂变或聚变两种不同的方式或途径，都可以实现这种转化。小小的原子能不就让世人刮目相看了吗？好了，我们如果不是将原子能制造成杀人和毁灭生态系统的核弹、核武器，而是制造成为人类服务的核电站，就像人类发现“火”及“电”一样，人类面临的能源危机就会缓解，甚至说不定可以一劳永逸的解决呢。

10.5.4.2 益害观（量变质变观）

益与害不是绝对不可容、不可变的，天下万物、万事、万理都无时、无处不在变化之中。万物、万事、万理不但在变化之中，而且，往往是向对立面转化。

就说生物吧，世上原来没有你；后来因为有了你的生父母，才有了你，不是吗？从你产生的那一刻起，直到十月怀胎、出生，生长，直到离世，不是吗？你离世后就不变化了吗？不对，还在变化，只是回归自然，参加了自然生态系统的物质大循环、大变化。

今天的科学表明：包括生物在内，宇宙万物都是由元素周期表上的元素组成的，它们之间在地质时期中，经过长期的交换、循环，逐渐形成了平衡关系和丰度（所含元素百分比）相近的曲线关系，如果打破了并大大地超过了这个关系，从地质尺度来说就认为对地球生命系统会产生“毒害”。即使是像放射性物质，也是这样。这是因为，包括人在内的生命系统，都是在地球放射性背景条件下产生、生存和发展起来的，如果绝对一点放射性也没有的话，说不定生命及人类还难以产生和生存呢！（参考：12.5）因为，低微的放射性很可能还起到生物原子转化的作用，不然为什么人人或天天吃的东西都不一样，而人人的结构、组成又非常一样呢？除了先天基因的功能外，后天除了各种各样的营养物质之外，是不是也有放射性的不可替代的功勋呢？

所以，害与益，弊与利都不是绝对的，而是相对的，甚至是可以相互转化的。这种转化，通常是渐变的，甚至是看不出来的，但到了临界阈值，就会发生剧烈的突变，即从量变到质变。

10.5.4.3 废宝观（否定否定观）

到处可见：变废为宝、化害为利的例子，就拿粪便来说吧，大家都知道，粪便自古便是庄稼的“宝”呢，农民深知其理。我从苏州郊区的农民那里了解到，过去他们清晨在舱板上装一船菜进城，回去时就在船舱中装满了粪便。如此循环平衡，既保护了苏州的运河、护城河的水质，又找到了粪便的出路，还为农民取得了长期经济效益。这就是我国为什么能够有几千历史及世界最多的人口的秘密，也是复合生态系统的机制与机理。我们的祖先，多么伟大，现代都市人用抽水马桶，将粪便抽到化粪池，流进污水处理厂，达标处理后的污水就排入附近的水体；分散的居民区，没有下水系统，也没人管理，粪便及生活污水未经处理任意就近排入水体，非但不能够利用多么宝贵的优质有机肥，还污染清洁的水体环境，真为之汗颜。

再拿包钢原来的“三废”来说，其中含有稀土物质，弃之为废，收之为宝。日本人曾想用高价收购这些浓缩了稀土的废弃物，我们不明所以。最后查明原来其中含“宝”，这种例子举不胜举。传统的生产者只盯着产品，忽视“三废”，因为传统的“产值”是不包含“废弃物”的，它们的“价值被视为零”；同理，销售者、消费者的眼里只盯着“商品”，也不注意包装物的浪费，因为，包装物的价值已经打在商品价格里了，浪费点算什么，甚至是赚钱之道呢！

10.5.4.4 悖论观（偶然必然观）

宇宙问题、地球问题、能量问题、物质问题、生命问题、人类问题、社会问题、国家问题、经济问题、军事问题、科学问题、哲学问题、宗教问题、文化问题、生态环境保护问题、意识问题、真理问题、是非问题，等等，从其存在、产生、发展、消失的全过程中，无不存在悖论问题，就是偶然的必然与必然的偶然！这些困惑着世世代代智者的问题，都希望能够通过研究、探索得到明确的解答。但都只能接近“绝对真理”，始终不可能达到绝对真理的境界，都只能是一个又一个“相对真理”。这就是“天”意吧！“天意”，其实就是我们常说的“自然规律”。难怪，科学与宗教之间只隔无穷小，许许多多世界级的科学家最后都拜倒在神的足下，就不足为奇了。

自从居里夫人发现了放射性元素，她的发现看起来好像是偶然的，其实也是必然的——当时的科学技术水平已经为她搭好了平台，是她长期精心研究的必然结果。这之前，放射性元素本来就在自然界存在着，只是科学技术还没有发展能够发现它的水平，从科学的进步角度来评价，居里夫人的贡献自然载入了科学史册。至于，放射性元素的功过如何评价呢？这也是个悖论，似乎难以说得清，因为关键取决于“条件”，而这个条件是千差万别、千变万化的。

地球上出现生命、生物系统及人类也是偶然的必然，必然的偶然，正像地球、宇宙一样，也是本书封面上的那个“王氏公式”所想说的道理。只有一个地球，只有地球存在生命产生、生存和发展的条件，这个条件是非常苛刻的，几乎趋近于零，因此对“地外移民说”，实在不敢恭维。

10.5.4.5 境界观（三重层次观）

爱因斯坦对战争与和平的认识经历了三个阶段、两种转变，对于我们今天及后世的人思考问题来说，很有哲理性的教益。

1）看山是山，看水是水

爱因斯坦从第一次世界大战爆发到希特勒在德国上台时期，他看到的战争只是杀人的战争，他比较接近于绝对和平主义或僵硬的和平主义立场，从反对第一次世界大战到反对一切类型的战争。

2）看山不是山，看水不是水

希特勒上台后，扩军备战，鼓吹复仇战争，迫害犹太人，整个德国变得疯狂起来了。他看到的战争不只是有杀人的战争，还有抵御杀人的正义战争，从而转变为对非正义战争和邪恶势力进行抵抗的支持者。于是他和一些爱好和平的科学家一起，写信给美国总统罗斯福，建议美国早日制造出原子弹，消灭德国法西斯。

3）看山是山不是山，看水是水不是水

第二次世界大战结束到他逝世，作为“二战”的胜利者美国，却转变为新的军国主义和帝国主义国家，利用手中的原子弹，挑战苏联的霸权，形成了疯狂的核竞赛，令人毛骨悚然。他看到正义战争胜利者也不一定是永远的正义者，令他对人类的未来又忧心忡忡。

10.5.5 读者思考

您同意作者提出的“祸福观”“益害观”“废宝观”“悖论观”及“境界观”吗？请您用来观察生态环境保护及世界万物万事万理，看是不是灵验呢？

不要安于书本上给你的答案，要去尝试发现与书本上不同的东西，这种素质可能比智力更重要，往往是最好的学生和次好的学生的分水岭。

——著名物理学家、诺贝尔奖学金获得者温柏格

【引自：360百科】

历史足迹

11.1 万里之请（开拓环保）

11.1.1 不远千里

1972年6月联合国召开了划时代的第一届人类环境会议，对于提高各国政府及公众的环境保护意识起到觉醒的重大作用。

中国科学院学部委员刘东生先生是开创我国环保科学研究第一人，他敏感地注视到美国开展了环境保护研究和建立了环境评价制度，他领衔的中科院贵阳地球化学研究所在全国率先办了第一份《环境质量与健康》杂志，是我的环境意识及入门知识的启蒙书，对其中一些论文爱不释手，有《寂静的春天》连载、“地球的元素丰度”“生物原子能反应器”等。据说睿智的刘老将一本日本学者撰写的《生态学》科普小册子及日本水俣病的影片送给时任北京市长的万里，正好北京出现了水污染，水源紧张，1973年，1月万里通过中科院向不远数千里的中科院贵阳地球化学研究所发出了邀请，请刘老带队指导并协助北京市环境保护科学研究所（原市政工程研究所，下放河南新乡詹店，后回京），于当年5月份着手准备开展研究工作。

刘老选择了精兵强将，带领李长生、陈业才、万国江、程鸿德等研究员组成的团队，迅即来到北京，还将大型分析仪器设备运到北京所，他们来到北京后，课题组副组长的李长生认为环境是一个整体，应该像中医治病一样，整体施治、对症施治、辨证施治、综合

施治，不仅仅作水，而将课题的名字确定为："北京西郊环境质量评价研究"。得到了中科院环委会主任郭方的大力支持，科学院的大气所、植物所及北京大学、北京师范大学、北京市地质局水文地质大队、北京医学院、北京市卫生防疫站等34个单位大合作攻关。

北京市环保局江小柯局长接到北京市政府下达的任务之后，同步组成研究团队：兵分几路：一路是大组成员（所长李宪法任组长、李长生副组长，吴峙山、赵彤润为技术组组长），一路是水（王健民、于涌泉、唐子华等）、化验室（吴鹏鸣、陈繁荣、章洛文、李凤鸟、金昭新、施坤一、曾映雪、赵振华、陈祖辉等）、水生生物组成员（曹维勤、朱新源等），一路是土组（郝德文等）；并与大气组、卫生组紧密合作。

当时，十万火急，刚从河南回京就立即投入"战斗"，争分夺秒，可连水样瓶都没有。我们就到大栅栏废品站，买到几十个广口瓶，脏得不行，大家动手用自来水洗净第一遍，再用蒸馏水洗净第二遍，再用去离子水洗净第三遍。

我的第一堂环保课是到市政府看《水俣病》片子，触目惊心，惨不忍睹，决心一定要把课题完成好，把北京市的水源保护好，不辜负党、国家和北京市人民的殷切期望。

首钢集团是个有几十年历史的老厂，排水系统很乱，有些窨井很深，需要下到底才能取到水样，窨井是密闭的，下去有危险，可能有氰化物、苯酚及汞蒸气污染的风险，为了北京人民的供水安全，我们顾不上自己的安危，憋住一口气下到井底。

为了查明污水是在哪里渗到地下的？是怎么渗入地下的？渗入多少？什么时候开始的？大家先用洛阳铲钻探土层的厚度，画出等值线图，找到了渗漏地点在水衙沟一带，我们就在沟边连续三天三夜，用手工方法替代自动连续取样。化验室连续加班加点，化验使用的药品堆积成山。一次，为了取得降雨背景对比水样，我在平台上放上一盆自来水，眼见水的酸度pH值在降低，联想到北京所的癌症高发，可能不无关系；进一步我又联想到中关村地区中科院有许多实验室的排气孔，是不是与此区的环境健康恶化有关联呢？科研人员为了人民的健康，牺牲着自己的健康甚至是生命。我调到南京后，时时都在惦记着大家，没有她（他）们的无私奉献，我们就拿不出研究成果，一听说某某"走了"，心里一片惆怅与怀念。

记得在课题组结束时，大家聚会在一起时的情景：这是我国环境保护科学研究第一次几十个学科的大协作，没有任何奖金，各学科之间相互学习，交叉渗透，取长补短，一扫我国传统的学科偏见，狭隘的门户之见，大家真的都不愿解散这支优秀的团队。在科学的春天到来之后的第一次全国《科学大会》上，"北京西郊环境质量评价"成果获得"中国科学大会奖"，圆满画上了句号，但是我年年还在关注着北京环境的变化，尤其是水环境的变化，听到首钢集团搬迁了，真是拍手称快；看到"雾霾"袭来，不免又暗自伤神；看到膨胀式特大北京市，就不由想起膨胀式的恐龙时代。

11.1.2 学习美国

美国最早在全球开展环境保护，并第一个建立环境影响评价制度，我有幸参加了 1981 年联合国首次资助中国的环保考察：北京市组队一行 4 人（赵俊义、李兴基、王健民及田钟琦）赴美考察“环境评价制度”，45 天（有趣的是我们计划是 30 天，而安排成 45 天。到美国后，是由联合国开发计划处接待和安排的，她们说：“看了你们的计划，与另外一些所谓的考察团不同，你们是真正来作学术考察的，所以给你们增加了 15 天。”），从西到东，从北到南，考察了 9 个不同类型的城市、产业、科研、教学单位、地区、部门外，还安排一周到麦迪逊听取《环境评价制度国际培训班》讲课，讲课中学员可以随时举手提问。在数百页的教材中，丹佛大学坎特教授熟记于心；考察中收获最大的是，参加了在纽约的“美国通用电气公司工程项目（可能影响纽约水源）的环境影响评价报告书”的评审会议。

（1）由评价单位（与国内不同，可以是私营的评价公司承担，而且认为比国家的环评公司更公正、更受欢迎）开展调查研究，写成报告，向公众发布评审会信息，公众也可旁听。

（2）会议地点，正好是举世闻名的 911 大楼双子楼中的一座大楼的七十几层上。进入会场之前，签名，发给一份简介（开始环评报告书很厚，有的可达数尺，后来改进）。

（3）主持人简短讲话后，报告书编制的评价单位作比较详细的介绍，公司负责人答辩，到会人均可发言提问质疑，应答；最后会议主持人作总结。似乎与国内没有什么大的差别，但最令我最感兴趣的是，上述提问与应答均一一记录在案（包括旁听者提问），就像是法庭记录一样，各方均负有法律责任。也就是说，会上可以自由发言，表态，提出各种各样的信息、资料、依据、论证，今后，如果出现与上述的信息、资料、依据、论证不实，而导致的环境事故，就会依此追查相关单位及相关人的法律责任。对比我国的评价制度，因国情不同，发展阶段不同，至今仍存在走过场的弊病，法律效力不足，现在我国进入法治国家，环评制度到了学习美国的经验进入法律体系的时候了。

11.1.3 走中国路

据我个人的总结，北京西郊环境质量评价研究的基本经验是：

（1）科学研究要全心全意为人民服务，要坚持实事求是，要敢于创新，要敢于坚持真理、修正错误。

（2）虚心学习美国先进的环境保护理念及环评制度，尤其是将环评与法律相结合。

（3）路要自己走。对环境“疾病”的诊断与治疗，既要学习中医治病之路，从整体，对症、辨证、综合施治；又要学习西医之路，充分利用先进科学技术手段与方法，进行监测、分析、评价，只有不偏不倚，取长补短，才能事半功倍。

（4）一切从实际出发，深入现场、深入观察、深入研究。

（5）要见实效，不能只做学问而不顾解决问题：

——西郊水污染源解决了，水污染控制了，水质改善了，水源地保护住了，北京市人民笑了，我们也开心了；

——西郊大气污染源解决了，大气污染控制了，大气改善了，大气污染区人民笑了，我们也开心了；

——西郊土壤污染源也解决了，土壤污染控制了，土壤改善了，土壤污染区人民笑了，我们也开心了。

北京西郊的模式及经验，得到吉林、长春、沈阳、天津、石家庄、太原、南京、上海、广州、深圳、长沙、重庆、包头、呼和浩特、乌鲁木齐、白银等大中小城市的欢迎和效仿，在全国产生了巨大影响。

两个遗憾的是：① 众所周知的原因，课题的研究成果没有发表；② 当时受极“左”思想的影响，把在报告上署名视为“个人主义”，所以，报告中只留下单位的名称，连主持人、负责人、参加人都没有。开个玩笑，要是这份报告有误，出了问题，到哪里去找责任者呢？署名不只是为了“名”，而且还有“责”在里面。当时全国的研究工作都没有奖金一说，与今日比不能同日而语了。××水库环保研究项目的经验与教训，见专栏 11-1。

专栏 11-1 ××水库环保研究项目的经验与教训

这个项目是 1972 年由北京市委托中科院负责的专项研究项目，严格来说是我国第一项重点环境保护研究课题，在北京西郊课题之前就开展了，而且阵容强大，投入的学科几乎涉及自然科学的方方面面，从研究队伍、手段、学科研究深度都超过北京西郊；作为经验总结来说，我个人认为存在一个基本的不足：就是单项及总课题的学术成果虽然丰富，但是结束时仍未能找出死鱼的原因，因此，就难以对症下药。正确地说：死鱼的原因最终也找到了，但并非是研究人员所解决的。

据说，该水库工程技术人员发现死鱼的时间，都是在春天，是上游河及库解冻后开始时，此时库中水位低，库存清水量少，上游河流一冬储存的大量有机污水突然注入库中，库中的溶解氧一下子降到 0，岂有不死之理？虽然也存在一定的毒污染问题，但还不至于如此个死法。问题就出在这里，在死鱼的前后，研究人员不在现场，所以未能观察到死鱼的全过程，这才是症结所在。

为此，郭方主任分别在北京及成都组织了与北京西郊课题组成果相比较的两次研讨会，总结经验教训。他是位德高望重的好领导，倡导学术问题应该开展争鸣，注意总结经验教训，我非常的支持，这是科学的态度与方法。

11.1.4 编者评述

以上都是三十几年前的往事了，但一一在目，一一在心。

11.1.5 读者思考

你们看到了老环保创业的艰辛吗，老环保工作者的一颗赤诚的心吗？.

11.2 北京研究（1973—1976）

11.2.1 水源污染

西郊课题源起于水源污染，课题的重点无疑是水。但我们没有头痛医头，脚痛医脚。而是首次将北京市全市新中国成立以来几十年的大气降水、地面水、地下水、自来水、污水五类水的系统资料综合起来研究，得出了“北京市于20世纪70年代进入水源危机阶段”的科学结论。在北京市科学大会上我想将这个重要成果报告给市领导，就写了一张小纸条（经过身边的徐树森副所长过目认可），正在此时，市领导说道：“北京市水的问题很严重，颐和园的水只有1 m多深，外国人划船都搅起泥来了。”我一听机会来了，于是就将小纸条传到主席台上，台上的三位（市委书记、军区司令、市长）领导一一传看。会后，市政府秘书通知本所，让赶快写一个报告上报。我接到任务后，写了一份简要报告上报，不久秘书来电话告诉我：市里已上报到中央；过不久秘书又来电话：报告转到政治局了（遗憾没有留下记录，如果查证的话，我想也是可以查到那位秘书为证的）。

北京西郊及东南郊及全市水资源保护研究取得的成果不只是为了得个什么奖，而是抢救、保护了三个水源地，百万人民的水源，研究人员很有成就感，人的一生能做几件这样的好事？

11.2.2 大气污染

李长生是从事地球化学研究的，但他没有局限于纯科学研究，他们从实际出发，从环境质量研究的需要出发，扩展到水、气、土、人体健康的综合研究，并且重视规划、治理及管理研究。他们在首钢取大气样时，也在露天戏台上工作了三天三夜。

经过研究得出：大气污染区内的人群健康与首钢集团污染密切相关，尤其是呼吸系统疾病、肺癌突出。提出了有效对策：

（1）加强大气污染源的治理；

（2）将计划新建的三个低烟囱合并为一个高烟囱；

（3）改变居民区使用的高硫煤；

（4）加强患病者的追踪调查及治疗；

（5）加强环境健康的流行病学调查。

西郊大气研究，抢救、保护了数以万计的人民群众的健康，研究人员很有成就感。人的一生能做几件这样的好事呢？

同样，土组、健康组都取得了非常优秀的成果。土（作物）组在污水灌溉区，进行了示踪研究，得出：微量氰化物在灌溉区的微生物的作用下，能够降解成碳（C）与氮（N），非但没有污染，还成为植物的营养元素，这是多么重要的科学成果。

健康组测定污染区人群唾液中的硫氰酸盐，得出结论：确实存在人体的效应，但还没有达到危害水平，因此，只要立即控制污染的发展，不致关闭水厂。挽救了水源地的贡献不只是水组的贡献，而是与大气组、土组、生物组及卫生组共同协作分不开的。

11.2.3 节能减排

这是大课题组、大气组延伸出来的课题。研究人员对首钢集团的能量进行了平衡计算，其结果真是出人意料：一年的余热竟高达 15 万 t 标准煤。即使回收利用率只有 75%计，也高达 10 余万吨煤。我从那时起就特别注意平衡计算的重要性，也是后来创建的《工业污染源系统控制与全面质量管理》及“产品物料系统投入—转化—产出全平衡模型”的科学灵感所在。

我到南京后，一次出差，住在中科院中关村的招待所，据说，就是该厂余热利用工程的成果，我感到非常欣慰。中国环保的节能减排，也应该算是从这里开始的。

11.2.4 编者评述

水污染与健康、大气污染与健康、土污染与作物健康、节能减排，可以说是环保的四大课题，这些最初的经验应该有普遍的意义和参考价值。

11.2.5 读者思考

一个厂仅余热一年就浪费了 15 万 t 标准煤，全国多少厂会浪费多少能源？增加了多少污染？危害了多少人民的健康？浪费了人民多少财富？你能算得出来吗？岂不是个天文数字？产业还能这样办下去吗？

11.3 北京研究（1976—1978）

西郊课题刚结束，大组成员还在忙于写总报告之际，研究队伍就调到《东南郊环境污染调查与治理途径的研究》课题之中了，李宪法是课题组长（后去美国一年期间，由王健民暂代），北京师范大学王华东教授是副组长。与西郊不同的是：西郊是以钢铁冶金行业为主，而东南郊是以化工行业为主，情况更复杂，污染程度也更重，调查、监测、评价与整治难度也更大。因此课题强调“治理途径”的研究。

11.3.1 盐也污染

有趣的是生物组的曹维勤、朱新源他们发现，在东南郊的通惠河中居然出现“咸水藻”，真是不可思议。只有海水中才有的种类，怎么会跑到北京郊区淡水河中呢？

其实一点也不怪，原来化工区大量排放废酸、废碱及盐，酸、碱中和也变成了盐。盐本是人们一天也少不了的调味品，竟然成了“污染物”。环境健康知识说明，人体必需的元素少了不行，如碘缺失病；多了也不行，多了污染了，危害更大了，只能是不多不少才好。

北京西郊的河沟中存在大量的红色水蚯蚓，是养金鱼的饵料，人们怎么会知道，那些受到酚及氰化物污染水体中的水蚯蚓的体内含量超高，如果按单位体重计算，人及其他动物早就致命了。

北京西郊的某些雪样中的酚氰含量足以使人受害，想起来都后怕，小的时候就喜欢尝尝雪是什么味道，看来，在污染区，千万别吃雪玩呀，更别直接饮用污染的水体，即使看起来是透明的水体也不能贸然饮用，如氰化物、重金属在水中是无色无味的。

11.3.2 如何评价

要治理，就要抓住主要污染源、主要污染物、主要污染途径及其变化规律。

数以百计、千计甚至上万计的污染物，如何客观评价呢？不一定排放量大的就是主要的，排放量小的就是次要的，还要看毒性的大小。那么谁是主要的，先治哪种呢？

西郊组提出了一个有意义的评价指标：就是将排放量与污染物的毒性标准相联系，这样不就可以反映出环境与健康的关系了吗？一个小小的指标，未曾想得到了刘东生学部委员的欣赏。他刚从美国回来就到北京所看望大家，听说我们找到一个指标可以评价环境与健康的相关关系，他非常高兴，认为这是一个重要的发现，解决了评价的一个难点，对比我们这些初出茅庐的后生来说，受到极大的鼓舞，真是开眼了。原来，在一个小小的指标中竟有这样的学问。刘东生的为人及学风让我折服，我经常思念他。希望我国多有一些这样睿智的真正的学者。

在东南郊评价中，聂桂生采用的是污染物的量与排放标准相比较，这样就得到相当是“等于标准的水量”（等标当量），与“标准煤”或“TNT 当量”的概念基本相同。就将不同的污染物、污染源放在相同的“尺度”下去评价，找出了主要污染物、主要污染源及主要污染工厂，治理起来就可以抓住重点并分清轻重缓急了。这个简便的指标后来被环保部门评价中广泛应用。

11.3.3 填补空白

进中南海

北京西郊课题、东南郊课题在结束后，需要进一步开展全市城市生态研究新课题，中南海及玉泉山不能成为空白区，为此上报北京市委、市政府，得到肯定的答复与批准。作者与生物组研究人员王敏进入了中南海及玉泉山，完成了填补空白的研究。最大的收获是居然发现一个不可思议的事实：中南海也受到污染，而且还是比较重的污染。有砷、汞、放射性，有个点底质中的汞含量几乎与水俣病底质相近，我们从天上、到点源、到面源一一排查也没有结果，百思不得其解？我竟然想到古代皇帝为了长生不老，会不会在里面炼丹呢？因为我的专业是地质学，炼丹所用的矿物有一个特征，与硫化矿床有关。我 1982 年调到南京，不到一个月，研究室的于涌泉来电话，告诉我："中南海的污染源被北京市监测站找到了，是红墙的涂料被雨水冲刷剥蚀的结果。"才恍然大悟！我想我如果没有离开北京，也许我也会找到的。原因找到了，我不遗憾。看来，北京的红墙涂料需要彻底改变了。

说明环境问题需要加强深入细致的研究。目前国内的规划、环评，多是套规范，计算机模式化，一份报告 1～3 个月就完成了，经济效益很高，但很难发现一些深层次的问题。我打工中，在一份关于自来水厂的环评中，强调了水源的"致癌物"问题，但领导说"环评报告不要写致癌物"。一次全国污染源调查总结会上，曲格平局长讲道："现在的环评报告书几乎没有不通过的。"意思是批评有"走过场"的问题。我站起来回答："我经手的就有好几个环评项目没有过关。"可想而知，谁还让你搞环评呢？我是搞环评开始的，竟没有资格参加环评，问题在哪里不是很清楚吗？

进玉泉山

玉泉山的泉水水质良好，属优质水源，我在北京图书馆查到有关北京明朝建都时的区域规划及城市规划，用现在的规划水平来衡量也不落后。其中对玉泉山的水质就与全国各地优质泉水做过比较，得出"属于上乘"的结论，才作为皇家供水水源地，每天用水车拉水到故宫作饮用水，什刹海、北海、中南海的补充水是由一条才 12 km 的"长河"从玉泉山引入，沿途严禁污染。

因为玉泉山一直是禁区，地质图中是空白，我用地质锤、罗盘、放大镜及卷尺量，对岩石进行观察测量，填补了这个空白。

在玉泉山也发现一个新的科学现象：在泉水池中，也监测出微量的酚。一般概念上认为，酚是工业的产物，自然界是没有的。为此，北京大学陈静生教授专门进行了研究，在西山远离首钢污染区的山上的腐殖土中也监测出微量酚，至此，可以初步得出结论：在自然环境下由于生物化学作用，可以产生微量酚。这与水俣病的无机汞在自然的条件下能够转化为有机汞如出一辙。可见，环境保护研究多么微妙，可惜，现在的环境评价，很少这样做了，忙于编制报告，如果没有较深入及长期的研究，怎么能够发现这些科学现象和得出科学结论呢？环评报告的价值就得打个问号了。

11.3.4 编者评述

从中南海的污染、玉泉山的酚、唾液中的硫氰酸盐、水俣病从无机汞转换成有机汞及美国的评价制度等经验来看：① 科学是马虎大意不得的；② 大自然存在许多奥秘还待我们去探索，不要简单得出结论；③ 评价的核心问题需要进行科学研究才能得出科学结论；④ 评价制度急需引进法律程序。

11.3.5 读者思考

你看完此段后，是不是也会感到惊讶？最清洁区里居然污染最重？古代皇帝短寿，除了其他因素，会不会是食用了中南海中的鱼中毒有关呢？或与红墙挥发出的汞等污染物有关呢？这留待考古学家及科学家进一步探讨吧！

11.4 南京研究（1982—2010）

11.4.1 系统控制

在钱学森的系统控制论问世后，对我们的研究起到指导作用，在北京工业污染源的研究是从测流量与浓度开始的，不仅累，又不准确，因为大气、水介质是在不断变化的，浓度也是在不断变化的，计算出排放的量也是不断变化的，只是反映出一个瞬时的结果，等分析出来，污染物都流走或扩散到数十千米、数百千米去了。按理应该安装自动取样与记录仪，但污染源太多了，是不现实的。

于是我就想到，化工部门采用的物料衡算方法，这是个很科学实用的方法，我在北京农药一厂就试用了，结果非常好：因为清华大学对该厂做过比较全面的监测分析，我采用物料衡算的方法就有了对比，结果，他们分析的排放总量只有我的物料衡算结果的 1/6，更坚定了采用物料衡算的技术路线。一到南京就接到苏州的工业污染源研究课题，我又与系统控制理论及投入—产出方法相结合，在太湖“六五”攻关课题“工业污染源系统控制与全面质量管理”中，创建了“产品物料系统投入—转化—产出全平衡模型”，并成功地应用到无机化工厂、有机化工厂、食品厂、电镀厂、印染厂、造纸厂六个不同类型，在我以后的乡镇企业及环境评价研究工作中，都证明这个模型具有创新性、科学性、普适性，是原获诺贝尔奖金的列别杰夫的“宏观投入—产出模型”质的发展。专家认为“这个模型妙就妙在‘转化’上”。因为这个模型是个细胞模型，可以实现“物料”“组分”及“元素”平衡，这对工业污染源评价及生产都有极其重要的价值，遗憾的是至今未受到各方面的重视与推广。如果与计算机结合起来推广，我国的工业系统的产业调查、污染源调查及系统控制与全面质量管理将会走上一个新的台阶。

在总课题总结会上，开始总负责人只总结了5个创新特点，曾北危高工、唐永銮教授等专家提出：王健民创建的这个模型及成果也应列入，就变成为了第6个特点。获得国家科技成果二等奖。后出版了专著《工业污染源系统控制与管理》，国务院环境保护办公室陈西平主任还为该书撰写了“序”。

11.4.2 乡镇企业

乡镇企业的兴起，是改革开放的产物，是“文革”后经济达到“崩溃的边缘”的需要，但是其缺陷是众所周知的，按照传统观点就是“砍”！李鹏总理主持国家环境保护工作以来，提出：环境保护是我国基本国策！是非常有远见的，在11次环委会中有9次谈到要砍。如果单从资源损耗、环境污染方面来看是不错的，但是为什么砍不掉呢？这是社会经济规律起的作用，国库里的储备空虚，人民生活极端困难，只有靠原始的生产方式急救。

我接到这个课题后两难，如果也用“砍”的理念指导，这个课题就做不下去了；如果按照不砍的理念指导，环境保护部门也难通过。我想如何开展这种政策性很强的课题呢？我就假设“我就是个最高的决策者”，站到全国、全局的高度，不偏不倚，不左不右，凭科学良心、对人民高度负责，研究乡镇企业在我国当时社会经济环境背景下的客观规律（自然规律、社会规律、经济规律及其相互关系），该怎么做，就怎么做。开创了准决策研究。

面对全国3 000多个县、数万个乡镇，2 000万家乡镇企业，从何入手？一点资料也没有，怎么办？我和课题组的同事们商量，只有从宏观模型入手，但一个数据也没有，如何建立模型？我去北京农业部想收集一些关于乡镇企业的统计资料，回答说：“只印了100份，供领导用都不够，对不起。”我出门时如掉进了黑洞里，找不到出口，只好垂头丧气的回来。但是还不死心，心想“拜佛心诚，心诚则灵”，再次上北京。真是天无绝人之路，我在北京市环境科学研究所工作期间，我研究室的张鲁江刚从北京大学毕业被分配到农业部工作，并分管乡镇企业这一块，听说了我们的情况，十分理解，十分支持，就立即找到主管局长，说明情况后，批准给我们一套完整的十年的统计资料。我此时的心情，就如掉进了蜜罐里！

满心欢喜的回来，交由课题组的吴焕忠研究员负责利用统计资料和模型进行研究，很快就勾画出了全国的基本情况；由王香娥研究员负责制出几十张全国分布及污染状况图；由缪旭波研究员负责完成系统动力学的研究。课题组通过模型预测出了乡镇企业2000年的产值可能高达56 000亿元（全国2000年工农业总产值翻番规划才28 000亿元），能不惊讶吗！请吴焕忠再核算一遍，计算没有错。我就请示所领导，是不是及时将这个重要结果上报国家环保局及国务院环委会，领导考虑“总产值是中央定的，我们对它提出质疑会不会有风险？”没有同意。我认为这是大事，有风险我个人承担，就及时发出，未曾想很快就得到宋健主任及曲格平局长的回复，给予了充分肯定、鼓励！在全国第三次环保大会上，以宋健为首的领导及专家在曲格平局长、金鉴民副局长、朱仲杰中国环境学会秘书长陪同下，专门参观了我们的成果展览（参见专栏 11-2 的照片），对我们是极大的激励！本课题由王扬祖副局长、科技司鲍强司长及自然司司长共同主持了鉴定会，会议秘书长为李康教授，请了十几位国家级专家在北京鉴定，得到包括中科院环委会、农业部乡镇企业局、社科院、科学院、清华、北大、北师大、农科院等大学教授一致好评，荣获国家环保局一等奖，成果百万字，由江苏人民出版社出版（出版费是王健民、王玮发出 3 000 余份赞助信函，才集资到 7 万元）。此成果之所以成功，是由于：

（1）国家高度重视，支持；

（2）研究单位及人员的全力以赴，通力合作；

（3）创建了全方位、多层次、准决策的对策研究体系；

（4）采用了科学方法；

（5）敢于承担风险，风险与机遇往往是同时存在，这也是一个重要因素。

课题组从零开始；面对 2 000 万家乡镇企业，如果没有科学思路和方法，就会如天狗吃月无从下口。按照传统的调查方法填表，一个厂填一个字，就是 2 000 万个字，别说是完成了，就是寸步都难行。

（6）没有农业部乡镇企业局的鼎力协助，这项研究的结局肯定是另一番景象。

专栏 11-2　一组照片

宋健参观我们的成果展

在北京召开全国第三次环境保护大会期间，中国环境保护总局副局长金鉴民（右一）、环境学会秘书长朱仲杰（左一）及作者陪同国家环委会主任宋健（左二）参观乡镇企业课题成果展览

国家环保局在北京召开《全国乡镇企业环境污染对策研究》重点课题鉴定会议，中科院环委会主任郭方（左）及李康教授（右，会议秘书长）等十余位国家级著名环保专家出席

李康（左）、中科院傅立勋局长（中）、北京市环境科学研究所聂桂生研究员（右）

环境环保局王扬祖副局长（中）、科技司鲍强司长、自然司主持鉴定会

作者代表课题组向鉴定会汇报课题的总体设计、对策层次、课题结构、主要成果及要点

11.4.3 环境经济

1982 年，调到南京环境科学研究所后，立即到苏州开展“六五”攻关课题，作者负责开拓工业污染源的系统控制与全面质量管理研究课题，其中重点要突破“工业污染源产品物料系统的全面投入—转化—产出全平衡研究”，需要研究能流、物流、水流、经济流、信息流，因此才开始学习些财务常识及产值知识；后来，国家体制的变革，引进西方经济学，连东方经济学都没有学过，遇到五大难题，一时间烟里雾里，一片混沌。一开始就遇到相互对立的价值观；其次是方法论；第三是总产值、GDP 存在严重问题；第四是刚刚诞生的生态环境经济；第五是对生物多样性及基因两个极端经济价值进行定量评价。前面三个问题作者在《中国生态资产概论》一书中基本解决；后两个问题分别在《中国生物多样性国情报告》及《外来物种、生物安全、遗传资源》一书中有所突破。

都是些顶尖难题，还是国家课题、世行课题及联合国课题。正如某著名高校教授所说：“厉以宁说我国没有一个人搞得了。” 我们的初步成果提交给了十几位专家把关，厉以宁教授的书面评审意见是充分肯定的；在国家环保总局主持的专家评审会上，厉以宁因为要到人大开会，第一个发言，再次首肯了我们的成果。另提出了一点补充建议：“你们的生命的补偿价值采用的 20 万元，建议改为 30 万元，因为新的《航空法》有最新规定。”这些初步创新成果问世以来，得到许多研究生、教授、院士和国际组织的青睐，我们十分欣慰。

11.4.4 编者评述

自然界原来没有路，路是人走出来的，在一片荆棘之中，总得有人做开路先锋，做科学研究亦然。

11.4.5 读者思考

全球陷入了一个总危机之中，如何逃出这个恶性循环旋涡，需要你们来开这个路，这比开山辟路还要难十倍、百倍呢，你们在思想上准备好了吗？

11.5 南京研究（2002—2013）

11.5.1 旅游环保

一次在紫金山开会，际遇东南大学旅游研究所（公司）喻学才教授，相见恨晚，一拍即合，他是我国旅游事业的开创者之一，聘我十年，协助开展旅游规划中的环境保护内容。正当退休后无所事事之时，好像是上帝的安排，我们合作愉快，已经 12 年了，以能随课题任务到各处“旅游”和开拓旅游环保为满足。十几年来，对旅游与环保的关系有了一些体会。

11.5.2 文化遗产

喻教授接到国家文化遗产保护方面的研究课题，按照课题设计，组织博士研究生完成一批成果，让我统稿成《论文集》，未曾想科学是相通的，我将建立对生物基因的定义转移到文化基因上，也恰到好处，并且进一步从对联合国“文化遗产”的定义论证、修订开始，创建了新的文化遗产保护体系框架，为《文化遗产保护及风景名胜区建设》专著在科学出版社出版作了一点贡献。

11.5.3 焚烧技术

全球年产固态废弃物约 70 亿 t，其中美国占 1/2，我国占 17%；其中，工业废弃物为 25 亿 t，中国占 32%，美国占 16%，日本占 12%；其中，危险废弃物为 3.4 亿 t，可见，我国的固态废弃物，尤其是危险废弃物的无害化的任务十分艰巨和迫切。按照“十二五”规划，垃圾焚烧厂将覆盖全部直辖市、省会城市及计划单列市，全国城市垃圾无害化率要求达到 80%以上，而危险废弃物必须实现全部无害化。

传统垃圾无害化的途径有：有用物质回收、循环利用、秸秆还田、堆肥、制沼气、卫生填埋、焚烧处理等。在无害化技术中，由于卫生填埋占地、污染农村土壤、地下水及大气，越来越不受欢迎；焚烧彻底无害化处理技术途径就凸显出来；国外正在大力推行焚烧技术之时，又发现一个拦路虎：无论是生活垃圾或有害废弃物的焚烧技术路线中，均会产生剧毒的二噁英系列污染物，遭到焚烧厂附近的居民的抵制而难以推行。西方发达国家为此竭尽全力研究，建立了可靠的技术路线、焚烧系统设备、监测方法、自动控制系统及垃圾预先制作成衍生燃料，确保处理工艺过程的先进性、可靠性、稳定性、自动化，排放的二噁英含量实现了低于 0.1 ng 当量的国际排放标准（几乎是零排放）。

环保部南京环境科学研究所丁剑高工及朱建成高工，经过近 8 年的生产性试验及运转，已经掌握了关键的工艺技术（工艺设备的优化设计、确保最佳炉温及氧含量、尾气的深度处理、废水零排放、少量废渣送地区统一无害化填埋），已经达到了国际排放标准水平，但其设备成本只是同类技术生产线的一半以下，在市场上具有很强的优势。目前的研究方向是，采用最先进的工艺技术，提高稳定性、改进进料的预处理（制造衍生燃料）及改进设备、仪表的质量，正式生产将由有国家或出口资质的大型锅炉厂承担。计划通过国家级鉴定后，大力推广。为国解忧，为民解难。

在丁剑的指导和工厂的配合下，作者完成了《南京汇丰有害废弃物焚烧厂环境保护发展规划》，作出了一点贡献。

11.5.4 编者评述

这些研究内容是作者亲力亲为，40 年足迹的几个脚印而已，我的多彩的人生，其实是在许许多多的领导、团队、亲朋好友共同编织而成的，我无法将他们、她们的名字一一列出，因为太多了，但始终铭刻在我的心中，尤其是原北京市环境科学研究所、环保部南京环境科学研究所的领导及同事们，没有领导的支持和同事们默默无闻的奉献，哪来的北京西郊、东南郊、北京市、江苏省、全国、世行、联合国的研究成果？我只是这批老环保的一个代表而已。在人生旅途中遇到什么不顺心的事情很正常，不要怨天尤人，不要迷信鬼神，眼光放远点，境界放高点，外界条件与机遇不是个人能够左右的，唯一一个你可以左右的因素就是自己，科学真理之路就在脚下，只要你不断从零开始，不断求索，走一步就接近成功一步，失败是成功的“母亲”、是新的动力。

李文华院士说得好：“宇宙永远不会终结，研究也永远不会终结！”

11.5.5 读者思考

我们人人都是天之骄子，我们也都是神仙，但神仙本领也有大小，也有高低贵贱，也有喜怒哀乐，也有妖魔鬼怪。机遇就像宇宙，是随时随地都存在的，因此命运就在你的掌控之中。环境保护是一项关系到全人类及子孙后代的伟大事业，处处都是挑战与机遇，希望大家都热爱她，为全人类的环保事业而献身。这一方面要努力学习，善于独立思考，勇于实践，大胆创新；另一方面更需要依靠国家、人民的力量与智慧，并一代又一代的传承下去。你说是吗？

马克思主义哲学是智慧的源泉。所以基础科学研究应该接受马克思主义哲学的指导：基础科学研究也是一条向前不断流去的长河，是有方向的，不是不可知的。我们应该常常想着毛泽东同志的一句话：马克思主义并没有结束真理，而是在实践中不断地开辟认识真理的道路。

——钱学森：《基础科学应接受马克思主义哲学的指导》

期待未来

12.1 全球化的兴起与终结

12.1.1 全球化的兴起

12.1.1.1 经济全球化理念

1）兴起

有三点原因：

（1）信息革命的惊人速度，对经济强劲增长作出了贡献；

（2）信息技术的广泛应用，渗透和改造其他产业部门，大大促进劳动生产力的提高；

（3）结构性变革、科技进步、高新科技产业群推动了新经济和全球化的诞生。

2）理念

经济全球化与新经济是当代世界发展中同时出现，并相辅相成和相得益彰的新事物，两者互为表里，“你中有我，我中有你”，不可分割的同一事物。当资本主义处理一系列引人注目的新变化，其中最值得重视的就是经济全球化与新经济现象（曾北危：《经济全球化与可持续发展》）。

3）定义

在阿兰·鲁格曼著的《全球化的终结》一书中，针对目前对“全球化”一词的滥用，他对全球化下了一个定义：跨国公司跨越国界从事外国直接投资和建立商业网络来创造价值的活动。

12.1.1.2 经济全球化特征

世纪之交世界经济发展趋势：

世纪之交的前夕，1997年出现了亚洲金融危机，影响到全球，亚洲“四小龙”的经济奇迹气泡破灭，经济学家不仅对亚洲，就是对美国、欧洲也不抱乐观预测，甚至预言20世纪30年代的大萧条即将来临，直到1999年发生了根本性的变化，国际货币基金组织、世界银行及一些权威机构，才调高了预期目标，实际看比预期还要好，世界经济速度增长了3.3%，美国增长了4.21%，欧元国家增长了2.3%，日本扭转负增长局面，整个保持强劲势头，韩、泰、马、菲、印尼平均增4%，其中韩增10.5%，俄也走出了危机，世界呈现出良好前景，以较愉快的心情迎接21世纪的到来。1820—1992年世界人均GDP增长8倍，其中西欧为13倍，非洲、亚洲及大洋洲分别为3倍、5倍、6倍，差距比较悬殊。

整个19世纪直至第一次世界大战前，世界经济领衔的是英国，到20世纪逐渐被美国所替代；特别是1913—1973年，欧洲力图追赶，日本更是紧追，但美国通过积累及科学技术创新，一直处于领衔地位，取得112个月增长的最好纪录。进入21世纪，不同国家或不同学者，分别称为进入了“网络时代”或“知识经济时代”或“新经济时代”，都是以高新科技产业为基础和支撑并推动资本跨国流动，资源全球性配置为特色的新型经济。

北美、西欧、东亚这三大经济板块占有突出地位；南北差距（贫富国间差距）会进一步拉大。

12.1.1.3 新经济解述

新经济的解述有十余种之多，如：“知识经济”“信息经济”“网络经济”“高科技经济”“全球化经济”“泡沫经济”“虚拟经济”“风险经济”“创业经济”“创新经济”“企业家经济”“注意力经济”“眼光经济”等。

之所以会出现如此之多的新名词，是因为世纪之交出现的种种经济现象难以用传统西方经济理论解述和突破了传统经济规则。传统经济是建立在实体经济为基础的，如马克思的劳动价值理论，是以产品生产为基础的，连服务价值都不计算到产值之中；西方传统的效用价值理论虽然承认服务价值，但仍是以商品生产为基础的。而进入21世纪以来，虚拟经济（依靠信息的商务、人力、知识、网络、股票、期货等非产品、商品的经济）发展迅速，资源、产品、商品翻转过来成了附属性的了，通过这种颠倒出现了一种新趋势：所谓的“资源全球性最优配置”。

1）宏观经济的四大指标

传统经济学的四大指标——物价稳定、充分就业、经济增长和国际收支平衡，是很难同时实现的，而美国利用其全球战略、美元的霸主地位和先进的科技，取得了经济平衡增长的同时，另三项指标保持在较低的水平的理想状态。这对于其他国家，尤其是落后国家来说，是无论如何也做不到的。

传统经济学的关键规则有两条：① 生产者报酬递减，消费者效用递减，统称“边际效益递减”理论；而新经济呈现出恰恰相反的特征。② 商品价格越高，需求越少；而新经济的价格呈现出“外在性”效应、多重效益和协同效应。

2）新经济的新指标

包含四个方面：

——产业结构与就业结构的变化；

——经济全球化；

——活力与竞争；

——信息技术革命。

3）新经济站在传统与未来之间

新经济构筑在旧经济的基础之上，处在传统与未来之间，在产业上、劳动力上、政府管理上及整体上都呈现出很大的差异。

4）新经济的动力

新经济的动力是以信息革命为先导的经济结构调整与升级。

5）新经济的目标

新经济的目标是寻求全球化资源的最优化配置，通过新经济的运行，打破传统资源的国家边界，为新经济时期的强国、跨国公司或企业服务。

6）新经济的生产方式

打破了传统劳动、产品、商品生产、市场的格局，随着信息在经济活动中的意义、地位、作用与价值的提高，新经济形态越提高；同时，虚拟经济、泡沫经济、风险经济也会发展。机遇与风险同时存在。

12.1.1.4 经济全球化的意义

（1）形成了全球市场；

（2）形成了全球信息化、网络化；

（3）影响巨大而深远（本节摘引自：曾北危：《经济全球化与可持续发展》）。

12.1.2 全球化的终结

在全球化刚刚热起来的时候，阿兰·鲁格曼反其道而行之，在其专著中却提出全球化的终结？人们难以理解为什么？他在 30 年的学术研究中，致力于 500 家最大的跨国公司的经济行为、金融操作与商业战略，这些正是驱动“全球化”的制度。万俊人在《全球化的终结》一书的“序”中概括出四点理由：

（1）当今全球化观念的首要误区，是误解或曲解了“全球化”的概念内涵；

（2）全球化力量也不是像人们通常所了解的那样，呈现出总体化或齐一化的特征；

（3）把跨国公司的创新生产和密集的全球销售与全球文化同一化的发展等同起来；

（4）一个基本事实是：真正意义上的全球化，哪怕只是经济意义上的全球化，非但没有成功，而且已经走向终结（本节摘引自：（英）阿兰·鲁格曼：《全球化的终结》）。

12.1.3 全球化的走向

12.1.3.1 经济全球化是历史的必然

1985 年 T. 莱维首先提出了“经济全球化”这个词，一直没有一个公认的定义，因此，可以从以下几个方面来认识：

（1）世界各国、各地区经济相互交织、相互影响、相互融合成既松散又统一的整体，所谓经济国际化和经济一体化，进一步形成“全球统一市场”；

（2）在世界范围内逐步建立起规范经济行为的全球规则及机制；

（3）生产要素跨国界，在全球范围内自由流动的历史过程；

（4）有人这样认为：实际上是美国为代表的发达国家和跨国公司利用科技进步，借自由贸易之名，行控制世界之实，使发达国家越来越富，发展中国家越来越穷的历史进程。

12.1.3.2 经济全球化的机遇与挑战

1）双刃剑

经济全球化是一柄“双刃剑”，机遇与挑战并存，祸福相倚，机会和利益是要通过竞争才能获得的，优胜劣汰是铁的法则。

2）机遇

——名义上“起跑线”是相同的；

——名义上利益与资源是共享的；

——名义上国际市场是共同的；

——名义上国际规则是共同的；

——实际上竞争空前的激烈，“智勇能三全者胜”。

3）挑战

形式上“全球化”的起跑线是相同的，其实是大不同的，就像一个巨人与儿童赛跑或举重比赛。发达国家具有一系列发展中国家所不具有的先天优势，实际上存在一系列的事实上的不平衡，也就是事实上的不平等：

——参与单位不平衡；

——参与利益不平衡；

——科技水平、经济实力的不平衡；

——经济结构和产业级别不平衡；

——管理及经营方式的不平衡。

从来没有免费的午餐，发达国家的既得利益，绝不会拱手相让的，既然不能避免，就只能在新的博弈中去拼搏进取，看谁笑到最后。

12.1.3.3 经济全球化与可持续发展

1）对发展中国家（中国）的机遇

——引进资金的机会；

——引进先进技术的机会；

——扩大了国际市场，增加了就业的机会；

——有利开拓国际能源、资源的共享；

——缩短了产品和要素国际价格的差异，有利促进国内收入水平的提高。

2）对发展中国家（中国）的挑战与风险

——发达国家具有先天国际地位的优势，会千方百计地维护其特权；

——发展中国家的主要产业可能被跨国公司所控制，民族工业可能遭到巨大打击；

——发展中国家的工业化进程尚未完成就要进行新的大调整、大博弈，其生态环境与发展间的矛盾可能会加剧；

——发展中国家的金融实力薄弱，容易引发汇率波动，甚至金融危机；

——发展中国家科技落后，可能又会叠加信息及数码差距鸿沟。

3）发达国家可能要付出的代价

——发达国家的科技及资金向发展中国家转移，出现本国“经济空壳化”；

——国外廉价制成品的大量涌入，替代了国内就业机会，可能提高失业率；

——资金、技术、人才、商品加快流动，也提高了竞争对手加速发展的机会；

——大量税源向国外转移；

——增加了国内宏观监督、管理、调控的难度（本节摘引自：曾北危：《经济全球化与可持续发展》)。

12.1.4 编者评述

观察世界万物万事万理，总是在不断变化发展和新陈代谢中，弱与强、发达与发展、先进与落后都是相对的，大有大的优点，大也有大的缺点；小有小的缺点，小也有小的优势。种子再小，也蕴涵着无穷的生命力；原子弹虽小，也存在一种潜在巨大的威力；发展中国家虽然弱小，但具有“穷则思变”的动力。发展中国家，要提高警觉，加强之间的战略性合作伙伴关系，并突破发达国家的壁垒，寻找对方薄弱环节，审时度势，趋利避害，在重新洗牌的时候打自己的优势牌，不要被套住，不要跌入陷阱中，咬紧牙关，一鼓作气，发扬“在战争中学战争”的精神，学习太极拳的借力发力的诀窍，就会以弱胜强，战无不胜，攻无不克。

12.1.5 读者思考

“全球化”是“双刃剑”，有说好的，包括美国专家也有说不好的；有的说是必然，有的说是终结，利弊得失如何考量？又是一个悖论！机遇与风险并存，只有积极进取，拭目以待。

12.2 科学的神奇与终结

12.2.1 科学的神奇

20世纪的科学发现与发明，无论从深度或广度而言，都远远超过以往的世纪。而且科学的能量还在迅速地积蓄，一系列重大的突破已处在孕育之中。21世纪将揭开我国及世界新的科学技术革命的一幕，为持续发展发挥出无穷无尽的能量，我国现代化的蹊径就在这里。

能源

中国的能源种类多而丰富，是世界第三大能源国，与俄、美相当；但也是世界第三耗能大国，我国人均能耗1 t标煤（而美国人均超过10 t标煤），即使达到美国人均耗量水平，也可保证数百年的供给量（但是，不能在耗能方面追赶美国）。

煤：我国已探明的煤炭储量为4.5万亿t，保有储量近1.0万亿t，年耗量已近10亿t，人均耗量从1949年的44 kg增长到目前的近1 000 kg，平均年增长7.5%。综合考虑今后的发展变化，我国煤供给自需的使用年限至少在300年以上。

石油和天然气：我国石油的远景储量约为 787 亿 t（相当标煤 1 124 亿 t），天然气可开采量约为 33 万亿 m^3（相当标煤 44 万亿 t）。目前石油年耗量超过 2 亿 t 标煤，天然气年耗量达 0.24 亿 t 标煤。综合考虑今后发展变化，我国石油和天然气使用年限至少在 100 年以上。

水能：我国水能资源理论储量为 6.8 亿 kW，居世界第一，可开发的水能资源为 3.7 亿 kW，年可发电 1.9 万亿 kW·h，相当 7.7 亿 t 标煤。三峡电站是世界上最大的水电站，于 2009 年建成后，年均发电就达 865 亿 kW·h（相当 0.35 亿 t 标煤）。由于水能是清洁的可更新的理想能源，理论上可持续供应。

新能源：我国还拥有丰富的太阳能、生物质能资源、风能、地热能、潮汐能，核能等资源也相当可观。

——太阳能：我国拥有相当于 2 万亿 t 标煤的太阳能。

——生物质能资源：我国生物质能资源可满足 8 亿农民两个月的薪柴所需。

——地热能：我国地热资源分布也相当广泛，全球有四个地热带中有两个通过我国：一个是环太平洋地热带；一个是地中海—喜马拉雅地热带。地热资源分产生湿蒸汽为主和产生中低温热水为主两大系统，前者主要分布在西藏南部、云南西部和台湾省；后者主要分布在东部沿海各省以及山东半岛、辽东半岛。如合理开发利用，可长期供给。

——风能资源：我国的风能资源相当 10 亿 kW 左右，可能利用能量约为 1 亿 kW。东南沿海、青藏高原、西北和东北地区为风能资源丰富地区。

——潮汐能资源：我国大陆海岸线长达 1.8 万 km，酝藏着丰富的潮汐能资源。其中，浙江占 61%，福建占 22%，广东占 5%，辽宁占 4%。

——核能资源：继 20 世纪 60 年代我国第一颗原子弹爆炸试验成功后，关于我国是否发展核电问题，因为认识不一致，几乎讨论了 20 年才统一了思想，所以到 20 世纪 80 年代我国核电才起步。虽然起步较晚，但工作很扎实。首先是堆型选择上，我国采取了十分慎重的态度。面对中国巨大的核电市场，各国专业厂商都跃跃欲试。当时核工业部适时地采取了“请进来”的办法——让厂家到中国核电设计院（三院）做交底介绍。当时最突出的两大堆型的开发厂商——压水堆和沸水堆成为竞标对手。据王秉铃介绍：当时担任中核 404 厂机动处处长（副职代）正好到北京出差，遇到了已是核工业部副部长的周平，我们 1958 年曾经一道在中国原子能研究院 101#——重水反应堆上实习过，比较熟悉。周副部长亲切地说：“秉铃，关于我国堆型选择正处于关键阶段，美国通用和西屋都来了，这里有两张票，你去听听吧，把听后看法告诉我。” 西屋力主压水堆而通用则力推沸水堆。压水堆型来源于核潜艇，抗打击能力强，安全指数高，但造价也高。而沸水堆虽然发电功能一样，由于去掉了第一、二回路，把带放射性的蒸气直接引入汽轮机，系统是简单多了，造价当然下来了，但其安全性也就下来了。在听完两家介绍后我把看法反馈给了周副部长。我国本着核工业安全第一、质量第一的原则，坚决地采用了压水堆型。这无疑是非常正确的决定。与此同时被我国否定的沸水堆型也在我们东邻找到了巨大的市场。但经过 2011 年 3 月 11 日九级地震及海啸的考验，说明它的抗灾能力未过关（请注意，把反应堆建在地震带上本身就是违背科学常识及违规的）。目前我国大陆已有浙江秦山、广东大亚湾、江苏田湾、辽宁红沿河、福建宁德五座核电基地共 17 台发电机组在运行，总装机容量 1 360 万 kW。21 世纪，我国的核电站将遍布广东、浙江、辽宁、福建、海南、上海、江苏、吉林、黑龙江、江西、湖南、甘肃等省份。核能比重将从现在的已建和在建还不到 1%的状态提高到 10%～20%。

发展核电的核心问题是核燃料的合理利用问题。当今世界运行和在建的 400 余座核电站中除了四座快中子增殖堆外，其余的从核物理角度看，则都是“燃烧堆”。“烧”什么？烧铀 235。而铀 235 在天然铀中只含 0.711%。也就是说我们目前对核燃料铀的利用率还不到 1%。大量的铀 238（贫铀）堆满各有核国家的仓库，成了世界性生产与环保难题。解决的办法是发展快中子增殖堆，实现核燃料闭路循环，把目前的核燃料利用率由不到 1%提高到 60%以上。

解决核燃料闭路循环问题必须有三个关键企业：① 后处理厂（对核电站乏燃料进行铀钚分离，重点任务是提取工业钚）；② MOX 元件厂（用工业钚代替铀 235 制作的铀钚混合燃料元件）；③ 快中子增殖发电反应堆。

在核燃料循环利用领域，走在前列的是法国和俄罗斯。我国在这个领域一直还处于“中试”阶段，还有相当的路要走。

如果人类真的实现了核燃料循环利用，又能确保核电安全，核能资源将是最可靠、最廉价、最清洁的替代能源。

航天

人类 1783 年第一次乘轻于空气的热气球升空，到 1903 年第一次乘远远重于空气的飞机升空；从气球只能随风飘荡，到能够超音速飞行；人类飞天从梦想到现实，不过 200 多年，主要是在 20 世纪的 100 年中进步最快。可以预言，21 世纪的航天发展将会更加突飞猛进。未来 20 年全世界将需要 16 000 多架新的民用干线客机；飞行速度将从每小时 800 多 km 提高到超音速，从上海到洛杉矶从 12 小时缩短到只需 5 小时。但是，必须克服音爆、废气排放及噪声，不危害生态环境及人体健康并确保安全问题。

1957 年 10 月 4 日，第一颗人造卫星上天；1961 年人第一次进入几百千米的高空；1969 年人首次登上了月球；1971 年在空间轨道上建立了第一个小型空间站……半个世纪以来，人类向宇宙发送了绕地球运行的人造卫星、载人飞船、小型空间站、月球探测器、登月飞船，以及飞向太阳系及其他行星的各种飞行器的总重量近万吨。航天技术与人类的通讯、资源探测、气象观测、交通导航、大地测量、科学试验、军事侦察、火箭导弹技术和应用密不可分，可以说，航天技术大大加速了人类文明和现代化的步伐，在国民经济各个方面正在发挥出巨大的作用，将进一步改变人们的生活方式。在航天技术迅速发展的同时，对于人类来说，空间相对在迅速缩小，时间在相对迅速缩短，人类的活动范围和有效寿命在相对迅速增长。

计算机

计算机是人类最重要的发明之一。其他许多发明不过是加强或延伸了人的五官或四肢的功能，而计算机的发明，却代替超越了部分人脑的功能，能够进行快速计算、进行推理、作出判断，所以被誉为“电脑”。将各种各样的机器、设备、装置安上电脑，就会把它们也变“活”起来，成为智能化机器。计算机发明不到 50 年，性能已提高了亿倍以上。飞机发展了 100 年，性能才提高不到 10 倍；火车、汽车发展了 100 多年，性能提高还不到 10 倍。多媒体、视听机、信息网络、智能机、手机等种类日新月异，其“性能爆炸”给人类带来了无尽的福利，人们的生活更加丰富多彩，人们智慧将得到充分的发挥，但人们需要防备手机等新发明所绑架、受害。（参见附录 6）

生物技术

世界自然科技研究的前沿，向着宏观、微观、生命领域探索。生命现象是最富有魅力的。对于生物的研究，就是对于生命现象的研究。生命科学，包括遗传学、生物工程学、生态学等，对于改善人类自身及其环境有着其他科学技术不可替代的作用。17 世纪中叶，由于显微镜的发明，人类第一次看到了肉眼看不到的微生物，揭开了现代生物学的序幕；20 世纪，生物科学在种植业、畜牧业、食品、卫生、医疗及生态环境保护等方面都取得了巨大的成就，如人造血浆、基因复制、器官移植、生物监测和净化处理等；可以预言，21 世纪将是生物科学更加飞速发展的世纪。21 世纪人类突破了 60 亿大关，六十几亿张嘴，吃是第一重要的大问题。生物科学在解决未来食品问题上将大有作为，如通过生物工程或基因转移，可培育高产、优质的动植物品种；通过生物防治和绿色食品的开发，可免除大量使用化学药剂；通过基因技术，可能治疗癌症、先天基因缺陷病儿的抵抗力低下、异常病、艾滋病等；通过生物工程技术开发，可以处理废水、污水、垃圾，使之化害为利，变废为宝；对人脑信息的编码方式研究的突破，可对脑的开发从现在的 10%提高到 90%左右，展示出未来生物技术的美好前景。但人们也要牢记任何事物都是一分为二的，有利就有弊，要趋利避害，而且所有事物都含有悖论，转基因的争论就是证明。

菜篮子工程

中国人口居于世界的首位，人口的增长将持续到 21 世纪的中期，有可能从现在的 12

亿人增长到 15 亿～16 亿人。据中国科学家，从土地、土壤、粮食、资源等承载力的综合分析表明，中国的理想人口是 7 亿，最高不得超过 16 亿～18 亿（中值为 17 亿）的极限，否则中国的社会经济将导致崩溃。外国专家甚至发出“中国养活不了中国人”的警告，不怀好意的人还发出警惕“黄祸”的叫嚣。中国养活不了中国人吗？

中国自古以来，人口众多，是一个农业大国。依靠中国自己的土地，生产的粮食，养活中国人口。现在以占世界 7%的耕地养育了约占世界 22%的人口，成就卓著，举世瞩目。中国要养活最高人口 17 亿，的确是一个巨大的挑战，但是中国一定能够养活自己。未来当人民生活水平提高到中等发达国家阶段，每人每年平均需要粮食 450 kg，全国粮食需求量将从目前的 5.3 亿 t 增加到 6.45 亿 t。目前生产技术水平条件下还要挖掘出 1 亿多 t 的潜力。也就是还需另增加 1.15 亿 t 才能达到供需平衡。

如何实现这个目标呢？首先是依靠提高单产，从目前的 250 kg 水平提高到 350 kg 以上水平；其次是提高复种指数，目前尚有 10%左右的潜力，如果复种指数提高 10 个百分点，每年可增加 3 200 万 t 粮食；第三需要相应的投入，每年增产 5 000 万 t 粮食，需新增化肥 450 万 t、灌溉面积 426.67 万 hm^2、农机动力 4 000 万马力、电量 140 亿 kW • h、国家支农资金 100 亿元，及农药、农用薄膜等其他配套物资。养活 17 亿人当然不是轻而易举的事，但是，经过仔细测算，中国人养活自己是完全可能的，但也存在生态风险和一系列新的挑战需要化解。

开发海洋

地球上三分陆地七分海洋。随着资本主义和殖民主义国家的兴起，带着科学探险和寻求殖民地的动机，早在 15 世纪和 16 世纪的哥伦布和麦哲伦时代，就开始探索海洋并发现了新大陆；到 17 世纪发现了欧洲和南极洲，绘制了所有大陆和海洋地图，建立了遍布世界各地的殖民地；到 20 世纪，人们已经深入到海底世界，已经绘制出部分海底地图。20 世纪末，陆地上的人满为患，资源日趋枯竭，环境问题越来越突出，世界各国都把眼睛盯着大海；21 世纪，人类发展势必向着海洋，争夺海洋、瓜分海洋、开发海洋将达到高潮，海洋同时也面临破坏的厄运。

海洋面积达 36 100 万 km^2，占了全球面积的 70.8%。其中，陆地边缘海占 11%，洋区占 89%。海的深度一般在 3 000 m 以下，浅海仅几十米；大洋深度一般在 3 000 m 以上，现已探明的最深处是太平洋西部的马利亚纳海沟深达 11 034 m。海洋有着丰富的资源，可以分为：生物资源与非生物资源；或生物资源、矿产资源、海水资源、动力资源、空间资源；或不可再生资源与可持续利用再生资源。

海洋生物资源。海洋生物资源多达 20 多万种，其中，动物 18 万种以上，植物 2.5 万种以上。动物中鱼类 2.5 万种，贝类 10 种。维持海洋生态系统平衡的前提下，每年可提供人类 2 亿 t 鱼类、海鲜及药品、轻工及化工等原料。

海洋矿产资源。已探明浅海石油开采储量约为 1 550 亿 t、天然气 54 万亿 m^3（尚可供应 70 年以上）。海洋锰结核（含锰、铜、镍、钴等金属）储量高达 3 万亿 t，可供人类使用几千年，而且每年还新增 600 万 t。海洋能源包括动能、势能及热能，海洋总能量为 766 亿 kW，可利用功率为 64 亿 kW，接近当代全球发电装机容量。海水中有 80 多种化学物质，可提取利用的有 70 多种，最多的是氯、钠、镁、硫、溴、碳、锶、氟等 11 种。氯化钠为 4 亿 t、镁约 1 800 万亿 t、钾约 500 万 t、溴约 95 万 t、核燃料约 45 亿 t。

海洋空间资源。海洋是陆地空间的延伸。日本在 20 世纪 80 年代初在神户建成了一座可居 2 万人的海上城市，并规划在 21 世纪建造 25 000 个这样的海上城市，同时在离东京 120 km 的海面上，建造一座最大的海上城市，作为海上城市的中心城市。在中心城市建造一座 445.5 m 的世界最高的大厦。从根本上摆脱日本陆地人口拥挤的局面。看来，日本在 21 世纪建造海上城市、海底乐园，无疑都将梦想成真，人口拥挤问题有望得到彻底解决。

产业革命

21 世纪的产业，必须实现技术密集、节能、节料、节水、清洁生产、综合利用，具有规模效益以及消除污染和浪费。能源问题解决以后，石油将主要作为原料加以充分利用，将出现每年加工量超过 500 万～2 000 万 t、生产乙烯 300 万～750 万 t 的大型石油化工联合企业，同时带动化纤、塑料、建材等其他工业的发展。

21 世纪全球及我国的海陆空交通运输产业、通讯产业、机械产业等将齐头并进，空间距离将大大缩短，工作效率将大大提高，一些有毒、有害、危险、高空、航天、深海、高温、高压、缺氧、苦、脏、累等繁重的事务及一些精细手术、作业都可以由机器人代劳。到 20 世纪末，日本机器人可能拥有 300 万台，世界发达国家的机器人年产值每年以 20%～40%的高速度增长。第一代机器人正在普及，第二代智能机器人正在实用化。我国现在生产的机器人才 200 多台，包括“三资”企业在内应用的机器人超过了 1 000 台。20 世纪世界机器人每万人拥有一台；到 21 世纪将提高到每千人拥有一台。我国的机器人产业必将有一个大发展。机器人将是你的“忠实的仆人”，小到细胞切割、大到搬运成吨的重物，都会听从你的一切安排，为你效劳。机器人给人们未来的生产和生活都将带来无穷的乐趣和便利的同时，也可能会带来一些人们意想不到的问题，如智能机器人会向人类挑战，会不会战胜人类呢？是进步还是恐怖？

12.2.2 科学的终结

20 世纪一场场石破天惊的科学革命，导致了一门门新兴学科的诞生。如：系统论、控制论、信息论、耗散结构论、协同学、超循环论、突变论、混沌学、生命系统论、宇宙学、超弦论、熵理论、分形几何学、思维学、系统动力学、系统生态学、神经网络论、社会动力学、层次分析学、灰色系统论、全息生物学、非平衡系统经济学等。新学科的诞生、研究、传播与发展的道路始终是曲折的，而前途是光明的。尤其是一些超前的学术研究，更易遭到不解与非议。这正如爱因斯坦所说："粉碎原子比破除偏见要容易得多。"显然，只有那些真正摆脱名缰利锁的人，才能为科学事业而献身。

由于"科学"在人们的头脑里是圣洁的象征，在市场经济中，打着"科学"招牌进行推销"伪劣产品"不仅仅利用了其极大的无形价值，而且更具有极大的欺骗性。在以"科学"为幌子的行骗者看来，什么"算命""占卦""跳大神"不过是些雕虫小技而已。因为一旦"科学"招牌取得了市场价值，就会通行无阻，无孔不入。

在真真假假、半真半假、真中有假之中，人们需要仔细鉴别科学的真伪和仔细鉴别"科学家"与"科学骗子"，伪科学及科学骗子不但中国有，外国也有，而且外国的伪科学及科学骗子，"科学"的幌子打得更高，包装得更巧妙，欺骗性更大。

[美] 约翰·霍根（《科学美国人》杂志的专职撰稿人）1997 年推出了《科学的终结》一书，借助工作之便，他经常性地接触科技界的名流，走访了几十位杰出学者之后，从中发现这些大名鼎鼎的人物存在着一种"隐秘的恐惧"：难道所有重大的问题都已经解决了，所有值得追求的知识都已被掌握了吗？是否存在着某种标志着科学之终结的"万物至理"，重大发现的时代一去不复返了吗？今天的科学是否已衰退到只能解答细枝末节的问题、只能修补现有理论的地步？

该书中涉及"上帝""星际旅行""超弦""夸克""混沌学""意识""神经达尔文主义""马克思的进步观""自动机""机器人"等当代重大科学前沿的敏感问题。

试看该书的目录：

引言　寻求"终极答案"

第一章　进步的终结

第二章　哲学的终结

第三章　物理学的终结

第四章　宇宙学的终结

第五章　进化生物学的终结

第六章　社会科学的终结

第七章　神经科学的终结

第八章　混沌学的终结

第九章　限度学的终结

第十章　科学神学，或机械科学的终结

尾声 上帝的恐惧

跋 未尽的终结

谁看了这个目录，都会感到惊讶不已的，不知该书作者是仅仅为了“票房价值”，还是真正的科学求索？仅从目录中就可看出，其涉猎的领域不能说不宽，所论述的问题不能说不深，所用之词不能说不武断。作者自称是一个很严肃的撰稿人，他在“引言”中一开始就指出：“科学——纯科学——是否有可能终结？我对这一问题的严肃思考，始于 1989 年夏天的一次采访。”

三种不同的评述：

（1）否定性评述

“一本坏书。”（物理学家、诺贝尔奖金获得者 李政道）

“错把极限当终结。”（中国科学院院士 郝柏林）

“胡言乱语。”（天体物理学家 戴维德・舒曼）

“它写的很有趣，但是很荒唐，是一本把科学引入歧途的书。”（美国斯坦福大学生物学家斯图尔特・考夫曼）

“我无法苟同本书关于限度和没落的中心论点，而宁愿作一位乐观主义者，相信许多实在而又有经验基础的优秀科学成就正等着我们去发现，特别是在生物科学领域。对于科学已行将就木这一论点，不论你持赞成还是反对态度，世界毕竟都不会因此而‘终结’。”（《纽约时报书评》1996 年 6 月 30 日）

（2）肯定性评述

“《科学的终结》是一本开卷有益的书。”（查里斯・帕提特）

“对于任何一位关注基础科学或科学哲学之前沿领域的人来说，这本书都是惹人瞩目的，更不用说对那些献身于这些领域的人们了。”（保罗・R. 克鲁斯）

“这本言辞激烈的著作，带给我们的绝不仅仅是关于科学逊位的宣言，它还为我们打开了一扇新的门户，使人们得以从中重新审视所有那些重要的人生方面。”（默德斯脱・迈迪克）

（3）折中性评述

“我并不完全否定这本书，我明白他为什么这样写，但我不同意他的观点。”

“霍根先生是一位语言精练的艺术大师。《科学的终结》一书是一本睿智、全面、引人入胜并且有时又霸气十足的著作。本书最为成功之处，正在于它对过去 15～20 年里所取得的重大科学进展所作的提纲挈领的介绍，它可以使你懂得（至少是通俗地懂得）超弦理论、数学的拓扑以及怎样从复杂性中辨别出混沌。”

“另一方面，霍根在叙事过程中显得活跃得过了头，给人的印象往往是他并不怎么关心如何获得事实真相，而是汲汲于如何在智力上胜人一筹，当他所提出的问题使对

方惊慌失措或疏于防范时，自己就胜利了。”（物理学家、诺贝尔奖金获得者 斯蒂文·温伯格）

12.2.3 西方经济学的终结

12.2.3.1 由头

一天，我在南京新街口新华书店，发现张建平于2005年出版的《西方经济学的终结》（351页），在堆积如山的诠释西方宏观及微观经济学丛书中，不经意是发现不了的，我第一印象是：太反常了，太大胆了，太武断了！说他反常，是说充斥整个市场经济学丛书中独此一本；说他大胆，是说他竟敢在“太岁头上动土”；说他武断，是说自1776年亚当·斯密的《国富论》出版以至2005年，西方经济学统治世界229年了，形成了完整体系，取得了全球性成功，我国又刚从计划经济转向市场经济，大张旗鼓地推崇的高潮时期，不是“鸡蛋碰石头”又“孤立无援”吗？我想，如果他说得在理，在攀登科学高峰和追求真理的道路上是需要这种不畏权威、不畏艰险的精神的。于是买了一本看看究竟，花了几天总算是看完了，也引发了我对西方经济学的质疑，除了张建平的观点之外，我又补充了几条根据，作为一点点声援吧。

12.2.3.2 张建平的论据

他主要是从西方经济学的科学性及方法论方面进行了全面而无情的批驳，指出西方经济学存在基本的、系统的严重问题。他列举了6大方面（略）。

正如戴玉龙在《序》中所指出的：“本书作者撕去了西方经济学的形式外衣，直接洞穿其错误本质，完全从其自身内部的逻辑矛盾方面揭示了其伪科学本性，指出了西方经济学的不可成立性。作者几乎没有给对方任何修补的余地，用其自身的矛盾证明了其不可救药。”

12.2.3.3 王健民的补充

我是从西方经济学的立足点、促进了环境危机及导致两极分化三个方面进行了补充，进一步更全面地给予批判，于是我也得出了“西方经济学果真应该终结了”的结论。

1）西方经济学的立足点是大错特错的

西方经济学的主旨是鼓吹不受约束的极端的个人主义、狭隘的国家利益主义和“最终使社会共同受益”。这一点的错误是根本性的，那么其他国家的事情，尤其是全人类的事情、子孙后代的事情、野生生物的事情、自然生态系统的事情都是可以不顾的，因为不符合西方经济学的宗旨的。

所谓“最终共同使社会受益”只是一种空想或幌子或障眼法。相对来说，社会的进步和发展成果，主要是发达的资本主义国家及少数人受益而大多数非资本主义国家、一般的资本主义国家及全球大多数人相对是受害者。我在论文中从 6 个方面揭穿了西方经济学的这个把戏。

2）西方经济学是促进环境危机的经济学根源

由于西方经济学鼓吹的极端个人主义立足点，社会经济的膨胀欲望就是无止境的，不受自然生态环境资源的约束，伴随西方产业革命以来，经济的无限膨胀与自然生态环境资源的有限性就发生了根本性冲突。

为了追求“利润最大化”，就必然是以牺牲不算钱的自然生态环境资源为代价，自然生态环境资源岂有不出现危机之理？无限膨胀下去，岂有自然生态环境系统不崩溃、不毁灭之理？我也在论文中从 6 个方面论证了这个问题。

3）西方经济学导致了极端的两极分化

西方经济学不是宣扬“最终共同使社会受益吗”？对此，我们要客观进行评价：

（1）一方面要肯定西方经济学的积极作用和贡献。西方经济学的诞生及发展，历经了二三百年，建成了一个庞大的资本主义经济、科学技术体系，人们也享受到社会经济、科学技术进步带来的恩惠：公元 1820 年以来，世界人口增长了 5 倍，世界产出却增长了 50 倍，到 2006 年全世界拥有的资产粗估已超过 100 万亿美元。这个过程是以指数增长的机制导向的，我国也正在步入这个轨道。

另外，按照马克思主义政治经济学原理，将西方资本主义社会经济与封建社会经济相比，资本主义的进步是革命性的，是人类社会发展史的必然阶段，也可以说是划时代的。从这个角度上评价，即使西方经济学在科学性及方法论方面有重大的缺陷或瑕疵的话，也是可以理解的；但是，西方经济学在理论上、方法上、实践上，导致了全球自然生态环境资源危机及社会两极分化方面是不可谅解的！

全球化、新经济，从生态环境保护方面，从突出高科技、突出信息、突出网络来看可能是有利的；但是从资源配置方面，对能源、资源国可能是不利的，掠夺性的，但也带来了加速发展本国经济的条件和机遇。

（2）另一方面要揭穿西方经济学的消极作用与危害。作者在论文中从 8 个方面加以论证了西方经济学的这些缺陷和严重问题，如果西方经济学再不终结，不能找出优越的新的经济学理论、方法来替代，由于经济的指数增长，必然导致生态环境资源的指数下降，就会发生全球性的，包括西方经济在内的危机，而难以自拔。可见，这已经不只是关于西方经济学的学术讨论了，而是关系到全球人类社会经济、生态环境资源的前景与命运攸关的大事情。

4）西方新经济学理论挑战了传统经济学理论

如 12.2.3 所述，新经济理论与传统经济学理论出现很大的差异，甚至是相反，但西方经济学的立论仍然没有变化，从导致生态环境资源危机方面可能会更加加速，而两极分化方面可能会更加拉大，由此可见：西方经济学的确是该终结了。

12.2.4 编者评述

《科学的终结》一书，是形而上学论在科学领域的集中反映，也从一个侧面反映出资本主义国家一些科学家对于科学发展前途的困惑或绝望。

《科学的终结》把目前一些非决定性的问题看成是绝对的了。

《科学的终结》实际上是运用了“悖论”的手法，看起来似乎头头是道，其实是经不起推敲的。

钱学森运用科学的辩证法透彻地回答了这个问题：

“从决定性的牛顿力学演化为非决定性统计力学是一次科学进步，而用混沌解释了统计力学的非决定性则又是一次科学进步。那么，‘上帝’到底掷不掷骰子呢？如果这个‘上帝’指的是客观世界本身，那么‘上帝’是不掷骰子的，客观世界的规律是决定性的。但如果这个‘上帝’指的是试图理解客观世界的人、科学家，那么有时不得不掷骰子，而且从自以为是地不掷骰子到承认不得不掷骰子也是一个科学进步。后来科学又进步了，科学家能看得更深更全面了，更上一层楼了，科学家又不掷骰子了，那又是一个进步，是又一次的科学发展。这样我们就把‘上帝不掷骰子’和‘上帝掷骰子’辩证的统一起来了。客观世界是决定性的，但由于人认识世界的局限性，会暂时要引入非决定性的必要。这是前进中的驿站，无可厚非，只是不能满足于非决定性而不进一步地澄清。”

看来，科学家如果不接受和掌握辩证法的指导，是可能走进死胡同的。

钱学森在《基础科学应接受马克思主义哲学的指导》一文中的一段话也可看做是对科学家的忠告。他说：

“从马克思主义哲学中得到启发的，这也就是我说的马克思主义哲学是智慧的源泉。所以基础科学研究应该接受马克思主义哲学的指导：基础科学研究也是一条向前不断流去的长河，是有方向的，不是不可知的。我们应该常常想着毛泽东同志的一句话：马克思主义并没有结束真理，而是在实践中不断地开辟认识真理的道路。”

钱学森的这两段话，是献给读者的两朵“玫瑰花”；是献给准备献身 21 世纪科学的后来人的“指南针”与“座右铭”。路就在你的脚下，你的脚将迈向何方？你将如何迈出第一步、第二步……呢？你如果选择了从事生态环境资源保护事业，希望在你们及你们的后代手里，让中国的生态系统逐步恢复其青春，并为全球生态系统的重建作出特有的贡献。不要祈求或等待“上帝”的恩赐，真正的上帝就是按照自然规律办事的人类自己。

12.2.5 读者思考

为什么关于科学的发展前途的看法，在这些世界级大科学家中会有如此绝对对立的看法呢？是不是很困惑呢？该如何理解呢？你如果想明白了，对于出国深造的许许多多博士们为什么会拜倒“神”的脚下就会恍然大悟了。

12.3 “大地女神”假说

12.3.1 地球人是太空人的试验品

李卫东在通过对上古神话的剖析后，提出了《人是太空人的试验品》的大胆假说：在15 000多年以前，地球上曾经在“神”（指“宇宙高级生命”）的教育下出现了第一代文明。然而，这一代文明却因一场意外的天文事故——天地分裂（地月分离）时产生的大洪水给吞没了，人类文明出现了断裂。

远古文明主要起源于中国、印度、巴比伦和埃及四大文明古国，至今这些地区和民族还深受其影响。中国古代科学技术就相当昌盛，英国的李约瑟经过几十年的研究，写出了《中国古代科技史》一书，他提出：中国古代的科学技术如此昌盛，为什么没有成为现代科学技术的发源地呢？

李卫东在仔细比较“东方文明”（远古文明）与“西方文明”（现代文明）之后，发现东、西方文明两者存在显著的不同：

——西方文明是一种向外征服的文明，在这种文明里，人的价值和幸福必须向外去寻求；

——东方文明则是一种向内寻求的文明，在这种文明里，人的价值和幸福必须向内心去寻求。

在李卫东看来，这与世界所有的宗教有共同的特点。如：中国的道教、印度的佛教、中亚地区的伊斯兰教及西方的基督教等。古代宗教信仰的是“神”“菩萨”“天主”“耶稣”，现代宗教信仰的是“外星人”，李卫东就因此得出了远古文明是“神”（外星人）教化出来的。

中国的儒学就是宣讲修身尚德，并不鼓励人们以暴力征服自然和世界。中国道家更是将自然与人看成是一个有机的整体，根本反对对自然的任何破坏行为，反对武力行为。中国人民和政府，一贯以德为邻。对于日本侵略中国造成的巨大灾难，没有采取以牙还牙。中国政府继承了文明古国的优秀文化传统；中国人民选择社会主义，是中国古代文明的继承与发展，这也是可持续发展的需要。

如果从这个角度看，所谓“神”并不是“外星人”，实际上是“自然”的代名词，所谓“神的旨意”只是“自然规律”的代名词罢了。“太空人”是否存在还是一个未解决的问题，即使有“太空人”存在，地球人及“太空人”也都只是自然的产儿，认为地球人是太空人的试验品的假说缺乏必要的论据。“太空人”会不会也把“地球人”看成是他们心中的“神”呢？会不会提出他们是“地球人”的试验品呢？

12.3.2 “大地女神”假说

“大地女神”假说是20世纪70年代由英国和美国科学家提出来的，该假说认为，当地球的大气组成、地表温度、酸碱度和海水的盐分含量等受到自然条件的变化和干扰（如太阳辐射量的增加、地震、火山爆发、大陆漂移和冰河作用）或人为破坏（如工业污染、森林砍伐等）时，地球上所有生命的总体（动物、植物、微生物）就会通过其生长和代谢对这些变化作出相应的反应。也就是说生物和其环境组成一个自我调节的反馈系统，对抗不适于生物生存的环境变化。这一假说，是现代生态学的最新发展，它将生命系统看成一个有机的整体，形象地比作是“一个”有特殊生命形式的“女神”。这一假说认为，这是自然选择的结果，同达尔文的进化论是一致的；但它又强调了生命系统对环境系统的主动影响，这与传统进化论又有区别。“大地女神”论者从许多方面提出了定量的论据，尽管目前还处在假说阶段，无疑这一假说有十分重大的现实和长远意义。

如果，“大地女神”假说成立，那么人在自然中的位置是什么呢？人是什么？是介于天使与猴子之间的一种哺乳动物？是自然的主人？是大地女神的中枢神经？是大地女神身上的癌变？还只是处于营养级顶端的哺乳类杂食动物？既然人已处于生态金字塔的顶端，那么还会不会有更顶端的生物物种出现？

人类的历史，不就是长期以吸食“大地女神”的乳汁和依靠“大地女神”哺育的历史吗？“大地女神”——人类的母亲因此而病倒了、衰老了，人类如果不治疗和恢复母亲的健康，任其发展下去，将趋向瓦解和死亡，如此下去，“大地母亲”之子——人类还能求得生存和可持续发展吗？由此可见，现在全球的生态环境危机表明，已经不仅仅是“拯救母亲河”的局地问题了，而是拯救地球生态系统——“大地女神”了！

12.3.3 谁主未来

科学证明，地球上开始是没有生物的，地球上的生物并不是同时出现的，而是经历了漫长的地球化学进化和地球生物化学进化结果，人是处于生物进化金字塔的顶端，人能永远主宰地球吗？今后，人类会不会像恐龙那样，自我爆炸或遭外星撞击之后而毁灭呢？人类还能持续达到或超过恐龙称霸达2亿年之久吗？哪种生物会填补人在生态系统中的生态位呢？那时会不会产生新的顶级生物呢？是病毒、是病菌、是昆虫、是鼠类，是基因突变物种？是克隆人？是有思维能力的“机器人”？或是“外星人”？

沈英甲是这样描 5 000 万年之后的一幅臆想景象：人类由于环境污染或某些原因归于灭绝，那么到时候肯定有一些动物会脱颖而出，占据人类留下的生态空间。这些动物极有可能是老鼠类杂食性啮齿动物。由于森林毁灭了、草原退化了、水土流失、沙漠遍布、河湖干枯、气候变得异常干燥、日夜温差加大、一般地面动物无处栖息而灭绝了、人也灭绝了，只有几乎没有水也能生存的“漠鼠、鼠狗、鼠兔、温鼠、鼠熊、鼠猩、鼠猿”有极强的适应这种恶劣环境的能力，因失去了天敌而大量繁殖起来；后来，陆地上一切可食的东西都被漠鼠类吃光了；其后代就向海洋入侵，形成了数量巨大的“鼠鲨”，称霸于海洋。也许，还会出现“鼠人”的世界，它们会发展起超过 5 000 万年前的今天人类文明，那时主宰地球的新人类（“鼠人”）一定会将这个星球变成一个和平、美好的世界。

从生态金字塔的自然规律看出，人已经处于金字塔的顶端，如果人类能够维护生态金字塔的完整结构和功能，人类是不会先于生态系统的灭绝而灭绝的；但是，人类如果不顾承担破坏生态金字塔的结构和功能的风险，那么，人类毁灭于一旦也不是不可能的。开始“鼠类”替代和填补人的生态位是完全可能的，这不是什么无知妄说，这是一种科学的预测。

1986 年 4 月 26 日，切尔诺贝利核电站爆炸，据传事故后才 1 年，联合国的考察队竟遭到了一只只大如猪崽的大老鼠的进攻，他们惊慌失措地撤到汽车里，但老鼠紧追不舍，“吱吱”地叫着，张开大嘴用利齿啃咬轮胎，经过武装保卫人员的及时开枪扫射，围攻的“巨鼠”纷纷倒毙，考察队员才得以安全撤出。在捕获的野猪、野鹿和巨鼠中，发现它们的肌肉和骨骼中含有不少放射性铯和锶，老鼠的 DNA 上发现许多断裂处，因此基因出现了突变，这会是真的吗？

1996 年 10 月，美国科学家在巴西亚马孙河上游热带雨林，发现了会咬人、会喷毒汁、背部呈血红色的“血蛙”“巨蛙”，它们群起向考察人员发起了攻击，经过救援直升机喷洒药剂后才获救。专家从“血蛙”“巨蛙”的解剖鉴定表明，它们并不是发现的新蛙种，而是因环境污染而发生的变异的蛙类。

最近，海洋学家又发现了由于基因突变的“杀人鲨”“杀人蟹”等怪鱼，它们变异的个体和特性，都和生态环境恶化有关，尤其是海上的核污染，已使不少动物受到放射性污染、中毒或产生基因上的变异。

全球科学家都在呼吁：全世界人民团结起来，为保护我们共同的家园——地球的生态环境而共同奋斗！

12.3.4 编者评述

以上举出的几个例子，是向读者说明“可持续发展”的大话还不能过早轻易敲定，过早轻易敲定，有百害而无一利，人们会因此而高枕无忧，会因此而丧失警惕。事实上人类尚没有走出“危机的旋涡”，还没有能力甩掉“自身的阴影”。既没有还清历史的旧账，又在不断添加新账。

12.3.5 读者思考

如果人类尚可持续发展几千年的话，在其前面加上一个“可”字也不算过分，问题是人类按照传统发展方式发展下去，果真还能坚持到几千年吗？会不会缩短为几百年呢？就算是几千年吧，也只是人类走过的历程的一半而已！加在一起也才1万年，与地球还有几十亿年寿命相比，“人类”这个婴儿是不是刚刚出生“几秒钟”就夭折了？

12.4 生态黑洞

12.4.1 天体黑洞

“天体黑洞”是一种人们尚在探索的、不甚明了的特有的星体现象。首先是由拉普拉斯于1796年从牛顿的万有引力及光的粒子性两个方面分析推断出来的。他认为一个密度如地球而直径如250倍太阳的发光恒星，由于其引力极大，大到可把周围所有光线吸走而不允许任何光线达到我们这里，形成一个“暗黑天体”。他的这一推论由于难以验证长期被淹没了。直到120年后的1916年德国天文学家史瓦西从新的角度，分析计算了天体坍塌时所形成的黑洞，才揭开了20世纪研究黑洞高潮的序幕。

天体黑洞的研究。不仅对天体研究有重大意义，由于它是一种宇宙的自然现象，它的形成规律对于生态学研究及人类社会经济发展也具有重要价值。

12.4.2 天体黑洞的三种类型

天体黑洞从形成过程可分为三种类型：拉普拉斯黑洞、史瓦西黑洞及王振唐黑洞。

拉普拉斯黑洞的特点是：天体密度（ρ）恒定不变、天体半径（r）不断增大、天体质量（m）随之增大而形成黑洞。

史瓦西黑洞的特点是：当天体不是膨胀而是收缩时，其半径（r）不断缩小，如果天体质量不损失物质，即质量（m）恒定，其密度（ρ）将随半径的缩小而增大，直到形成黑洞。

王振唐是我国的科学家，他推算得出的黑洞特点是：天体的体积（V）不变，其质量（m）随着密度（ρ）的不断增大而形成黑洞。称为第三类黑洞，也可称为“种群黑洞”。

12.4.3 种群黑洞

生物种群具有巨大的生殖潜能。一粒粟谷第一年就可收获 300～10 000 粒粟谷，正常情况下按 3 000 粒计，称此为世代倍比数λ=3 000；第二年理论上可收获 3 000×3 000=9 000 000 粒；假设具有无限充分的环境条件，只要连续播种 13 年，将会得到：

谷粒总数 $N=3\,000^{13}$ 粒

谷粒体积 $V=1.594\,3\times10^{42}$ cm^3

谷粒总质量 $M=1.594\,3\times10^{42}$ g

谷粒球体半径 $R=7.24\times10^{14}$ cm

这就是说，一粒粟谷，当存在适合的条件时，即使只具有中等繁殖力（λ=3 000），到第 13 年所收获的谷粒总质量竟比太阳质量（$1.988\,8\times10^{33}$ g）还大 8.02 倍。谷粒成球体的半径是太阳半径（6.95×10^{10} cm）的 1.04 万倍。

一般动植物只要 10～30 个世代，就可以达到天体黑洞的能力，有的生物所需的时间还更短。

生物种群具有迅速达到黑洞质量大小的潜能，这一点无论从有害或是有益方面看，对于生物世界及人类社会持续发展均有着极为重要的意义。

生物种群的这种潜能，从有害方面看，是造成人口爆炸、蝗虫灾害、病毒病菌病虫害流行、富营养化及赤潮的自然根源。

生物种群的这种潜能，从有益方面看，是生物潜能的开发、生态场及生物场（相对引力场、电磁场而言）的发现、研究和应用及生态破坏的恢复与更新的理论依据。

12.4.4 编者评述

“黑洞”一词，除了天体黑洞之外，也被许多领域所引用，如“人口黑洞”“经济黑洞”“管理黑洞”“腐败黑洞”等，黑洞一旦形成，如果不能控制就是一种严重的破坏力量；如果生态黑洞所具有的潜能如原子能那样，能够人为控制，就一定能够趋利避害，给人类带来难以估量的生态财富和福利。

12.4.5 读者思考

如何控制和利用生态黑洞所具有的生态潜能呢？如何将生态黑洞的破坏力转化为建设力呢？这是留给青少年读者的课题。

12.5 生物原子能反应器

12.5.1 生命的地球化学奇迹

人们常常会发问：非生命物质是如何转变成生命体的？非生命物质又是如何被生命体所吸收、利用的？生物体为什么能够产生无穷无尽的精神力量？

非生命物质转化为生命体这一生物地球化学进化过程经历了亿万年地质历史才得以实现；而非生命物质被生命体所吸收、利用这一奇异的生物化学反应，在生命体内只要很短时间就完成了；而且生命体还会产生出无穷无尽的意识、智慧和精神能量来。这一切奇迹，无不与“生物原子能反应堆”这一假说有关。

12.5.2 生物原子能反应器

科学家从海洋生物中钠（Na）、钙（Ca）、镁（Mg）等元素的平衡分析及人的摄入物与排泄物的平衡分析中发现，在有生命的动、植物及人体中都存在“生物原子转换”现象：

$$^{11}\mathrm{Na} + {^{1}\mathrm{H}} \longrightarrow {^{12}\mathrm{Mg}} + {^{8}\mathrm{O}} \longrightarrow {^{20}\mathrm{Ca}}$$

$$^{12}\mathrm{Mg} + {^{3}\mathrm{Li}} \longrightarrow {^{15}\mathrm{P}}$$

科学家据此认为：生物生化作用可能具有把过剩的元素转换成所需的元素的功能，人体中的镁可以由体内的钠加氢而生成。

生物原子能反应器是如何产生的呢？科学家认为，生物体内可能存在着某种特殊功能的细胞器，它能把重同位素分解为轻同位素。在天然电离辐射源本底水平作用下，这种细胞器不断分解生物体内重同位素，促进生物生长。这种细胞器在动物、植物、微生物及人体内可能都存在。如同正常机体对生化反应能进行自动调节一样，高等生物对生物核反应也可能具有自动调节功能。

12.5.3 研究生物核反应器的意义

电离辐射对生物生长的影响是复杂的。小剂量辐照能促进生物生长；而大剂量辐照则会抑制，甚至破坏生物生长。电离辐射影响的机制可能是通过生物体内氢的同位素（^{1}H 和 ^{2}H）的转换来实现的。人体中氢占全部原子总数的约 63%，如果氢的同位素发生转换，就要发生生化反应速度的变化，必将对生物体的新陈代谢产生直接的影响。

轻度电离辐射在生物体内引起分解 ^{2}H 的核反应。^{2}H 转换为 ^{1}H，^{2}H 的减少将加快生化反应速度，表现为对生物生长的促进作用；当电离辐射增强，分解重同位素的核反应加剧，这时分解氧、氮、碳等同位素为主，其分解提供的中子大部分仍被体内原子核吸收，

主要进行的是 ^{1}H 转换为 ^{2}H 的核反应，^{2}H 的增加将减缓生化反应速度，表现为对生物生长的抑制作用。

“生物原子能反应器”现象，如果确实存在的话，是一个极伟大的发现，因为在这之前，人们只知道地球上原子核的变化只有在人工原子能反应堆的特殊条件下才能实现，新的发现表明在常温常压条件下，动植物体内竟也存在一定的这种机能。这一发现，将为解释许多生命现象之谜，如高血压、动脉硬化、衰老、癌症、特异功能、气功、生物能、生态场、物质与精神等提供了科学的钥匙，为充分发掘生物的这种潜能而努力，将为人类社会健康持续发展作出重大贡献。

12.5.4 编者评述

无知妄说、假说、科学、潜科学之间只有一条看不见的界限，人们需要细心的辨识，唯一判别标准是实践，但是，真理是相对的，无论是宏观世界、微观世界，还是生命世界，都不可能全部被认知，绝对真理是由无数个相对真理组成的，科学的进步是由千千万万科学家不断接力传递的结果，正如宇宙没有终结一样，人们为认识宇宙而进行的科学研究也没有终结。

12.5.5 读者思考

您看了“全球化的兴起与终结”“科学的神奇与终结”对未来有什么看法与期待呢？

您看了“大地女神”“天体黑洞”与“生物原子能反应器”等之后，有什么感想呢？这些最新的生态潜科学知识对于持续发展会有什么联系和意义呢？

您看完全书后，请把您的思考、意见、批评与建议，用邮件传给我们好吗？作者期待着与您对话，谢谢！

结 语

13.1 结 论

综合全书及笔者40年研究的结晶，得出如下六点结论：

结论一：导致21世纪全球生态环境资源陷入总危机，是一个长达数千年来人口爆炸式发展的总恶果；是二三百年来产业革命的生产方式是以牺牲生态环境资源为代价的恶果；是近几十年来军备竞赛、城市膨胀、奢侈消费方式进一步促进了生态环境资源危机的广度及深度。

全球人口已经达到甚至超过了地球生态环境资源的容量和承载力；自产业革命以来将埋藏在地下的“魔鬼”统统地释放出来了，各种各样的污染物是地球自然环境生物、人类难以识别、适应、消解和承受得了的；人类无遏制的贪欲及追求高享乐、高消费、高奢侈，加大了上述恶果发展的速率、广度及深度，导致形成了一个无形而实实在在的恶性循环的大旋涡，而难以自拔，而且还在越陷越深之中。

结论二：全球人类要逃离这个旋涡，不能再继续沿着这个恶性循环的旋涡发展下去，必须另辟蹊径。

横观地球环境资源恶性循环旋涡的特色是空前的：之久，至少始于全球城市化、工业化；之大，涉及全人类，无国界；之快，以几何、指数、甚至对数曲线加速；之深，宏观至太空，微观至基因。如果人类生存、生活、生产、消费发展理念、模式、行为不发生根本性的改变，这个旋涡将持续发展下去，而且会如人口、信息、产品生产、商品消费爆炸一样，越来越快，它将不以人们的愿望而减速或停止。如果沿着切线继续循环下去，将越陷越深。只有沿着法线，才有可能逃离出来，才有希望逐步转向良性循环，这将是一个相当长的过程，一切急功近利、自欺欺人的对策措施都是无济于事的。

结论三：只有一个地球！地球生态环境资源质量是生命系统，直至人类产生、生存和发展的独一无二的背景及其能源、资源和生态环境条件。人类没有任何理由破坏她、损害她、抛弃她，否则都是不可饶恕的罪过，一定会遭到全人类的坚决反对，一定会遭到自然的、社会的、道德的或自身心灵的惩罚。

纵观地球发展史，宇宙外星系虽然存在生命或类人类的可能性是无穷大的，但是产生生命系统及类人类的可能性又是无穷小的。科学发达的今天，已经确认，至少在太阳系内还没有发现生命的迹象，只有极少的信息表明有些星球存在产生生命的某些元素或水（冰）条件；至于外星系的可能性更是一个“科学谜团”？将地球上数十亿人送到外星移民只是痴人说梦，甚至是胡说八道，误导善良的人们及后代，或是欺骗、炒作赚钱，或是为了某些不可告人的目的。

所谓的外星人 UFO，被许多好奇的人追捧，甚至形成庞大的爱好者团体，这不足为怪，因为这些“稀奇古怪”的现象被媒体炒作得热气腾腾，虽然一次次被事实所否定，也丝毫不减这种热情。其实，所谓的“飞碟”现象，一部分是自然光折射或反射的幻象或飞行的生物群体现象；甚至可以说基本上都是某些军事大国进行的绝密的新式武器试验。后来吹得神乎其神的“外星人及其飞碟”就是来自美国 51 号区试验场（现解密），他们的绝密或故意神秘化，助长了这种炒作，稍稍有些宇宙尺度、光速、天文及生命常识的人，都不会上当受骗。

耗费巨大的“人造生态系统”（2 号生物圈）的试验，取得了许多科学数据，为宇航提供了许多有用的科学依据，但最终都以失败而告终，这就说明地球生态系统是一个巨大的、有特殊结构、机制、功能和作用的，无法完全复制的系统。

结论四：34 亿年生物产生、进化史及几千年来的人类社会经济发展史和发展模式表明，自然生态系统是可持续发展系统；传统农牧业是准可持续发展系统；而单独的现代产业、城市、交通是不可持续发展系统，是寄生在自然生态系统身上的肿瘤，甚至是癌瘤，其存在与发展是以牺牲自然生态环境资源质量为代价的。

纵观人类文化发展、社会发展、产业发展、城市发展、交通发展、科学技术发展史，人口的数量长期成几何曲线增长；经济发展以指数曲线增长；传统能源、资源耗竭是以指数曲线下降；空气、江河湖海、地下水、土壤、农作物、食品质量、人群健康近似以指数曲线下降；物种灭绝甚至可能以对数曲线上升；而环境致癌、致畸、致突变以前所未有的曲线增长，代价十分巨大而沉重！

结论五：生态环境资源危机的根源是多方面的，有自然因素和人为因素及其叠加。而自然因素难以控制；人为因素有：理念性的、理论性的（社会学的、生产学的、市场学的、经济学的、科学的）及哲学的。解决的关键是迷途知返。

——西方传统的“以人为中心”及中国近代的“以人为本”都是导致生态危机的哲学

理念性根源。在这种理念指导下，人口因此可以无限增长，人的需求可以无限增长；人对自然的掠夺、污染及破坏可以无限增长——所以也是总根源。

——西方传统的“市场价值”“支付意愿”与东方传统的“劳动价值”都是否定或没有确立自然生态环境资源的“存在价值”的“无价论”，都是导致生态危机的价值观根源。

——东方传统的“总产值”及西方传统的“GDP”都盲目追求的不是效益指标，实质上是资源耗竭、环境污染、生态破坏指标；西方经济学的立论、方法学，导致环境危机、两极分化和周期性经济危机，是导致经济及生态危机的经济学根源。

——由发达国家掀起的新的经济全球化风暴，正在袭击全球，其实质是利用掌握的高科技、信息化、网络化、金融化、军事化手段的绝对优势，突破国家、地区壁垒，重新洗牌，以攫取其他国家的能源、资源、人力和财富；虽然对于发展中国家、产业也带来了新的发展机遇，但必然要付出巨大的代价，加深两极分化甚至破产；对于生态环境资源质量来说，是“双刃剑”。

——人类借口发展生产、发展市场、消费促进生产，对于自然生态能源、资源、资产可以无限的占有、污染、破坏，而不加控制、不恢复、不付出任何补偿。这都是传统生产观、市场观、消费观的根源。

——西方的“迷信科学技术”、东方的“科学技术迷信”，认为只要依靠科学技术就可以无往而不胜，都是见物不见人，不重视理念、理论、战略、管理等人的因素，都是导致生态危机的理念性根源。

科学在一定的时空、一定的范畴内具有相对正确性，但科学受科学家的智慧、知识、科学方法、手段、条件的限制及科学整体水平的限制，不是万能的，也不可能回答许多“奇点”难题。笔者提出的“王氏公式”，就是科学、数学、哲学的一道难以超越的难题。如果迷信科学技术或科学技术迷信，都会让人类戴上有色眼镜或墨镜看自然和世界。宇宙、生命与社会、经济都是极其复杂的系统，不仅要从微观上去钻牛角尖，更要从有机整体上把握。将一个生命个体的各个器官拆开，再拼起来不等于一个生命，只能是一具尸体！同样，用人及社会的极其有限的经验去观察无尽宇宙，就像要婴儿理解母亲一样不着边际。

西方近代科学技术更多的是从细枝末节上探寻真相；东方古代哲理多从整体上把握，两者需要结合，取长补短，而不是相互排斥。从现代科学技术突飞猛进与传统科学技术的迅速萎缩相比来看，传统科学技术文化的一些精华正在面临衰竭的境地，更需要扩大投入、抢救、继承与发扬。环境保护是一个相当复杂的科学技术管理体系，环境保护问题绝不是仅靠几个工程、技术、标准就可以控制或解决的。

西方医学的一个重大问题早被提出，就是不顾对象、不重视环境、不懂得辩证，头痛医头、脚痛医脚，无差别地依赖抗生素，导致与病菌病毒不断升级的“抗菌竞赛”。对环境污染的治理也存在相类似的情况，污染与反污染战在处理的技术与规模上也同样地展开了不断升级的“军备竞赛”。而不注重从整体、战略、长远着眼，从源头治起，采取生命周期的系统控制、管理与综合治理。不控制危机的始作俑者——人的恶性膨胀、恶性需求膨胀，环境保护是没有希望的，人类是没有出路的！

科学在推进人类生活、社会经济进步方面作出了无与伦比的贡献，但是科学只是一种有限的思维、技术工具，不可能解决无限宇宙、地球及人类社会的所有难题。科学的有些发明、创造，还打开了自然的“潘多拉魔盒”，对于生态环境系统，存在“多米诺骨牌”潜在效应，导致今天生态环境资源危机，虽然不是科学自身之过，但是与科学的不正当利用有关。

关系到自然系统、生命系统、社会系统、经济系统的“熵增”理论指明：为了个体、局部、城镇的有序化，都必然是以牺牲区域、农村、自然及全球性生态环境资源的有序化为代价的。这是科学结论，科学也无能为力，这就像人不可能不借外力将自己提起来一样。

结论六：出路在哪里？就在人类自己！人类自己种的苦果，只有自己摘除，自己吞咽！所以，出路就在你的理念里，就在你的行为里，就在你的岗位上，就在你的家庭里，就在你的人生里，就在你的眼前，就在你的脚下，就在时时、处处、事事的环境里。但是绝不是一蹴而就的，即使从现在减速、调整，至少需要一两个世纪的时间，才能有所控制与好转。如果概括为大家都熟悉的话，就是“全球绿色工程”或借用中国典故，也可以称为“女娲补天工程”。

——树立正确的“绿色”天人观：以天为本，天人合一；天人和谐、天人互补；人顺天意，天顺人意；人违天意，天违人意。

——树立正确的“绿色”生态观：端正态度、找准人在复合生态系统中的生态位。

——树立正确的“绿色”价值观：确立自然生态环境资源的存在价值及其测算、评价、补偿机制体系。它是人类社会经济核心价值的基础价值观。

——树立正确的“绿色”人生观：舍去多子多福、贪欲、奢侈、腐败、剥削、压迫、侵略等一系列丑陋恶习；计划生育及优生优育优教将是全球，尤其是中国及发展中国家长期的战略与政策。

——树立正确的“绿色”金钱观：钱是什么？“钱”是由金子打造的两把刀（戈）。钱原本只是量度等价交换的“贝壳、金属、纸、信用卡”，不应该成为剥削和制造不平等的工具。创新社会主义经济理论及体系，逐步取代西方经济体系，以克服其弊病，创建并推行绿色 GDP 作为传统 GDP 的补偿和平衡。

——树立正确的“绿色”能源观、资源观：含碳的煤及各种矿产等都是不可再生的肮脏的能源和资源，从开采、制备到应用的全过程都存在严重污染；核裂变、聚变能源，在安全应用中是清洁性的，但在开采、炼制、储存、废弃物、报废处理等方面是难以无害化治理的能源，在产品生命周期中风险巨大，对环境、管理的要求极其严格，整体价值昂贵；太阳能、风能、水能、生物能等是大家熟知分散型的清洁能源，如果大量推行，也存在问题或危机的转换，即从能源问题转换为资源耗竭问题（太阳能需求大量稀有材料）、噪声问题（风能）、水生生态系统的破坏（水力发电）、有机质难以还田（耕地肥力下降）。为了商业性炒作，将太阳能、风能、水能、生物能的优点突出，而将其缺点和问题掩盖起来，是误导决策者及人民群众。

——树立正确的“绿色”生产观：清洁能源+资源、废弃物最小化+产品最大化，建立相关企业、部门、单位对产品、商品、用品、工程、建筑物等“生命周期”责任制。推行产品、商品、工程、建筑物的生命周期分析评价及制定相关政策法规。笔者完成的《工业污染源系统控制及全面质量管理》项目及创建的“产品物料系统投入—转化—产出全平衡模型”可以实现物料—组分—元素级的平衡，因此，为创建生产系统基因组工程提供了模型，与计算机结合，还可创建复合生态系统基因组工程。

——树立正确的“绿色”城市观：控制规模+人口适度+清洁能源+化石能源最小化+绿色物质最大化+非生命物质最小化+多级循环利用（产业+城市+区域）机制，实现区域接近零排放。

——树立正确的“绿色”市场观：有用部分商品最大化+包装物品最小化、易回收、处理。包装应由产品商回收，成本不计算在商品之中。

——树立正确的“绿色”消费观：健康食品、用品最大化+垃圾食品、用品最小化，鼓励节约，反对浪费，并制定相关政策、法规、措施。

——树立正确的“绿色”标准观：各种标准只能在一定范围、一定程度上控制近期急性危害，但不可能解决事故性的、长期的、综合性的影响及效应，只能有限的从“无序化”向“不好不坏”转向，从“不好不坏”向“有序化”转化，再进一步追求“好了再好”，但是这种不断地转变又会以牺牲农村和自然生态资源环境为代价。

——树立正确的“绿色”现代观：绿色信息化、绿色数字化、绿色电子化、绿色能源化、绿色资源化、纳米技术化、循环利用技术、节约技术、绿色无害化技术。警惕借全球化展开一次隐形的世界新殖民、新掠夺。

——树立正确的“绿色”科学观：建立起自然科学体系+社会科学体系+国民经济及环境体系三足鼎立的新的有机复合生态科学体系。生态环境资源保护科学、技术、管理体系与国民经济体系是对立统一的整体，而不是各行其是，更不是不同层次的关系。正像习近平总书记所说，“两座山”是对立统一体，不能偏向一方，不能舍弃一方。

——树立正确的“绿色”和平观：从所谓在建立起核的平衡的基础上，实现彻底的销毁核武器、化学武器、生物武器，各国只能有限制地保留维持社会秩序、安定的低层次武器，引导全球进入一个持久的和平时代。“和平奖”绝不能授予战争贩子。

——响应环保部2013年公报:《全国中小学环境教育社会实践基地申报与管理办法(试行)》，从儿童抓起，这是一项具有战略性、持久性、根本性的环境保护教育与实践的绿色工程。我们老环保工作者责无旁贷，应与教育工作者、科普工作者及相关部门通力合作。

这将是一次全方位、多层次、大系统的抢救、挽救、保护地球生态环境资源的系统工程，将有数十亿人参与，各个国家的参与，各个部门的参与，各个方面的专家参与，这是地球有史以来最为光辉而巨大的工程，是首次对人类传统社会经济发展模式说“不”的巨大工程；是决定地球生命系统及人类生态环境资源质量命运的巨大工程。其意义和作用将永载入史册，将光照子孙后代。无污染、无破坏、无能源资源枯竭、无战争、无侵略、无掠夺、和谐的理想的世界大同将从这里竖起“绿色”里程碑。任重道远，路遥遥兮，不断求索!

这项巨大的全球性工程，显然是联合国与各国政府义不容辞的共同战略任务。

中国古代先哲提出的“世界大同”，与中国现代先哲提出的“天下为公”、与近代国际及中国先哲提出的“社会主义”“共产主义”是一脉相承的，指示出人类未来社会的必由之路，也是全球生态环境保护的必由之路。

13.2 后记一：写给读者

本书面对的广大读者，跨度很大：尽量兼顾科学性、系统性与可读性、趣味性的结合；兼顾从中学生、大学生、研究生、教师到学者、各行各业专家；从普通老百姓到环保部门、国家决策管理者的需求；从书名到内容，尽力别具一格、不拘一格、独具一格，耳目一新，有所突破，有所创新。书中的编者评述、读者思考是为了突出重点，引起深思与共鸣，因编著者水平及篇幅所限，挂一漏万，敬请反馈批评指正意见与建议。

希望小读者可将“生物大会”“食物链、生态网、生态金字塔”“杞人忧天、后羿射日、夸父逐日、女娲补天”“潘多拉魔盒、多米诺骨牌、国王死”及“聚宝盆、摇钱树、生态银行”等故事串起体会。你想不想也当个现代的杞人、后羿、夸父或女娲呢？请别忘将想法、体会或文章告诉我们。如果需要与作者对话，请用我的邮箱。

希望大读者能够结合自己的学识、工作、阅历、经验与遇到的生态环境资源问题联系起来阅读，反思，哪些是与作者看法是一致的，哪些是相反的，哪些是不同的看法，反馈给我们，帮助作者进一步改进与提高。如果需要与作者对话，请用我的邮箱。谢谢!

13.3 后记二：感谢专家

本书起草于 1998 年，原来是中科院生态中心研究员、博士导师王如松（现为中国工程院院士）为了迎接新世纪的一套《生态丛书》而写的一册，出版社都已经排版，后因其他作者书稿未能及时提交等多重原因尘封起来。在喻学才教授（东南大学）、胡孟春研究员（环保部南京环科所）、唐晓燕博士（环保部南京环科所）、蔡玉麟编审（中国机械工程学会会刊《中国机械工程》首任主编、华中科技大学主办的《管理学报》执行主编、编审）、倪文平校长（南京师范大学教育培训中心）、王树蕲编委（湖北省蕲春县教委文史员）等的鼓励与支持下，才又拿出来补充修改问世，他们说得好："这是一种责任"。

本书编著王玮工程师、张毅高工及编委朱伟、唐秋萍、李秀霞、吴京（环保部南京环科所），长期从事环境保护科学研究，尤其是在环境影响评价研究方面做了大量有成效的工作，在本书的撰写及出版方面作出了贡献；编著侯玫是南京师范大学教育培训中心中文教师，从事中小学文化教育事业近十年，很有成就和经验，为本书收集资料、撰写及研讨作出了贡献。英文译文请了多位专家协助：毛桃青女士（是东南大学英语高级教授）、周泽江（本所的专业英语翻译，国际有机农业运动联盟荣誉大使及亚洲理事会副主席，环境保护部有机食品发展中心高级顾问）、赵开乐先生（是南京师范大学教育培训中心的高级英语教师）。

感谢以李文华院士为首的专家组为本书把关、审改、作序、推荐。

感谢撰写及出版过程中帮助提供资料信息、审阅修改、作序、勉励的所有亲朋好友！

感谢中国环境出版社编辑们的编审及出版发行的辛勤劳动！

感谢读者不吝赐教并回馈信息！

感谢有关媒体及网站无私提供的图片、资料及信息（包括查到及查不到出处的有关单位及作者）。

本书第一稿（初稿），正好是中国共产党的 92 岁生日；第二稿（修改稿），又正好是中国人民解放军 85 岁生日；第三稿（送审稿），正好是新中国 63 岁生日。谨以此书向党、向军、向祖国生日献礼！2014 年是我母亲百年诞辰（1914—2014），敬以此书献给伟大的母亲！

13.4 后记三：感谢元老

在即将定稿清样之前，收到我国环保科研的元老之一、我的环保启蒙老师和挚友及《寂静的春天》的中文译者吕瑞兰及李长生传来的初步审阅的简要评论及意见，意见都一一改好，就将此信存此为后记吧：

健民：

遵照您的要求，我迅速地将书稿通读了一遍。虽然对你的思路已有预见，但仍被书中论述的广度和深度所震动。这是一本涵盖了当今全球所有重大环境问题的著作，论点鲜明，资料详尽。这是一本难能可贵之书。人类处在危机之中，但每个个人却局限在自己特定的小生境中。并不是每个人都能高高站起来环顾全局、分析全局和评述全局的。你努力去做了，这是一个对人类的贡献，也是对自己生命的珍重。我期待此书早日付梓面世。

谢谢你回顾了中国环境科学发展早期的一些史实，我想中国已经没有几个人还记得这些事了。漠视自己的历史很难说是一个民族的优点。

长生、瑞兰　于北京清华大学 2013.12.05

13.5　后记四：响应莫言

莫言在东亚文学论坛会上的演讲，之所以特别精彩，是由于敢说真话，直达要害，说到骨子里去了，说到灵魂里面去了，说到人们心里去了，是对人性丑恶面的根源的批判，也是对生态环境资源危机根源的批判，也是读者询问我如何解救生态环境资源危机的答案之一，全稿约 6 000 多字，他振臂高呼：“在这样的时代，我们的文学其实担当着重大的责任，这就是拯救地球拯救人类的责任。”与本书的主旨及作者的心声是完全相通的，为响应莫言号召并给《杞人忧天——只有一个地球》点睛，先择选与生态环境保护密切相关的几段与读者分享。为避免断章取义，请读者再从网上下载全文细细品鉴！

王健民　于南京明故宫多功能室 2014-08-10
Wjm3352497@163.com

诺贝尔文学奖得主——莫言如是说：

拯救地球　拯救人类

我们要用我们的文学作品告诉人们，维持人类生命的最基本的物质是空气、阳光、食物和水，其他的都是奢侈品。人类的好日子已经不多了。

在这样的时代，我们的文学其实担当着重大的责任，这就是拯救地球拯救人类的责任。

100多年前，中国的先进知识分子曾提出科技救国的口号，30多年前，中国的政治家提出科技兴国的口号。但时至今日，我感到人类面临着最大危险，就是日益先进的科技与日益膨胀的人类贪欲的结合。在人类贪婪欲望的刺激下，科技的发展已经背离了为人的健康需求服务的正常轨道，而是在利润的驱动下疯狂发展以满足人类的——其实是少数富贵者的病态需求。人类正在疯狂地向地球索取。我们把地球钻得千疮百孔，我们污染了河流，海洋和空气，我们拥挤在一起，用钢筋和水泥筑起稀奇古怪的建筑，将这样的场所美其名曰城市，我们在这样的城市里放纵着自己的欲望，制造着永难消解的垃圾。与乡下人比起来，城里人是有罪的；与穷人比起来，富人是有罪的；与老百姓比起来，官员是有罪的，从某种意义上来说，官越大罪越大，因为官越大排场越大欲望越大耗费的资源就越多。与不发达国家比起来，发达国家是有罪的，因为发达国家的欲望更大，发达国家不仅在自己的国土上胡折腾，而且还到别的国家里，到公海上，到北极和南极，到月球上，到太空里去瞎折腾。地球四处冒烟，浑身颤抖，大海咆哮，沙尘飞扬，旱涝不均，等等。

在这样的时代，我们的文学其实担当着重大责任，这就是拯救地球拯救人类的责任。因为，这不仅仅是救他人，同时也是救自己。【择引自：莫言在东亚文学论坛上的演讲2010-12-04】

13.6 后记五：行动起来

习近平主席最近指出：“中国粮食要靠自己”“我们自己的饭碗主要要装自己生产的粮食”，确保13亿人的粮食安全，这是实现中国梦的基础。

在本书即将封笔之际，于2014年7月25—26日，5大洲13个国家的科学家和农业实践者，刚刚参加了中国北京召开的“2014 食品安全与可持续农业论坛会”。大会鼓掌通过了《北京宣言》！会议主题是：坚决反对转基因滥用，坚决制止转基因伪技术继续危害人类，戳破转基因“安全”的神话，转基因无害论已经被彻底粉碎，继续推广转基因商业应用，就是反人类！作为国际全球化论坛理事会理事，印度科学家范达娜·席瓦在大会上作了主题报告，她强调指出：“坚决反对工业化农业对传统农业的破坏，反对科学家变成被少数企业高度垄断并主导的一种‘科学’，如果全球农业由一个系统、一个土壤公司、一个种子公司、一个技术公司掌握，那么，科学就消亡了。”她还形象地比喻转基因是：欺骗的种子，失落的收成。

这次会议主题及宣言与本书的主旨完全一致，为此作为本书的结语压轴，作为《北京宣言》的积极响应，画上一个圆满的句号，也是进军号。

北京宣言

我们是来自5大洲13个国家的科学家和农业实践者，刚刚参加了中国北京“2014食品安全与可持续农业论坛”。

我们看到，种植和消费转基因作物的实践以及确凿的科学分析证据，已经无可辩驳地表明，转基因技术并不增产，相反，它增加了农药的施用，对人类赖以生存的生态系统造成了灾难性的损害。

我们极其忧虑，转基因农业技术投入商业应用20年，已经把整个地球和全人类暴露在严重的生存威胁之中。

我们一致谴责，转基因利益集团为了一己私利，盘剥人类对天然种子资源的使用权，在转基因危害的确凿证据暴露以后，继续罔顾事实，掩盖真相，操纵媒体，肆意扩散转基因产品，将人类推向更深重的危机。

我们相信，科学研究必须服务于人类福祉和长远利益，而绝不能成为极少数人和利益集团谋取暴利的工具。农业生产是人类赖以生存的基础，为了保护农业生产和人类赖以生存的地球家园，我们呼吁一切有良知的人们：

一、立即暂停一切转基因农产品的商业化生产，切实禁止在实验室以外扩散转基因物种。

二、开放公众讨论，反对压制不同观点，反对压制独立科学研究，确保公众的知情权和发言权。加强对转基因技术危害后果的科学研究。

三、保护生物多样性，把种子的保有和使用权还给种植者和人民。反对种子垄断。保护人民获得安全食物的自由，反对少数商业公司的食品垄断和食物霸权。

四、提倡合理的可持续农业生产模式，让农业回归自然。

在转基因产品泛滥带来的生存威胁面前，人类已经没有退路。让我们行动起来，承担起保护人类健康和生存的崇高责任！

参考文献

[1] [德] 恩格斯. “自然辩证法”，马克思恩格斯选集（第三卷）[M]. 北京：人民出版社，1972.

[2] [英] 赫胥黎. 进化论与伦理学[M]. 北京：科学出版社，1973.

[3] [德] H. 拜因豪尔，等. 展望公元 2000 年的世界[M]. 北京：人民出版社，1978.

[4] [美] 美国环境质量委员会. 公元 2000 年的地球[M]. 北京：科学技术文献出版社，1981.

[5] [美] D. 梅多斯，等. 增长的极限[M]. 北京：商务印书馆，1984.

[6] [美] J. 里夫金，等. 熵：一种新的世界观[M]. 上海：译文出版社，1987.

[7] [美] F.卡特，等. 表土与人类文明[M]. 北京：中国环境科学出版社，1987.

[8] [美] L.M.索罗. 增长论[M]. 北京：经济科学出版社，1988.

[9] [日] 池田大作，[意] O.贝恰. 21 世纪的警钟[M]. 北京：中国国际广播出版社，1988.

[10] [美] 朱利安，西蒙，等. 资源丰富的地球——驳“公元 2000 年的地球”[M]. 北京：科学技术文献出版社，1988.

[11] [日] 槌田敦. 资源物理学入门[M]. 北京：中国科学技术出版社，1990.

[12] [美] J. 米勒. 论生命系统[M]. 北京：中国科学技术出版社，1990.

[13] [美] E.奥德姆. 系统生态学引论[M]. 北京：中国科学技术出版社，1990.

[14] [英] P. 伊金斯. 生存经济学[M]. 北京：中国科学技术出版社，1991.

[15] [美] T. L.安德森，等. 从相克到相生——经济与环保的共生策略[M]. 北京：改革出版社，1997.

[16] [美] 约翰·霍根. 科学的终结[M]. 呼和浩特：远方出版社，1997.

[17] [英] 詹母斯. 穿越时空[M]. 南京：江苏人民出版社，1998.

[18] [法] 麦赫. 天地大毁灭——诺查丹玛斯预言考[M]. 西宁：青海人民出版社，1998.

[19] [德] 米·格莱西，等. 生命数据[M]. 贵阳：贵州科技出版社，2001.

[20] [英] 阿兰·鲁格曼. 全球化的终结[M]. 常志霄，等译. 上海：上海三联书店，2001.

[21] [德] 奥斯瓦尔德·斯宾格勒. 西方的没落[M]. 吴琼译. 上海：上海三联书店，2006.

[22] [美] Lee R.Kunp，等. 地球系统[M]. 北京：高等教育出版社，2011.

[23] [美] 兰德尔·菲茨杰拉德. 百年谎言——食品和药物如何损害你的健康——我们还能吃什么？[M]. 但汉松，等译. 北京：北京师范大学出版社，2012.

[24] [美] JR Minkel Scientific American. 看宇宙[M]. 北京：人民邮电出版社，2013.

[25] [美] 蕾切尔·卡逊. 寂静的春天[M]. 吕瑞兰，李长生，译. 上海：上海译文出版社，2013.

[26] [美] 蕾切尔·卡逊. Silent Spring[M]. 吴国盛，评点. 北京：科学出版社，2013.

[27] 邓乃平. 懂一点相对论——空间与时间的故事[M]. 北京：中国青年出版社，1965.
[28] 李希圣，等. 地球[M]. 兰州：甘肃人民出版社，1974.
[29] 翁士达. 银河系[M]. 北京：北京出版社，1975.
[30] 严家其，等. 能源[M]. 北京：科学出版社，1976.
[31] 彭秋和，等. 恒星世界[M]. 北京：北京出版社，1978.
[32] 陈方培. 质量与能量[M]. 北京：人民教育出版社，1979.
[33] 钟章成. 自然环境保护概论[M]. 成都：四川科学技术出版社，1985.
[34] 万里. "造福人类的一项战略任务"，中国自然保护纲要（序）[M]. 北京：中国环境科学出版社，1987.
[35] 世界环境与发展委员会. 我们共同的未来[M]. 北京：世界知识出版社，1989.
[36] 胡鞍钢，等. 生存与发展[M]. 北京：科学出版社，1989.
[37] 国家环境保护局宣传教育司. 江河并非万古流[M]. 北京：中国环境科学出版社，1989.
[38] 牛文元. 现代生态学透视"前言"[M]. 北京：科学出版社，1990.
[39] 刘洪. 新学科精览[M]. 北京：中国科学技术出版社，1990.
[40] 李金昌. 资源核算论[M]. 北京：海洋出版社，1991.
[41] 毛永文，等. 资源环境常用数据手册[M]. 北京：中国科学技术出版社，1992.
[42] 王松霈. 自然资源利用与生态经济系统[M]. 北京：中国环境科学出版社，1992.
[43] 国家计委，等. 中华人民共和国环境与发展报告[M]. 北京：中国环境科学出版社，1992.
[44] 曲格平，等. 中国人口与环境[M]. 北京：中国环境科学出版社，1992.
[45] 世界银行. 1992 年世界发展报告[M]. 北京：中国财政经济出版社，1992.
[46] 韩兴国. 当代生态学博论[M]. 北京：中国科学技术出版社，1992.
[47] 肖聿. 中国预言——世纪末的热门话题[M]. 北京：今日中国出版社，1993.
[48] 习达元，等. 现代人与鬼神[M]. 北京：燕山出版社，1993.
[49] 国家计委，等. 中国 21 世纪议程——中国 21 世纪人口、环境与发展白皮书[M]. 北京：中国环境科学出版社，1994.
[50] 王振堂，等. 中国生态环境变迁与人口压力[M]. 北京：中国环境科学出版社，1994.
[51] 金鉴明. 绿色的危机——中国典型生态区生态破坏现状及其恢复利用研究论文集[M]. 北京：中国环境科学出版社，1994.
[52] 姜凤兰. 超载的环境——困境与抉择[M]. 长春：吉林大学出版社，1994.
[53] 海飞. 21 世纪的中国[M]. 北京：中国少年儿童出版社，1995.
[54] 王如松，等. 现代生态学热点问题研究[M]. 北京：中国科学技术出版社，1996.
[55] 佘正荣. 生态智慧论[M]. 北京：中国社会科学出版社，1996.
[56] 刘泽纯，等. 人类的家园——地球[M]. 南京：江苏科学技术出版社，1996.
[57] 姚炎祥，等. 生命的源泉——水[M]. 南京：江苏科学技术出版社，1996.

[58] 李宗恺，等. 地球的外衣——大气[M]. 南京：江苏科学技术出版社，1996.

[59] 周开亚，等. 我们的朋友——动物[M]. 南京：江苏科学技术出版社，1996.

[60] 贺善安，等. 绿色的宝库——植物[M]. 南京：江苏科学技术出版社，1996.

[61] 袁克昌，等. 生存的威胁——污染[M]. 南京：江苏科学技术出版社，1996.

[62] 钟甫宁，等. 永恒的追求——可持续发展[M]. 南京：江苏科学技术出版社，1996.

[63] 李卫东. 人有两套生命系统[M]. 西宁：青海人民出版社，1997.

[64] 徐刚. 中国：另一种危机[M]. 沈阳：春风文艺出版社，1997.

[65] 中国国家环境保护局. 中国生物多样性国情研究报告[M]. 北京：中国环境科学出版社，1998.

[66] 杨建新，等. 产品生命周期评价方法及应用[M]. 北京：气象出版社，2002.

[67] 张正春，等. 中国生态学[M]. 兰州：兰州大学出版社，2003.

[68] 王如松，等. 人与生态学[M]. 昆明：云南人民出版社，2004.

[69] 徐桂荣，等. 生物与环境的协同进化[M]. 北京：中国地质大学出版社，2005.

[70] 徐顺清，等. 环境健康科学[M]. 北京：化学工业出版社，2005.

[71] 国务院发展研究中心世界发展研究所. 世界发展状况（2006）[M]. 北京：时事出版社，2006.

[72] 王大有. 宇宙全息率[M]. 北京：中国时代经济出版社，2006.

[73] 熊伟民. 和平之声[M]. 南京：南京出版社，2006.

[74] 薛达元. 转基因生物安全与管理[M]. 北京：科学出版社，2009.

[75] 吴人坚. 中国区域发展生态学[M]. 南京：东南大学出版社，2012.

[76] 王健民. 北京地区大气降水水质初步分析研究[J]. 水文地质工程地质，1979（5）.

[77] 王健民. 谈谈“全面评价、综合防治”[R]. 吉林省革委会环境保护办公室科技处编印，1979.3//中国环境科学学会 1979.

[78] 王健民. 有关“环境科学”的概念、体系及特点[R]. 内蒙古环境保护干部学习班，1980.

[79] 王健民，聂桂生. 环境科学、环境评价与环境工程[J]. 环境工程学会首届年会论文集，1981.

[80] 王健民. 预防北京在 2000 年前出现水源危机[J]. 现代科学技术，1981（4）.

[81] 王健民，等. 水环境污染概论[M]. 北京：北京师范大学出版社，1984.

[82] 王健民. 环境保护是我国一项基本国策[J]. 农村生态环境，1985（1）.

[83] 王健民. 论水源危机与对策[J]. 国家环保局、同济大学，上海中国水环境管理国际学术讨论会论文集，1987.5.

[84] 王健民，钱兴福，等. 产品实物型投入—转化—产出全平衡模型的建立与应用[J]. 环境科学，1987，8（3）.

[85] 王健民，钱兴福，等. 工业污染源系统控制与管理[M]. 北京：中国环境科学出版社，1989.

[86] 王健民，等. 乡镇企业物耗价值初步分析[J]. 科技导报，1989（2）.

[87] 王健民. 论水资源危机及防治对策[J]. 科技导报，1989（5）.

[88] 王健民. 乡镇企业环境污染对策知识[M]. 北京：中国环境科学出版社，1989.
[89] 王健民，等. 全国废弃物处理与管理学术讨论会论文集[M]. 北京：中国科学技术出版社，1990.
[90] 王健民，等. 发展的自然系统. 美国东西方中心主编，美英出版，六国发行，1993.
[91] 王健民. 我国乡镇企业的发展、环境问题及其对策研究[J]. 环境科学，1993，14（4）.
[92] 王健民，等. 全国乡镇企业环境污染对策研究[M]. 南京：江苏人民出版社，1993.
[93] 王健民，钱兴福，等. 污染系统控制与管理[M]. 台湾：科技图书股份有限公司，1993.
[94] 王健民，等. 中国生物多样性国情研究报告[M]. 北京：化学工业出版社，1998.
[95] 王健民，王如松. 中国生态资产概论[M]. 南京：江苏科技出版社，2001.
[96] 徐海根，王健民，强胜，等. 外来物种入侵、生物安全、遗传资源[M]. 北京：科学出版社，2004.
[97] 王健民，等. 复合生态系统动态足迹分析[J]. 生态学报，2004，24（12）.
[98] 王健民，薛达元，等. 遗传资源经济价值评价研究[J]. 农村生态环境，2004，20（1）.
[99] 王健民. “可持续发展”理念十大误区[J]. 香港：社科研究，2004（6）.
[100] 王健民. “以人为本”错在哪里？[J]. 香港：现代学术研究杂志，总第 9 期，2007（5）.
[101] 王健民. 再论“总产值”与“GDP”的问题所在？[J]. 香港：现代学术研究杂志，总第 11 期，2007（7）.
[102] 王健民. 略论人类发展和环境战略观（上）[J]. 香港：现代学术研究杂志，总 13 期，2007（9）.
[103] 王健民. 略论人类发展和环境战略观（下）[J]. 香港：现代学术研究杂志，总 13 期，2007（9）.
[104] 王健民. 西方经济学真的要终结了吗？[J]. 香港：社科研究，2008（2）.

附　录

附录 1　太阳系八大行星天文参数比较

附表 1-1　太阳系八大行星天文参数比较

	平均日距/km	直径/km	质量/kg	密度/（g/cm^3）
水星	57 910 000 （0.38 AU）	4 878	3.30e23	5.43
金星	108 200 000 （0.72 AU）	12 103.6	4.869e24	5.24
地球	149 600 000 （1.00 AU）	12 756.3	5.976e24	5.52
火星	227 940 000 （1.52 AU）	6 794	6.4219e23	3.94
木星	778 330 000 （5.20 AU）	142 984（equatorial）	1.900e27	1.31
土星	1 429 400 000 （9.54 AU）	120 536（equatorial）	5.688e26	0.69
天王星	2 870 990 000 （19.218 AU）	51 118（equatorial）	8.686e25	1.28
海王星	4 504 000 000 （30.06 AU）	49 528（equatorial）	1.0247e26	—

	重力加速度（G）	公转	自转
水星	0.376 G	87.97 地球天	58.65 地球天
金星	0.903 G	224.7 地球天	243 地球天
地球	1 G（9.8 m/s^2）	365.26 地球天	1 地球天
火星	0.38 G	686.98 地球天 公转	1.026 地球天 自转
木星	2.34 G	11.86 地球年 自转	0.414 地球天
土星	1.16G	29.46 地球年	0.436 地球天
天王星	1.15G	84.81 地球年	0.72 地球天
海王星	—	—	—

注：原确立的太阳系第九大行星冥王星，已被定为“矮行星”，除外。

引自：360 问答 wengfengle。

附录 2 生命数据（引自：《生命数据》，资料截至 2000 年前）

附表 2-1 人—— 迄今为止，地球上生活过 1 061 亿人

年	人口	时间段	出生
公元前 50000	2	—	—
公元前 8000	5 000 000	50000～8000	1 137 789 769
1	300 000 000	8000～1	46 025 332 354
1200	450 000 000	1～1200	26 591 343 000
1600	500 000 000	1200～1650	12 782 002 453
1750	795 000 000	1650～1750	3 171 931 513
1850	1 265 000 000	1750～1850	4 046 931 215
1900	1 656 000 000	1850～1900	2 900 237 856
1950	2 516 000 000	1990～1950	3 390 198 215
1995	5 760 000 000	1950～1995	5 427 305 000
2000	6 055 000 000	1995～2000	675 000 000
出生过的人口总数			106 147 380 169
2000 年中世界人口			6 055 000 000
当今人口占出生过			6%

附表 2-2 2000 年人类生命的一分钟（联合国的预测）

	世界	发达国家	发展中国家
出生	260	25	235
死亡	101	23	78
婴儿死亡	15.2	0.2	15
增长	16.0	3	15.7

附表 2-3 世界人口地区分布（%）——人类的大多数生活在亚洲（并不是从今天开始）

年份		1800	2000
发展中国家		76	80
其中	亚洲	62	59
	非洲	11	13
	拉丁美洲和加勒比海	2	9
发达国家		24	20
其中	欧洲	21	12
	北美洲	1	5
	日本、澳大利亚、新西兰	3	2

注：亚洲面积占全球的 20%，拥有人口的 60%；人口的 4/5 都生活在发展中国家。

附表 2-4 文化多样性——6000 多种语言体现出文化多样性

地区	语言种类	比例/%
亚洲	2 034	31.2
非洲	1 995	30.6
太平洋地区	1 341	20.5
美洲	949	14.5
澳洲	209	3.2
总计	6 528	100.0

注：大约一半的语言被不到 1 万人使用，濒临绝迹。

附表 2-5 大多数人使用及互联网使用的语言的人数 单位：100 万

国别	大多数人使用的语言的人数	互联网上的语言的人数
汉语+吴语	885+77=962	4.4
英语（含第一外语）	322+148=470	57.4
西班牙语	332	4.3
孟加拉语	189	
印地语	182	
葡萄牙语	170	1.5
俄语	170	4.2
日语	125	8.8
德语	98	4.4
爪哇	76	
韩语	75	1.9
法语	72	
越南语	68	
泰产固语	66	
斯堪的纳维亚诸语		3.3
意大利语		25
其他语言		3.5

附表 2-6 地球上所有的生命（历史的、现实的）

<table>
<tr><td rowspan="5">生命体的重量/
10 亿 t</td><td colspan="2">所有生物的总重量</td><td>1 850</td></tr>
<tr><td rowspan="4">其中</td><td>热带雨林</td><td>765</td></tr>
<tr><td>动物</td><td>2.3</td></tr>
<tr><td>可食动物（牛等）</td><td>0.4</td></tr>
<tr><td>人</td><td>0.1?</td></tr>
<tr><td rowspan="3">生命每年增长多少/100 万人</td><td colspan="2">每年增长量</td><td>172.5</td></tr>
<tr><td rowspan="2">其中</td><td>大陆</td><td>117.5</td></tr>
<tr><td>海洋</td><td>41.5</td></tr>
</table>

下列生态系统每年产量丰富	热带雨林		37.4
	绿色季风林		12.0
	热带草原		10.5
	北方针叶林		9.6
	常绿阔叶林		8.4
	可耕地/农业		9.1
人均每年增长和消耗的生物量/t	总计		28.5
	其中	陆地	19.6
		海洋	6.9
		可耕地	1.5
		人类消耗的陆生植物	2.0（干重）

注：1. 地面上 99%的生物是植物，人类的重量其实很轻。人类和可食动物一起消耗了植物的 10%。

2. ？可能有误，按 60 亿人、人均重 40 kg 计，总计应为 2.4 亿 t，0.24×10 亿 t。

附表 2-7　生物量在城市中的分配——以比利时布鲁塞尔为例

	t	%
所有植物	750 000	91.5
居民人数　21 075 000 人	59 000	7.16
蚯蚓	8 000	0.97
其他动物	5 000	0.61
10 000 只狗	1 000	0.12
25 000 只猫	750	0.09

附表 2-8　一个人平均拥有 500 棵树

千年之交，人均拥有的面积/m^2	陆地面积	25 000
	森林	6 000
	耕地	2 500
	保护区	2 300
	树木	500
人均拥有水量/m^3	可更新淡水	6 833
	实际可利用淡水	1 500
	实际消耗	645

附表 2-9　一棵树每年可产生 300 万 L 氧气

一棵 15～20 m^2 的普通阔叶树有如下的功效：

体积	1 000m^3
产生有机质	4 000 kg/a
氧气	300 万 L/a（370 L/h）
用于制造氧气所消耗的水	2 500 L/a
树叶过滤污染物	7 000 kg/a
根重	300～500 kg
根部保留的水分	70 000 kg/a
根部穿过的土层	1 t 腐殖土及 50 t 矿物土质

附表 2-10　挽救物种多样性只占毁灭性物种的 1/4

世界平均每人每年	美元
自然保护区的实际支出	1
挽救物种多样性必需的资金（全球 60 亿人计）	50
对自然有危害的国家的援助	200
国内生产总值（世界）	5 170
国内生产总值（北美）	28 130

附表 2-11　物种多样性的大部分还未发现　　单位：种

未知物种的估计数	10 000 000～200 000 000
已知物种数	1 750 000
昆虫	950 000
植物	270 000
蛛形纲动物	75 000
软体动物	70 000
甲壳纲动物	40 000
鱼类	25 000
鸟类	9 950
爬行动物	7 400
两栖动物	4 950
哺乳动物	4 630

附表 2-12　地球上的动物比银河系中的恒星多　　单位：个

<table>
<tr><td colspan="2">地球上所有动物数量</td><td>1 000 000 000 000 000 000</td></tr>
<tr><td colspan="2">蚂蚁</td><td>10 000 000 000 000 000</td></tr>
<tr><td colspan="2">鸟类</td><td>300 000 000 000</td></tr>
<tr><td colspan="2">对比：银河系中的恒星数量</td><td>200 000 000 000</td></tr>
<tr><td rowspan="3">人均拥有</td><td>鸟类</td><td>50</td></tr>
<tr><td>动物</td><td>167 000 000</td></tr>
<tr><td>细菌</td><td>1000 000 000 000 000 000 000</td></tr>
</table>

附表 2-13 平均多少人拥有一只动物——每 1 万人才拥有 1 头大象

动物	人
大象	10 000
白鹳	20 000
狮子	100 000
虎	1 000 000
大熊猫	5 000 000
爪哇犀牛	100 000 000
鹦鹉	6 000 000 000

附表 2-14 陆生哺乳动物

动物	数量	趋势（-代表下降/+代表上升，0 代表相对稳定）
黑猩猩	105 000～200 000	0 /-
大猩猩	115 000～122 000	-
猩猩	30 000～0 000	?
金头狮猴	550～600	-
狮子	30 000～100 000	0
虎	4 600～7 200	-
狼	118 000～146 000	?
棕熊	185 000～200 000	0
白熊	22 100～27 000	---
安第斯熊	10 000	-
大熊猫	1 200	---
美洲野牛	200 000	+
卡菲尔小牛	560 000～1 000 000	-
弗吉尼亚鹿	19 600 000	+++
驯鹿	2 900 000	?
赤鹿	2 000 000	+
尖嘴犀	2 400	-
宽吻犀	7 000	+
印度犀	1 800～2 000	-
苏门答腊犀	500	+
爪哇犀	50～80	0
非洲象	540 000	0
印度象	38 000～49 000	-
巨型红树袋熊	9 600 000	+
袋熊	20 000～80 000	+
加利福尼亚海狮	175 000	+++
竖琴海豹	167 000	+
有耳海豹	2500000～4 700 000	-
南海象	700 000～800 000	0
海象	240 000	?

动物	数量	趋势（-代表下降/+代表上升，0 代表相对稳定）
宽吻海豚	95 000	?
东太平洋海豚	633 000	?
白鲸	100 000	-
独角鲸	36 300	-
抹香鲸	2 000 000	?
北海道鲸	1 000	?
南露脊鲸	1 500～4 000	?
格林蓝鲸	8 500	+
蓝鲸	5 000	?
长须鲸	50 000～100 000	?
鳕鲸	65 000	?
灰鲸	22 000	+
座头鲸	20 000	+
小昌鲸	610 000～1284 000	*

附表 2-15 鸟类

动物	数量	趋势
家鸽	12 000 000～32 000 000	+
卡罗利纳鸽	475 000 000	0
家雀	120 000 000 ～400 000 000	?
红文鸟	1 500 000 000	0
云雀	74 000 000～32 000 000	-
家燕	2 300 000	/
银鸥	1 200 000～1 350 000	0
红腹滨鹬	1 000 000	0
滨鹬	300 000	0
白鹳	700 000	+
人工鹳	200 000	+
智利红鹳	50 000	0
黄足红鹳	220 000～250 000	-
欧洲鹤	26 000	+
鸨	32 000	-
白头海鹰	110 000～150 000	+
巨型海鹰	7 500	?
红尾欧洲白鹦	1 000～4 000	-
Spixara 鹦鹉	1	-----
冠企鹅	3 000	-
紫蓝麦皋	100 000～340 000	-
洪堡企鹅	20 000	-
马格兰企鹅	4 500 000～10 000 000	0
王企鹅	2 000 000	0
帝企鹅	270 000～350 000	0

附表 2-16 黑田鼠比人还多（以英国为例）

动物	数量	趋势
黑田鼠	75 000 000	-
人	59 400 00	0
家鼩鼱	41 700 000	0
林鼠	38 000 000	0
家兔	37 500 000	-
鼹鼠	31 000 000	0
红背鼠	23 000 000	0
小鼩鼱	8 600 000	0
褐家鼠	6 790 000	-
小家鼠	5 192 000	-
灰松鼠	2 520 000	+
小棕蝠	2 000 000	-
水鼩鼱	1 900 000	0
刺猬	1 555 000	-
巢鼠	1 425 000	-
水田鼠	1 1169 000	-
棕兔	817 000	-
野生家猫	813 000	0
黄颈鼠	750 000	-
狍	500 000	+
毛丝鼠	500 000	-
白鼬	462 000	-
鼬	450 000	-
马鹿	360 000	+
雪兔	350 000	-
獾	250 000	0
赤狐	240 000	+
大耳棕蝠	200 000	-
松鼠	160 000	-0
水蝙蝠	150 000	+0
美洲水貂	110 000	+
黄占鹿	100 000	0
蓬毛蝠	100 000	0
有耳海豹	93 500	+
山蝠	50 000	--
中国鹿	40 000	+
小须蝠	40 000	-
海狗	35 000	+
大须蝠	30 000	-

动物	数量	趋势
鸡貂	15 000	+
宽翼蝙蝠	15 000	0
小菊头蝠	14 000	0
小鼠	11 500	+
梅花鹿	10 000	+
小山蝠	10 000	0
水獭	7 350	+
宽耳蝠	5 000	-
大菊头蝠	5 000	-
松貂	4 000	-
野生山羊	3 565	-
野猫	3 500	-
野生白鼬	2 500	+
野生绵羊	2 100	0
贝希斯泰因蝙蝠	1 500	0
大耳灰蝙	1 000	0
大家鼠	1 300	-
河鹿	650	+

附表 2-17　人类拥有 200 多亿有用的动物和 3 万亿蜜蜂

物种	数量
蜜蜂	3 172 864 740 000
公鸡	13 478 301 000
牛	1 064 110 170
羊	935 614 106
猪	773 476 000
鸭	699 994 077
山羊	452 345 000
家兔	245 462 000
火鸡	209 227 000
水牛	162 362 481
马	60 945 643
驴	43 364 808
骆驼	19 083 344
骡子	14 149 019
美洲驼和羊驼	5 450 000
鳄	2 600 000

附表 2-18 欧洲最常见的家养动物是鱼

家畜动物数量（仅限西欧和美国）	数量
猫	106 000 000
狗	94 000 000
欧洲（共计）	261 000 000
鱼	102 000 000
猫	47 000 000
狗	41 000 000
鸟	35 000 000
其他	36 000 000

附录 3　美国 1975—1977 年在三个自来水厂及一家旅馆自来水中检出的有机物（黑体字为“优先污染物”）名目

3.1　卤素化合物

（1）Bis-二氯基乙醚；**（2）**1,2-二氯基乙氧基乙烷；**（3）**溴氯甲烷；**（4）**溴乙烷；**（5）**溴仿；**（6）**四氯化碳；**（7）**2-氯乙基甲酸酯；**（8）**氯苯；**（9）**氯仿；**（10）**、**（11）**氯-甲基乙烯（同分异构）；**（12）**1（2 或 4-）氯苯基醇；**（13）**、**（14）**氯甲苯（同分异构）；**（15）**二溴氯甲烷；**（16）**二氯乙烯腈；**（17）**、**（18）**二氯苯（同分异构）；**（19）**二氯溴甲烷；**（20）**1,1-二氯甲烷；**（21）**1,2-二氯甲烷；**（22）**顺-二氯乙烯；**（23）**、**（24）**二氯丙烯（同分异构）；**（25）**六氯乙烷；**（26）**六氯环戊二烯；**（27）**反-二氯乙烯；**（28）**1,1,2,2,四氯乙烷；**（29）**四氯乙烯/1,2,3,3-四氯乙烯；**（30）**1,1,1-三氯乙酰；**（31）**、**（32）**三氯苯（同分异构）；**（33）**1,1,1,三六氯乙烷；**（34）**三氯乙烯；**（35）**、**（36）**三氯苯酚（同分异构）

3.2　芳香族有机化合物

（37）乙酰苯；**（38）**苯乙酮；**（39）**蒽（并三苯）或苯乙烯；**（40）**苯甲醛；**（41）**苯；**（42）**、**（43）**C_2-苯（同分异构）；**（44）**、**（45）**C_3-苯（同分异构）；**（46）**、**（47）**C_4-苯（同分异构）；**（48）**、**（49）**C_5-苯（同分异构）；**（50）**、**（51）**C_6-苯（同分异构）；**（52）**、**（53）**C_2-苯醚（同分异构）；**（54）**苯酸；**（55）**二甲基十氢萘（二甲基萘烷）；**（56）**、**（57）**一基苯乙烯（同分异构）；**（58）**、**（59）**C_2-苯（同分异构）；**（60）**甲基-m-toluate；**（61）**、**（62）**甲基苯乙烯（同分异构）；**（63）**5-甲基 1,2,3,4 四氢萘；**（64）**6 甲基 1,2,3,4 四氢萘；**（65）**萘；**（66）**、**（67）**C_2-苯酚（同分异构）；**（68）**苯乙烯；**（69）**甲苯；**（70）***m*-甲苯；**（71）***P*-甲苯；**（72）***m*-苯腈；**（73）***P*-苯腈；**（74）**n-C_7；**（75）**C_7-分支；**（76）**C_9-分支；**（77）**n-C_{10}；**（78）**C_{10}-分支；**（79）**甲基环乙烷；**（80）**n-C_9；

3.3　其他各种有机化合物

（81）苯二酸酯（钛酸酯）；**（82）**二丁基；**（83）**二乙基；**（84）**二甲基；**（85）**二辛基；**（86）**、**（87）**C_6-烯烃（同分异构）；**（88）**、**（89）**C_8-烯烃（同分异构）；**（90）**、**（91）**莰醇（同分异构）；**（92）**1（2-丁氧基乙氧基）醇；**（93）**Calffeine；**（94）**莰酮；**（95）**环己醇）三氢基-actinidielide；**（96）**1,2,4,5-二、正-异丙叉-P-果糖呋喃糖；**（97）**α、α二甲基苯醇；**（98）**乙醇；**（99）**2,3,4,6-二[？]）**（100）**正-异丙叉-L-山梨呋喃糖；**（101）**乙醚；**（102）**乙基山梨酸酯；**（103）**1,2,3,4-二）正-异丙叉-D-木糖呋喃糖；**（104）**葑酮；**（105）**葑兰醇；**（106）**己烷腈；**（107）**异佛尔酮（5 二异丙叉丙酮）；**（108）**甲基乙基顺丁烯酰亚胺；**（109）**三丁基磷致盐；**（110）**三酚基磷致盐。

附录 4 已知的强致癌物、可能致癌物及剧毒、剧害（致癌、致畸、致突变）物名目

4.1 强致癌、剧毒化合物

二噁英类，如：多氯二苯并-对-二噁英（简称 PCDDs）和多氯二苯并呋喃（简称 PCDFs）。其中 PCDDs 有 75 种异构体，PCDFs 有 135 种异构体。

多环芳烃类化合物类，如：

1,2,9,10-四甲基蒽、四甲基菲、4,3-甲基 1-3,4-苯并芘、胆蒽、甲基-胆蒽、3,4-苯并芘、1,2,3,4-二苯并芘、7-甲基-1,2,3,4-二苯并芘、3,4,8,9-二苯并芘；

联苯胺、β-萘胺、β-萘酚、甲基苯胺、甲苯胺、萘胺、二苯胺、联甲苯胺、联大简香胺。

4.2 有可能致癌化合物

丁芬及甲基酚、乙基丁芬、丙基丁芬、戊酚、苯并菲、蝶烯等

芳香烃类化合物

有机卤素化合物

有机氯化合物类（有几千种）

剧毒类，如：多氯联苯；有机氯农药；六氯苯等

氯代烃类，如：四氯化碳；氯仿；六氯乙烷；四氯乙烷；二氯乙烯；三氯乙烯等

有机溴化物、有剧毒类，如：溴丙烷、溴乙烷、溴仿、溴苯等

[附录 3、附录 4 引自王华东、王健民、刘永可、吴峙山、万国江编《水环境污染概论》北京师范大学出版社 1984 年]

附录 5 $PM_{2.5}$的真面目

5.1 $PM_{2.5}$是什么

$PM_{2.5}$的“PM”，是英语“particulate matter”的缩写，意为“细颗粒物”。

$PM_{2.5}$的“2.5”，指的是 2.5 μm，1 000 μm = 1 mm，2.5 μm 相当于头发丝直径的 1/20。所以，直径 2.5 μm 的细颗粒物是肉眼看不见的。

比 $PM_{2.5}$颗粒大点的颗粒物是 PM_{10}，直径大到 4 倍，但体积可不止 4 倍，按照球体体积公式计算，PM_{10}的体积是 $PM_{2.5}$体积的 64 倍，大了这么多，可是肉眼还是看不见。

比 PM_{10}大的颗粒物是 PM_{50}。PM_{50}的体积是 $PM_{2.5}$体积的 8 000 倍，肉眼可见。在家里，一缕阳光射进来，光柱里有无数微尘在翻飞，那就是 PM_{50}和大于 PM_{50}的颗粒物。桌面上，落了一层灰，那是远远大于 PM_{50}的颗粒物。

PM_{50}、PM_{10}、$PM_{2.5}$ 是三个临界值，空气里并非只有这三种直径的颗粒物，50 μm 以下或者以上的，任何直径长度的颗粒物都有。

$PM_{2.5}$是到达肺泡的临界值。$PM_{2.5}$以下的细微颗粒物，上呼吸道挡不住，它们可以一路下行，进入细支气管、肺泡，再通过肺泡壁进入毛细血管，进而进入整个血液循环系统。肺泡数量有 3 亿～4 亿个。吸进去的氧气最终进入肺泡，再通过肺泡壁进入毛细血管，再进入整个血液循环系统。

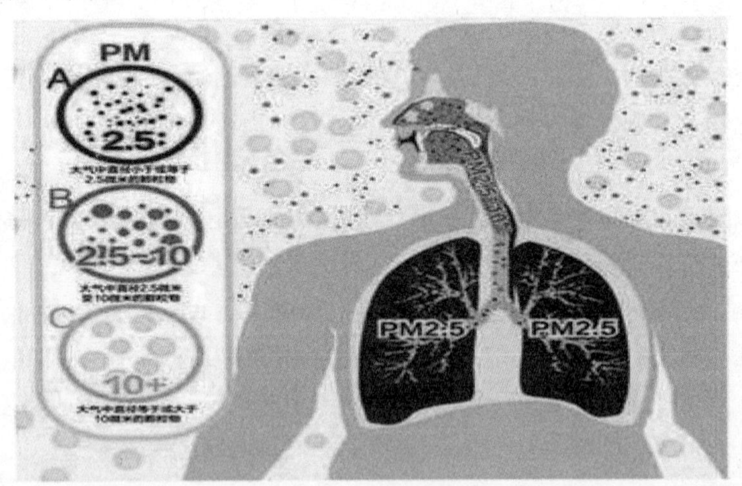

$PM_{2.5}$携带了许多有害的有机和无机分子，是致病之源。细菌是人所共知的致病之源，$PM_{2.5}$和细菌有得一比。

细菌则是微米级生物，大小多为 1 μm，几微米，也有十几微米的，也就是说，$PM_{2.5}$和细菌一般大小。

细菌进入血液，血液中的巨噬细胞（免疫细胞的一种）立刻就会把它吞下，它就不能使人生病，这就如同老虎吃鸡。

$PM_{2.5}$ 进入血液，血液中的巨噬细胞以为它是细菌，也会立刻把它吞下。巨噬细胞吞惯了细菌，细菌是生命体，是巨噬细胞的食物，可是，$PM_{2.5}$ 是没有生命的，巨噬细胞吞了它，如同老虎吞石头，无法消化，最终被噎死。巨噬细胞大量减少后，我们的免疫力就会下降。不仅如此，被噎死的巨噬细胞，还会释放出有害物质，导致细胞及组织的炎症。可见 $PM_{2.5}$ 比细菌更致病，进入血液的 $PM_{2.5}$ 越多，我们就越容易生病。

5.2 $PM_{2.5}$ 对人体的危害

1）引发呼吸道阻塞或炎症

$PM_{2.5}$ 及以下的微粒，75%在肺泡内沉积，我们可以想象，眼睛里进了沙子，眼睛会发炎。呼吸系统的深处，也是一个敏感环境，细颗粒物作为异物长期停留在呼吸系统内，同样会让呼吸系统发炎。

2）致病微生物、化学污染物、油烟等“搭车”进入体内会致癌

除了自己干坏事，$PM_{2.5}$ 还像一辆辆可以自由进入呼吸系统的小车，其他治病的物质如细菌、病毒，会“搭车”进入呼吸系统深处，造成感染。

不要以为只要远离大鱼大肉的不良饮食习惯，就能躲开心血管疾病，细颗粒物也有很多办法诱发心血管疾病。比如，细颗粒物可以直接进入血液，诱发血栓的形成。另一个间接的方式是，细颗粒物刺激呼吸道产生炎症后，呼吸道释放细胞因子引起血管损伤，最终导致血栓的形成。

流行病学的调查发现，城市大气颗粒物中的多环芳烃与居民肺癌的发病率和死亡率相关。多环芳烃进入人体的过程中，细颗粒物扮演了顺风车的角色，其中的大多数多环芳烃吸附在颗粒物的表面，尤其是直径在 5 mm 以下的颗粒物上，大颗粒物上的多环芳烃很少。也就是说，空气中 $PM_{2.5}$ 越多，我们接触致癌物多环芳烃的机会就越多。

3）影响胎儿发育造成缺陷

今年的一些报告显示，人类的生殖能力正在明显下降，环境污染被认为是罪魁祸首。

来自波西米亚北部的一项调查，对接触高浓度 $PM_{2.5}$ 的孕妇进行了研究，发现高浓度的细颗粒污染物可能会影响胎儿的发育。

更多研究发现，大气颗粒物的质量浓度与早产儿、新生儿死亡率的上升，低出生体重、宫内发育迟缓，以及先天性功能缺陷具有相关性。

4）$PM_{2.5}$ 颗粒物可通过气血交换进入血管

2009 年的一项实验采集了北京城区大气中的 $PM_{2.5}$，以人肺泡上皮细胞株为模型进行毒理作用研究。在这个实验中，以 25、50、100、200 μg/mL 等不同的染毒状况进行对比发现，随着染毒浓度的增加，$PM_{2.5}$ 可引起这些细胞的炎性损伤。

北京大学医学部公共卫生学院教授潘小川发表论文称，2004—2006 年，当北京大学校园观测点的 $PM_{2.5}$ 日均浓度增加时，在约 4 km 外的北京大学第三医院，心血管病急诊患者数量也有所增加。

“我们系统分析研究发现，$PM_{2.5}$ 每立方米浓度增加 10 μg，医院高血压类的急诊病人就会增加 8%，心血管疾病也会增多。”【摘自《雾霾生存手册》】

附录 6 世界卫生组织首次界定手机为“可能致癌物品”

【引自：2014-03-05 爱台湾房仲网 北京金圣芳华：发给我的朋友们参考，一定看一看，为了爱您及您爱的人，尤其是青少年，请好好珍惜自己及后代。】

6.1 警告

通过检验的手机产品的辐射水平都在 2 W/kg（体重）标准之内，但一半产品都为标准的 60% ~ 80%，如果加上使用时间因素过长及使用不当，不免会对人体造成影响甚至危害。因此发出如下警告：

（1）儿童、青少年、老年及体弱多病者，尽量少用；

（2）一次通话不要超过两分钟；

（3）尽量利用固话通话；

（4）不要怕麻烦，用耳机，少用眼吧；

（5）发短信能取代通话时就发短信。

现在的癌症实在太多，成了常见病了，谁也说不清会不会不请就来，来了后悔也晚了。

无奈者，力戒“煲电话粥”！睿智者，采取“防护办法”。前不久，世界卫生组织（WHO）下属的国际癌症研究机构（IARC）将手机定义为“可能致癌”的物品，称其与神经胶质瘤（一种脑瘤）有关联。这也是世卫首次为手机辐射定性。一时间，人们对手机辐射的关注达到了前所未有的程度。

WHO 估计目前全球有 50 亿手机用户，早在去年中国的手机用户就已突破 7 亿。手机普及率越来越高，有关手机辐射危害的争议也一直没有停止。

2009 年，瑞典及多个欧洲国家研究发现，用手机 10 年以上，可能会增加患脑癌和口腔癌的危险。荷兰研究显示，手机辐射与失眠、老年痴呆症、儿童行为障碍、男性不育等有密切关系。2010 年 3 月，英国一名癌症专家通过研究得出惊人结论——使用手机致死人数将超过吸烟。这是迄今为止关于手机对健康危害的最严重警告。今年年初，法国和德国则警告人们不要过度使用手机，尤其是儿童。

关于手机致癌的结论，也有不少专家持保守意见，英国癌症研究所的卫生信息部负责人埃德 · 勇说：“现有研究都还未找到手机和癌症之间的必然联系，不足以得出强有力的证明。”调查还发现，使用手机的人群中发生脑瘤的风险，与未使用手机发生脑瘤的风险类似。虽然目前为止，手机致癌还只停留在“可能”的层面上，但 WHO 做出这样的裁定，说明手机和癌症确实存在一定联系，“这一划分和发现手机对健康的潜在后果，对长期的研究非常重要。”IARC 主管克利斯朵夫 · 瓦尔德说。

6.2 不同品牌手机的人体吸收辐射量（标准：2 W/kg）

低辐射手机排行榜		高辐射手机排行榜	
品牌	W/kg	品牌	W/kg
LGQuantum	0.35	摩托罗拉 Bravo	1.59
卡西欧 EXILIM（无线版）	0.53	摩托罗拉 Droid2	1.58
PantechBreezeII	0.55	奔迈 Pixi	1.56
三洋 KatanaII	0.55	摩托罗拉 Boos	1.55
三星 Fascinate（无线版）	0.57	黑莓 Bold	1.55
三星 Mesmerize	0.57	摩托罗拉 i335	1.55
三星 SGH-a197	0.59	HTCMagic	1.55
三星 Contour	0.60	摩托罗拉 W385	1.54
三星 GravityT	0.62	摩托罗拉 Boosti290	1.54
摩托罗拉 i890	0.63	苹果 iPhone4	1.17
三星 SGH-T249	0.63		

6.3 手机以天线辐射最大，其他依次为听筒、键盘和话筒

其实，手机本身并不会伤害人体健康，罪魁祸首是手机释放的辐射。

一位业内的资深电磁环境专家指出，人们使用手机时，手机会向发射基站传送无线电波，而无线电波或多或少会被人体吸收，这些电波就是手机辐射，由高到低依次为天线部、听筒部、键盘部和话筒部。手机的辐射主要来自天线，包括外置天线和内置天线。辐射的强度跟手机和人体的距离成反比，距离远一倍，辐射衰减十倍；距离缩短一倍，辐射强度增加十倍。

另外，从天线的位置看，外置天线的辐射比内置的要大。直板机的天线离头部最近，所以它的辐射最大，翻盖机的天线离头部最远，所以辐射较小，滑盖机介于两者之间。而手机的功能多少，则对辐射强度没有影响。

另外，每款手机的辐射量也不同，“美国有线电视新闻网”最近刊登了手机辐射量排行榜。表格中数字所代表的含义是每千克体重吸收的辐射量。当然，这些都是典型的数字，实际的辐射吸收量还要取决于使用时间、方式、品牌和环境等状况。

6.4 如何将手机辐射危害最小化【美国《悦己》杂志】

1）用耳机

用耳机虽不能直接“消灭”辐射，但能将人体和辐射源隔离开。手机距离头部越远，大脑受到的辐射影响就越小。距离手机天线越远，身体接受的辐射量就越低。

2）发短信比打电话辐射小

短信交流可大大减少与头部和身体的接触；男性不要将手机置于双腿之间，大量研究表明，手机辐射会伤害精子活力，但对女性卵巢影响不大。

3）打电话常换手

长时间打手机时，最好左右手经常交替。

4）不在封闭空间打手机

不要在电梯、火车、地铁等相对封闭空间打手机。此时手机不断尝试连接中断的信号，会使辐射增加到最大值。

5）信号弱时别打手机

当信号弱的时候，或者在高速行驶的交通工具上的时候，手机产生的辐射会更强。

6）别用手机煲“电话粥”

长时间通话，最好使用座机。研究发现，使用手机通话 2 min 后，脑电波受到的影响至少会持续 1 h。

7）智能手机辐射较大

智能手机内置无线装置，其产生的辐射比手机更强，因为这些设备主要靠电池驱动才可接收电子邮件、上网等。因此，尽量少用手机上网。

8）拨号后，伸展手臂

手机接通的一刹那产生的辐射最强，因此接听或者拨打手机之后，最好伸展手臂，让手机远离身体，稍等片刻再通话。

9）别将手机放进裤兜

研究发现，经常将手机放在裤兜的男性，其精子数比正常男性少 25%。手机辐射对身体各部位的影响不同，男性精子最容易受手机辐射伤害。

10）别将手机带进枕边

睡觉时，别将手机放在枕边。辐射会降低褪黑激素分泌量，既影响睡眠质量，又会加速人体自由基的破坏作用，最终导致癌症等疾病发生。

附录7 “环境保护”为什么

※ 杞人原来是位深谋远虑的智者？	※“以人为本”错在哪里？
※ 只有一个地球？	※ ∞×1/∞＝？
※ 全球生物大会动物都说了些什么？	※ “可持续发展”为何成了商标？
※ “总产值”“GDP”也是枯竭、污染、破坏的总指标？	※ 地球自然生态系统是可持续发展系统？
※ 传统有机农牧业是准可持续发展系统？	※ 现代城市是生态系统的肿瘤？
※ 现代农、工、城、交是不可持续发展的系统？	※ 传统产业是生态系统的癌症？
※ 人类都自我囚禁在铁门铝窗中？	※ 何谓“生态系统”？
※ 何谓“生物食物链”？	※ 何谓“生态金字塔”？
※ 标准只是不好不坏？	※ 人人都成了“吸毒者”？
※ 人类都成了慢性致害致毒的小白鼠？	※ 臭氧层被什么戳出了几个空洞？
※ 大气层为什么温度会变高？	※ 空气为什么越来越糟了？
※ 长江为什么发洪水？	※ 黄河为什么断流？
※ 大地为什么干渴？	※ 江河湖海为什么成了下水道？
※ 土地为什么成了垃圾场？	※ 太空为什么也成了垃圾库？
※ 癌症患者为什么越来越多越年轻？	※ 谁来为环境致病致癌致死患者买单？
※ 谁来为子孙后代代言？	※ 到外星去避难只是个弥天大谎？
※ 每个人头上悬着多少核当量？	※ 核武库果真能够毁灭人类和地球？
※ 谁是核霸主？	※ 何谓“生物多样性”？
※ 何谓“外来物种”？	※ 何谓“转基因”？
※ 环境科学走进了迷宫？	※ 现代科学进入了黑洞？
※ 西方经济学该终结了？	※ 全球化的兴起？
※ 生态黑洞是什么？	※ 全球化的终结？
※ 地球是太空人的宇宙实验室？	※ 何谓悖论？
※ 何谓生物原子能反应器？	※ 何谓“三重境界”？
※ 何谓“全球绿色工程”？	※ “杞人忧天”新含义？
※ “后羿射日”的新含义？	※ “夸父逐日”的新含义？
※ “女娲补天”的新含义？	※……

2 The Essential Ecological Factors

2.1 Energy

2.1.1 What is Energy

2.1.2 Energy is the Source of Motive Power

2.1.3 Energy and human Civilization

2.1.4 Comments from the Author

2.1.5 Question for Readers

2.2 The Atmosphere

2.2.1 The Atmosphere of the Earth

2.2.2 The Quality of the Earth is the Root of Life

2.2.3 Atmosphere and human Civilization

2.2.4 Comments of the Author

2.2.5 Question for Readers

2.3 The Hydrosphere

2.3.1 The Hydrosphere of the Earth

2.3.2 The Quality of Water Resource is the Source of Life

2.3.3 Water and human Civilization

2.3.4 Comments from the Author

2.3.5 Question for Readers

2.4 The Lithosphere

2.4.1 The Pedosphere of the Earth

2.4.2 The Quality of Soil is the Cradle of Terrestrial Organism

2.4.3 Soil and human Civilization

2.4.4 Comments form the Author

2.4.5 Question for Readers

2.5 The Biosphere

2.5.1 The Biosphere of the Earth

2.5.2 Biology is the main Part of Ecosystems

2.5.3 Biology and human Civilization

2.5.4 Comments from the Author

2.5.5 Question for Readers

Contents of Text

Contents

Decide on what path to follow for human beings. Decide on what path o follow for China's environmental protection. You think and crack,please.Of course, this is just my opinion. There are a lot of problems that we are not certain. We write this book for readers rather than we establish a path and a platform for readers with common interest in this way. Ask readers for this 'paradox'.Please correct mistakes and omissions for me. thanks.

WANG Jianmin 2013.10.1.

Introduction

Alarmist said an old person in the ancient Qi Country always worried how people live with the sky falling.He nagged repeatedly. Self-righteous Smart people laughed at him, joking he did nothing about it.

Is that I adopt the topic ' Alarmist worries about the sky ' the sarcasm of the smart people? Actually otherwise, in my opinion, the Alarmist is not simple. According to the standard of reality today,he is a great adventurer, thinker and wise man.

Haven't you noticed that on the earth appear Ozone layer hole, greenhouse effect, heat island effect, Space junk, nuclear winter, the crisis of global energy,resources and water power, the crisis of global atmospheric rivers and lakes. Soil pollution, and the crisis of global ecology? Haven't you noticed thee serious issues about ecological environment that China's environment protection is in danger and that global environmental is in danger?

Obviously, not the Alarmist,but those self-righteous smart people should be laughed at . I am wiling to be an average person like the Alarmist. There appears an average person, Several average persons not affecting the overall Situation in the world. But many Self-righteous smart people especially those policy-makers from departments of all levels will mislead Science talents, the country , the people and human beings.

Many issues on ecological and environmental resource protecting are put forward in this book and many why put forward. A lot of words appear in this book in order to meet the needs of readers and match the quality and speciality of popular science books. In this book there are So many major whys that are never heard of by you. It can be used as the reference of curious, studious, questioning and inquiring students and the reference of teachers, engineers, natural scientists, social scientists, economists, entrepreneurs and government regulators and police-makers. It is certain that there will be several why that interest you.

Editorial board

Authors：WANG Jianmin

WANG Wei ZhANG Yi HOU Mei

ZHU wei TAN Qiuping LI Xiuxia WU Jing

Translate：MAO Taoqing ZHOU Zejiang ZHAO Kaile

Synopsis

This book is the study of *Silent Spring* released fifty years ago.The author of this book has been researching on environment protection science for 40 years. He has put forward 12 aspects and 60 hot issues involved in national，global important ecological environmental resource protection. He seeks truth from facts and briefly describes the ecological environment resources background，the serious situation of its crisis，the serious harm degree and the crisis root. This has a close relationship with everyone. This book puts forward a lot of whys you never heard of. It is suitable for the students above junior high school，teachers，scholars，experts，engineers，entrepreneurs and those who are concerned about the environmental protection. It can also be used as reference for government regulators regulators and policy makers. It can even be a reference book for environmental protection and training centre. The author hopes to get the attention，resonance and feedback of renders.

Key words

Environmental protection Popular Science Silent spring only one earth
Environmental science Ecological destruction Environment pollution
Resources depletion Environmental health Environmental economy
Natural revenge Development of error Scientific Outlook on Development
Green engineering

Groundless Worries?

——Reflection on the Human Environment.

Wang Jianmin

The earth is a planet in the solar system, she is not only a planet of a complex geological Structure, but also a wonderful balloon, water ball, soil ball, biological ball, a ball of human wisdom .This ball is different from hundreds of billions of celestial bodies in the boundless universe. Atmosphere, hydrosphere, pedosphere and biosphere formed in the surface of the earth change fundamentally original earth's harsh environment so that the earth becomes a heavenly palace with life and human. The earth is a cosy nest of all living things including human. It is also a cornucopia, the money tree and an ecological bank of human social development. But human beings hurt her continuously so that she is hard to remedy. The reason why human are so smart is that human beings are originally "god", who should follow the natural law, live in harmony and adhere to sustainable development.—— extreme cherish and care for the hard-won unique earth .

The people, only people with awakening, cognition, love, and protecting the environment, are the driving force of environmental protection!

China Environmental Press